**Berlin/Brandenburg
5. Schuljahr**

Herausgegeben von
Heinz Griesel
Helmut Postel
Friedrich Suhr
Werner Ladenthin
Matthias Lösche

Berlin/Brandenburg 5

Herausgegeben von
Prof. Dr. Heinz Griesel, Prof. Helmut Postel, Friedrich Suhr, Werner Ladenthin, Matthias Lösche

Bearbeitet von
Lutz Breidert, Gabriele Dybowski, Dr. Beate Goetz, Reinhard Kind, Werner Ladenthin, Matthias Lösche, Kerstin Schäfer, Thomas Sperlich, Friedrich Suhr, Prof. Dr. Hans-Georg Weigand, Ulrike Willms

Für Berlin und Brandenburg bearbeitet von
Matthias Berndt, Robert Fröhlich, Carmen Kück, Werner Ladenthin, Matthias Lösche, Birgit Mielke, Friedrich Suhr, Daniel Winter

Der Schülerband ist auch als digitales Schulbuch erhältlich: Best.-Nr. WEB-507-06481
Für dieses Unterrichtswerk sind umfangreiche Unterrichtsmaterialien entwickelt worden:
Lösungen: Best.-Nr. 88292
Arbeitsheft: Best.-Nr. 88293
BiBox: Best.-Nr. 88295

© 2016 Bildungshaus Schulbuchverlage Westermann Schroedel Diesterweg Schöningh Winklers GmbH, Georg-Westermann-Allee 66, 38104 Braunschweig
www.westermann.de

Das Werk und seine Teile sind urheberrechtlich geschützt. Jede Nutzung in anderen als den gesetzlich zugelassenen bzw. vertraglich zugestandenen Fällen bedarf der vorherigen schriftlichen Einwilligung des Verlages. Nähere Informationen zur vertraglich gestatteten Anzahl von Kopien finden Sie auf www.schulbuchkopie.de.

Für Verweise (Links) auf Internet-Adressen gilt folgender Haftungshinweis: Trotz sorgfältiger inhaltlicher Kontrolle wird die Haftung für die Inhalte der externen Seiten ausgeschlossen. Für den Inhalt dieser externen Seiten sind ausschließlich deren Betreiber verantwortlich. Sollten Sie daher auf kostenpflichtige, illegale oder anstößige Inhalte treffen, so bedauern wir dies ausdrücklich und bitten Sie, uns umgehend per E-Mail davon in Kenntnis zu setzen, damit beim Nachdruck der Verweis gelöscht wird.

Druck A^3 / Jahr 2023
Alle Drucke der Serie A sind im Unterricht parallel verwendbar.

Redaktion: Lena Schenk, Claus Peter Witt
Umschlagentwurf: LIO Design GmbH, Braunschweig
Innenlayout: JANSSEN KAHLERT Design & Kommunikation GmbH, Hannover
Illustrationen: Dietmar Griese, Laatzen
Zeichnungen: Langner & Partner, Hemmingen; Schlierf, Type & Design, Lachendorf
Druck und Bindung: Westermann Druck GmbH, Georg-Westermann-Allee 66, 38104 Braunschweig

ISBN 978-3-507-**88290**-4

Inhaltsverzeichnis

Über dieses Buch 6

1. Statistische Erhebungen – Natürliche Zahlen 9

Lernfeld Befragungen planen – Zählen 10
1.1 Statistische Erhebungen in der Klasse 11
1.2 Große Zahlen – Stellenwerttafel 16
1.3 Zweiersystem 19
1.4 **Zum Selbstlernen** Römische Zahlzeichen 22
1.5 Zahlenstrahl – Vergleichen und Ordnen 24
1.6 Bilddiagramme – Runden von Zahlen 27
1.7 Größen und ihre Einheiten 30
    1.7.1 Messen von Längen – Längeneinheiten 30
    1.7.2 Messen von Massen – Masseneinheiten 33
    1.7.3 Zeitpunkte, Zeitspannen – Zeiteinheiten 36
    ◉ Wie man große Zahlen veranschaulichen kann 39
1.8 Maßstab 40
1.9 Maßstäbliches Darstellen von Daten: Säulendiagramme 43
    ◎ Umgang mit Texten, Tabellen und Diagrammen 46
1.10 Aufgaben zur Vertiefung 48
Das Wichtigste auf einen Blick / Bist du fit? 49

2. Rechnen mit natürlichen Zahlen 51

Lernfeld Mehr … oder weniger? 52
2.1 Addieren und Subtrahieren 53
    ◉ Magie und Mathe – Zauberquadrate erforschen 59
2.2 Multiplizieren und Dividieren 61
    2.2.1 Zusammenhang zwischen Multiplizieren und Dividieren 61
    2.2.2 Schriftliches Multiplizieren 65
    2.2.3 Schriftliches Dividieren 67
    ◎ Schätzen und Überschlagen 72
    ◉ Muster beim Rechnen erforschen 74
2.3 Terme – Rechengesetze 75
    2.3.1 Regeln für das Berechnen von Termen 75
    2.3.2 Kommutativgesetze und Assoziativgesetze 79
    2.3.3 Distributivgesetz 82
2.4 **Zum Selbstlernen** Potenzieren 85
2.5 Geschicktes Bestimmen von Anzahlen – Zählprinzip 88
    ◉ Fermi-Fragen 90
2.6 Teiler und Vielfache 91
2.7 Teilbarkeitsregeln 94
    2.7.1 Endstellenregeln 94
    2.7.2 Quersummenregeln 95
2.8 Primzahlen 97
    ◉ Wie findet man Primzahlen? 99
2.9 Aufgaben zur Vertiefung 100
Das Wichtigste auf einen Blick / Bist du fit? 101

◎ Auf den Punkt gebracht   ◉ Im Blickpunkt

3. Körper und Figuren ... 103
Lernfeld Körper herstellen und damit experimentieren ... 104
- 3.1 Körper und Vielecke ... 106
  - 3.1.1 Körper – Ecken, Kanten, Flächen ... 106
  - 3.1.2 Vielecke – Umfang und Diagonale ... 109
  - ◐ Geometrie auf dem Geobrett ... 112
  - ◐ Zeichnen mit einem Dynamischen Geometrie-System (DGS) ... 113
- 3.2 **Zum Selbstlernen** Koordinatensystem ... 114
- 3.3 Geraden – Beziehungen zwischen Geraden ... 117
  - 3.3.1 Geraden ... 117
  - 3.3.2 Zueinander senkrechte Geraden ... 119
  - 3.3.3 Zueinander parallele Geraden – Besondere Vierecke ... 123
  - ◐ Eigenschaften besonderer Vierecke mit einem
  Dynamischen Geometrie-System (DGS) erforschen ... 131
- 3.4 Netz und Schrägbild von Quader und Würfel ... 132
  - 3.4.1 Herstellen von Quader und Würfel aus einem Netz ... 132
  - 3.4.2 Schrägbild von Quader und Würfel ... 136
  - ◐ Anzahl von Ecken, Flächen und Kanten erforschen ... 140
  - ◎ Präsentieren auf Plakaten ... 142
- 3.5 **Zum Selbstlernen** Kreise ... 144
- 3.6 Winkel ... 147
  - 3.6.1 Begriff des Winkels ... 147
  - 3.6.2 Messen von Winkeln – Winkelarten ... 151
  - 3.6.3 Zeichnen von Winkeln ... 156
  - ◐ Orientierung mithilfe von Winkeln ... 158

Das Wichtigste auf einen Blick / Bist du fit? ... 160

4. Flächen- und Rauminhalte ... 163
Lernfeld Wie groß ist …? ... 164
- 4.1 Flächenvergleich – Messen von Flächeninhalten ... 165
  - 4.1.1 Größenvergleich von Flächen – Begriff des Flächeninhalts ... 165
  - 4.1.2 Angabe eines Flächeninhalts durch Maßzahl und Einheit –
  Die Einheit Quadratzentimeter ... 167
  - 4.1.3 Weitere Einheiten für Flächeninhalte – Zusammenhänge ... 170
  - 4.1.4 Umwandeln in andere Einheiten ... 175
- 4.2 Formeln für Flächeninhalt und Umfang eines Rechtecks ... 178
- 4.3 Rechnen mit Flächeninhalten ... 182
  - ◐ Flächeninhalt nicht rechteckiger Figuren ... 187
- 4.4 Volumenvergleich von Körpern – Messen von Volumina ... 189
  - 4.4.1 Größenvergleich von Körpern – Begriff des Volumens ... 189
  - 4.4.2 Angabe eines Volumens – Volumeneinheiten ... 191
  - 4.4.3 Zusammenhang zwischen den Volumeneinheiten ... 195
- 4.5 Formeln für Volumen und Oberflächeninhalt eines Quaders ... 199
- 4.6 **Zum Selbstlernen** Rechnen mit Volumina ... 204
  - ◎ Modellieren mit Flächen und Körpern ... 209
- 4.7 Aufgaben zur Vertiefung ... 211

Das Wichtigste auf einen Blick / Bist du fit? ... 212

◎ Auf den Punkt gebracht ◐ Im Blickpunkt

Inhaltsverzeichnis

5. Anteile – Brüche 215
Lernfeld Nicht alles ist ganz 216
5.1 Einführung der Brüche 217
    5.1.1 Zerlegen eines Ganzen in gleich große Teile 217
    5.1.2 Unechte Brüche – Gemischte Schreibweise 224
5.2 **Zum Selbstlernen** Bruch als Quotient natürlicher Zahlen 227
5.3 Erweitern und Kürzen 229
    5.3.1 Brüche mit gleichem Wert – Erweitern eines Bruches 229
    5.3.2 Kürzen eines Bruches 232
5.4 Anteile bei beliebigen Größen – Drei Grundaufgaben 235
    5.4.1 Bestimmen eines Teils von einer Größe 235
    5.4.2 Bestimmen des Ganzen 237
    5.4.3 Bestimmen des Anteils 239
    5.4.4 Angabe von Anteilen in Prozent 240
    5.4.5 Vermischte Übungen 242
5.5 Mischungs- und Teilverhältnisse 244
Das Wichtigste auf einen Blick / Bist du fit? 246

Anhang
Lösungen zu Bist du fit? 248
Einheiten und ihre Umrechnungen 253
Verzeichnis mathematischer Symbole 254
Stichwortverzeichnis 255
Bildquellenverzeichnis 256

◎ Auf den Punkt gebracht   ● Im Blickpunkt

Über dieses Buch

Elemente der Mathematik ist auf der Basis des Rahmenlehrplans für die Jahrgangsstufen 1–10 für die Länder Berlin und Brandenburg konzipiert. In Umfang und Art der Darstellung trägt es der durchgängigen Konzeption Rechnung. Die prozessbezogenen und inhaltsbezogenen Kompetenzen, die die Schülerinnen und Schüler erwerben sollen, werden deutlich und akzentuiert herausgestellt. Vielfältige Erweiterungsmöglichkeiten für Differenzierung im Unterricht und thematische Profilbildungen werden angeboten.

Bei der Darstellung der Lerninhalte werden sowohl alle prozessbezogenen Kompetenzbereiche (Mathematisch argumentieren, Probleme mathematisch lösen, Mathematisch modellieren, Mathematische Darstellungen verwenden, mit symbolischen, formalen und technischen Elementen der Mathematik umgehen, Mathematisch kommunizieren) als auch alle inhaltsbezogenen Kompetenzbereiche (Zahlen und Operationen, Größen und Messen, Raum und Form, Gleichungen und Funktionen, Daten und Zufall) ausgewogen berücksichtigt und miteinander verzahnt. Insbesondere wurden auch Ergebnisse und Schlussfolgerungen aus der TIMS- und der PISA-Studie angemessen eingearbeitet. Zum Erwerb der überfachlichen und fachlichen Kompetenzen ermöglicht Elemente der Mathematik eine breite Palette unterschiedlichster schülerorientierter Unterrichtsformen: Beim gemeinsamen Entdecken, Erforschen, Beschreiben und Erklären erfahren die Schüler, dass nicht nur die Lösung eines Problems, sondern auch der Lösungsweg wichtig ist und dass dabei insbesondere die Analyse von Fehlern hilfreich ist. Die überfachlichen Kompetenzen (Personale Kompetenz, Sozialkompetenz, Lernkompetenz und Sprachkompetenz) gelangen so in den Vordergrund des unterrichtlichen Geschehens. Stets werden den Unterrichtenden konkrete Hilfen an die Hand gegeben, um solche problem- und handlungsorientierte Lernsituationen zu schaffen, in denen die Schüler und Schülerinnen altersangemessen ihr mathematisches Wissen möglichst eigenständig entwickeln und strukturieren können.

Zu den Lerninhalten

Aus den im Rahmenlehrplan angegebenen prozessbezogenen und inhaltsbezogenen Kompetenzen, die am Ende von Klasse 6 erworben sein sollen, wurde folgende Themenabfolge für den Unterricht in Klasse 5 entwickelt:

Kapitel 1 Statistische Erhebungen – Natürliche Zahlen – Themenbereich „Zahlen und Operationen", „Größen und Messen" sowie „Daten und Zufall"

Ausgehend von der Planung und Durchführung einfacher Umfragen aus dem Umfeld der Schülerinnen und Schüler werden Datenerhebung und -auswertung thematisiert. In diesem Zusammenhang werden auch die in der Grundschule angelegten Kompetenzen der Lernenden zu den natürlichen Zahlen und Größen erweitert.

Kapitel 2 Rechnen mit natürlichen Zahlen – Themenbereich „Gleichungen und Funktionen" sowie „Zahlen und Operationen"

Bei den Grundrechenarten werden Zusammenhänge sowie Rechengesetze herausgearbeitet und ein flexibler Umgang mit ihnen geschult. Ferner wird das schriftliche Rechnen über den Zahlenraum der Grundschule hinaus erweitert. Anwendungsaufgaben mit Größen werden integriert behandelt.

Kapitel 3 Körper und Figuren – Themenbereich „Raum und Form" sowie „Größen und Messen"

Die Entwicklung geometrischer Grundbegriffe erfolgt ausgehend von der Betrachtung von im Alltag vorkommenden Körpern; räumliche und ebene Probleme werden in enger Vernetzung zueinander betrachtet.

Kapitel 4 Flächen- und Rauminhalte – Themenbereich „Raum und Form" sowie „Größen und Messen"

Besonderer Wert wird auf die Erarbeitung einer angemessenen inhaltlichen Vorstellung vom Flächeninhalt bzw. Rauminhalt und von seinem Messen im Sinne des Ausschöpfens gelegt. Einen weiteren Schwerpunkt bildet die anschauliche Vorstellung von den Maßeinheiten und ihren Zusammenhängen. Aus diesem Grunde wird das Berechnen mithilfe der Seitenlängen nicht zu früh angestrebt.

Kapitel 5 Anteile – Brüche – Themenbereich „Zahlen und Operationen"

Die Einführung der Bruchzahlen erfolgt aus Alltagssituationen heraus über den Anzahlaspekt (als Vielfache von Brucheinheiten) in enger Verknüpfung mit dem Maßzahlaspekt (als Maßzahlen in Größenangaben). Ein vertieftes inhaltliches Verständnis auch des Operatoraspektes wird bei der Behandlung der Grundaufgaben erzielt.

Zum methodischen Aufbau

1. Jedes Kapitel beginnt mit einer **Einstiegsseite**, die an die Erfahrungen der Schülerinnen und Schüler anknüpft und erste Aktivitäten zur Thematik ermöglicht. Diese Seite eignet sich für einen offenen Einstieg und gibt einen Ausblick auf das Thema des Kapitels.

An die Einstiegsseite schließt sich ein **fakultatives Lernfeld** mit verschiedenen offenen und reichhaltigen Lerngelegenheiten an: In unterschiedlichen Problemsituationen können die Schülerinnen und Schüler zentrale Inhalte und Verfahren auf eigenen Lernwegen durch Anknüpfen an Alltags- und Vorerfahrungen selbstständig und häufig handlungsorientiert entdecken. Der Aufbau eigener Vorstellungen und die Bearbeitung einer Vielfalt von Lösungsansätzen werden gefördert durch die Anregung, diese Lernfelder in der Regel in Partner- und Gruppenarbeit zu bearbeiten. Der Austausch über das Problem mit dem Partner bzw. in der Gruppe sowie der Bericht über die Erfahrungen in der ganzen Klasse fördern insbesondere prozessbezogene Kompetenzen wie Problemlösen sowie Argumentieren und Kommunizieren.

2. Die folgenden **Lerneinheiten** bieten eine Möglichkeit zur systematischen Behandlung der Kapitelinhalte – je nach Vorgehen in der Lerngruppe können Teile davon auch in die Bearbeitung der Lernfelder integriert werden. Jede Lerneinheit beginnt mit einem offenen Einstieg (ohne Lösung im Buch), der die Schüler(innen) zu einer eigenständigen Problembearbeitung und -lösung anregt. Es kann sich eine Aufgabe mit Lösung oder eine Einführung anschließen, die alternativ oder ergänzend die Thematik bearbeiten. Durch ihre sorgfältige, schülergerechte Darstellung eignen sie sich sowohl zum eigenständigen Erarbeiten als auch zum Herausstellen von Problemlösestrategien. Der übersichtlichen Darstellung wegen folgen hier schon weiterführende Aufgaben, die im Unterricht in aller Regel erst nach einer erfolgten Festigung der zuerst behandelten Inhalte an einigen Übungsaufgaben thematisiert werden sollten. Sie dienen der Abrundung und Weiterführung der Theorie. Ihr Thema wird den Unterrichtenden in einer Überschrift genannt. In aller Regel sollten weiterführende Aufgaben im Unterricht bearbeitet werden und nicht als Hausaufgaben gestellt werden.

Die im Lernprozess erarbeiteten Ergebnisse werden häufig in einer Information zusammengefasst. In ihr werden auch Begriffe eingeführt und Ausblicke gegeben. Wesentliche Inhalte werden dabei optisch deutlich in einem Kasten mit einem roten Rahmen hervorgehoben. Hier wird großer Wert auf prägnante, altersgemäße Formulierungen gelegt, die auch beispielgebunden sein können.

Die folgenden Übungsaufgaben sind unter besonderer Berücksichtigung des Erwerbs sowohl der inhaltsbezogenen als auch der prozessbezogenen Kompetenzen konzipiert worden. Sie dienen zur Festigung des Gelernten, der operativen Durcharbeitung und der Vernetzung der Lerninhalte mit denen früherer Themen; dabei sind überall offene Aufgaben integriert. Zur soliden Durcharbeitung wird konsequent das Analysieren typischer Schülerfehler und entsprechendes Argumentieren und

Kommunizieren gefordert. Auch die Übungsaufgaben ermöglichen Unterricht in vielfältigen schülerbezogenen Aktivitäten, bis hin zu Partnerarbeit und Teamarbeit sowie Spielen.

Einige Aufgaben enthalten in einem blauen Fond Musterbeispiele für Schreibweisen und Lösungswege. Manche Aufgaben enthalten Selbstkontroll-Möglichkeiten für die Schüler(innen). Aufgaben, die die Selbstständigkeit und Problemlösefähigkeit in besonderer Weise herausfordern, sind durch eine rote Aufgabennummer gekennzeichnet.

3. Abschnitte mit der Überschrift **Vermischte Übungen** finden sich an den Stellen eines Kapitels, an denen eine besonders starke Vernetzung der bisher erworbenen Kompetenzen angebracht ist.

4. Eingestreut in die Übungsaufgaben finden sich in regelmäßigen Abständen Fragestellungen unter der Überschrift **Das kann ich noch!** zum Reaktivieren des bisher erworbenen Grundwissens.

5. Am Kapitelende folgt dann der fakultative Abschnitt **Aufgaben zur Vertiefung**, der neben einer Vernetzung auch eine Ergänzung des Lehrstoffes auf einem erhöhten Niveau zum Ziel hat.

6. Den Kapitelabschluss bilden die Abschnitte **Das Wichtigste auf einen Blick** und **Bist du fit?**, in denen in besonderer Weise die erworbenen Grundqualifikationen zusammengestellt und getestet werden. Die Lösungen dieser Aufgaben sind im Anhang des Buches angegeben, sodass sie von den Schülerinnen und Schülern gut zum eigenständigen Üben für eine Klassenarbeit verwendet werden können.

7. Unter der Überschrift **Im Blickpunkt (●)** werden innermathematische, aber insbesondere auch fachübergreifende, komplexere Themen, die von besonderem Interesse sind und in engem Zusammenhang mit dem Lerninhalt des Kapitels stehen, als Ganzes behandelt. Zur Förderung der fachlichen Kompetenz des Problemlösens sind einige dieser Abschnitte als Forschungsaufträge formuliert. Die Blickpunkte gehen über die obligatorischen Inhalte des Rahmenlehrplans hinaus; sie eignen sich auch zur Differenzierung und Förderung von eigenständigen Schüleraktivitäten.

8. Um Schüler und Schülerinnen im eigenständigen Erarbeiten mathematischer Themen zu schulen, enthält jedes Kapitel eine Lerneinheit **Zum Selbstlernen**, in der das Thema so aufbereitet ist, dass es von den Lernenden ganz selbstständig bearbeitet werden kann.

9. An geeigneten Stellen werden unter der Überschrift **Auf den Punkt gebracht (◎)** die für diese Klassenstufe vorgesehenen allgemeinen Kompetenzen akzentuiert zusammengefasst.

Symbole

1. Dieser Arbeitsauftrag ist für die Bearbeitung in Partnerarbeit konzipiert.

2. Dieser Arbeitsauftrag ist für die Bearbeitung durch eine Gruppe aus mehreren Schülerinnen und Schülern konzipiert.

3. Rote Aufgabennummern kennzeichnen Aufgaben, die die Selbstständigkeit und Problemlösefähigkeit der Schülerinnen und Schüler in besonderer Weise herausfordern.

4. Blaue Aufgabennummern (und Überschriften) kennzeichnen Zusatzstoffe.

In den Einheiten zum Selbstlernen kennzeichnet dieses Symbol einen Auftrag.

1. Statistische Erhebungen – Natürliche Zahlen

Überall im Alltag müssen Daten erhoben werden,
die mithilfe von Zahlen angegeben werden.

Zoo und Tierpark haben Tierbestand 2012 veröffentlicht

Im Winter werden alle Tiere im Berliner Zoo mit Aquarium und im Tierpark gezählt, gewogen und gemessen. Im Januar 2013 beherbergt der Zoo 19 484 Tiere und 1 474 Arten. Im Tierpark sind es 7 359 Tiere und 861 Arten. Besonders stolz ist man im Tierpark auf den im Mai neu geborenen Elefanten. Die Pressesprecherin berichtet, dass Löwen, Schildkröten, Elefanten und Zebras einfach zu zählen sind, aber andere Arten die Tierpfleger wirklich herausfordern: „Unsere Flamingos lotsen wir an mehreren Tagen durch eine Schleuse zwischen ihrem Stall und dem Freigehege So können wir sicher sein, dass 80 Vögel im Zoo leben. Fischschwärme hingegen werden nach längerer Beobachtung geschätzt."

→ Wie viele neugeborene Elefanten gab es bisher im Tierpark?

→ Beschreibe, wie die Schlange gewogen wird.

→ Schätze, wie groß die Robbe ist.

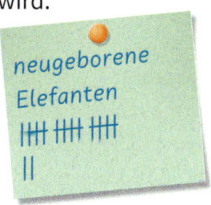

In diesem Kapitel ...
erfährst du, wie man Umfragen plant und durchführt.
Weiterhin erweiterst du dein Wissen über natürliche Zahlen.

Lernfeld: Befragungen planen – Zählen

Wie schwer sind eure Schulrucksäcke?
Bestimmt kennt ihr das Gefühl, dass an manchen Schultagen der Schulrucksack besonders schwer ist, an anderen erscheint der Rucksack euch *kinderleicht*.

→ Wiegt eure Schulrucksäcke und vergleicht mit den Empfehlungen von Medizinern. Diese könnt ihr zum Beispiel im Internet nachschlagen.

→ Untersucht, ob ihr unnötige Dinge in die Schule mitgebracht habt.
Gestaltet ein Plakat mit Tipps, wie man Schulrücksäcke füllen kann, damit sie möglichst leicht sind. Hängt es im Klassenraum aus.

Klassenarbeiten über Klassenarbeiten!
Du hast bestimmt schon oft gedacht: Schon wieder eine Klassenarbeit! Aber sind es wirklich so viele?

→ Wie viele Klassenarbeiten schreibst du im Laufe deiner Schulzeit? Erkundet dazu, wie viele Fächer ihr in den einzelnen Klassenstufen habt. Wie viele Klassenarbeiten werden pro Fach geschrieben? Fragt auch Schüler und Schülerinnen aus anderen Klassenstufen.

→ Bestimmt gibt es Zeiträume, in denen ihr besonders viele Arbeiten schreibt. Eine gute Planung ist dann wichtig. Markiert euch für die Pinnwand im Klassenzimmer die Tage in einem Kalender, an denen ihr Klassenarbeiten schreibt. Nutzt diese Übersicht für eine langfristige Vorbereitung. Macht für jeden Monat andere Schüler verantwortlich, die diese Aufgabe übernehmen. Die Übersicht hilft euch, eure Zeit zu planen.

→ Überlegt euch weitere Fragen, die euch interessieren. Bildet Gruppen und beantwortet die Fragen gemeinsam.

Spiel: Wer hat die höchste Hausnummer?
Fertigt eine Tabelle mit 3 Spalten an. Jeder Mitspieler würfelt mit einem Würfel dreimal und entscheidet nach jedem Wurf, in welche der 3 Spalten er sein Ergebnis eintragen möchte. Es entsteht eine dreistellige Zahl. Wer die größte Zahl in seiner Tabelle stehen hat, gewinnt.
Abwandlung der Spielregeln:
Ihr könnt auch „Wer hat die kleinste Hausnummer?" spielen. Dann gewinnt, wer die kleinste Zahl in seiner Tabelle stehen hat.

→ Entscheidet euch für eine Spielregel. Spielt das Spiel mehrere Male.
Überlegt dann gemeinsam, welches Vorgehen (Strategie) Gewinn versprechend ist.

→ Gestaltet gemeinsam ein schönes Plakat mit Tipps für die verschiedenen Spielregeln.

1.1 Statistische Erhebungen in der Klasse

Einstieg

Die Schülerinnen und Schüler der neuen Klasse 5a möchten sich besser kennen lernen. Daher wird eine Umfrage in der Klasse durchgeführt und ausgewertet.
Eine der Fragen lautet:
„Welche Sportart betreibst du am liebsten?"
Die Antworten wurden in einer *Strichliste* an der Tafel notiert. Du kannst z. B. ablesen, wie häufig Fußball genannt wurde.
Das Ergebnis der Umfrage soll übersichtlich im Klassenraum präsentiert werden. Überlegt, welche Möglichkeiten es dafür gibt. Fertigt jeder ein Blatt zum Aushängen an.

Aufgabe 1

Darstellen von Daten
Die Schülerinnen und Schüler der Klasse 5b wurden nach der Anzahl der Geschwister befragt. Zeichne zur Veranschaulichung ein Diagramm.

Geschwisterzahl	0	1	2	3	4
Schülerzahl	ℍℍ III	ℍℍ ℍℍ	ℍℍ I	IIII	I

Lösung

Für jede Geschwisteranzahl wird eine Säule gezeichnet.
Die höchste Säule steht für die 10 Schülerinnen und Schüler, die genau ein Geschwisterkind haben.
Dafür können wir gut eine 10 Kästchen hohe Säule zeichnen, damit das Diagramm weder zu klein noch zu groß wird.
Entsprechend zeichnen wir die übrigen Säulen.

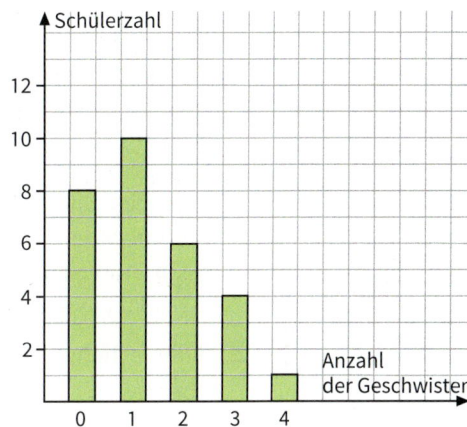

Information

(1) Strichlisten
Zum Auszählen von Stimmen oder anderen Anzahlen *(Häufigkeiten)* verwendet man oft eine **Strichliste**. Jeder 5. Strich wird schräg durch die vier vorangehenden senkrechten Striche gezogen. Mit diesen Fünfer-Bündeln hat man einen guten Überblick über die Gesamtanzahl.

(2) Säulendiagramm
Um verschiedene Größen oder Anzahlen *(Häufigkeiten)* anschaulich vergleichen zu können, zeichnet man oft ein **Säulendiagramm**. Mithilfe des größten vorkommenden Wertes überlegt man sich zunächst, welche Länge man z. B. für eine Person zeichnet.
Zum besseren Eintragen in das Diagramm zeichnet man auf die linke Seite einen nach oben gerichteten Zahlenstrahl mit Beschriftung für die dargestellten Anzahlen und Größen.

(3) **Balkendiagramm**
Manchmal ist es aus Platzgründen sinnvoll, die Säulen nicht stehend, sondern liegend zu zeichnen. Man spricht dann von einem *Balkendiagramm*.

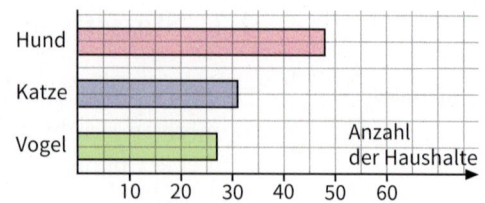

Weiterführende Aufgabe

Planen einer statistischen Erhebung

2. Jakobs Oma meint: „Ich glaube, heute haben Schulkinder wieder mehr Geschwister als zu meiner Zeit. Du hast zwei Schwestern, Hanna und Pauline, dein Cousin Pascal hat Jan als kleinen Bruder. Opa und ich, wir waren dagegen Einzelkinder." Jakob möchte in seiner Schule erheben, wie viele Geschwister die Schülerinnen und Schüler haben. Leider ist es viel zu aufwendig, alle 1000 Schüler der Schule zu befragen. Daher soll nur ein kleiner Teil der Schülerschaft, eine Stichprobe, befragt werden.
   a) Beschreibe, worauf bei der Auswahl der Stichprobe geachtet werden muss.
   b) Überlege, wie die Befragung durchgeführt werden muss, um gut auswertbare Ergebnisse zu erhalten.

Information

Planen und Durchführen statistischer Erhebungen

Wenn man eine statistische Erhebung durchführen und auswerten will, muss man in der Regel vier Schritte durchführen:

1. **Planen:** Will man eine Vermutung mithilfe von Daten überprüfen, so kann es notwendig sein, nur eine *Stichprobe* zu untersuchen. Diese muss dann in ihrer Zusammensetzung der *Grundgesamtheit* entsprechen. Vor einer Befragung muss man die zu stellenden Fragen genau formulieren und den Zeitpunkt der Erhebung auswählen.
   Beispiele:
   • Eine Klasse meint, dass das Verkehrsaufkommen in der Nähe der Schule gefährlich hoch ist. Die Schülerinnen und Schüler planen, wie viele Gruppen den Verkehr zählen sollen und wann und wie lange gezählt werden soll.
   • Ein Großhändler befürchtet, dass eine Lieferung von Apfelsinen zu viele schlechte enthält. Er plant, wie groß seine Stichprobe sein soll.

2. **Daten erheben:** Dazu gehört das Notieren der Daten in einen Erhebungsbogen.
   Beispiele:
   • Die Schüler legen eine Strichliste an, um die Anzahlen festzustellen.
   • Der Großhändler zählt, wie viele Apfelsinen nicht einwandfrei sind.

3. **Daten aufbereiten:** Die erhobenen Daten werden in Tabellen oder Diagrammen zusammengefasst.

4. **Folgerungen aus den Daten ziehen:** Schließlich wird man aus den Ergebnissen noch Folgerungen ziehen.
   Beispiele:
   • Die Verkehrsdaten können der Stadtverwaltung übergeben werden, damit diese auf dieser Grundlage entscheidet, ob der Straßenverkehr zumutbar ist oder nicht.
   • Der Großhändler kann auf der Grundlage seiner Stichprobe abschätzen, wie viele faule Apfelsinen die ganze Lieferung enthält. Er kann damit entscheiden, ob er die gesamte Lieferung annehmen oder ablehnen will.

1.1 Statistische Erhebungen in der Klasse

Übungsaufgaben

3. Die Schülerinnen und Schüler der Klasse 5c haben in ihrer Klasse eine Befragung über die Länge ihrer Schulwege durchgeführt. Die ermittelten Häufigkeiten wurden an der Tafel notiert.
   Zeichne ein Säulendiagramm.
   Wähle 1 Kästchenlänge für je 1 Schüler.

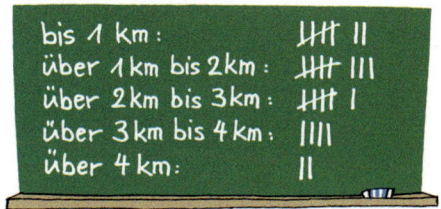

4. Peter und Sophie beobachten den Verkehr in ihrer Straße. Sie unterscheiden dabei nach Radfahrern, Motorradfahrern, Autos, Lastwagen und Bussen.
   Sie notieren in einer Strichliste die vorbeikommenden Verkehrsteilnehmer in einer viertel Stunde.
   Zeichne zu diesem Ergebnis ein Säulen- oder ein Balkendiagramm.

5. Die Schülerinnen und Schüler von zwei 5. Klassen wurden nach ihrem Lieblingsgetränk befragt. Dabei wurde unterschieden, ob die Antwort von einem Jungen oder einem Mädchen kam.
   a) Zeichne für die Mädchen ein Säulendiagramm für die einzelnen Getränke.
   b) Zeichne auch für die Jungen ein Säulendiagramm und vergleiche.

Lieblingsgetränke	Mädchen	Jungen
Mineralwasser	₩	lll
Saft	lll	₩
Limonade	₩ l	llll
Cola	₩ llll	₩ ₩
Tee	ll	
Milch	ll	₩
Kakao	lll	lll

6. In allen 5. Klassen einer Schule wurde eine Umfrage nach den beliebtesten Haustieren gemacht. Dabei musste sich jeder Schüler für ein Lieblings-Haustier entscheiden. Die Häufigkeiten wurden in einem Säulendiagramm dargestellt.
   a) Was kannst du dem Diagramm „auf einen Blick" entnehmen?
   b) Lies die Ergebnisse für jedes Haustier ab.
   c) Wie viele Schüler wurden befragt?
   d) Fertige eine Tabelle an.

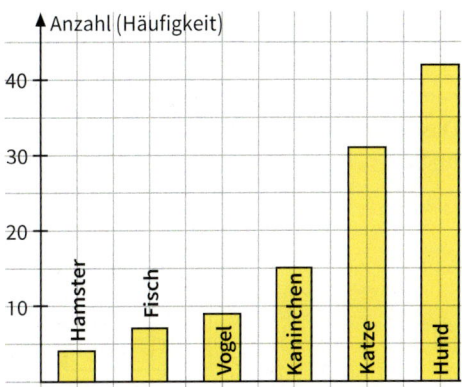

7. Ein Schulleiter hat erhoben, von welchen Grundschulen die neuen Fünftklässler kommen. Werte das Diagramm aus. Warum steht bei dem letzten Balken „Sonstige"?

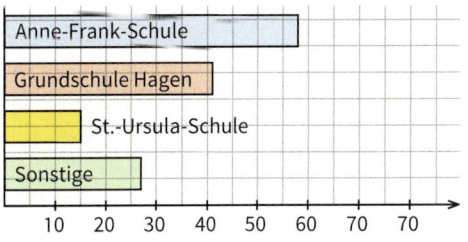

8. Die Schülerinnen und Schüler der Klasse 5 a möchten feststellen, wer von ihnen ein besonderer Glückspilz ist. Dazu wirft jeder 60-mal einen Würfel und stellt fest, wie viele Sechsen er dabei hat. Zeichne ein Säulendiagramm zu den folgenden Daten.

Anzahl der Sechsen	5	6	7	8	9	10	11	12	13	14
Häufigkeit	1	0	2	5	5	6	4	5	2	1

9. In einem Gymnasium unterrichten so viele Lehrkräfte in den jeweiligen Fächern wie rechts in der Tabelle angegeben. Zeichne ein Balkendiagramm.

Fach	Lehrkräfte
Mathematik	16
Deutsch	22
Englisch	17
Erdkunde	10
Biologie	8
Kunst	4
Musik	2

10. Wählt in verschiedenen Büchern eine Seite aus und zählt 100 Wörter ab.
Legt eine Strichliste an, wie viele Buchstaben die einzelnen Wörter haben. Zeichnet ein Säulendiagramm.
Vergleicht eure Ergebnisse.

11. Zeichne das nebenstehende Balkendiagramm ins Heft. Erfinde zu dem Balkendiagramm eine passende Überschrift und eine sinnvolle Beschriftung.
Zeichne dann auch das dazu passende Säulendiagramm.

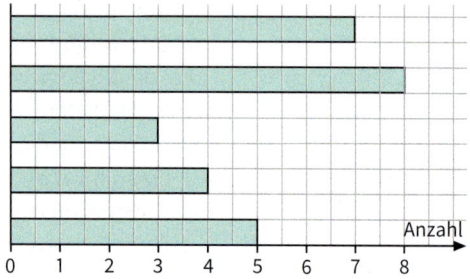

Das kann ich noch!

A) Wie viele Würfel benötigst du, um den Körper zu bauen?

1) 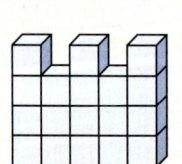 2) 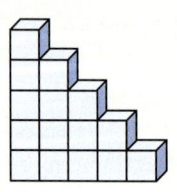 3) 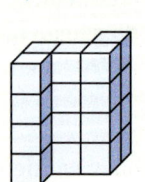 4) 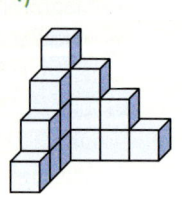 5)

B) Welche der Vierecke sind keine Quadrate?

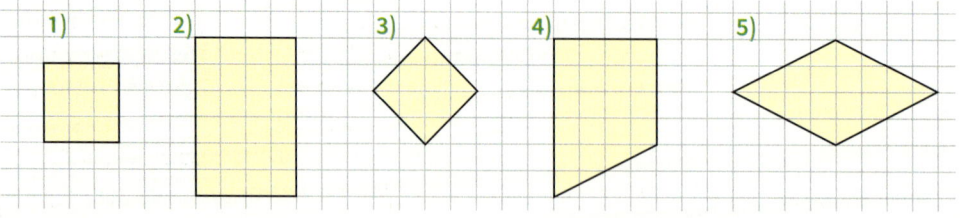

1.1 Statistische Erhebungen in der Klasse

12. Wie häufig sind wohl Linkshänder?
    a) Denke an 50 verschiedene Menschen, die du kennst und entscheide jeweils, ob es ein Rechts- oder Linkshänder ist. Zeichne zur Veranschaulichung ein Säulendiagramm.
    b) Vergleiche mit den Ergebnissen deiner Mitschüler und Mitschülerinnen. Woran könnten Unterschiede bei euren Ergebnissen liegen?

13. Sind einsilbige Wörter im Englischen häufiger als im Deutschen? Überlege mit einem Partner zunächst eine Vermutung. Ein Partner zählt im Englisch-Buch bei 100 Wörtern eines Textes die Silbenzahl aus, der andere zählt einen Text im Deutsch-Buch aus. Überprüft damit eure Vermutung und zeichnet Säulendiagramme.

14. Stammt die Lieblings-Mannschaft in der Bundesliga bei den Brandenburger Schülerinnen und Schülern aus Norddeutschland?
    Jeder einzelne notiert zunächst, ob diese Vermutung wohl zutrifft und welche Lieblingsmannschaft wohl am häufigsten genannt wird.
    Tragt dann eure Ergebnisse zusammen und wertet sie mit einem Säulendiagramm aus.

15. Bei vielen Spielen gibt es ein Spielbrett, auf dem mit Figuren oder Steinen gespielt wird, z. B. Schach, Halma, Mensch ärgere dich nicht, Monopoly, … Solche Spiele nennt man Brettspiele.
    Was denkt ihr:
    - Welche Brettspiele haben die Schülerinnen und Schüler in deiner Klasse?
    - Welches Brettspiel ist das Lieblingsspiel der Schülerinnen und Schüler deiner Klasse?
    Jeder einzelne notiert zunächst eine Vermutung. Plant dann eine Befragung und wertet diese aus.

16. Welches ist wohl die häufigste Augenfarbe der Schülerinnen und Schüler in deiner Klasse? Jeder einzelne notiert zunächst eine Vermutung. Entwickelt dann einen Erhebungsbogen, mit dem ihr die Befragung durchführt. Zeichnet zur Auswertung ein Säulendiagramm.

17. Du kannst zusammen mit einem oder mehreren deiner Mitschüler auch selbst statistische Erhebungen in deiner Schule durchführen. Bereitet die Ergebnisse so auf, dass sie in der Schülerzeitung oder auf der Homepage der Schule veröffentlicht werden können. Hier einige Vorschläge – ihr findet sicherlich noch mehr:
    - Was halten Schüler der Klassen 5 bis 10 vom Lesen? Welche Bücher sind beliebt?
    - Was halten Schüler der Klassen 5 bis 10 vom Sport? Welche Sportarten sind bei den Schülern deiner Schule am beliebtesten? Welche Sportarten werden von ihnen selbst ausgeführt, welche Sportarten gern im Fernsehen betrachtet?
    - Was halten Schüler der Klassenstufen 5 bis 10 von Computerspielen?
    - Wie viel Zeit müssen die Schüler deiner Klasse für die Anfertigung von Hausaufgaben aufbringen? Wie stark unterscheiden sich die einzelnen Fächer darin?

1.2. Große Zahlen – Stellenwerttafel

Einstieg   Lest euch den folgenden Text aus einem Biologiebuch vor. Wechselt die Rolle von Leser und Zuhörer nach jedem Satz, in dem eine Zahl vorkommt.

Termiten – Große Familien in Erdhügeln

Auf der ganzen Welt gibt es rund 2500 Termitenarten, die meisten davon in Afrika. Aber auch in Asien, Australien, Amerika und Südeuropa sind Termiten zu finden. Seit etwa 150 000 000 Jahren krabbeln sie über die Erde. Die Arten unterscheiden sich in der Ernährungsweise, der Farbe, der Größe sowie in der Art und Form ihrer Baue. Eines aber haben alle gemeinsam, sie alle bilden Staaten, Insektenstaaten. Ein Termitenstaat besteht aus einem Königspaar und seinen Nachkommen: Larven, Nymphen, Arbeiter und Soldaten, insgesamt bis zu 3 000 000 Tiere. Die Königin legt täglich bis zu 43 000 Eier.

Von Zeit zu Zeit gibt es bei den Termiten ein ganz besonderes Ereignis, das Ausschwärmen. Bis zu 400 000 geflügelte Geschlechtstiere, also fruchtbare Männchen und Weibchen, die von den Arbeitern herangezüchtet wurden, verlassen den Bau, um einander zu finden und ein neues Termitenvolk zu gründen.

Aufgabe 1

Große Zahlen

In einem fernen Land lebte einmal ein König, dessen Tochter sehr traurig war. Er suchte im ganzen Land jemanden, der seine Tochter heilen und zum Lachen bringen konnte.
Eines Tages kam Mula und versprach, die Königstochter innerhalb von einem Monat mit 31 Tagen zu heilen.
Er forderte als Lohn für den ersten Tag 1 Taler, für den 2. Tag 10 Taler und für jeden weiteren Tag 10-mal so viele Taler wie für den vorherigen Tag. Der König willigte ein und Mula brachte die Königstocher zum Lachen.
Welchen Lohn musste der König am Ende zahlen?

Lösung

Wir notieren zunächst für jeden einzelnen Tag den Lohn in Talern (siehe rechts). Bei jedem weiteren Tag, also jeder Verzehnfachung, muss eine weitere Null angehängt werden.
Am 31. Tag ist der Lohn eine 1 mit 30 Nullen. Der Gesamtlohn ist eine Zahl aus 31 Einsen. Die Tochter des Königs konnte lachen, der König aber wurde arm.

1. Tag:	1
2. Tag:	10
3. Tag:	$10 \cdot 10 =$ 100
4. Tag:	$100 \cdot 10 = 1\,000$
5. Tag:	$1000 \cdot 10 = 10\,000$
...	

1.2. Große Zahlen – Stellenwerttafel

Information

Namen für große Zahlen – Stellenwerttafel

Wir schreiben unsere Zahlen mit den zehn Ziffern 0, 1, 2, 3, 4, 5, 6, 7, 8 und 9; dabei benutzen wir die **Stufenzahlen** *Einer* (E), *Zehner* (Z), *Hunderter* (H) und *Tausender* (T).
Für größere Zahlen benötigen wir Zahlwörter für weitere Stufenzahlen:

1 Million	= 1 000 Tausender =	1 000 000
1 Milliarde	= 1 000 Millionen =	1 000 000 000
1 Billion	= 1 000 Milliarden =	1 000 000 000 000
1 Billiarde	= 1 000 Billionen =	1 000 000 000 000 000
1 Trillion	= 1 000 Billiarden =	1 000 000 000 000 000 000

Tausend: 3 Nullen
Million: 6 Nullen
Milliarde: 9 Nullen
Billion: 12 Nullen

Deutsch	Englisch
Million	million
Milliarde	billion, auch thousand million
Billion	trillion, auch million million

Verwendete Abkürzungen: Million – Mio., Milliarde – Mrd., Billion – Bill.
Beim Übersetzen großer Zahlwörter ins Englische muss man aber aufpassen (siehe links).

Große Zahlen lassen sich leichter überblicken, wenn man sie in eine **Stellenwerttafel** einträgt.

Billionen			Milliarden			Millionen			Tausender			Hunderter	Zehner	Einer	Gelesen
								1	2	5	6	3	4	5	12 Millionen 563 Tausend 450
					2	0	0	0	0	4	8	0	0	0	2 Milliarden 48 Tausend
	7	0	6	7	0	0	0	0	0	0	0	0	0	0	7 Billionen 67 Milliarden

12 563 450
12.563.450

Häufig gliedert man Zahlen mit vielen Ziffern in Dreierpäckchen (von rechts nach links), um sie besser zu überblicken. Man lässt einen kleinen Zwischenraum oder setzt einen Punkt.

Weiterführende Aufgabe

Nachfolger – Unbegrenztheit der natürlichen Zahlen

2. a) Nenne eine Zahl; dein Partner die nächstgrößere Zahl. Tauscht die Rollen dreimal.
   b) Jakob hat auf einen Zettel hundert Neunen hintereinander geschrieben. Er behauptet: „Das ist die größte natürliche Zahl, die es gibt." Was meinst du dazu?

Information

Zu jeder noch so großen natürlichen Zahl kann man eine nachfolgende Zahl (den **Nachfolger**) finden. Daher kann man ohne Ende weiter zählen.
Die Menge der natürlichen Zahlen ist unbegrenzt: $\mathbb{N} = \{0, 1, 2, 3, 4, ...\}$.
Trotzdem reichen zum Schreiben die zehn Ziffern aus.

Übungsaufgaben

3. Arbeite mit deinem Nachbarn zusammen. Einer liest die Zahlen vor, der andere kontrolliert. Wechselt die Rolle nach jeder Zahl.

   a) 2 000 000
      200 000 000
      3 000 000 000 000

   b) 800 523
      50 400 000
      1 490 000 000

   c) 40 864
      10 904 016 000
      612 724 816

   d) 301 496
      1 234 567
      9 876 543

4. Schreibe die Zahlen vollständig mit Ziffern. Überlege zunächst, wie viele Ziffern die Zahl hat.

   a) 34 Millionen
      28 Billionen

   b) 7 Milliarden
      10 Milliarden

   c) 370 Billionen
      318 Trillionen

   d) 6 Millionen 432 Tausend
      1 Million 37 Tausend

5. Die Kontinente der Erde sind nicht nur verschieden groß, sondern auch sehr unterschiedlich besiedelt. Schreibe die Einwohnerzahlen vollständig mit Ziffern.

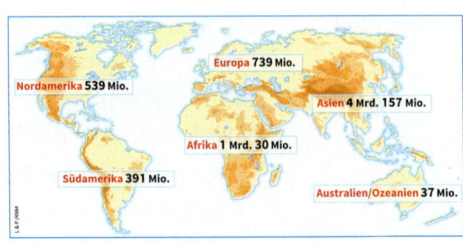

6. Schreibe die Zahlen mit Ziffern. Gliedere sie in Dreierpäckchen.

   Eine Stellenwerttafel kann dir helfen!

   a) (1) dreihundertzwanzigtausend
      (2) drei Millionen
      (3) einundfünfzig Milliarden
      (4) fünfhundertdreißig Millionen
      (5) siebenhundert Billionen

   b) (1) siebenundsechzig Billiarden
      (2) drei Milliarden fünfzig Millionen
      (3) fünfhundertdreiundzwanzig Milliarden
      (4) dreizehn Millionen zwanzigtausend
      (5) drei Billionen zwanzig Millionen

7. Diktiert euch abwechselnd jeweils fünf Zahlen, die mindestens sechsstellig sind. Vergleicht anschließend, ob sie richtig aufgeschrieben wurden.

8. Bei manchen Kaufverträgen oder Quittungen muss der Geldbetrag auch in Worten eingetragen werden. Damit ist es schwieriger, eine Eintragung zu fälschen.

   a) Schreibe sie mit Ziffern.
      (1) eintausenddreihundert
      (2) neunzehntausendvierundfünfzig
      (3) zehntausendzehn

   b) Schreibe die Zahlen in Worten:
      (1) 87   (3) 5 622
      (2) 756   (4) 19 989

   Autohaus Sienbesten
   Kaufvertrag
   Käufer: Autohaus Sienbesten
   Verkäufer: Monika Mustermann
   Gegenstand: Fahrzeug mit amtl. Kennzeichen
                B – LF 239
   Kaufpreis: 8 700 €
   in Worten: achttausendsiebenhundert

9. Wie lautet die kleinste [größte] Zahl mit   a) 5 Stellen;   b) 6 Stellen;   c) 10 Stellen?
   Erläutere deine Überlegungen.

10. Wie viele Nullen benötigst du, um die Zahl mit Ziffern zu schreiben?
    a) achtzig Millionen
    b) dreihundertfünftausend
    c) dreiundvierzig Millionen siebentausend
    d) neun Millionen neuntausendneun

11. Es gibt Geräte, die Ziffernräder haben, mit denen gezählt wird, z. B. Stromzähler. Schau dir seine Arbeitsweise an.
    a) Welche Zahl ist Nachfolger der Zahl?
       (1) 19 999   (2) 89 898   (3) 990 999   (4) 99 899 999   (5) 9 191 919   (6) 88 888 999
    b) Erläutere, welche der obigen Aufgaben du einfach findest.

12. Wie viele Tetrapaks wurden seit 2000 recycelt?

13. Oft findet man in Zeitungen, Zeitschriften, Büchern, … Aussagen, in denen große Zahlen vorkommen. Wählt euch ein interessantes Sachgebiet aus. Erstellt ein Plakat, auf dem ihr solche Informationen darstellt (präsentiert). Hängt es in eurer Klasse aus.

1.3 Zweiersystem

Einstieg

Marc und Julia spielen Karten. Der Gewinner eines Spiels erhält jeweils einen Baustein mit einem Noppen. Schon bald reichen die vorhandenen Bausteine nicht mehr aus. Daher nehmen sie solche mit 2 Noppen, 4 Noppen, 8 Noppen und 16 Noppen hinzu.

a) Marc hat schon 13 Spielsteine mit einem Noppen gewonnen, Julia 23. Beide wollen ihre Spielsteine so eintauschen, dass sie möglichst wenige Steine vor sich liegen haben. Welche Steine erhält Marc, welche Steine erhält Julia?

b) Julia sagt: „Ich hätte gerne von jeder Sorte einen Stein."
Wie viele Spiele muss sie gewinnen, um dieses Ziel zu erreichen?

c) Erstelle mit deinem Nachbarn eine Tabelle, die zeigt, wie man die Punktestände von 1 bis 20 mit möglichst wenigen Bausteinen darstellen kann.
Beschreibt Regelmäßigkeiten in der Tabelle.

Information

(1) Zahlschreibweise im Zweiersystem

Wir schreiben unsere Zahlen im **Zehnersystem**. Im Zehnersystem werden 10 *Einer* zu einem *Zehner* zusammengefasst, 10 Zehner zu einem *Hunderter*, 10 Hunderter zu einem *Tausender* usw. Deshalb braucht man nur 10 Ziffern.

Der Computer kann im Innern nur 2 Ziffern verarbeiten. Computer arbeiten daher im **Zweiersystem**. Wie kann man mit den zwei Ziffern 0 und 1 alle natürlichen Zahlen schreiben?
Dazu muss man schon

2 Einer zu einem *Zweier*:

2 Zweier zu einem *Vierer*:

2 Vierer zu einem *Achter*:

usw. zusammenfassen.

Rechts siehst du eine Darstellung der ersten sieben Zahlen im Zweiersystem.
1011 bedeutet im Zweiersystem (von links): 1 Achter, 0 Vierer, 1 Zweier, 1 Einer.

Um deutlich zu machen, dass dies eine Zahl im Zweiersystem sein soll, setzen wir das Zeichen ② dahinter, also: 1011②
(lies: eins – null – eins – eins).

	1
	10
	11
	100
	101
	110
	111

(2) Vergleich Zehnersystem – Zweiersystem

Im *Zehnersystem* werden 10 Einer zu 1 Zehner, 10 Zehner zu 1 Hunderter, 10 Hunderter zu 1 Tausender usw. zusammengefasst.

Im *Zweiersystem* werden 2 Einer zu 1 Zweier, 2 Zweier zu 1 Vierer, 2 Vierer zu 1 Achter usw. zusammengefasst.

11 bedeutet 1 Zehner und 1 Einer.
11₍₂₎ bedeutet 1 Zweier und 1 Einer

1000er	100er	10er	1er
6	5	2	7

$6 \cdot 1000 + 5 \cdot 100 + 2 \cdot 10 + 7 \cdot 1$

Die Ziffern zeigen an, aus wie vielen Einern, Zehnern, Hundertern usw. die Zahl sich zusammensetzt. Man benötigt die zehn Ziffern 0, 1, 2, 3, 4, 5, 6, 7, 8, 9.

8er	4er	2er	1er
1	0	1	1

$1 \cdot 8 + 0 \cdot 4 + 1 \cdot 2 + 1 \cdot 1$

Die Ziffern zeigen an, aus wie vielen Einern, Zweiern, Vierern, Achtern usw. die Zahl sich zusammensetzt. Man benötigt nur die zwei Ziffern 0 und 1.

Aufgabe 1

Umrechnen vom Zweier- in das Zehnersystem und umgekehrt

Man kann Zahlen vom Zweiersystem in das Zehnersystem umrechnen und umgekehrt.

a) Rechne 110011₍₂₎ aus dem Zweiersystem in das Zehnersystem um. Trage dazu 110011₍₂₎ zuerst in eine Stellentafel für das Zweiersystem ein.

b) Rechne 92 aus dem Zehnersystem in das Zweiersystem um. Zerlege dazu die Zahl 92 in die Stufenzahlen des Zweiersystems.

Lösung

a) Aus der Stellentafel lesen wir den Wert der einzelnen Ziffern ab:

32er	16er	8er	4er	2er	1er
1	1	0	0	1	1

$110011_{(2)} = 1 \cdot 32 + 1 \cdot 16 + 0 \cdot 8 + 0 \cdot 4 + 1 \cdot 2 + 1 \cdot 1$
$\phantom{110011_{(2)}} = 32 + 16 + 0 + 0 + 2 + 1$
$\phantom{110011_{(2)}} = 51$

Ergebnis: $110011_{(2)} = 51$

b) Die Stufenzahlen des Zweiersystems sind 1, 2, 4, 8, 16, 32, 64, 128, …
Man erhält folgende Zerlegung:

```
92 = 64 +   28
   = 64 + 16 + 12
   = 64 + 16 + 8 + 4
```

Ergebnis: $92 = 1 \cdot 64 + 0 \cdot 32 + 1 \cdot 16 + 1 \cdot 8 + 1 \cdot 4 + 0 \cdot 2 + 0 \cdot 1 = 1011100_{(2)}$

Weiterführende Aufgabe

Stellenwert einer Ziffer im Zehner- bzw. Zweiersystem

2. Welchen Stellenwert hat die Ziffer 1 an der 3. Stelle [4. Stelle; 5. Stelle; 6. Stelle; 7. Stelle; 8. Stelle; 9. Stelle] von rechts
(1) im Zehnersystem; (2) im Zweiersystem?

Das Zehnersystem und das Zweiersystem sind **Stellenwertsysteme**.
Der Wert (Stellenwert) einer Ziffer hängt davon ab, an welcher Stelle die Ziffer in einer Zahl steht.

1.3 Zweiersystem

Übungsaufgaben

3. a) Untersuche mit deinem Nachbarn, wie man bei einer im Zweiersystem geschriebenen Zahl schnell erkennen kann, ob sie gerade oder ungerade ist.
   b) Betrachtet die Stufenzahlen des Zweiersystems. Vergleicht sie. Beschreibt, welche Regelmäßigkeiten euch auffallen.

4. Setze die Stellentafel fort; trage die nächsten fünf Zahlen im Zweiersystem ein.

   a)
32	16	8	4	2	1
1	0	1	1	0	1

   b)
64	32	16	8	4	2	1
	1	1	1	0	1	1

   c)
128	64	32	16	8	4	2	1
1	0	1	0	1	1	1	1

5. Schreibe im Zweiersystem alle Zahlen von:
   a) $1000_{(2)}$ bis $1111_{(2)}$ b) $1000_{(2)}$ bis $10000_{(2)}$ c) $1101_{(2)}$ bis $10111_{(2)}$ d) $10000_{(2)}$ bis $100000_{(2)}$

6. Gib den Vorgänger [den Nachfolger] jeder Zahl im Zweiersystem an.
   a) $110_{(2)}$ b) $101100_{(2)}$ c) $10111_{(2)}$ d) $111111_{(2)}$ e) $1010101_{(2)}$

7. Rechne in das Zehnersystem um.
   a) $10001_{(2)}$ b) $101010_{(2)}$ c) $10000011_{(2)}$ d) $1100111_{(2)}$ e) $1000101_{(2)}$
   $11010_{(2)}$ $101000_{(2)}$ $1110011_{(2)}$ $1000111_{(2)}$ $1100101_{(2)}$

8. Rechne in das Zweiersystem um.
   a) 18 b) 31 c) 25 d) 35 e) 56 f) 70 g) 100 h) 129 i) 144 j) 207

9. Hannes liest $1001_{(2)}$ als „Eintausendeins im Zweiersystem". Was meinst du dazu?

10. a) Rechne die Zahlen 5, 8, 19, 44 in das Zweiersystem um. Verdopple die Zahlen und rechne sie in das Zweiersystem um. Was fällt dir auf?
    b) Rechne in das Zweiersystem um und vergleiche. Was fällt auf?
       (1) 2; 4; 8; 16; 32; 64; 128   (2) 3; 7; 15; 31; 63; 127   (3) 5; 9; 17; 33; 65; 129

11. a) Notiere die größte Zahl, die im Zweiersystem fünfstellig [sechsstellig; siebenstellig] ist. Rechne sie ins Zehnersystem um.
    b) Wie viele dreistellige [vierstellige; fünfstellige] Zahlen gibt es im Zweiersystem?
    c) Wie viele Stellen haben folgende Zahlen im Zweiersystem?
       (1) 100; 200; 400   (2) 500; 1000; 2000   (3) 1000; 2000; 4000
    d) Vergleiche die Schreibweise einer Zahl im Zweiersystem mit der im Zehnersystem.

12. Wege durch Labyrinthe kann man mithilfe des Zweiersystems darstellen: Beim Gang durch das Labyrinth gibt es Stellen, an denen man sich entscheiden muss, ob man nach rechts (0) oder nach links (1) geht.
    a) Wie oft muss man sich beim abgebildeten Labyrinth entscheiden? Welchen Weg muss man wählen?
    b) Jeder geht einen Weg und beschreibt ihn mit den Ziffern 0 und 1. Er nennt seinem Nachbarn die Ziffern. Der Nachbar zeichnet dann den Weg. Anschließend wird kontrolliert und verglichen.

1.4 Römische Zahlzeichen

Ziel

Unsere Ziffern 0, 1, 2, 3, 4, 5, 6, 7, 8, 9 sind erst seit ungefähr 500 Jahren in Europa verbreitet. Sie stammen aus Indien und wurden von den Arabern nach Europa gebracht. Daher werden sie auch *arabische Ziffern* genannt. Vorher wurden in Europa die Zahlzeichen der Römer benutzt. Die römischen Zahlzeichen werden mit Großbuchstaben geschrieben. Du findest sie noch heute, z. B. auf einigen Uhren und an alten Gebäuden.
Hier lernst du, wie man Zahlen mit römischen Zahlzeichen schreibt.

Zum Erarbeiten

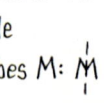

Umwandeln einer in römischer Schreibweise geschriebenen Zahl

Betrachte die Uhr oben und ergänze die nebenstehende Tabelle in deinem Heft. Gib an, welche römischen

Mit arabischen Ziffern geschriebene Zahl	1	2
Mit römischen Zahlzeichen geschriebene Zahl	I	II

Zahlzeichen du erkennst. Nenne auch Regeln, wie man diese Zahlzeichen zum Schreiben von Zahlen zusammensetzt. Vergleiche deine Überlegungen mit der folgenden Information.

Römische Zahlzeichen:	I	V	X	L	C	D	M
	1	5	10	50	100	500	1000

(1) Steht ein Zahlzeichen rechts von einem Zahlzeichen mit gleichem oder höherem Wert, so werden die Werte der Zahlzeichen addiert.
(2) Steht ein Zahlzeichen links von einem Zahlzeichen mit höherem Wert, so wird der kleinere Wert von dem größeren subtrahiert.

Beispiele:
XI = X + I = 11
IX = X – I = 9

Gib die Nummern der folgenden Asterix-Hefte mit arabischen Ziffern an.

→ Bei der Zahl XVI steht rechts von X das Zeichen V mit kleinerem Wert und rechts davon das Zeichen I mit noch kleinerem Wert. Also wird addiert: XVI = 10 + 5 + 1 = 16.

→ Bei der Zahl XXIV steht das Zeichen I links von dem Zeichen V mit größerem Wert. Es wird also von dem Wert für V subtrahiert und nicht zu dem Wert des links von ihm stehenden Zeichens X addiert: XXIV = 10 + 10 + 5 – 1 = 24.
Entsprechend erhält man: XIX = 10 + 10 – 1 = 19.

Umwandeln einer mit arabischen Ziffern geschriebenen Zahl

Die Schreibweisen IV und IX für 4 und 9 sind Beispiele für die Regel (3). Sie haben sich erst im Laufe der Zeit im Mittelalter entwickelt. Sie sind nicht immer beachtet worden.

(3) Die Zeichen I, X und C stehen bei einer Zahl höchstens dreimal hintereinander.
(4) Von einem Zahlzeichen kann nur das jeweils nächstkleinere der Zeichen I, X oder C subtrahiert werden.

Beispiele:
nicht IIII, sondern IV
möglich XC,
aber nicht IC

Zum Selbstlernen 1.4 Römische Zahlzeichen

 Schreibe die Zahlen 2135 sowie 1494 mit römischen Zahlzeichen.

→ Durch Zerlegung erhalten wir:
2135 = 2000 + 100 + 30 + 5 = 1000 + 1000 + 100 + 10 + 10 + 10 + 5, also 2135 = MMCXXXV
Bei der Zahl 1494 müssen wir beachten: 400, 90 und 4 werden jeweils gebildet durch Voranstellen eines Zahlzeichens mit kleinerem Wert vor einem Zeichen mit höherem Wert:
400 = CD, 90 = XC, 4 = IV, also 1494 = MCDXCIV.

Zum Üben

1. Schreibe mit arabischen Ziffern.
   a) XXXVII; CXXV; DCCLII; MCCCXXVI; MDCLXVI; MDCCLXXIII
   b) XLII; XXIV; XXXIX; XCIII; XCIV; MCMXIX; MCMXLIX

2. a) Das Foto zeigt das alte Museum in Berlin. Das Baujahr ist in römischer Zahlschreibweise angegeben. Schreibe es mit arabischen Ziffern.
   b) Bei einem Fachwerkhaus ist als Baujahr MDCCXCIV in einen Balken eingekerbt. Schreibe mit arabischen Ziffern.

3. Erkunde, wo du sonst noch mit römischen Zahlzeichen geschriebene Zahlen findest.

4. Wie ist der Spielstand in *Asterix bei den Briten*?

5. Schreibe die Zahlen mit römischen Zahlzeichen.
   a) von 1 bis 20   b) 33; 66; 85; 821; 625; 1 872

6. a) Schreibe die Zahlen 744 und 150 mit römischen Zahlzeichen.
   b) Berichtige die folgenden Schreibweisen:
      (1) VIIII   (2) LC   (3) VVV   (4) CCCCVIIIII   (5) LLLVXIIIII
   c) Erkläre, warum die Zeichen D, L und V in der Regel höchstens einmal auftreten.

7. Welches ist die größte, welches die kleinste Zahl, die man nur mit
   (1) den Zahlzeichen X und L; (2) den Zahlzeichen M und C; (3) den Zahlzeichen C, X und V

   schreiben kann?

8. Man kann die römischen Zahlzeichen mit Streichhölzern darstellen. Rechts siehst du zwei Aufgaben. Welches Streichholz muss man umlegen, damit die Rechnung stimmt?

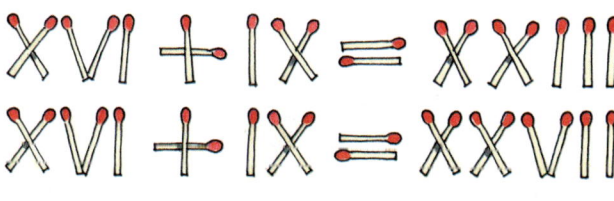

1.5 Zahlenstrahl – Vergleichen und Ordnen

Einstieg An vielen Gegenständen des täglichen Lebens findet ihr Skalen zum Ablesen.

a) Betrachtet die rechts abgebildeten Gegenstände, die eine Skala haben. Lest auf jeder Skala die angezeigte Zahl ab. Wozu benutzt man die Gegenstände?
b) Nennt weitere Skalen aus eurer Umwelt.
c) Bei manchen Skalen sind nicht alle Skalenstriche mit Zahlen beschriftet. Überlegt Vor- und Nachteile dieser Beschriftung.

Aufgabe 1 Die natürlichen Zahlen kann man auf dem Zahlenstrahl veranschaulichen.
Der Zahlenstrahl beginnt bei null.
Die Abstände zwischen zwei benachbarten natürlichen Zahlen sind immer gleich groß.
Die Richtung des Zahlenstrahls zeigen wir durch eine Pfeilspitze an; sie zeigt in Richtung der größer werdenden Zahlen.

a) Zeichnest du einen Zahlenstrahl wie oben in dein Heft, so kommst du nicht weit.
Was kannst du tun, um größere natürliche Zahlen auf dem Zahlenstrahl darzustellen?
Zeichne je einen geeigneten Zahlenstrahl, auf dem man
(1) die Zahlen 40; 55; 80;   (2) die Zahlen 600; 350; 900   eintragen kann.

b) Welche Zahlen liegen links von 150, welche liegen rechts von 100?

Lösung a) Verkleinert man den Abstand zweier benachbarter natürlicher Zahlen, dann kann man auch größere Zahlen eintragen. Wir verändern den *Maßstab* für unseren Zahlenstrahl.

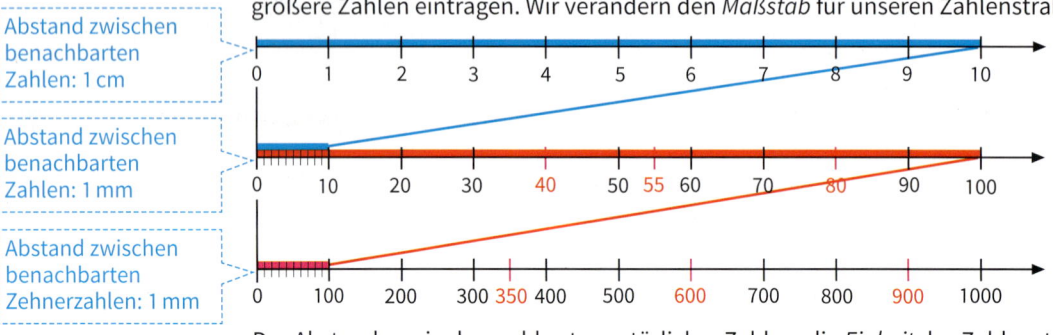

Der Abstand zweier benachbarter natürlicher Zahlen, die *Einheit* des Zahlenstrahls, kann sehr klein werden. Daher gibt man häufig an, wie viele Einheiten 1 cm ergeben.

Beim ersten Zahlenstrahl haben wir für 1 Einheit 1 cm gewählt: **1 Einheit = 1 cm**
Beim zweiten Zahlenstrahl haben wir für 10 Einheiten 1 cm gewählt: **10 Einheiten = 1 cm**
Beim dritten Zahlenstrahl haben wir für 100 Einheiten 1 cm gewählt: **100 Einheiten = 1 cm**

b) Links von 150 befinden sich auf dem Zahlenstrahl die Zahlen, die kleiner als 150 sind.
Rechts von 100 liegen die Zahlen, die größer als 100 sind.

1.5 Zahlenstrahl – Vergleichen und Ordnen

Information

Kleiner und größer bei natürlichen Zahlen

Natürliche Zahlen können wir hinsichtlich der Größe vergleichen.
Sind die Zahlen verschieden, so gibt es zwei Möglichkeiten:
(a) *47 ist kleiner als 72*, in Zeichen: 47 < 72.
(b) *72 ist größer als 47*, in Zeichen: 72 > 47.
Am Zahlenstrahl bedeutet:
47 < 72: Die Zahl 47 liegt am Zahlenstrahl links von der Zahl 72.
72 > 47: Die Zahl 72 liegt am Zahlenstrahl rechts von der Zahl 47.

Die Spitze des Zeichens < bzw. > zeigt auf die kleinere Zahl.

Übungsaufgaben

2. Auf dem Zahlenstrahl sind Zahlen durch rote Striche markiert. Schreibe die Zahlen auf.

a)

b)

c)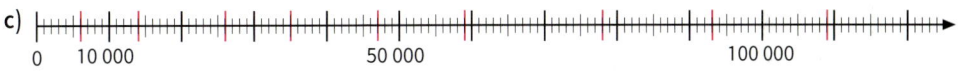

d)

3. Die Erde ist ungefähr 4 Milliarden 560 Millionen Jahre alt. Lies am Zahlenstrahl ab, in welchem Alter der Erde die einzelnen Lebewesen auf der Erde entstanden sind.

4. Zeichne einen Zahlenstrahl, auf dem folgende Zahlen genau eingetragen werden können.
   a) 60; 75; 130; 144   b) 700; 1 300; 1 450; 1 750   c) 4 200; 8 500; 7 900; 800

5. a) Die Zahl 720 soll auf dem Zahlenstrahl dargestellt werden. Max wählt Strahl (1), Anna Strahl (2). Erkläre, wie die beiden vorgehen müssen, um die richtige Stelle zu finden.

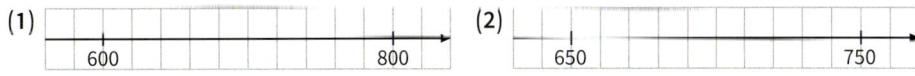

  b) Lina hat ebenfalls die 720 eingezeichnet. Prüfe ob sie richtig gearbeitet hat.

6. Zeichne einen 10 cm langen Zahlenstrahl. Wähle für 10 Einheiten 1 cm. Markiere die Stelle der Zahl 65. Markiere dann fünf Zahlen, die (1) größer als 65; (2) kleiner als 65 sind.

7. Übertrage in dein Heft und setze für ■ das passende Zeichen (< oder >) ein.
   a) 2 385 ■ 2 367
      998 ■ 989
      1 010 ■ 1 001
   b) 8 375 024 ■ 8 375 042
      67 003 ■ 67 013
      3 759 333 ■ 375 933
   c) 152 191 233 ■ 152 191 322
      94 533 408 ■ 94 453 499
      12 865 745 ■ 12 856 745

8. Ordne die Zahlen nach der Größe. Überlege dir, mit welcher Zahl du beginnst.
   a) 3 658; 3 750; 3 121; 6 570; 3 715
   b) 92 590; 9 295; 920 000; 92 900; 9 950
   c) 46 640; 44 660; 6 460; 66 040; 406 400
   d) 171 250; 4 150 000; 314 571; 49 350; 757 170

9. Anzahl der Fluggäste auf Flughäfen in der Bundesrepublik Deutschland im Jahr 2013:

Hamburg	13 502 553	Leipzig-Halle	2 234 231	Frankfurt/Main	58 036 948
Bremen	2 612 627	Düsseldorf	21 228 226	Nürnberg	3 309 629
Hannover	5 234 909	Köln/Bonn	9 077 346	Saarbrücken	405 265
Berlin Tegel	19 591 849	Dresden	1 754 139	Stuttgart	9 577 551
Münster-Osnabrück	860 000	Erfurt-Weimar	214 939	München	38 689 954
Dortmund	1 924 313	Hahn	2 667 402		

   a) Ordne die Flughäfen. Welche Flughäfen haben mehr als 10 Mio. Fluggäste?
   b) Stellt einander weitere geeignete Fragen und beantwortet sie.

10. Ordne die Automarken nach ihrer Häufigkeit.

    PKW-Zulassungen 2013
    Der Automobilmarkt war 2013 rückläufig. Mit 2,95 Millionen neu zugelassenen Personenkraftwagen (Pkw) waren es 130 000 weniger als 2012. Umweltaspekte machten sich bemerkbar: Die Zahl der Elektro-Pkw verdoppelte sich innerhalb eines Jahres auf 6 051.

    | Audi | 251 952 | Opel | 207 461 |
    | BMW/Mini | 231 815 | Renault | 98 922 |
    | Ford | 197 794 | Seat | 83 364 |
    | Hyundai | 101 522 | Skoda | 159 939 |
    | Mercedes | 277 373 | VW | 642 190 |

11. Vergleicht man drei oder mehr natürliche Zahlen miteinander, dann kann man sie in Form einer *Ordnungskette* aufschreiben, z. B. 13 < 25 < 31 (lies: 13 kleiner 25 kleiner 31).
    Hieran kannst du ablesen:
    13 < 25, 25 < 31 und 13 < 31.
    a) Schreibe in Form einer Ordnungskette.
       (1) 27; 38; 15; 86   (2) 528; 32; 31; 198   (3) 599; 426; 472   (4) 783; 79; 7 625
    b) Markus schreibt auf: 29 < 38 > 25. Warum ist eine solche Schreibweise unbrauchbar?

12. a) Schreibe kurz mit den Zeichen < oder >.
       (1) 31 ist kleiner als 49 und 49 ist kleiner als 76.
       (2) 123 ist größer als 105 und 105 ist größer als 88.
       (3) 52 liegt zwischen 29 und 61.
       (4) 104 ist kleiner als 112 und 121 ist größer als 112.
    b) Drücke in Worten aus:
       (1) 14 < 34 < 44   (2) 55 > 31 > 29   (3) 56 < 67 < 76

13. a) Welche Zahl liegt genau in der Mitte zwischen den eingetragenen Zahlen?

    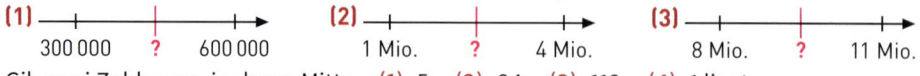

    (1) 300 000 ? 600 000   (2) 1 Mio. ? 4 Mio.   (3) 8 Mio. ? 11 Mio.
    b) Gib zwei Zahlen an, in deren Mitte (1) 5; (2) 84; (3) 119; (4) 1 liegt.
    c) Ergänze so, dass 27 in der Mitte liegt zwischen
       (1) 25 und ■   (2) ■ und 30.

1.6 Bilddiagramme – Runden von Zahlen

Einstieg In zwei verschiedenen Zeitungen wurde über die Anzahl der Haushalte mit Haustieren berichtet.

Tiere	Anzahl 2010
Katzen	7 900 000
Hunde	4 900 000
Nagetiere	3 450 000
Vögel	2 550 000

Tiere	Anzahl der Haushalte mit Tieren im Jahr 2010
Katzen	🐱🐱🐱🐱🐱🐱🐱🐱
Hunde	🐕🐕🐕🐕🐕
Nagetiere	🐹🐹🐹
Vögel	🐦🐦🐦

a) Vergleicht beide Darstellungen. Nennt Vor- und Nachteile.
b) Ist es möglich, eine Darstellung aus der anderen zu erhalten? Begründet und beschreibt, wie.

Aufgabe 1

Für Einwohnerzahlen kann man *Bilddiagramme* zeichnen; dabei werden die Zahlen *gerundet*.
a) Vergleiche die Anzahl der Figuren für Düsseldorf und Dresden mit den Einwohnerzahlen:
Düsseldorf: 588 735   Dresden: 523 058
Warum wurde für Düsseldorf im Bilddiagramm eine Figur mehr als für Dresden gezeichnet?
b) Wie viele Figuren braucht man für die folgenden Einwohnerzahlen?
Berlin   3 484 995
Hannover: 525 875
Hamburg: 1 792 129
Stuttgart: 606 588
Leipzig: 522 883
c) Welches Problem ergibt sich bei genau 250 000 Einwohnern?

Lösung

a) Jede Figur bedeutet 100 000 Einwohner. Das Diagramm gibt die Einwohnerzahl nicht genau, sondern auf Hunderttausender gerundet an. Die Einwohnerzahl von Düsseldorf liegt zwischen 500 000 und 600 000. Sie liegt jedoch dichter an 600 000, weil 88 735 mehr als die Hälfte von 100 000 ist. Also zeichnet man 6 Figuren.
Die Einwohnerzahl von Düsseldorf wird also *aufgerundet*: 588 735 ≈ 600 000.
Die Einwohnerzahl von Dresden liegt ebenfalls zwischen 500 000 und 600 000, jedoch dichter an 500 000, weil 23 058 weniger als die Hälfte von 100 000 ist. Also zeichnet man 5 Figuren. Die Einwohnerzahl von Dresden wird also *abgerundet*: 523 058 ≈ 500 000.

≈ bedeutet: ist ungefähr

b) Runde die Zahlen zuerst auf volle Hunderttausender:
Berlin: 3 484 995 ≈ 3 500 000, also 35 Figuren
Hannover: 525 875 ≈   500 000, also 5 Figuren
Hamburg: 1 792 129 ≈ 1 800 000, also 18 Figuren
Stuttgart: 606 588 ≈   600 000, also 6 Figuren
Leipzig: 522 883 ≈   500 000, also 5 Figuren

c) 250 000 liegt genau in der Mitte von 200 000 und 300 000. Für solche Fälle hat man vereinbart, dass dann aufgerundet wird: 250 000 ≈ 300 000.

Information

Oft ist es nicht erforderlich, eine Zahl ganz genau anzugeben. Dann kann man die Zahl auf eine bestimmte Stelle (z. B. Zehner, Hunderter, ...) **runden**. Gehe dabei so vor:

(1) Suche die Rundungsstelle.

(2) Ist die Ziffer rechts von der Rundungsstelle *kleiner als 5*, so wird abgerundet. Dabei bleibt die Ziffer an der Rundungsstelle erhalten. Alle Ziffern rechts davon werden 0.

(3) Ist die Ziffer rechts von der Rundungsstelle 5 *oder größer als 5*, so wird aufgerundet. Dabei wird die Ziffer an der Rundungsstelle um 1 erhöht. Alle Ziffern rechts davon werden 0.

Bei 0, 1, 2, 3, 4 **ab**runden; bei 5, 6, 7, 8, 9 **auf**runden

Beispiele:

Runden auf **Hunderter**:
1 **7**37 ≈ 1 700
Rechts von der Rundungsstelle steht eine 3. Hier muss man abrunden.

Runden auf **Tausender**:
76 **9**80 ≈ 77 000
Rechts von der Rundungsstelle steht eine 9. Hier muss man aufrunden.

Will man große Zahlen mit Bilddiagrammen veranschaulichen, ist es sinnvoll, sie zu runden.

Übungsaufgaben

2. a) Runde auf Zehner [Hunderter]: 97; 194; 248; 329; 28 563; 264 999; 4 783 969
   b) Runde auf Tausender [Zehntausender]: 8 951; 25 499; 24 999; 4 785 934; 1 878 049
   c) Runde auf Millionen [Hunderttausender]: 6 142 718; 3 433 100; 2 295 000; 5 453 640

3. Das Bilddiagramm zeigt, wie viele Handyverträge es in Deutschland gab. Jede Figur steht für 10 Millionen Verträge. Notiere in einer Tabelle die gerundeten Anzahlen.

4. Tim rundet 2 548 auf Hunderter. Dazu geht er schrittweise vor: Er rundet zunächst auf Zehner: 2 550. Diese gerundete Zahl rundet er auf Hunderter: 2 600. Was meint ihr dazu?

5. Zeichne ein Bilddiagramm der Einwohnerzahlen 2013 in europäischen Millionenstädten.

St. Petersburg	5 162 000	Moskau	11 972 000	London	8 417 000	Rom	2 868 000
Berlin	3 422 000	Paris	2 273 000	Madrid	3 207 000	Wien	1 794 000
Kiew	2 869 000	Prag	1 243 000	Warschau	1 724 000	Hamburg	1 746 000

6. Stelle die Daten aus dem Zeitungsartikel mithilfe eines geeigneten Bilddiagramms dar.

> Im Schuljahr 2014/2015 besuchten 297 308 Schülerinnen und Schüler allgemeinbildende Schulen in Berlin. 155 583 Schülerinnen und Schüler besuchten die Klassen 1 bis 6. Von diesen gingen 152 047 auf Grundschulen und 3 536 in den Klassenstufen 5 und 6 an ein Gymnasium. Weitere 43 621 besuchten ein Gymnasium, 58 181 eine integrierte Sekundarschule, 31 655 die gymnasiale Oberstufe und 8 268 eine Förderschule.

7. Wann ist das Verkehrsaufkommen vor der Schule besonders groß? Äußert zunächst eine Vermutung. Führt dann zur Überprüfung eine Verkehrszählung durch. Wählt dazu eine Fahrzeugart (z. B. Auto oder Fahrrad oder ...) und verschiedene Zeitspannen (z. B. 8 bis 9 Uhr, 9 bis 10 Uhr, ...). Wertet die Umfrage mithilfe von Bilddiagrammen aus und vergleicht diese mit eurer Vermutung.

1.6 Bilddiagramme – Runden von Zahlen

8. Die folgenden Zahlen sind gerundet worden. Welche Zahl kann ursprünglich gestanden haben? Gib fünf Zahlen an, die infrage kommen.
   a) Auf Zehner: 40; 100; 3 090
   b) Auf Hunderter: 300; 4 500; 958 000

9. Bei einem Bundesliga-Fußballspiel waren 43 000 Zuschauer. Diese Zahl ist auf Tausender gerundet. Wie viele Zuschauer waren es mindestens, wie viele höchstens?

10. Wie heißt die größte [kleinste] Zahl, die beim Runden
    a) auf Zehner die Zahl 130 ergibt;
    b) auf Hunderter die Zahl 4 500 ergibt;
    c) auf Tausender die Zahl 34 000 ergibt;
    d) auf Zehntausender die Zahl 350 000 ergibt?

11. In welchen der folgenden Fälle darf man runden? Begründe deine Entscheidung.
    (1) In unserem Dorf wohnen heute 748 Personen.
    (2) Peter hat die Telefonnummer 73 85 46.
    (3) Familie Meier kauft ein Auto für 18 824 €.
    (4) Im Fußballstadion waren 21 367 zahlende Zuschauer.
    (5) Das Flugzeug hat eine Flughöhe von 10 300 Meter.
    (6) Der Mond umkreist die Erde in einer Entfernung von 384 000 km.
    (7) Mike hat die Kleidergröße 152.

12. Wenn man die Zahl 7 342 auf 7 300 rundet, begeht man einen *Rundungsfehler*; in unserem Beispiel beträgt dieser 42.
    a) Runde die folgenden Zahlen und gib den Rundungsfehler an:
       (1) auf Zehner: 34;   285;   5 628;   35;   592;   239 543
       (2) auf Hunderter: 385;   2 675; 29 522; 967 321; 435 211; 666 356
    b) Hier ist bei den gerundeten Zahlen der Rundungsfehler angegeben. Wurde auf Zehner, Hunderter, Tausender oder Zehntausender gerundet? Nenne die ursprüngliche Zahl.

	Gerundete Zahl	Rundungsfehler		Gerundete Zahl	Rundungsfehler
(1)	370	4	(4)	3 000	236
(2)	2 600	37	(5)	340 000	4 558
(3)	1 230	5	(6)	2 300	50

   c) Wie groß kann der Rundungsfehler beim Runden auf Zehner [Hunderter, Tausender, …] höchstens sein? Begründe.

13. Ein Sportverein hat 453 jugendliche Mitglieder. Zu ihrer Verteilung auf die einzelnen Sportarten erschien in der Vereinszeitung folgendes Bilddiagramm.
    Gib an, was du aus ihm ablesen kannst.

1.7 Größen und ihre Einheiten

1.7.1 Messen von Längen – Längeneinheiten

Einstieg

Schätzt die Länge und Breite des Klassenraumes; die Breite und Höhe der Tür; Länge, Breite und Dicke verschieden großer Hefte.
Messt dann genau und vergleicht mit euren Schätzungen. Beschreibt, wie ihr vorgegangen seid.

Einführung

(1) Messen in m, dm und cm

Das Tafellineal ist genau 1 m lang. Beim Messen einer Länge legt man es mehrfach aneinander. Häufig benötigt man aber auch kleinere Einheiten auf dem Lineal.

Das 1 Meter lange Tafellineal ist in 10 gleich lange Abschnitte eingeteilt. Jeder dieser Abschnitte hat die Länge 1 Dezimeter (1 dm).

Jede Dezimeter-Strecke ist wiederum in 10 gleich lange Abschnitte unterteilt. Die Länge eines jeden solchen kleineren Abschnitts ist 1 Zentimeter (1 cm).

Die Längeneinheiten m, dm und cm kann man übersichtlich in einer Einheitentabelle zusammenstellen. Sie hilft dabei, die Längen zu notieren:

Schreibweise mit gemischten Einheiten

6 m 35 cm = 6 m 3 dm 5 cm
6 m 35 cm = 6,35 m
6 m 35 cm = 635 cm

Einheitentabelle:

m	dm	cm
6	3	5

(2) Messen in cm und mm

Damit man auch kleine Strecken genau messen kann, ist auf dem Lineal jede Zentimeterstrecke in 10 Millimeterstrecken unterteilt.

Das Messer dieses Bleistiftanspitzers ist 2 cm 4 mm lang.
Es gilt: 2 cm 4 mm = 24 mm

Einheitentabelle:

cm	mm
2	4

Dies kann man auch in der Einheitentabelle rechts erkennen.
In der Kommaschreibweise notiert man statt der gemischten Einheiten auch: 2 cm 4 mm = 2,4 cm

(3) Messen in km und m

Rechts siehst du ein Streckenhäuschen an einer Bahnstrecke; auf ihm ist eine Entfernung in Kilometer (km) angegeben. Eine Strecke von 1 km Länge ist 1000-mal so lang wie eine Strecke von 1 m Länge.

Die Längenangabe 20,843 km bedeutet mit gemischten Einheiten 20 km 843 m. Dafür kann man kurz auch 20 483 m schreiben (siehe Einheitentabelle rechts).

Die Längenangabe 4,8 km auf dem Wegweiser links ist eine verkürzte Schreibweise. Will man diese Länge in gemischten Einheiten angeben, so sind noch zwei Nullen in der Einheitentabelle ergänzen. Es gilt somit: 4,8 km = 4,800 km = 4 km 800 m = 4800 m

Einheitentabelle:

km			m		
H	Z	E	H	Z	E
	2	0	8	4	3
		4	8	0	0

1.7 Größen und ihre Einheiten

Information

(1) Übersicht über die Längeneinheiten

$$1\,km \xrightarrow[\cdot 1000]{:1000} 1\,m \xrightarrow[\cdot 10]{:10} 1\,dm \xrightarrow[\cdot 10]{:10} 1\,cm \xrightarrow[\cdot 10]{:10} 1\,mm$$

1 km = 1 000 m   1 m = 10 dm   1 dm = 10 cm   1 cm = 10 mm

Beachte auch: 1 m = 100 cm; 1 m = 1 000 mm

Das Umwandeln von Längen kann mithilfe einer Einheitentabelle erfolgen.

	km			m			dm	cm	mm	Schreibweisen
T	H	Z	E	H	Z	E				
				7	4	2	1			7 km 421 m = 7,421 km = 7 421 m
				0	3	6				0 km 360 m = 0,36 km = 360 m
							3	0	4	3 m 4 cm = 3,04 m = 304 cm
								5	7	5 cm 7 mm = 5,7 cm = 57 mm

So kannst du dir die Längen zu den Maßeinheiten vorstellen:

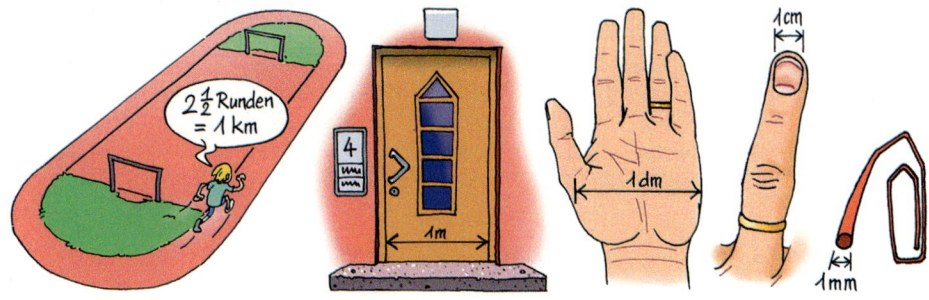

(2) Alte Längeneinheiten

Früher hat man noch mit „natürlichen Längenmaßen" gemessen, z. B.: *1 Zoll* (etwa 2,5 cm); *1 Spanne* (etwa 22 cm bis 28 cm); *1 Elle* (etwa 55 cm bis 65 cm); *1 Fuß* (etwa 25 cm bis 39 cm); *1 Schritt* (etwa 70 cm bis 80 cm).

Da aber die Körpermaße der Menschen sehr unterschiedlich sind, wurden auch unterschiedlich große Ellen verwendet. Allein in Deutschland gab es über 100 verschiedene Ellenmaße.

Der Ursprung der Längeneinheit Meter ist der Beschluss der französischen Nationalversammlung, ein einheitliches Längenmaß zu definieren. Ursprünglich wurde seine Länge mithilfe der Größe der Erde festgelegt. Schon 1735 hatte die Pariser Akademie zwei Expeditionen nach Peru und Lappland geschickt, um die Erde genau zu messen. 1793 legt der Nationalkonvent dann das Meter als den zehnmillionsten Teil der Entfernung auf der Erde vom Pol zum Äquator fest. Links siehst du den „*Urmeterstab*", der 1799 aus den Edelmetallen Platin und Iridium hergestellt wurde. Seine Länge wurde als 1 m festgelegt. Dies wurde auch beibehalten, als genauere Messungen des Erdumfangs erfolgten. Der *Urmeter* wird noch heute in Paris aufbewahrt.

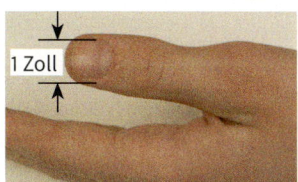

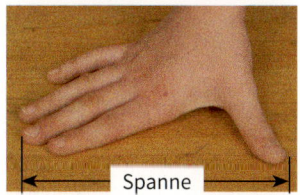

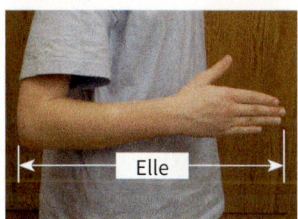

Urmeter

Übungsaufgaben

1. In welcher Längeneinheit gibt man zweckmäßig an:
   - (1) die Höhe eines Baumes,
   - (2) die Länge eines Bleistiftes,
   - (3) die Breite einer Straße,
   - (4) die Dicke einer Musik-CD,
   - (5) die Tiefe eines Flusses,
   - (6) die Länge eines Wanderweges für 2 Stunden,
   - (7) den Durchmesser einer Musik-CD,
   - (8) die Breite einer Tür,
   - (9) die Länge deines Schulweges,
   - (10) die Breite einer Briefmarke?

2. Schätze die Längen der unten abgebildeten Insekten (ohne Fühler). Miss dann genau.

Hornisse   Blattlaus   Honigbiene   Marienkäfer   Ohrwurm

Spiel (3 oder mehr Spieler)

3. Ein Spieler markiert 2 Punkte auf einem Blatt. Alle Mitspieler schätzen den Abstand der beiden Punkte und notieren ihren Schätzwert. Jetzt wird gemessen. Die Abweichungen der Schätzwerte vom Messwert (in mm) werden als Minuspunkte für jeden notiert.
Danach markiert der nächste Spieler 2 neue Punkte usw.

4. Gib die Länge in der nächstkleineren Einheit an.
   - a) 7 km / 4 cm / 39 m
   - b) 17 dm / 625 m / 80 cm
   - c) 999 m / 88 cm / 300 km
   - d) 8 dm / 7,5 km / 21 cm

   60 cm = 600 mm
   12 km = 12 000 m

5. Gib die Länge in der nächstgrößeren Einheit an.
   - a) 50 mm / 200 mm / 3 500 mm
   - b) 50 cm / 3 000 cm / 7 400 cm
   - c) 5 000 m / 60 000 m / 12 000 m
   - d) 70 dm / 140 dm / 1 300 dm

   80 cm = 8 dm
   250 mm = 25 cm

6. Schreibe ohne Komma mit gemischten Einheiten und wandle um.
   - a) 7,5 cm / 27,8 cm / 0,5 cm
   - b) 23,04 m / 16,5 m / 0,05 m
   - c) 7,256 km / 20,005 km / 11,4 km
   - d) 0,703 km / 7,3 km / 7,03 km

   6,35 m = 6 m 35 cm
   = 635 cm

7. Trage die Längenangaben in eine Einheitentabelle ein. Notiere auch jede Länge in der kleineren Einheit sowie in der größeren Einheit in der Kommaschreibweise.
   - a) 4 dm 1 cm / 50 cm 6 mm
   - b) 17 m 8 cm / 4 km 319 m
   - c) 20 km 50 m / 1 dm 8 mm
   - d) 2 m 30 cm / 9 km 2 m

8. Schreibe in der in Klammern angegebenen Längeneinheit.
   - a) 5 m (cm) / 4 m (mm) / 2 dm (mm)
   - b) 40 000 m (km) / 3 000 cm (m) / 7 000 mm (m)
   - c) 5 km 700 m (km) / 2 m 8 cm (m) / 1 m 3 mm (m)
   - d) 7 600 m (km) / 3 400 m (cm) / 300 dm (cm)

9. Kontrolliere Julias Hausaufgaben. Korrigiere gegebenenfalls in deinem Heft.
   - a) 6 m 2 cm = 620 cm
   - b) 2 km 300 m = 2,3 km
   - c) 5 m 1 cm = 5,1 m
   - d) 0,5 m = 5 cm
   - e) 8 km 60 m = 8,6 km
   - f) 4 m 1 cm = 4,01 cm

10. Gib die Längen mit gemischten Einheiten an.

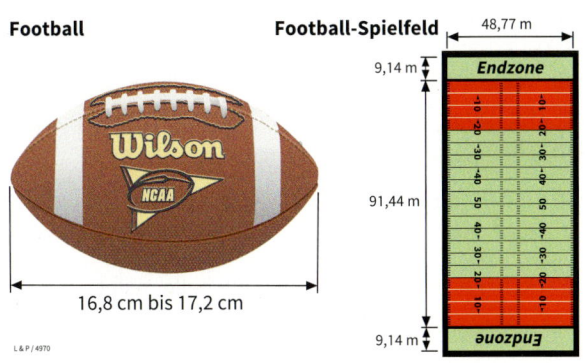

Olympia-Marathonstrecken		
1896	24,85	km
1900	40,26	km
1904	40	km
1908	42,195	km
1912	40,2	km
1920	42,75	km
seit 1924	42,195	km

Eiffelturm

11. Auch Längen rundet man.
  a) (1) Runde auf volle km: 3 448 m; 5 501 m; 8 194 m; 1 753 m; 6 499 m; 803 m
     (2) Runde auf volle m: 651 cm; 929 cm; 1 249 cm; 963 cm; 2 350 cm; 6492 cm
     (3) Runde auf volle cm: 135 mm; 73 mm; 5 341 mm; 716 mm; 361 mm; 1555 mm
  b) (1) Der Eiffelturm in Paris ist 320 m hoch, die Höhe ist auf volle m gerundet. Wie hoch kann der Eiffelturm tatsächlich sein?
     (2) Die Höhe eines Zimmers wird mit 248 cm angegeben; sie ist auf volle cm gerundet. Wie hoch kann das Zimmer tatsächlich sein?

12. Bei einem Auto werden Länge, Breite und Höhe in mm angegeben.

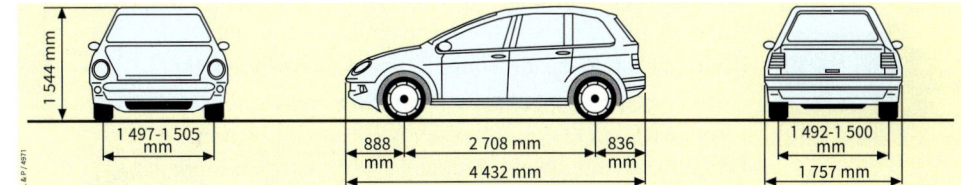

  a) Gib die Maße des Autos in m an.
  b) Lisa hat die Maße des Autos ihrer Eltern auf cm genau gemessen:
     L = 475 cm; B = 170 cm; H = 143 cm. Welche Längen (in mm) könnten es sein?

1.7.2 Messen von Massen – Masseneinheiten

Einstieg Zu jedem Gegenstand findet ihr einen Schätzwert für sein Masse. Ordne passend zu.

Einführung

(1) Messen in kg und g

Die Deutsche Post AG schreibt vor, dass ein Päckchen höchstens 2 kg wiegen darf. Wie schwer ist das Päckchen auf der Waage? Wir betrachten die Wägestücke auf der Waage. Die Masse des Päckchens beträgt 1 kg 750 g.
Es ist also nicht zu schwer.

Es werden hier die Einheiten *Kilogramm* (kg) und *Gramm* (g) verwendet. 1 000 Wägestücke zu je 1 Gramm wiegen ebenso viel wie ein Wägestück von einem Kilogramm.

Die Masse des Päckchens ist in der Einheitentabelle rechts angegeben.
Man kann die Masse in verschiedenen Schreibweisen angeben:
1 kg 750 g = 1 750 g = 1,750 kg

kg	g		
E	H	Z	E
1	7	5	0

(2) Messen in g und mg

Eine empfindliche Waage zeigt die Masse eines Goldringes an. Der Ring wiegt etwas mehr als 3 Gramm.
Die Angabe rechts vom Komma bezieht sich auf die kleinere Einheit Milligramm (mg).
Die Kommaschreibweise bedeutet mit gemischten Einheiten:
3,245 g = 3 g 245 mg = 3245 mg
Dieses kann man auch in der Einheitentabelle rechts erkennen.

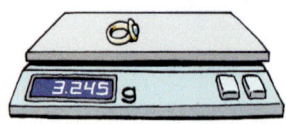

g	mg		
E	H	Z	E
3	2	4	5

(3) Messen in t und kg

Auf dem Foto links siehst du, wie ein Lkw gewogen wird. Rechts siehst du das Ergebnis. Er wiegt mehr als 1000 kg. Anstelle von 1000 kg verwendet man auch eine größere Einheit: 1 Tonne (t).
Die Kommaschreibweise bedeutet mit gemischten Einheiten:
9,300 t = 9 t 300 kg = 9300 kg
Dieses kann man auch in der Einheitentabelle rechts erkennen.

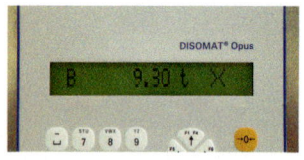

t	kg		
E	H	Z	E
9	3	0	0

Information

(1) Übersicht über die Masseneinheiten

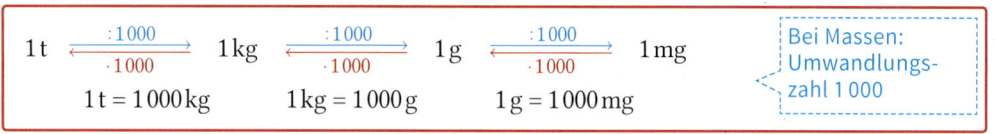

1 t = 1 000 kg   1 kg = 1 000 g   1 g = 1 000 mg

Bei Massen: Umwandlungszahl 1 000

Die Einheitentabelle hilft dir beim Umwandeln von Masseneinheiten.

	t			kg			g			mg		Schreibweisen
H	Z	E	H	Z	E	H	Z	E	H	Z	E	
		2	3	4	5							2 t 345 kg = 2,345 t = 2 345 kg
	1	5	9									15 t 900 kg = 15,9 t = 15 900 kg
		0	4	6								0,46 t = 460 kg
						2	5					2 kg 500 g = 2,5 kg = 2 500 g
					6	0	8	0				6 kg 80 g = 6,080 kg = 6 080 g
								9	8	7	6	9 g 876 mg = 9,876 g = 9 876 mg

So kannst du dir die Massen zu den Einheiten vorstellen:

1 Tonne	1 Kilogramm	1 Gramm	1 Milligramm
		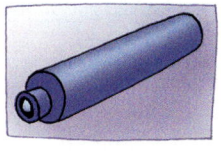	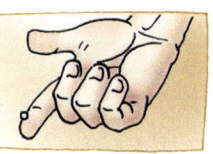
Pkw	Paket Zucker	Tintenpatrone	Zuckerkorn

(2) Zur Geschichte der Masseneinheiten

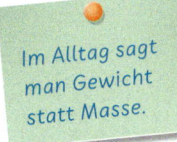
Im Alltag sagt man Gewicht statt Masse.

Der Unterschied zwischen Masse und Gewicht wurde in der Physik erst im 17. Jahrhundert herausgearbeitet. Im Altertum benutzten die Griechen und Römer *Talente* und *Drachmen* als Gewichtseinheiten: 6000 Drachmen bildeten 1 Talent (nach heutigem Maß 26,2 kg).

In Mitteleuropa wurde bis ins vorige Jahrhundert eine Reihe von Gewichtseinheiten verwendet: Ein *Pfund* hatte 16 *Unzen*, eine Unze 2 *Lot* und ein Lot 4 *Quent*. Das Pfund war aber nicht einmal in Deutschland einheitlich: Von 467,3 g in Sachsen bis 560 g in Bayern. Für den Handel über die Grenzen hinweg waren einheitliche Maßeinheiten erforderlich. Deshalb wurde die Vielfalt der Einheiten für das Gewicht im vorigen Jahrhundert abgeschafft.

Wir messen heute Massen in Kilogramm. Es wurde 1889 eingeführt. Ein Kilogramm entspricht der Masse von einem Liter Wasser. Ein Urkilogramm wurde aus Edelmetall hergestellt und wird heute noch in Paris aufbewahrt.

Urkilogramm

Übungsaufgaben

1. In welcher Einheit gibt man zweckmäßig die Masse an?
   - (1) Lkw
   - (2) Flugzeug
   - (3) Wassertropfen
   - (4) Mathematikbuch
   - (5) Melone
   - (6) Brief
   - (7) Tisch
   - (8) Pferd
   - (9) Stück Käse
   - (10) Briefmarke
   - (11) Apfel
   - (12) Münze

2. Nennt Gegenstände (zum Beispiel aus dem Vorratsschrank oder einem Supermarkt), die folgende Massen haben:
   - (1) 100 g
   - (2) 250 g
   - (3) 500 g
   - (4) 1 kg
   - (5) 2 kg
   - (6) 500 mg
   - (7) 0,7 kg
   - (8) 0,05 kg

3. Schreibe in der nächstkleineren Einheit.
   a) 6 kg   b) 3 g   c) 12 t   d) 108 kg   e) 10 t   f) 26 g   g) 215 g   h) 100 kg

4. Schreibe in der nächstgrößeren Einheit.
   a) 60 000 kg   b) 7 000 mg   c) 24 000 g   d) 125 000 kg   e) 2 000 g

5. Gib in der kleineren Einheit an.
   a) 3 kg 700 g   b) 3 t 635 kg   c) 1 g 200 mg   d) 12 t 80 kg   e) 5 g 7 mg
      5 kg 40 g   6 t 17 kg   1 g 3 mg   126 kg 900 g   1 kg 1 g

6. Schreibe ohne Komma mit gemischten Einheiten. Verwandle dann in die kleinere Einheit.

   > 6,470 kg = 6 kg 470 g = 6470 g

   a) 7,964 kg   b) 66,8 t   c) 7,364 g   d) 7,8 kg   e) 6,4 t
      7,064 kg   23,200 t   13,289 g   7,08 kg   6,40 t
      7,004 kg   23,05 t   76,981 g   7,008 kg   6,400 t

7. Trage die Angaben im Heft in eine Einheitentabelle ein. Notiere dann jede Masse in der kleineren Einheit und auch noch in der größeren Einheit in der Kommaschreibweise.
   a) 4 kg 325 g b) 7 t 200 kg c) 134 g 660 mg d) 3 t 500 kg e) 2 kg 75 g
      73 kg 80 g   11 t 33 kg   800 g 300 mg   1 kg 50 g   3 g 5 mg
      1 kg 9 g   40 t 5 kg   2 g 15 mg   8 g 364 mg   1 t 7 kg

8. Schreibe mit Komma in der in Klammern angegebenen Einheit.
   a) 8 634 kg (t) b) 329 g (kg) c) 16 481 mg (g) d) 40 kg (t) e) 50 g (kg)
      800 kg (t)   7 g (kg)   600 g (kg)   480 mg (g)   7 kg (t)

9. Kontrolliere Janniks Hausaufgaben. Korrigiere gegebenenfalls in deinem Heft.

   a) 3 kg 2 g = 32 g   *d) 9 kg 384 g = 9 384 kg*
   b) 5 t 100 kg = 5,1 t   *e) 3 t 8 g = 3,008 g*
   c) 8 g 27 mg = 8 270 mg   *f) 0,5 kg = 5 g*

10. a) (1) Runde auf volle t: 7 619 kg; 12 499 kg; 3 299 kg; 824 kg; 9 831 kg
        (2) Runde auf volle kg: 2 314 g; 624 g; 115 618 g; 3 701 g; 5 500 g
        (3) Runde auf volle g: 4 605 mg; 10 725 mg; 8 462 mg; 1 095 mg; 9 633 mg
    b) Wie groß kann die Masse tatsächlich sein?
        (1) Die Ladung eines Lkw wird mit 3 t angegeben. Die Masse ist auf volle t gerundet.
        (2) Die Masse eines Sacks Kartoffeln wird mit 25 kg (gerundet auf volle kg) angegeben.

11. Gib für die Angaben auf der Müslipackung andere Schreibweisen an.

12. Männer stoßen mit 7,257 kg schweren Kugeln, Frauen mit 4 kg schweren Kugeln.
    Gib andere Schreibweisen für die Angaben an.

13. Manche Personenwaagen runden auf volle 100 g. Tanja wiegt ihren kleinen Bruder an seinem ersten Geburtstag: 10,3 kg. Am nächsten Tag wiegt sie ihn wieder: 10,4 kg. Sie berichtet stolz: „Mein kleiner Bruder hat 100 g zugenommen." Was meinst du dazu?

Müsli	
100 g Müsli enthalten:	
Eiweiß	10,3 g
Fett	7,2 g
Natrium	0,01 g
Ballaststoffe	18,6 g
Kohlenhydrate	50,8 g
– davon Zucker	14,9 g
Magnesium	151 mg
Eisen	4 mg
Vitamin C	60 g

1.7.3 Zeitpunkte, Zeitspannen – Zeiteinheiten

Einstieg Auf den Kalenderblättern findet ihr Informationen zu Sonnenaufgang und Sonnenuntergang in München. Verschafft euch damit weitere Informationen zum Vergleichen der angegebenen Tage.

1.7 Größen und ihre Einheiten

Aufgabe 1

a) Ein ICE verlässt den Fernbahnhof Frankfurt Flughafen um 12.42 Uhr und erreicht Hannover um 15.16 Uhr. Wie lange dauert die Fahrt?

b) Um 15.31 Uhr fährt ein Anschlusszug von Hannover nach Berlin-Hauptbahnhof. Er benötigt für die Strecke 1 Stunde und 35 Minuten. Wann kommt er dort an?

Lösung

a) Wir kennen die Abfahrtszeit 12.42 Uhr und die Ankunftszeit 15.16 Uhr als Zeitpunkte. Dazwischen liegt die gesuchte Zeitdauer (Zeitspanne).

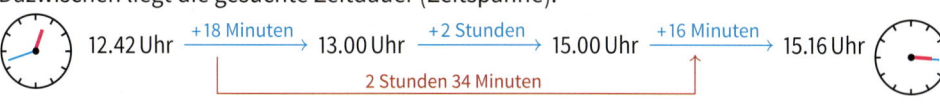

Ergebnis: Die Fahrt dauert insgesamt 2 Stunden und 34 Minuten.

Man kann auch anders vorgehen.

b) Wir kennen den Zeitpunkt 15.31 Uhr als Abfahrtszeit. Die gesuchte Ankunftszeit liegt um die Zeitspanne 1 Stunde und 35 Minuten später:

15.31 Uhr $\xrightarrow{+1\,\text{Stunde}}$ 16.31 Uhr $\xrightarrow{+29\,\text{Minuten}}$ 17.00 Uhr $\xrightarrow{+6\,\text{Minuten}}$ 17.06 Uhr

Ergebnis: Der Zug kommt um 17.06 Uhr am Hauptbahnhof in Berlin an.

Information

(1) Unterscheidung von Zeitpunkten und Zeitspannen

Man muss einen Zeitpunkt unterscheiden von einer Zeitspanne (*Zeitdauer*). Zwischen zwei **Zeitpunkten** liegt eine **Zeitspanne** (*Zeitdauer*). Auch die Angabe eines Datums kann als Zeitpunkt verwendet werden.

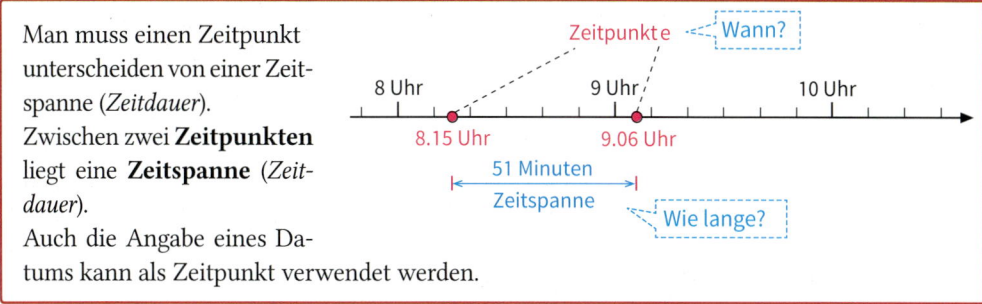

(2) Einheiten von Zeitspannen – Abkürzungen – Umrechnungen

1 Tag = 24 Stunden	1 Stunde = 60 Minuten	1 Minute = 60 Sekunden
1 d = 24 h	1 h = 60 min	1 min = 60 s

d für **dies** (lat.)
Tag

h für **hora** (lat.)
Stunde

Dosenförmige Taschenuhr (1510) von P. Henlein

(3) Zur Geschichte der Zeiteinheiten

Altersangaben in Jahren waren schon vor Jahrtausenden üblich, als man noch keinen Kalender kannte. Das Alter eines Menschen konnte etwa daran gemessen werden, wie viele Winter er erlebt hatte. Für kürzere Vorgänge im Zeitablauf diente der Wechsel der Mondphasen (Zeitangaben in Wochen und Monaten) sowie der tägliche Wechsel von hell und dunkel. Aber auch die Tageslänge ist für noch kürzere Abläufe ein zu grobes Maß. Daher teilten schon im frühen Altertum die Ägypter die gesamte Tageslänge in zweimal 12 Stunden ein. Man benutzte zum Beispiel Sonnenuhren. Diese Einteilung des Tages in 24 Stunden hat sich über Tausende von Jahren bis heute erhalten.
Noch feinere Einteilungen der Zeitmaße in Minuten und Sekunden wurden erst mit dem Bau genauerer Uhren möglich. Die erste Taschenuhr der Welt konstruierte Peter Henlein in Nürnberg.

Übungsaufgaben

2. Testet euer „Zeitgefühl":
   Klatsche einmal mit den Händen. Warte; wenn du meinst, dass eine Minute vergangen ist, klatsche noch einmal. Dein Nachbar misst die Zeitspanne zwischen dem ersten und dem zweiten Klatschen. Um wie viel Sekunden hast du dich verschätzt? Jetzt tauscht ihr die Rollen. Wer hat das beste Zeitgefühl?

3. Verwandle in die Einheit, die in Klammern steht. Rechne im Kopf.
   a) 20 h (min)   b) 15 d (h)   c) 540 min (h)   d) 120 h (d)   e) 2 h (s)
      11 min (s)   1 h (s)   30 min (s)   3 600 s (h)   1 800 s (min)

4. Wandle in die kleinere Einheit um.
   a) 3 min 12 s   b) 12 min 40 s   c) 11 h 9 min   d) 1 d 8 h   e) 5 min 4 s
      8 min 4 s   5 h 30 min   10 h 57 min   2 d 10 h   3 h 15 min

5. Schreibe mit gemischten Einheiten.
   a) 65 s   b) 75 min   c) 28 h   d) 63 h   e) 306 min   f) 108 s
      90 s   125 min   57 h   87 min   65 h   246 h

6. Schätze, wie lange du benötigst, um von eins bis zur Zahl 1000 zu zählen.

7.

Montag-Freitag	7 - 8			8	8	8	13 - 17			18	
Bhf Pirscheide	02	22	42	02		22	02	22	42	02	22
Kastanienallee	06	26	46	06		26	06	26	46	06	26
Auf dem Kiewitt	09	29	49	09		29	09	29	49	09	29
Platz der Einheit/West	15	35	55	15	19	35	15	35	55	15	35
S Hauptbahnhof	20	40	00	20	24	40	20	40	00	20	40
Magnus-Zeller-Platz	27	47	07	27	31	47	27	47	07	27	47
Bisamkiez	28	48	08	28	32	48	28	48	08	28	48

Montag-Freitag	6		7		8		12		13 - 17	
Biesamkiez	20	40	00	20	40	00	20	40	00	20	40
Magnus-Zeller-Platz	21	41	01	21	41	01	21	41	01	21	41
S Hauptbahnhof	29	49	09	29	49	09	29	49	09	29	49
Alter Markt/Landtag	32	02	22	42	02	12	32	52	12	32	52
Auf dem Kiewitt	39	59	19	39	59		39	59	19	39	59
Kastanienallee	44	04	24	44	04		44	04	24	44	04
Bhf Pirscheide	49	09	29	49	09		49	09	29	49	09

a) Sarah und Anne haben sich um 15.00 Uhr an der Haltestelle Hauptbahnhof verabredet. Sarah steigt an der Haltestelle Auf dem Kiewitt ein und Anne am Magnus-Zeller-Platz. Welche Bahnen sollten sie nehmen? Wie lange sind beide unterwegs?

b) Wie lange fährt die Straßenbahn von einer Endhaltestelle zur anderen?

c) Felix möchte vom Hauptbahnhof mit einem Zug um 14.54 Uhr fahren. Er will 15 Minuten vorher dort sein. Welche Straßenbahn wird er an der Haltestelle Kastanienallee nehmen?

8. Ein Tennisspiel begann in Melbourne in Australien pünktlich um 16.20 Uhr nach ostaustralischer Zeit. Das Spiel wird im Fernsehen übertragen und endet nach mitteleuropäischer Zeit um 10.10 Uhr. Die Uhren in Melbourne gehen gegenüber den Uhren in Mitteleuropa um 9 Stunden vor. Stellt euch gegenseitig Fragen und beantwortet sie.

9. Wie alt sind diese berühmten Menschen geworden?

Johann Wolfgang von Goethe
* 28.8.1749 Frankfurt a.M.
†22.3.1832 Weimar

Clara Schumann
* 13.9.1819 Leipzig
†20.5.1896 Frankfurt/M.

Ludwig van Beethoven
* 17.12.1770 Bonn
†26.3.1827 Wien

Marie Curie
* 7.11.1867 Warschau
†4.7.1934 Passy (Frankreich)

Albert Einstein
* 14.3.1879 Ulm
†18.4.1955 Princeton (USA)

Im Blickpunkt

Wie man große Zahlen veranschaulichen kann

Kleine natürliche Zahlen wie 1, 2, 3, 4 können wir uns leicht gegenständlich vorstellen. Bei großen Zahlen ist dies schwierig.

1. Lottospieler träumen davon, einmal einen großen Geldbetrag, z. B. 1 000 000 €, zu gewinnen.
   a) Stelle dir vor, der Lottogewinn würde in 1-Euro-Münzen ausgezahlt und die Münzen würden zu einem Turm gestapelt. Ein Stapel von 10 Münzen ist etwa 21 mm hoch. Wie hoch wäre der Turm?
   b) Stelle dir vor, der Lottogewinn würde in 1-Cent-Münzen ausgezahlt und ebenfalls zu einem Turm gestapelt. Ein Stapel von 10 Münzen ist etwa 13 mm hoch. Wie hoch wäre der Turm? Vergleiche die Ergebnisse mit den Höhen in der Zeichnung.

2. a) Du könntest die Münzen auch nebeneinander legen, anstatt sie zu stapeln. Eine Kette von hundert 1-Euro-Münzen ist 2 325 mm lang. Wie lang ist die gesamte Kette?
   b) Du könntest die 1-Cent-Münzen nebeneinander legen. Eine Kette von hundert 1-Cent-Münzen ist 1 625 mm lang. Wie lang ist die gesamte Kette?
   c) Vergleiche die erhaltenen Längen mit dir aus dem Alltag bekannten Längen.

3. Wir denken uns den Lottogewinn in 1-Euro-Münzen oder in 1-Cent-Münzen ausgezahlt.
   a) Zehn 1-Euro-Münzen wiegen 76 g. Wie viel wiegt ein Berg von 1 Million solcher Münzen?
   b) Zehn 1-Cent-Münzen wiegen 22 g. Wie viel würde der in 1-Cent-Münzen ausgezahlte Lottogewinn wiegen?
   c) Vergleiche die Ergebnisse mit Massen aus dem Alltag.

4. Ein Stapel aus einhundert 100-Euro-Scheinen ist 12 mm dick. Ein 100-Euro-Schein wiegt ungefähr 1 g. Überlegt weitere Veranschaulichungen des Lottogewinns.

1.8 Maßstab

Einstieg Unten siehst du einen Ausschnitt aus dem Stadtplan von Berlin im Maßstab 1 : 25 000 (gelesen: *eins zu fünfundzwanzigtausend*). Das bedeutet: 1 cm im Stadtplan sind 25 000 cm, also 250 m in der Wirklichkeit. Stellt euch gegenseitig Fragen zur Länge von Wegen und beantwortet sie.

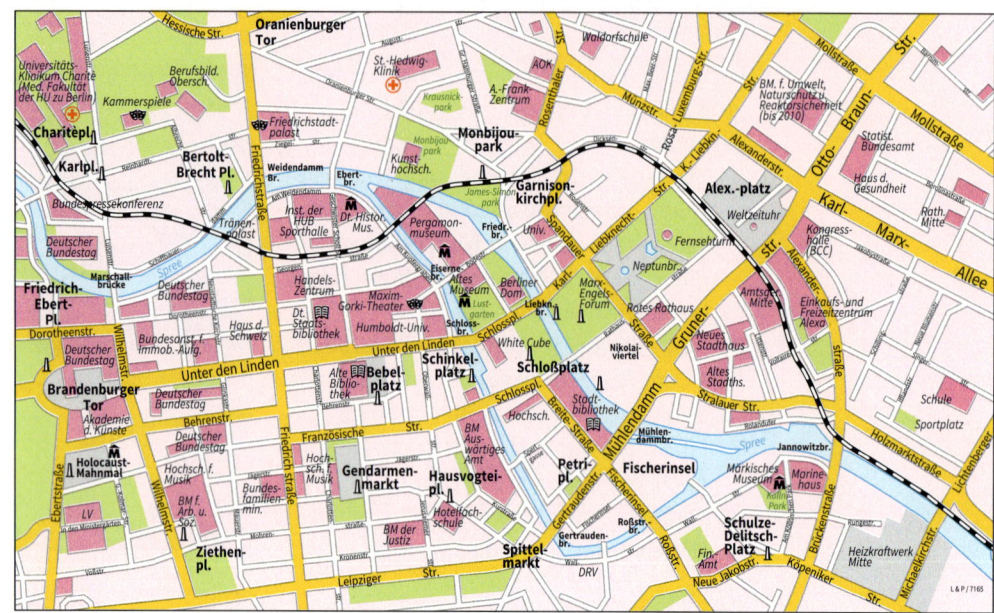

Aufgabe 1

Verkleinerte Darstellung

Julia bekommt im neuen Haus ein eigenes Zimmer. Der Architekt hat einen Plan des Zimmers gezeichnet.

Julias Vater sagt: „Das Zimmer ist im Maßstab 1:100 (gelesen: *eins zu hundert*) gezeichnet. Das bedeutet: 1 cm in der Zeichnung sind 100 cm (also 1 m) in der Wirklichkeit."

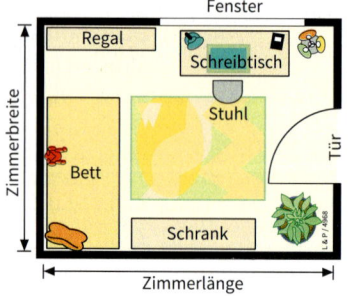

a) Julia möchte die Maße ihres Zimmers wissen. Ergänze ihre Tabelle in deinem Heft.

	Länge	Breite	Fensterbreite	Türbreite	Schreibtischlänge	Schranklänge	Bettbreite
Zeichnung	1 cm	4 cm					
Wirklichkeit	1 m	4 m					

b) Julia möchte eine größere Zeichnung von ihrem Zimmer haben. Ihr Vater sagt: „Du kannst es z. B. im Maßstab 1:50 zeichnen."
Lege zuerst eine Tabelle an; zeichne dann Julias Zimmer.

Lösung

a)

	Länge	Breite	Fensterbreite	Türbreite	Schreibtischlänge	Schranklänge	Bettbreite
Zeichnung	4 cm	3 cm	2 cm	1 cm	1,5 cm	2 cm	1 cm
Wirklichkeit	4 m	3 m	2 m	1 m	1,5 m	2 m	1 m

1.8 Maßstab

b) 1 cm in der Zeichnung sind 50 cm in der Wirklichkeit.
5 cm in der Zeichnung sind dann 5·50 cm, also 250 cm = 2,50 m in der Wirklichkeit.
Entsprechend erhält man die anderen Längen.

Zeichnung	Wirklichkeit
1 cm	50 cm
2 cm	1 m
8 cm	4 m
6 cm	3 m
4 cm	2 m
3 cm	1,5 m

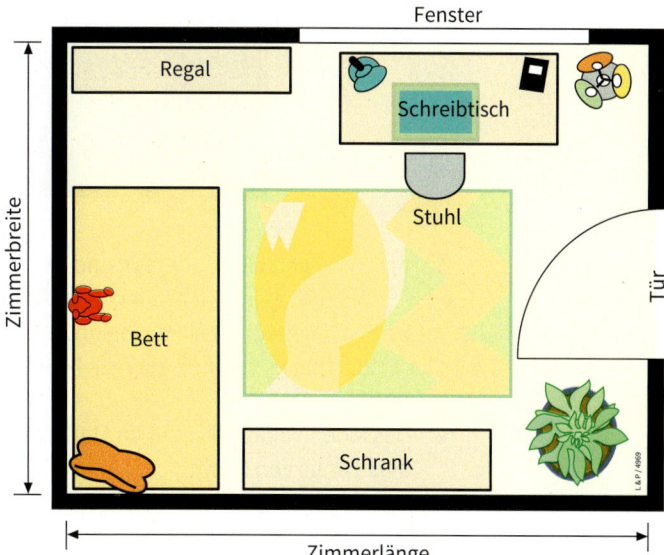

Weiterführende Aufgabe

Vergrößerte Darstellung

2. Man kann einen Maßstab auch benutzen, um Gegenstände vergrößert darzustellen. Im Bild rechts siehst du die Zahnräder einer Armbanduhr im Maßstab 3:1 (dreifach vergrößert). Die Abmessung auf dem Bild beträgt 42 mm.
Wie groß ist sie in der Wirklichkeit?

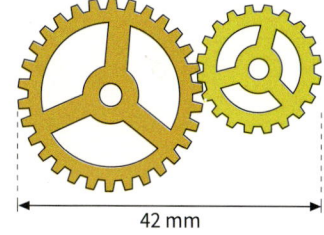

Information

Maßstab

Gegenstände werden oft verkleinert (oder vergrößert) dargestellt.

> Der **Maßstab** einer Zeichnung gibt an, wievielmal größer (oder kleiner) eine Strecke in Wirklichkeit als in der Zeichnung ist.
>
> 1:300 (gelesen: *eins zu dreihundert*) bedeutet: Jede Strecke ist in Wirklichkeit 300-mal größer als in der Zeichnung, d. h. 1 cm in der Zeichnung entspricht 300 cm in der Wirklichkeit.
>
> 5:1 (gelesen: *fünf zu eins*) bedeutet: Jede Strecke ist in Wirklichkeit 5-mal kleiner als in der Zeichnung, d. h. 5 cm in der Zeichnung entspricht 1 cm in der Wirklichkeit bzw. 1 cm in der Zeichnung entspricht 1 cm : 5 = 10 mm : 5 = 2 mm in der Wirklichkeit.

Übungsaufgaben

3. Von einem Ortsteil soll ein verkleinertes Modell für eine Ausstellung aufgebaut werden. Als Maßstab ist 1:200 gewählt worden, d. h. 1 cm am Modell sind 200 cm in der Wirklichkeit.
Bestimme die Abmessungen für das Modell des Flachdachbungalows.

4. Bestimme (1) die Länge, (2) die Breite des wirklichen Rechtecks.
   a) Maßstab 1:50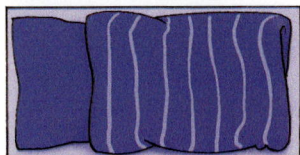
   b) Maßstab 1:200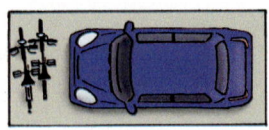

5. a) Ein Rechteck ist 8 m lang und 5 m breit.
      Zeichne es im angegebenen Maßstab.   (1) 1:50   (2) 1:100   (3) 1:200
   b) Ein Rechteck ist 4 cm lang und 1,5 cm breit.
      Zeichne es im angegebenen Maßstab.   (1) 2:1   (2) 3:1   (3) 4:1

6. Das Modell eines Pkw hat im Maßstab 1:8 eine Länge von 56 cm.
   Wie lang ist der Pkw in der Wirklichkeit?

7. Tim misst die Länge seines Modellautos: 25 cm. Er weiß, dass dieses Fahrzeug in Wirklichkeit 4,50 m lang ist. In welchem Maßstab ist das Modellauto hergestellt?

8. Ein Stadtplan hat einen Maßstab von 1:25 000, eine Wanderkarte 1:50 000 und eine Straßenkarte 1:200 000. Übertrage die Tabelle in dein Heft und fülle sie aus.

a) Stadtplan

Karte	Wirklichkeit
1 cm	250 m
5 cm	
8 cm	
	750 m
	4 km
	5 km

b) Wanderkarte

Karte	Wirklichkeit
1 cm	
4 cm	
6 cm	
	2 500 m
	5 km
	8 km

c) Straßenkarte

Karte	Wirklichkeit
1 cm	
8 cm	
20 cm	
	10 km
	18 km
	25 km

9. Rechts siehst du das Bild eines Wasserflohs.
   Wie lang ist die eingezeichnete Strecke in Wirklichkeit?

10. Besorgt euch eine Karte eures Ortes. Welchen Maßstab hat sie?
    Wählt markante „Punkte" (z. B. Rathaus, Schwimmbad) eures Ortes. Bestimmt jeweils die Entfernung von eurer Schule.

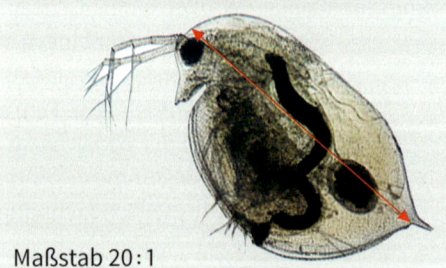

Wasserflöhe
sind kleine Krebstiere, von denen es 400 Arten gibt, die sowohl im Süßwasser als auch im Meerwasser vorkommen.

Maßstab 20:1
d. h. zwanzigfach vergrößert

1.9 Maßstäbliches Darstellen von Daten: Säulendiagramme

Einstieg Geburtsgewicht einiger Tierbabys in einem Zoo:

Gorilla	Schwein	Eisbär	Gazelle	Timberwolf
2 043 g	1 512 g	510 g	2 875 g	515 g

Zeichne ein Säulendiagramm. Wähle 1 mm für 10 g in der Wirklichkeit.

Aufgabe 1 Im Erdkundeunterricht wurden die Flüsse Brandenburgs behandelt.

Fluss	Gesamtlänge
Oder	850 km
Elbe	1 091 km
Havel	334 km
Spree	400 km
Dahme	95 km
Schwarze Elster	179 km

Zeichne ein Säulendiagramm zur Veranschaulichung.

Lösung Der längste Fluss ist 1 091 km lang. Wollten wir im Säulendiagramm für jeden Kilometer einen Millimeter zeichnen, würde die Säule 1 091 mm, also 109,1 cm lang sein und nicht in das Heft passen.
Daher zeichnen wir 1 mm für jeweils 20 km. Dann müssen wir aber die Flusslängen zunächst auf 100 km runden. Wir stellen die Ergebnisse übersichtlich in einer Tabelle zusammen und zeichnen das Säulendiagramm. Hier zeichnen wir die Säulen waagerecht.

Fluss	Länge	Gerundete Länge	Gezeichnete Säulenlänge
Oder	850 km	900 km	45 mm = 4,5 cm
Elbe	1 091 km	1 100 km	55 mm = 5,5 cm
Havel	334 km	300 km	15 mm = 1,5 cm
Spree	400 km	400 km	20 mm = 2,0 cm
Dahme	95 km	100 km	5 mm = 0,5 cm
Schwarze Elster	179 km	200 km	10 mm = 1,0 cm

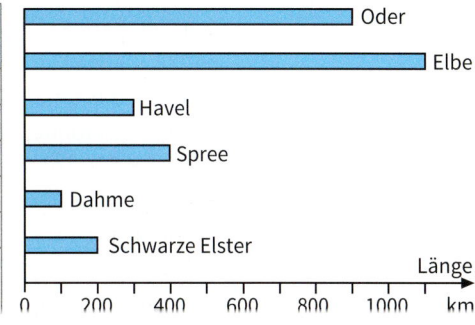

Information **Säulendiagramme** werden gezeichnet, um verschiedene Größen anschaulich zu vergleichen. Mithilfe des größten vorkommenden Wertes überlegt man sich zunächst einen geeigneten Maßstab. Die Werte werden dann entsprechend gerundet und durch Säulen veranschaulicht. Zeichnet man die Säulen waagerecht, so spricht man von einem **Balkendiagramm**.

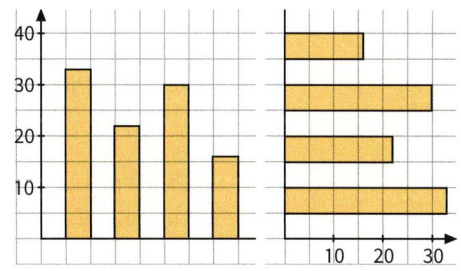

Übungsaufgaben

2. a) Das Säulendiagramm gibt an, wie viel Niederschlag (Regen, Schnee) durchschnittlich in Cottbus fällt.
1 mm Niederschlag bedeutet: Würde das Wasser nicht ablaufen, so würde es 1 mm hoch stehen.
Was kannst du dem Diagramm auf einen Blick entnehmen?
Lies auch die einzelnen Monatswerte ab.

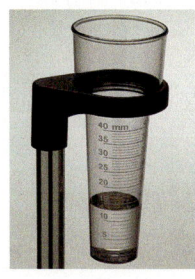

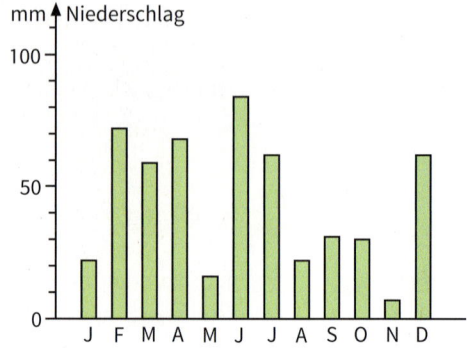

b) Zeichne ein Säulendiagramm für die durchschnittliche Niederschlagsmenge in Neuruppin (Niederschlag in mm). Vergleiche auch mit Teilaufgabe a).

Jan.	Febr.	März	April	Mai	Juni	Juli	Aug.	Sept.	Okt.	Nov.	Dez.
37	88	52	32	74	70	40	20	28	43	16	79

3. a) Was kannst du dem Balkendiagramm auf einen Blick entnehmen? Lies auch genau ab.

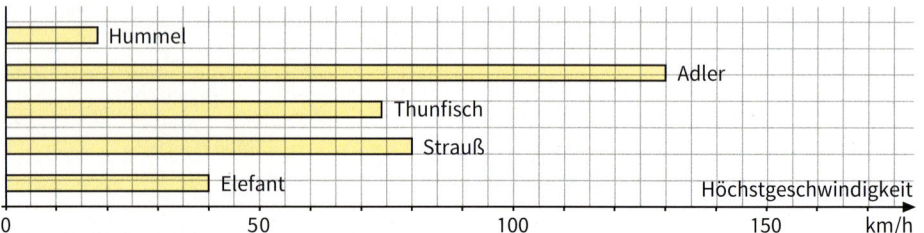

b) Zeichne ein Säulendiagramm: So alt können einzelne Säugetiere werden:

Elefant	70 Jahre	Esel	50 Jahre	Lama	15 Jahre
Eisbär	41 Jahre	Pferd	27 Jahre	Tiger	30 Jahre
Schwein	18 Jahre	Meerschweinchen	8 Jahre	Maus	4 Jahre
Igel	14 Jahre	Gorilla	60 Jahre	Feldhase	8 Jahre

4. Müll soll nach Sorten getrennt eingesammelt werden. In einer Stadt mit 100 000 Einwohnern fallen jährlich 6 500 Tonnen Verpackungsmaterial mit dem Hausmüll an. Veranschauliche die Verteilung auf die verschiedenen Müllsorten in einem Säulendiagramm.

Verpackungsmaterial landet auf dem Müll
Die Menge des Verpackungsmaterials in unserer Stadt ist nahezu unverändert.
Nach Angabe der städtischen Müllabfuhr waren es 6 500 Tonnen Müll, die auf die verschiedenen Verpackungsarten entfielen.

Glas	1 100 Tonnen	Metall	699 Tonnen
Kunststoffe	1 047 Tonnen	Holz	986 Tonnen
Papier/Karton	2 660 Tonnen	Sonstigens	8 Tonnen

Das kann ich noch!

A) Rechne im Kopf: **1)** 14 + 19   **2)** 24 + 19   **3)** 34 + 19   **4)** 44 + 19   **5)** 54 + 19
Suche einen Zusammenhang zwischen den Ergebnissen.

B) Rechne im Kopf: **1)** 85 − 18   **2)** 75 − 18   **3)** 65 − 18   **4)** 55 − 18   **5)** 45 − 18
Suche einen Zusammenhang zwischen den Ergebnissen.

1.9 Maßstäbliches Darstellen von Daten: Säulendiagramme

5. So weit kommst du in 1 Stunde: Zeichne ein Säulendiagramm.

6. Die Sommerferien sind in den einzelnen Staaten Europas unterschiedlich lang. Zeichne zum Vergleich der einzelnen Staaten ein Säulendiagramm.

Land	Sommerferien 2015	Land	Sommerferien 2015
Belgien	01.07. - 31.08.	Luxemburg	16.07. - 14.09.
Bulgarien	24.05. - 15.09.	Niederlande	04.07. - 16.08.
Dänemark	26.06. - 09.08.	Norwegen	20.06. - 16.08.
Estland	04.06. - 31.08.	Österreich	04.07. - 05.09.
Finnland	01.06. - 07.08.	Polen	27.06. - 31.08.
Frankreich	04.07. - 30.08.	Portugal	04.07. - 13.09.
Griechenland	16.06. - 10.09.	Rumänien	22.06. - 09.09.
Irland	01.07. - 31.08.	Schweiz	13.07. - 14.08.
Kroatien	17.06. - 30.08.	Slowenien	25.06. - 31.08.
Lettland	01.06. - 31.08.	Tschechien	27.06. - 30.08.
Litauen	01.06. - 31.08.	Türkei	12.06. - 14.09.
		Ungarn	16.06. - 31.08.

7. Im März 2016 wurden 1250 Kinder von 9 bis 13 Jahren in Deutschland befragt, was sie von ihrem Taschengeld kaufen.

Süßigkeiten	Comics und Zeitschriften	Getränke	Eis	Spielzeug und Spiele	Sammelkarten, Sticker	Kinokarten	Handy
788	550	451	437	336	237	189	162

a) Zeichne ein Säulendiagramm.
b) Führt eine entsprechende Umfrage in eurer Klasse durch. Wertet sie aus.

8. Stelle dir vor, du wirfst einen Würfel 100-mal. Was erwartest du: Wie oft werden die einzelnen Augenzahlen auftreten?
Würfle anschließend tatsächlich und zeichne ein Säulendiagramm deiner Ergebnisse. Vergleiche mit den Ergebnissen deiner Mitschülerinnen und Mitschüler.

9. Kommen kurze Wörter ganz besonders häufig vor? Gibt es Unterschiede zwischen den einzelnen Sprachen? Formuliert zunächst Vermutungen.
Wählt dann zwei deutschsprachige und ein englischsprachiges Buch aus. Zählt 100 Wörter ab, legt eine Strichliste an, wie viele Silben die einzelnen Wörter haben.
Veranschaulicht die Ergebnisse in Säulendiagrammen und vergleicht diese miteinander.

Auf den Punkt gebracht

Umgang mit Texten, Tabellen und Diagrammen

So behältst du Überblick in der Informationsflut!

> **Längere und schwierigere Texte kann man vorteilhaft in mehreren Schritten lesen:**
> 1. Beim ersten Lesen hast du vielleicht noch nicht alles verstanden oder behalten. Mache dir aber dennoch klar, um welche Frage es geht.
> 2. Lies den Text nun noch einmal aufmerksam und gründlich. Kennst du alle Fremdwörter und Begriffe? Falls nicht, informiere dich darüber: Frage jemanden oder schlage in einem Lexikon nach oder suche im Internet.
> 3. Fasse nun das Wesentliche des Textes zusammen. Bei einem Text auf einem Arbeitsblatt kannst du manches durch Unterstreichen hervorheben. Bei Texten in Büchern solltest du wichtige Informationen auf einem Blatt Papier notieren.
> 4. Bei mathematischen Aufgaben ist oft folgende Gliederung hilfreich:
>   Was ist gesucht? Was ist bekannt?

1. a) Lies den folgenden Text nach dem oben beschriebenen Vorgehen.

Der Seehund
Tauchen – eine Meisterleistung

Seehunde beherrschen alle möglichen Schwimm- und Tauchkünste. Sie können bis zu 200 Meter tief tauchen, 12 Minuten unter Wasser schwimmen und sogar einige Zeit auf dem Meeresgrund schlafen. Sie besitzen ein außergewöhnlich starkes Lungen- und Kreislaufsystem. Ihr Blut ist außerdem besonders reich an sauerstoffbindendem Hämoglobin, dem roten Blutfarbstoff. Das Hämoglobin ermöglicht den Tieren, lange unter Wasser zu bleiben, ohne zum Einatmen an die Wasseroberfläche zu müssen. Der Herzschlag verlangsamt sich beim Tauchen auf weniger als zehn Schläge pro Minute und das Herz selbst ist als Anpassung gegen den enormen Wasserdruck besonders breit und flach.

b) Kannst du aus dem obigen Text bestimmen, wie tief ein Seehund pro Minute tauchen kann?

2. Lies den Text. Er enthält sehr viele Zahlen, die man so kaum überblicken kann.
   a) Lege eine Tabelle zu dem Text an.
   b) Noch besser als in einer Tabelle überblickt man Daten in einer grafischen Darstellung. Zeichne ein Säulendiagramm zu der von dir erstellten Tabelle.

> **SEEHUNDBESTAND** – Jedes Jahr werden sie vom Flugzeug aus gezählt: die bei Niedrigwasser auf den Sandbänken im Nationalpark Schleswig-Holsteinisches Wattenmeer ruhenden Seehunde: Der Bestand der Tiere erholt sich weiter: 2010 wurde die Rekordzahl 9 720 gezählt. Im Jahr 2004 betrug die Anzahl 6 044, ungefähr 1000 mehr als im Vorjahr mit 5 038 Seehunden. Im Jahr 2002 waren bei einer Krankheitsepidemie ungefähr 3 600 der 7 534 im Jahr 2001 gezählten Tiere dem Seehundstaupe-Virus zum Opfer gefallen. Eine erste solche Epidemie noch größeren Ausmaßes gab es 1988, von der sich der Seehundbestand nur langsam erholte: Erst im Jahr 2000 hatte er wieder 6 700 Tiere erreicht, nach einem kontinuierlichen Anstieg von 4 548 im Jahr 1996, 5 003 im Jahr 1997, 5 568 im Jahr 1998.

Auf den Punkt gebracht

> Enthält ein Text viele Informationen mit Zahlen, so kann man diese oft besser überblicken, wenn man sie in einer Tabelle zusammenfasst oder ein Diagramm dazu zeichnet.

3. Stelle die Informationen aus dem folgenden Text übersichtlich dar.

„Wertloses" Kleingeld von hohem Wert

In Finnland wurden bei der Euro-Einführung die 1-Cent- und 2-Cent-Münzen nur in geringer Auflage geprägt: 35 Mio. 1-Cent-, 23 Mio. 2-Cent-Münzen gegenüber 355 Mio. 5-Cent-, 285 Mio. 10-Cent, 190 Mio. 20-Cent, 72 Mio. 50-Cent, 60 Mio. 1-Euro- und 50 Mio. 2-Euro-Münzen. Zum Vergleich: In Portugal wurden bei der Einführung 40 Mio. 2-Euro-, 68 Mio. 1-Euro-, 152 Mio. 50-Cent-, 116 Mio. 20-Cent-, 220 Mio. 10-Cent-, 196 Mio. 5-Cent-, 272 Mio. 2-Cent- und 232 Mio. 1-Cent-Münzen geprägt. In Deutschland wurden bei der Einführung insgesamt viel mehr Münzen geprägt: 1 Mrd. 2-Euro-, 1 Mrd. 700 Mio. 1-Euro-, 1 Mrd. 600 Mio. 50-Cent-, 1 Mrd. 600 Mio. 20-Cent-, 3 Mrd. 300 Mio. 10-Cent-, 2 Mrd. 300 Mio. 5-Cent-, 1 Mrd. 800 Mio. 2-Cent- und 3 Mrd. 700 Mio. 1-Cent-Münzen.

In Finnland ist es Tradition, beim Bezahlen keine kleinen Münzen zu verwenden und stattdessen zu runden. Daher kommen finnische 1-Cent- und 2-Cent-Münzen im Alltag nicht vor. Ein Staatssekretär des finnischen Finanzministeriums erklärte sogar, dass diese kleinen Münzen oftmals weggeworfen würden, da sie praktisch keinen Wert hätten und auch von Banken nur gegen hohe Gebühren eingetauscht würden.
Seit 2002 können finnische 1-Cent- und 2-Cent-Münzen nur noch bei Münzhändlern zu hohen Preisen erworben werden: Sie kosten jeweils ca. 1 Euro.

4. Gib die Informationen aus dem folgenden Text zum Aufbau eines Bienenstaates mit eigenen Worten wieder.
Kannst du ihm entnehmen, wie viele Bienen in einem Staat zusammenleben?

Bienen – Organisiertes Zusammenleben

Honigbienen leben in einem Staat. Die Gesellschaft der Honigbiene besteht aus drei in ihrem Körperbau unterschiedlichen Formen: der (weiblichen) Königin, den (männlichen) Drohnen und den Arbeiterinnen (sterilen Weibchen). Diesen Formen kommen im Bienenstaat unterschiedliche Funktionen zu; jede Form besitzt ihre eigenen speziellen Verhaltensweisen, die jeweils auf die Bedürfnisse des Volkes abgestimmt sind.
Die **Königin** ist die einzige sich fortpflanzende weibliche Biene im Bienenstock und somit Mutter sämtlicher Drohnen, Arbeiterinnen und zukünftiger Königinnen. Sie produziert täglich oftmals mehr als 1500 Eier, deren Masse dem ihres eigenen Körpers gleichkommt. In ihrem Körperbau unterscheidet sich die Königin auffallend von Drohnen und Arbeiterinnen. Ihr Körper ist langgestreckt, sie ist viel größer als eine Arbeiterin und hat einen langen, schlanken Hinterleib.
Arbeiterinnen übertreffen Drohnen stets an der Zahl. Im Frühjahr reicht die Zahl der Arbeiterinnen in einem Volk von 8000 bis 15000, im Frühsommer kann ihre Zahl mehr als 80000 betragen. Die Arbeiterinnen können sich nicht paaren und fortpflanzen; sie sondern Wachs ab, bauen Waben, sammeln Nektar, Pollen und Wasser, wandeln den Nektar in Honig um, säubern den Stock und verteidigen ihn, wenn nötig.
Die **Drohnen** der Honigbienen besitzen keinen Stachel und sind wehrlos; sie weisen auch keine Pollenkörbchen oder Wachsdrüsen auf. Ihre einzige Aufgabe besteht darin, sich mit neuen Königinnen auf dem Hochzeitsflug zu paaren. Unmittelbar nach der Paarung sterben die Drohnen.

1.10 Aufgaben zur Vertiefung

1. Computer rechnen zwar mit im Zweiersystem (Dualsystem) geschriebenen Zahlen, jedoch werden diese sehr schnell lang, da nur zwei Ziffern zur Verfügung stehen.
Im Dualsystem geschriebene Zahlen lassen sich daher nicht so gut überblicken. Programmierer fassen daher oft jeweils 4-ziffrige Ziffernfolgen im Zweiersystem zusammen zu einer Zahl im Sechzehnersystem (Hexadezimalsystem): Hier benötigt man 16 Ziffern. Man verwendet 0 bis 9 und dann die Buchstaben A bis F für die Ziffernwerte 10 bis 15.
Im Sechzehnersystem werden somit 16 Einer zu einem Sechzehner zusammengefasst, 16 Sechzehner zu einem Zweihundertsechsundfünfziger usw. Um zu kennzeichnen, dass eine Zahlschreibweise im Sechzehnersystem vorliegt, schreiben wir das Zeichen $_{(16)}$ dahinter.

Hex.	Dualsystem				Dez.
0	0	0	0	0	00
1	0	0	0	1	01
2	0	0	1	0	02
3	0	0	1	1	03
4	0	1	0	0	04
5	0	1	0	1	05
6	0	1	1	0	06
7	0	1	1	1	07
8	1	0	0	0	08
9	1	0	0	1	09
A	1	0	1	0	10
B	1	0	1	1	11
C	1	1	0	0	12
D	1	1	0	1	13
E	1	1	1	0	14
F	1	1	1	1	15

   a) Rechts siehst du die Zahlen 0 bis 15 im Sechzehnersystem geschrieben. Schreibe die Zahlen 16 bis 64 im Sechzehnersystem.
   b) Rechne in das Zehnersystem um:
      $51_{(16)}$, $99_{(16)}$, $5A_{(16)}$, $F3_{(16)}$, $FF_{(16)}$.
   c) Schreibe die Zahlen im Sechzehnersystem: 70, 80, 100, 123, 187, 202, 256, 298.

2. Ein Lichtjahr ist keine Einheit für eine Zeitspanne, sondern eine Längeneinheit für sehr große Entfernungen. Ein Lichtjahr ist die Entfernung, die das Licht bei einer Geschwindigkeit von 300 000 Kilometern pro Sekunde in einem Jahr zurücklegt: fast 10 Billionen Kilometer.
Gib die im folgenden Text angegebenen Entfernungen in der Einheit km an. Erläutere dann, warum man in der Astronomie auch die Längeneinheit Lichtjahr verwendet.

> Unsere **Sonne** ist nur einer von vielen Sternen im Weltall. Sie gehört zu einer Anhäufung von Sternen, die man **Milchstraße** nennt. Diese Bezeichnung kommt daher, dass sie am nächtlichen Sternenhimmel wie ein milchig leuchtendes Band aussieht. Die Milchstraße ist wie die anderen Galaxien auch spiralig aufgebaut. Unsere Sonne befindet sich rund 26 700 Lichtjahre vom Zentrum der Milchstraße entfernt. Im Zentrum hat die Milchstraße eine Dicke von 10 000 Lichtjahren, ihr Durchmesser beträgt etwas 120 000 Lichtjahre. Die unserer Milchstraße am nächsten gelegene Galaxie ist der **Andromeda-Nebel**. Er ist rund 2 Millionen Lichtjahre von uns entfernt und kann noch mit bloßem Auge am Sternenhimmel wahrgenommen werden.

Milchstraße

Andromeda-Nebel

Das Wichtigste auf einen Blick

Große Zahlen

Im **Zehnersystem** werden die Zahlen mit den Ziffern 0, 1, …, 8, 9 geschrieben. In einer *Stellenwerttafel* lassen sich die Stufenzahlen Einer (E), Zehner (Z), Hunderter (H) und Tausender (T) sowie für größere Zahlen: Millionen, Milliarden, Billionen, Billiarden übersichtlich darstellen.

Beispiel: 23 490 287

Million	Tausender					
		HT	ZT	T	H	Z	E
2	3	4	9	0	2	8	7

Natürliche Zahlen

Die Menge der natürlichen Zahlen ist $\mathbb{N} = \{0, 1, 2, 3, 4, …\}$. Die natürlichen Zahlen lassen sich auf einem *Zahlenstrahl* veranschaulichen. Auf dem nach rechts gerichteten Zahlenstrahl liegt die kleinere zweier Zahlen links der größeren.

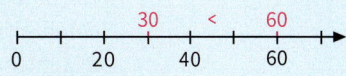

Anders gesagt: $60 > 30$

Runden

Beim Runden auf Zehner musst du die Einer betrachten, beim Runden auf Hunderter die Zehner, beim Runden auf Tausender die Hunderter, …:
runde ab bei 0, 1, 2, 3, 4;
runde auf bei 5, 6, 7, 8, 9.

Beispiel:
2735 gerundet:
auf Zehner: 2740   — 5 aufgerundet
auf Hunderter: 2700   — 3 abgerundet
auf Tausender: 3000   — 7 aufgerundet

Größen und ihre Einheiten

Bei Angaben mit Komma bezeichnet die Einheit die Stellen vor dem Komma; die Stellen nach dem Komma geben die kleineren Einheiten an.

Längen werden üblicherweise in den Einheiten 1 mm, 1 cm, 1 dm, 1 m und 1 km angegeben. Es gilt:

$$1\,\text{km} \xrightleftharpoons[\cdot 1000]{:1000} 1\,\text{m} \xrightleftharpoons[\cdot 10]{:10} 1\,\text{dm} \xrightleftharpoons[\cdot 10]{:10} 1\,\text{cm} \xrightleftharpoons[\cdot 10]{:10} 1\,\text{mm}$$

Beispiele:

5 m 7 dm 6 cm = 5,76 m
0 km 980 m = 0,980 km
47 cm = 4,7 dm = 0,47 m
0,82 km = 820 m = 8 200 dm

Massen werden üblicherweise in den Einheiten 1 mg, 1 g, 1 kg und 1 t angegeben. Es gilt:

$$1\,\text{t} \xrightleftharpoons[\cdot 1000]{:1000} 1\,\text{kg} \xrightleftharpoons[\cdot 1000]{:1000} 1\,\text{g} \xrightleftharpoons[\cdot 1000]{:1000} 1\,\text{mg}$$

5 t 675 kg = 5,675 t = 5 675 kg
13 g 256 mg = 13,256 g = 13 256 mg
0,498 t = 498 kg = 498 000 g
8 230 mg = 8,23 g = 0,00823 kg

Zeitpunkte und **Zeitspannen** werden in Sekunden (1 s), Minuten (1 min), Stunden (1 h) und Tagen (1 d) angegeben.

Es gilt: $1\,\text{d} \xrightleftharpoons[\cdot 24]{:24} 1\,\text{h} \xrightleftharpoons[\cdot 60]{:60} 1\,\text{min} \xrightleftharpoons[\cdot 60]{:60} 1\,\text{s}$

1 d 6 h = 30 h = 1 800 min
540 min = 9 h
75 s = 1 min 15 s

Maßstab

Mit einem **Maßstab** beschreibt man Vergrößerungen, zum Beispiel 4 : 1, sowie Verkleinerungen, zum Beispiel 1 : 20000.

Beispiele:
Maßstab 4 : 1 bedeutet:
4 cm in der Zeichnung entsprechen 1 cm in der Wirklichkeit.

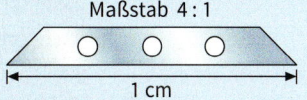

Maßstab 1 : 20000 bedeutet:
1 cm in der Karte entspricht in der Wirklichkeit 20000 cm = 200 m

Bist du fit?

1. Übertrage in dein Heft und gib Zahl bzw. Nachfolger an.

Zahl	1 000 000				
Nachfolger		2 000 000	79 901	1 000 001	3 479 009

2. Die sogenannte Schuldenuhr zeigt die Verschuldung Deutschlands an.
   Schreibe die auf der Schuldenuhr angezeigten Zahlen in Worten.

3. Vergleiche. Setze im Heft für ■ das Kleiner- oder Größerzeichen.
   a) 2 488 ■ 3 521   c) 80 192 ■ 79 582
   b) 6 776 ■ 6 767   d) 432 719 ■ 432 723

4. a) Welche Zahlen sind rot markiert?

   b) Trage im Heft die Zahlen 37, 49, 121, 152, 81 auf einem geeigneten Zahlenstrahl ein.

5. a) Runde
   (1) 29 429 auf Hunderter;   (2) 35 482 auf Tausender;   (3) 831 624 auf Zehntausender.
   b) Folgende Zahlen sind gerundet. Welche Zahlen können vor dem Runden gestanden haben? Nenne die kleinstmögliche und die größtmögliche Zahl.
   (1) 230 auf Zehner   (3) 3 400 auf Zehner   (5) 230 000 auf Zehntausender
   (2) 3 400 auf Hunderter   (4) 29 000 auf Tausender   (6) 17 000 000 auf Millionen

6. Wie viel fehlt bis zur nächstgrößeren Einheit?
   a) 998 mg   b) 20 h   c) 756 g   d) 4 mm   e) 56 min   f) 293 kg   g) 96 m   h) 12 s

7. Schreibe in der in Klammern angegebenen Einheit.
   a) 8 m (cm)   b) 512 cm (m)   c) 17 t (kg)   d) 0,05 km (m)   e) 300 g (kg)
      11 km (m)   93 kg (g)   30 g (kg)   0,5 m (cm)   12 h (min)

8. Wie viel Zeit vergeht bis Mitternacht? a) 9.45 Uhr b) 0.37 Uhr c) 11.58 Uhr d) 20.15 Uhr

9. Der Maßstab einer Landkarte beträgt 1 : 200 000.
   a) Auf dieser Karte werden folgende Längen gemessen: 3 cm; 5,5 cm; 4,8 cm; 8,7 cm.
      Wie lang sind die Strecken in Wirklichkeit?
   b) Wie groß erscheinen auf der Karte Entfernungen von 6 km; 15 km; 3,6 km; 10,8 km?

10. In Deutschland fallen pro Einwohner jährlich ungefähr 56 kg Verpackungsmaterial an, davon 20 kg Pappe und Papier, 14 kg Kunststoff sowie 22 kg Glas.
    Zeichne ein Säulendiagramm.

2. Rechnen mit natürlichen Zahlen

Im Alltag und auch bei Spielen werden Preise und andere Größen mithilfe von natürlichen Zahlen angegeben. Zur Beantwortung vieler Fragen muss mit diesen natürlichen Zahlen addiert, subtrahiert, multipliziert und dividiert werden.

Jakob und Hanna spielen Monopoly. Jakob besitzt die Straße am Park und die Straße am Schloss, Hanna die Werke Wassergewinnung und Stromerzeugung.

Stromerzeugung

Die Miete für dieses Werk ist 4-mal so hoch, wie die Augenzahl auf den zwei Würfeln.

Wenn man außerdem noch das Werk zur Wassergewinnung besitzt, dann ist die Miete 10-mal so hoch wie die Augenzahl auf den zwei Würfeln.

Dieses Werk kann für 3000 M gekauft werden.

Wassergewinnung

Die Miete für dieses Werk ist 4-mal so hoch, wie die Augenzahl auf den zwei Würfeln.

Wenn man außerdem noch das Werk zur Stromerzeugung besitzt, dann ist die Miete 10-mal so hoch wie die Augenzahl auf den zwei Würfeln.

Dieses Werk kann für 3000 M gekauft werden.

Straße am Park

Miete	35 M
mit einem Haus	175 M
mit zwei Häusern	500 M
mit drei Häusern	1100 M
mit vier Häusern	1300 M
mit Hotel	1500 M

Ist man der Besitzer der Straßen am Park, am Wald und am See, so ist die Miete für die unbebauten Straßen doppelt so hoch.

Diese Straße kann für 7000 M gekauft werden.

Ein Haus kostet 200 M, ein Hotel kostet 200 M plus vier Häuser.

Straße am Schloss

Miete	50 M
mit einem Haus	600 M
mit zwei Häusern	500 M
mit drei Häusern	1400 M
mit vier Häusern	1700 M
mit Hotel	2000 M

Ist man der Besitzer der Straßen am Schloss, an der Burg und am Dom, so ist die Miete für die unbebauten Straßen doppelt so hoch.

Diese Straße kann für 8000 M gekauft werden.

Ein Haus kostet 200 M, ein Hotel kostet 200 M plus vier Häuser.

→ Hanna würfelt eine 5 und eine 3 und gelangt damit auf das Feld Wassergewinnung.
  Wie viel Miete muss sie an Jakob zahlen?
→ Hanna baut ein Haus auf der Straße am Park. Wie oft muss Jakob auf der Straße am Park ankommen,
  damit Hanna den Kaufpreis als Mietzahlung wieder bekommen hat?
→ Hanna überlegt, ein Hotel auf der Straße am Schloss zu bauen.
  Wie viel kostet dieses?
→ Stellt weitere Fragen und beantwortet sie.

In diesem Kapitel ...
beschäftigst du dich mit dem Rechnen mit natürlichen Zahlen,
dessen Gesetzmäßigkeiten und Zusammenhängen. Für große Zahlen wirst du
deine Kenntnisse zu den schriftlichen Rechenverfahren erweitern.

Lernfeld: Mehr ... oder weniger?

Das Polyeder-Spiel
Philipp hat in seiner Spielesammlung verschiedene „Spielwürfel" (sogenannte Polyeder):

Tetraeder — Hexaeder — Oktaeder — Dodekaeder — Ikosaeder

Bei dem Spiel darf jeder Mitspieler mit jedem der fünf Würfel je einmal würfeln. Die erste geworfene Augenzahl ist der Startwert, die zweite geworfene Augenzahl wird von diesem Startwert subtrahiert, die dritte wieder addiert, die vierte subtrahiert, die fünfte addiert. Das Spiel hat derjenige gewonnen, der am Ende die höchste Punktzahl erreicht hat. Wirft man beim zweiten oder vierten Wurf eine Augenzahl, die größer ist als der aktuelle Punktstand, scheidet man aus.

→ Habt ihr einen Vorschlag, in welcher Reihenfolge die Spieler ihre fünf Würfel werfen sollen? Probiert eure Vorschläge selbst aus.

Entdeckungen an Zahlenmauern
Die meisten von euch kennen aus der Grundschule Zahlenmauern. Falls jemand in deiner Klasse solche Zahlenmauern nicht kennt, erkläre am Beispiel rechts, wie man in ihnen rechnet.

	36	
16		20
9	7	13

→ Trage im Heft die Zahlen in der unteren Reihe ein. Ergänze dann die fehlenden Zahlen darüber. Was ändert sich, wenn man die Reihenfolge der Zahlen in der unteren Reihe ändert? Wie viele Möglichkeiten gibt es hierfür? Wie musst du die Zahlen anordnen, um im Feld ganz oben das kleinst- bzw. größtmögliche Ergebnis zu erhalten?

| 9 | 13 | 7 |

→ Das Ausfüllen einer Zahlenmauer ist besonders einfach, wenn alle Zahlen in der unteren Reihe bekannt sind.
Übertrage die nebenstehenden Mauern in dein Heft. Kannst du sie auch ausfüllen?

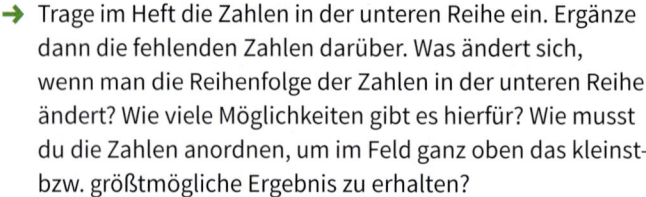

→ Gibt es noch andere Aufgabentypen zum Ausfüllen von Zahlenmauern? Wie viele verschiedene Typen findet ihr?
Achtung: Die Zahlenmauer kann man auf verschiedene Weisen vervollständigen. Probiert das in eurem Heft.

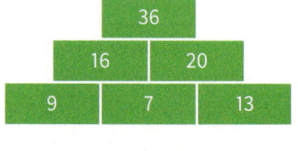

→ An der rechts stehenden Zahlenmauer erkennen wir, dass 4 die kleinstmögliche Zahl in dem oberen Feld der Zahlenmauer ist. Welche Zahlenmauern gibt es mit der Zahl 5 [6; 7] an der Spitze? Wie viele verschiedene Zahlenmauern sind dies jeweils insgesamt?

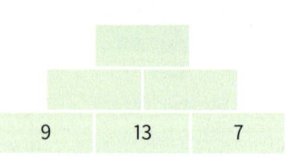

2.1 Addieren und Subtrahieren

Einstieg Ein Partner stellt eine Frage, die du mit den Informationen aus dem Zeitungsausschnitt rechnerisch lösen kannst. Beantworte die Frage. Danach stellst du deinem Partner eine Frage.

Mitgliederversammlung im TSV
Der Vorsitzende berichtete von Mitgliederzahl-Veränderungen: In der Fußballsparte sind es jetzt 970 Mitglieder und somit 240 mehr als im Vorjahr. Leider hat die Handballsparte jetzt nur noch 512 Mitglieder und somit 89 weniger als im Vorjahr.

Aufgabe 1 Zur Herbstkonzertwoche der Musikschule kamen 963 Besucher. Das waren 128 mehr als im Frühjahr. Dabei wurden 238 Programmhefte verteilt. Das waren 46 weniger als im Frühjahr. Wie kann man die Zahlen für die Frühjahrskonzerte berechnen?

Lösung Wir veranschaulichen die Anzahlen durch Strecken.

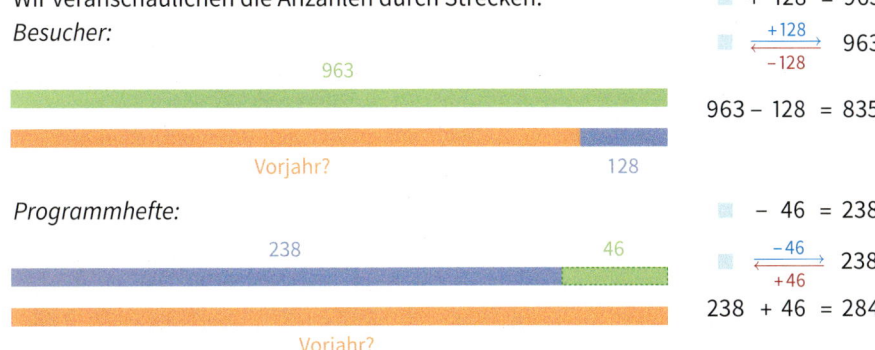

Ergebnis: Zum Frühjahrskonzert kamen 835 Besucher. Es wurden 284 Programmhefte verteilt.

Information Im Zusammenhang mit dem Addieren und Subtrahieren benutzt man Fachausdrücke.

addieren (lat.) hinzufügen
Summe (lat.) Gesamtzahl
Summand (lat.) hinzuzuzählende Zahl
subtrahieren (lat.) abziehen
Differenz (lat.) Unterschied
Minuend (lat.) Zahl, von der etwas abgezogen wird
Subtrahend (lat.) Zahl, die abgezogen wird

Addition
$217 + 63$ nennt man die **Summe** der Zahlen 217 und 63. Das Ergebnis 280 nennt man den *Wert der Summe*, kurz auch *Summe*.
217 und 63 heißen *Summanden*.

217	+	63	=	280
1. Summand		2. Summand		Wert der Summe

Subtraktion
$374 - 52$ nennt man die **Differenz** der Zahlen 374 und 52. Das Ergebnis 322 nennt man den *Wert der Differenz*, kurz auch *Differenz*.
374 heißt *Minuend*, 52 heißt *Subtrahend*.

374	–	52	=	322
Minuend		Subtrahend		Wert der Differenz

Weiterhin gilt.

Zusammenhang zwischen Addition und Subtraktion
Addition und Subtraktion sind *entgegengesetzte* Rechenarten.
(1) Das Addieren einer Zahl wird durch das Subtrahieren dieser Zahl rückgängig gemacht.
(2) Das Subtrahieren einer Zahl wird durch das Addieren dieser Zahl rückgängig gemacht.

$43 \underset{-17}{\overset{+17}{\longleftrightarrow}} 60$

Information

Sind mehrstellige Zahlen für das Kopfrechnen zu groß, so rechnet man schriftlich.

(1) Schriftliches Addieren – Überschlag

Aufgabe: 1753 + 2885 + 641 *Überschlag:* 1800 + 2900 + 600 = 5300
Rechnung:

	1	7	5	3
+	2	8	8	5
+		6	4	1
			2	1
	5	2	7	9

Wir addieren:
die Einer: 1 + 5 + 3 = 9, also 9 Einer
die Zehner: 4 + 8 + 5 = 17, also 7 Zehner und 1 Hunderter als Übertrag
die Hunderter: 1 + 6 + 8 + 7 = 22, also 2 Hunderter und 2 Tausender als Übertrag
die Tausender: 2 + 2 + 1 = 5, also 5 Tausender

Ergebnis: 1753 + 2885 + 641 = 5279

(2) Schriftliches Subtrahieren – Überschlag

Aufgabe: 5904 − 5279 − 212 *Überschlag:* 5900 − 5300 − 200 = 400
Rechnung:

	5	9	0	4
−	5	2	7	9
−		2	1	2
			1	1
		4	1	3

Wir addieren die Subtrahenden stellenweise und ergänzen:
bei den Einern: 2 + 9 + 3 = 14, also 3 Einer und 1 Zehner als Übertrag
bei den Zehnern: 1 + 1 + 7 + 1 = 10, also 1 Zehner und 1 Hunderter als Übertrag
bei den Hundertern: 1 + 2 + 2 + 4 = 9, also 4 Hunderter

Ergebnis: 5904 − 5279 − 212 = 413

Übungsaufgaben

2. Rechne im Kopf; notiere die Ergebnisse.

a)	42 + 37	b)	229 + 37	c)	138 − 26	d)	350 − 70	e)	685 + 45	f)	3 820 − 550
	69 + 11		15 + 861		297 − 62		280 − 66		600 + 5370		5 100 − 250
	342 + 58		78 + 411		870 − 40		483 − 38		550 + 4800		3 270 − 400

3. a) Beschreibe und vergleiche folgende Rechenwege. Findest du noch weitere?

640 + 770
640 $\xrightarrow{+770}$ 1410
+700 ↓ / +70
1340

198 + 27
198 $\xrightarrow{+27}$ 225
+2 ↓ / +25
200

457 + 98
457 $\xrightarrow{+98}$ 555
+100 ↓ / −2
557

2300 − 1410
2300 $\xrightarrow{-1410}$ 890
−1400 ↓ / −10
900

403 − 78
403 $\xrightarrow{-78}$ 325
−3 ↓ / −75
400

b) Berechne geschickt.
(1) 1250 + 780   (3) 287 + 78   (5) 303 − 88   (7) 498 + 63
(2) 167 + 296   (4) 2520 − 150   (6) 427 − 98   (8) 903 − 58

4. Stelle zunächst eine geeignete Aufgabe und löse sie dann.
   a) An einem Marktstand wurden an einem Dienstag 45 kg Tomaten verkauft, am folgenden Tag 17 kg mehr.
   b) An dem gleichen Marktstand wurden am Samstag 71 kg Spargel verkauft, am folgenden Montag 34 kg weniger.
   c) Am Freitag wurden an dem Marktstand 85 kg Kartoffeln verkauft, am Samstag 125 kg.

2.1 Addieren und Subtrahieren

5. Erfinde selbst Rechengeschichten.
   a) 43 kg + 19 kg
   b) 55 € – 28 €
   c) 203 km – 87 km
   d) 24 min + 33 min

Differenz: 43 m – 27 m
Rechengeschichte: Tim ist ein guter Skispringer. Er schafft auf der Jugendschanze 43 m. Marc erreicht nur 27 m. Wie viel Meter springt Tim weiter als Marc?
Rechnung: 43 m – 27 m = 16 m
Ergebnis: Tim springt 16 m weiter als Marc.

6. Beachte die Einheiten.
   a) 5 € + 21 ct   b) 794 g + 20 kg   c) 3 d + 46 h   d) 941 dm – 59 m   e) 8 720 kg – 7 t

7. Dein Partner stellt eine Frage, die du mit den Informationen aus dem Zeitungsausschnitt unten rechnerisch lösen kannst. Beantworte die Frage. Danach stellst du eine Frage.

Neuer Bücherbus der Stadtbibliothek
Die Stadtbücherei informiert über die Neueinrichtung des Bibliothekbusses und das neue Medienangebot: Momentan kann man 745 CDs und 128 Hörbücher ausleihen. Das sind 212 CDs und 53 Hörbücher mehr als im letzten Jahr. Bei den Restbeständen von Musikkassetten sind nur noch 241 Kassetten vorhanden, also 73 weniger als im letzten Jahr.

8. a) Wie verändert sich der Wert der Summe zweier Zahlen, wenn man
      (1) den ersten Summanden um 53 erhöht;
      (2) den zweiten Summanden um 120 vermindert;
      (3) den ersten und zweiten Summanden um je 70 erhöht;
   b) Wie verändert sich der Wert der Differenz zweier Zahlen, wenn man
      (1) den Minuenden um 72 vermindert;
      (2) den Subtrahenden um 16 erhöht;
      (3) den Minuenden und den Subtrahenden um je 41 erhöht?

9. a) Welche Karten wählst du, um eine möglichst große Summe [Differenz] zu erhalten?
   b) Welche Karten musst du wählen, damit du die kleinste Summe [Differenz] erhältst?
   c) Welche Karten wählst du, damit die Summe größer als 200, aber kleiner als 400 ist?

10. Bestimme die fehlende Zahl und notiere sie im Heft.

    a) ▨ + 37 = 63   b) ▨ + 370 = 990   c) ▨ + 1100 = 4700   d) ▨ – 123 = 456
       18 + ▨ = 81   40 + ▨ = 760   7500 + ▨ = 8000   517 – ▨ = 103
       ▨ – 49 = 14   ▨ – 440 = 440   ▨ – 4000 = 2800   ▨ + 238 = 559
       54 – ▨ = 26   690 – ▨ = 30   2000 – ▨ = 200   417 + ▨ = 888

11. Überprüfe die Rechnung durch Addieren. Berichtige jedes falsche Ergebnis.
    a) 90 – 33 = 67   c) 216 – 44 = 172   e) 840 – 84 = 766
    b) 100 – 55 = 45   d) 357 – 32 = 325   f) 9990 – 9090 = 900

Aufgabe: 38 – 14 = 24
Pfeilbild: 38 $\xrightarrow[+14]{-14}$ 24
Probe: 24 + 14 = 38

**Spiel
(2 Spieler)**

12. *Fünfzig gewinnt:* Einer der beiden Spieler nennt eine Zahl zwischen 1 und 10. Beide müssen anschließend abwechselnd eine der Zahlen 1, 2 oder 3 dazu addieren. Wer zuerst die Zahl 50 genau erreicht, hat gewonnen. Wie muss man die Zahlen wählen, um zu gewinnen?

13. Tina fährt mit dem Fahrrad zur Schule. Für die Fahrt braucht sie etwa 15 Minuten. Das Abstellen und Abschließen des Fahrrades dauert etwa 5 Minuten.
    Der Unterricht beginnt um 7.50 Uhr. Tina möchte 10 Minuten früher in der Schule sein.
    Wann muss Tina von zu Hause losfahren?

14. Der Hüttenwirt notiert Veränderungen der Wetterverhältnisse in seinem Schneebericht. Stelle eine Frage und beantworte sie.
    a) Nach den Schneefällen vom 17. 2. lagen insgesamt 54 cm Schnee.
    b) Nach Tauwetter am 20. 2. war die Schneedecke nur noch 25 cm hoch.

15. Ein Intercity benötigt von Berlin nach Stendal 57 Minuten, das sind 25 Minuten weniger als mit dem Regionalverkehr und 12 Minuten mehr als ein Inter-City-Express benötigt. Welche Fahrzeit benötigt auf dieser Strecke der Regionalverkehr, welche der Inter-City-Express?

16. Rechne mit benachbarten Zahlen. Das Ergebnis steht im Feld darüber. Fülle im Heft aus.
    a) Addiere.   b) Subtrahiere.

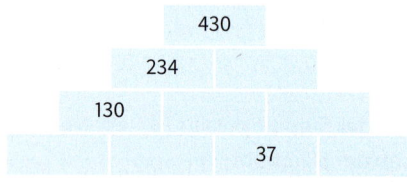 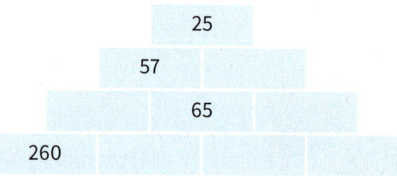

17. Addiere schriftlich. Mache zunächst eine Überschlagsrechnung.
    a) 256 + 467 + 494 + 587   b) 584 + 1 302 + 1 459 + 829   c) 2 207 + 5 007 + 8 086 + 1 108
       889 + 264 + 453 + 778   1 279 + 388 + 1 462 + 1 371   70 859 + 10 278 + 1 091 + 2 722

18. Welche Ergebnisse sind falsch? Begründe ohne schriftlich zu rechnen.

(1)		7	5	2	0	5	(2)			3	5	5	(3)		8	1	7	0	3
	+		4	9	9	3		+		3	9	0	7		+		9	9	5	6
	+	1	0	4	1	7		+	1	1	0	9	8		+	3	0	4	5	8	9
		9	0	6	1	1			1	5	3	6	0			4	0	6	2	4	8

19. Subtrahiere schriftlich. Mache zunächst eine Überschlagsrechnung.
    a) 3 825 – 1 184   b) 8 000 – 916 – 1 422 – 662   c) 77 812 – 19 321 – 4 288 – 3 088
       2 380 – 2 076   25 933 – 4 876 – 11 345 – 703   468 000 – 2 913 – 78 305 – 126 522

Das kann ich noch!

A) Marie sieht die Uhren in einem Spiegel eines Uhrengeschäftes. Wie spät ist es?

1)  2)  3)  4)

2.1 Addieren und Subtrahieren

20. Auffallende Ergebnisse:
- a) 8 000 – 916 – 1 422 – 662
- b) 25 933 – 4 876 – 11 345 – 703
- c) 77 812 – 19 321 – 4 288 – 3 088
- d) 468 000 – 2 913 – 78 305 – 126 522
- e) 81 300 – 21 407 – 9 – 683 – 4 880
- f) 1 000 000 – 6 389 – 440 255 – 108 912

21. Entscheide, ob die Aussage richtig ist, und begründe deine Antwort.
- a) Die Summe von drei verschiedenen dreistelligen Zahlen ist nie größer als 3 000.
- b) Die Differenz aus einer vierstelligen Zahl und einer dreistelligen Zahl liegt immer zwischen 9 und 9 000.
- c) Wenn man vier verschiedene vierstellige Zahlen addiert, erhält man nie 4 949.

22. Eine Ferienanlage zählte im Jahr 2011 während der Hauptsaison 125 832 Übernachtungen. In der Vorsaison waren es 37 187 Übernachtungen und in der Nachsaison 28 518 Übernachtungen. Stelle geeignete Fragen und rechne.

23. Stelle deinem Partner eine geeignete Frage. Anschließend tauscht ihr die Rollen.
- a) Herr Schmitz muss eine Autobahnstrecke von 353 km zurücklegen. Nach 168 km verlässt er die Autobahn wegen einer Vollsperrung. Auf der Landstraße fährt er einen Umweg von 18 km.
- b) Herr Mertes hat 879 € auf seinem Konto. Nachdem ihm sein Autoradio gestohlen worden ist, überweist ihm seine Versicherung einen Betrag von 376 €. Für Kauf und Einbau des neuen Radios muss er 459 € überweisen.
- c) Eine dreitägige Radfernfahrt geht über insgesamt 646 km. Am ersten Tag werden 188 km gefahren, die zweite Etappe geht über 245 km.
- d) Familie Schneider fährt mit dem Pkw in den Urlaub. Die zulässige Gesamtmasse des Autos beträgt 1 600 kg. Der leere Wagen wiegt 1 045 kg. Frau Schneider wiegt 62 kg, Herr Schneider 81 kg und die beiden Kinder 27 kg und 44 kg.

24. Für ein Fußballspiel wurden 22 500 Eintrittskarten bereitgestellt. Im Vorverkauf wurden in der ersten Woche 3 145 Karten verkauft, in der zweiten sogar 9 802.
- a) Wie viele Karten bleiben nach dem Vorverkauf noch übrig?
- b) Heide und Silke kaufen ihre Karten an der Kasse kurz nacheinander. Wie viele Besucher haben in der Zwischenzeit eine Eintrittskarte gekauft? Schreibe die Nummern dieser Karten auf.

25. Auf einer Wanderkarte sind die Längen einzelner Wege in Meter angegeben.
- a) Peter und seine Mutter möchten vom Parkplatz P über E den kürzesten Weg nach B gehen. Wie lang ist der Weg?
- b) Die Klasse 5 b der Goethe-Schule startet beim Parkplatz eine Radtour. Dabei soll kein Weg ausgelassen und nur einer doppelt gefahren werden. Gib einen solchen Weg an und berechne seine Länge.

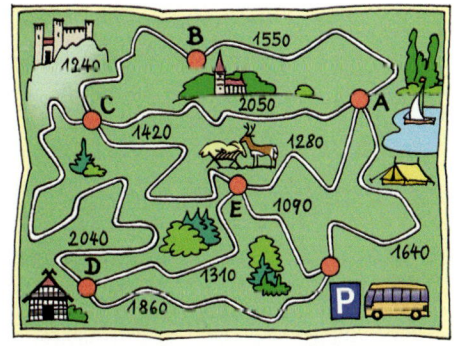

26. Ende letzten Jahres hatte ein Werk 829 175 Personenwagen vom Typ „Speedy" hergestellt. Die Fertigstellung des millionsten „Speedy" soll besonders gefeiert werden. Wie viele Wagen müssen noch vom Band laufen, bis gefeiert werden kann?

27. a) Erstelle eine vollständig ausgefüllte Additionsmauer mit vier Steinen in der untersten Reihe. Zerschneide sie in die einzelnen Steine und gib diese deinem Partner. Er soll die Mauer wieder richtig aufbauen. Anschließend tauscht ihr die Rollen.
   b) Überlegt gemeinsam: Welche Überlegungen helfen beim Zusammenbauen der Mauer?

28. Familie Oetzmann möchte ein neues Auto kaufen. Das Auto soll höchstens 19 000 € kosten. Von den angebotenen Sonderausstattungen sind die angekreuzten von Interesse. Stelle zunächst mit Überschlag fest, ob das Auto mit der gewünschten Ausstattung weniger als 19 000 € kostet.
Falls das nicht der Fall ist, mache einen Vorschlag, auf welche Ausstattung verzichtet werden könnte.
Berechne danach den genauen Preis.

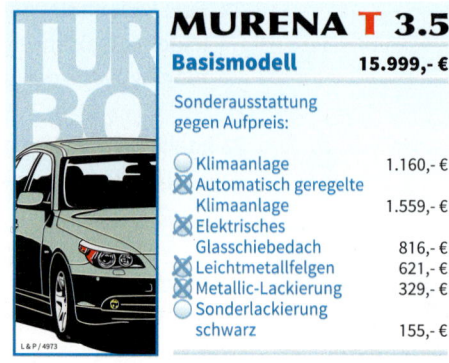

29. Hier sind Zahlen weggewischt. Schreibe die Rechnung vollständig auf.

```
a)    572        c)    8■5       e)   ■30       g)   88■       i)   ■634
        4■            +756           +63■           +■82           +62■4
      +3■8            +  6■          +776           +676           +  35■
      ■■82           ■079            ■6■5           ■7■7           9■32

b)  ■■■■■         d)  2234         f)   312■      h)   55■0       j)   1■00■
    − 358             − ■■■■            −  ■45         −  445          −  4■10
    − 607             −  788            −   26         − 8997          − 2183
      584               367             2613           −  ■■4          − 2074
                                                       2 1 1 4 4       17■3
```

30. a) Addiere zwei gerade Zahlen. Ist das Ergebnis wieder eine gerade Zahl?
    b) Ist die Summe zweier ungerader Zahlen gerade oder ungerade?
    c) Formuliere eigene Fragestellungen und beantworte sie.
       Denke an Differenzen, mehr als zwei Zahlen, …

31. Zahlen wie 747 oder 585 sind vorwärts wie rückwärts gelesen gleich, ähnlich wie die Wörter „ANNA" oder „REGALLAGER". Solche Zahlen bzw. Wörter nennt man Palindrome. 585 kann man als Summe von 342 und 243, der sogenannten Spiegelzahl, schreiben.
    a) Kannst du 585 noch auf andere Weise als Summe einer Zahl und der zugehörigen Spiegelzahl schreiben? Gelingt das auch bei 747?

    b) Untersuche mit einem Partner für verschiedene dreistellige Zahlen die Summe der Zahl und der „Spiegelzahl". Ergeben sich immer Palindrome?
    c) Der Kilometerstand eines Tachometers zeigt 17 071. Wie viel km müssen zurückgelegt werden, bis das nächste Palindrom angezeigt wird?
    d) Addiere alle Palindrome zwischen 1221 und 2000. Die Lösung findest du in der Kiste.

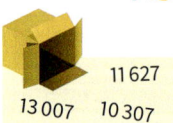

Magie und Mathe – Zauberquadrate erforschen

Aus schon über 2000 Jahre alten chinesischen Quellen wird unter dem Namen *Lo-Shu* das rechts abgebildete mathematische Muster überliefert. Das Muster soll magische Eigenschaften besitzen und die Menschen vor Krankheit, Armut und jedem anderen Unglück bewahren. Neun Symbole sind in drei Zeilen und drei Spalten angeordnet. Zählt man die Anzahl der Kreise in jedem Symbol, so erhält man das Zahlenquadrat links mit den Zahlen 1 bis 9.

4	9	2
3	5	7
8	1	6

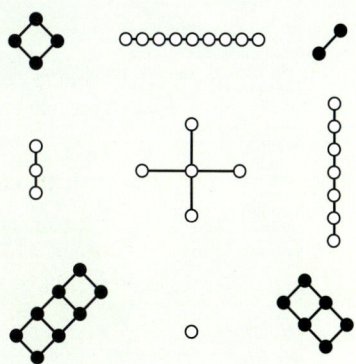

1. Berechne in diesem Zahlenquadrat die Summe der Zahlen aus jeder Zeile, aus jeder Spalte und aus jeder Diagonalen. Was stellst du fest?

> Ein Zahlenquadrat nennt man **magisches Quadrat** oder auch **Zauberquadrat**, wenn gilt: Die Summe der Zahlen aus jeder Zeile stimmt überein mit der Summe der Zahlen aus jeder Spalte und auch mit der Summe der Zahlen auf jeder der beiden Diagonalen.
> Der konstante Summenwert heißt **magische Zahl** oder Konstante des Quadrats.

2. In dem angegebenen Lo-Shu-Zauberquadrat treten alle natürlichen Zahlen von 1 bis 9 auf. Durch Vertauschen einiger dieser Zahlen kann man weitere Zauberquadrate mit der magischen Zahl 15 erzeugen. Gib drei weitere solcher Quadrate an.

3. a) Warum muss jedes Zauberquadrat mit den Zahlen 1 bis 9 die magische Zahl 15 haben? Berechne dazu die Summe der natürlichen Zahlen von 1 bis 9.
   b) Warum muss die Zahl 5 bei einem solchen Zauberquadrat unbedingt in der Mitte stehen?
   Addiere dazu in einem dieser Zauberquadrate alle Zahlen aus den beiden Diagonalen, aus der mittleren Zeile und der mittleren Spalte.

4. Ausgehend vom Lo-Shu-Quadrat hat Marc nebenstehendes Quadrat entwickelt.

40	90	20
30	50	70
80	10	60

   a) Überprüfe, ob ein Zauberquadrat vorliegt und gib die magische Konstante an. Wie ist Marcs Zauberquadrat entstanden?
   b) Kannst du Zauberquadrate mit neun verschiedenen natürlichen Zahlen angeben, die die magische Zahl 120 haben?
   c) Mit dem Verfahren von Marc kannst du kein Zauberquadrat mit neun verschiedenen natürlichen Zahlen und der magischen Zahl 33 herstellen. Begründe, warum.
   d) Stelle ein solches Quadrat auf andere Weise her.
   e) Maria meint: „Es gibt unendlich viele Zauberquadrate mit drei Zeilen und drei Spalten, in denen neun verschiedene natürliche Zahlen auftreten." Was meinst du dazu?

Im Blickpunkt

Schon seit 1000 Jahren haben Mathematiker den Aufbau der magischen Quadrate genauer untersucht und derartige Quadrate mit mehr als drei Zeilen und drei Spalten konstruiert. Diese nennt man *magische Quadrate höherer Ordnung*. Sie wurden den damals bekannten Himmelskörpern (Mond und Planeten) zugeordnet und die Astrologen sahen in ihnen magische Kräfte die gegen bestimmte Krankheiten helfen sollten.

Der Nürnberger Künstler Albrecht Dürer (1471–1528) hat im Jahre 1514 unter dem Eindruck des Todes seiner Mutter in seinem Kupferstich „Melancholie" ein magisches Quadrat der Ordnung 4, das dem Jupiter gewidmet war, mit den natürlichen Zahlen 1, 2, ..., 16 eingearbeitet.

Die Schreibweise der Ziffern zu Dürers Zeiten unterscheidet sich teilweise von unserer heutigen Schreibweise.

5. a) Wenn man die natürlichen Zahlen von 1 bis 16 addiert, so erhält man 136 als Summe. Wie groß muss deshalb die magische Konstante beim „Dürer-Quadrat" sein?
   b) Stelle das „Dürer-Quadrat" in unserer Ziffernschreibweise dar. Unklare Ziffern können mithilfe der Eigenschaften des Zauberquadrats bestimmt werden.

6. Übertrage in dein Heft und ergänze die folgenden lückenhaften Zauberquadrate, in denen die natürlichen Zahlen von 1 bis 16 auftreten:

7	1	14	
16	10		
9	15		
		11	

2			
		4	1
8	5		12
11		6	

1	14		4
		6	
		10	5
13			16

2.2 Multiplizieren und Dividieren

2.2.1 Zusammenhang zwischen Multiplizieren und Dividieren

Einstieg

a) Pascal bekommt 8 kleine Tüten Gummibären zu je 15 g. Wie viel g Gummibärchen bekommt er insgesamt?
b) Helena hat eine 750-g-Packung Lakritzen und möchte gleichmäßig große Tüten für sich und ihre vier Freundinnen abfüllen. Wie viel g bekommt jede?
c) Marie möchte eine 520-g-Packung Kaudragees in Geschenkbeutel zu 40 g abfüllen. Wie viele Geschenkbeutel erhält sie daraus?

Aufgabe 1

Vervielfachen und Dividieren bei Größen

a) Frederick kauft für kleine Weihnachtsgeschenke 8 Tüten Früchtetee zu je 70 g. Wie viel Tee kauft er insgesamt?
b) Mia will 1 200 g Tee für ihre Freunde gleichmäßig in 4 Tüten umfüllen. Wie viel Tee muss sie in jede Tüte füllen?
c) Lisa kauft 800 g Ceylontee und möchte sie gleichmäßig in Beutel zu je 50 g verteilen. Wie viele Beutel benötigt sie?

Lösung

Größe · Zahl = Größe
Größe : Zahl = Größe
Größe : Größe = Zahl

a) Es sind 8 Tüten. Jede enthält 70 g.
   Rechnung: 8 · 70 g = 560 g
   Ergebnis: Frederick kauft 560 g Tee.

b) 1 200 g Tee sollen auf 4 Tüten verteilt werden. Jede Tüte soll gleich viel Tee enthalten.
   Rechnung: 1 200 g : 4 = 300 g
   Ergebnis: In jeder Tüte sind 300 g Tee.

c) Die Gesamtmenge von 800 g muss in Teile zu je 50 g aufgeteilt werden.
   Rechnung: 800 g : 50 g = 16
   Ergebnis: Es werden 16 Beutel benötigt.

Information

multiplizieren (lat.)
vervielfältigen

Produkt (lat.)
das Erzeugte

Faktor (lat.)
derjenige, der etwas tut

dividieren (lat.)
(zer-)teilen

Quotient (lat.)
Ergebnis einer Division

Dividend (lat.)
die zu teilende Zahl

Divisor (lat.)
die teilende Zahl

Eine Summe mit gleichen Summanden kann man als Produkt schreiben, z. B.: 14 + 14 + 14 = 3 · 14

Multiplikation	**Division**
6 · 57 nennt man das **Produkt** der Zahlen 6 und 57. Das Ergebnis 342 nennt man den *Wert des Produktes*, kurz auch Produkt. Die Zahlen 6 und 57 heißen *Faktoren*.	72 : 4 nennt man den **Quotienten** der Zahlen 72 und 4. Das Ergebnis 18 nennt man den *Wert des Quotienten*, kurz auch Quotient. Die Zahl 72 heißt *Dividend*, die Zahl 4 heißt *Divisor*.
6 · 57 = 342	72 : 4 = 18
1. Faktor — 2. Faktor — Wert des Produkts	Dividend — Divisor — Wert des Quotienten

Multiplizierst du eine Masse mit einer Zahl, so erhältst du eine Masse.
Dividierst du eine Masse durch eine Zahl, so erhältst du eine Masse.
Dividierst du eine Masse durch eine Masse, so erhältst du eine Zahl.
Entsprechendes gilt für Längen, Zeitspannen, Geldwerte.

Aufgabe 2 **Multiplikation und Division als entgegengesetzte Rechenarten**
Ein Computerladen feiert sein 10-jähriges Bestehen. In der Jubiläumsanzeige steht über diesen Zeitraum:

a) Wie viele Programmpakete wurden vor 10 Jahren angeboten?
b) Wie viel kostete das preisgünstigste Programmpaket vor 10 Jahren?

Lösung Gesucht ist in beiden Fragen die Ausgangsgröße vor 10 Jahren. Wir erhalten sie, indem wir die angegebene Veränderung rückgängig machen, also rückwärts rechnen.

a) *Anzahl vor 10 Jahren*

Rechnung: $260 : 4 = 65$
Ergebnis: Vor 10 Jahren wurden 65 Programmpakete angeboten.

b) *Preis vor 10 Jahren*

Rechnung: $137 \cdot 3 = 411$
Ergebnis: Vor 10 Jahren kostete das preisgünstigste Programmpaket 411 €.

Information

> **Zusammenhang zwischen Multiplikation und Division**
> Multiplikation und Division sind entgegengesetzte Rechenarten.
> (1) Das Multiplizieren mit einer Zahl wird durch das Dividieren durch diese Zahl wieder rückgängig gemacht.
> (2) Das Dividieren durch eine Zahl wird durch das Multiplizieren mit dieser Zahl wieder rückgängig gemacht.
>
> $6 \xrightarrow[:8]{\cdot 8} 48$

Weiterführende Aufgabe

Rechnen mit der Null
3. Das Rechnen mit der Null fällt manchmal schwer. Mache daher bei den Divisionsaufgaben jeweils die Probe durch Multiplizieren. Was ergibt
   a) $0 \cdot 4$;   b) $0 : 4$;   c) $4 : 0$;   d) $0 : 0$?

Information

Rechnen mit der Null
Beim Rechnen mit der Null gibt es einige Besonderheiten.

8:0 geht nicht
0:0 geht nicht

> (a) Wenn ein Faktor 0 ist, so ist das Produkt 0.
> (b) Wenn man 0 durch eine andere Zahl als 0 dividiert, so erhält man als Ergebnis 0.
> (c) Durch 0 kann man *nicht* dividieren.
>
> *Beispiele:* $3 \cdot 0 = 0$; $0 \cdot 5 = 0$; $0 : 7 = 0$

2.2 Multiplizieren und Dividieren

Übungsaufgaben

4. Im Baumarkt werden Tapetenrollen zu 13 € das Stück angeboten. Herr Meyer und Frau Özuan kaufen je 5 dieser Rollen und bezahlen an verschiedenen Kassen. Vergleiche die beiden Kassenzettel und erläutere die beiden Rechnungen.

5. a) Schreibe als Produkt, berechne auch.
   (1) 8 + 8 + 8 + 8 + 8 + 8   (2) 15 + 15 + 15 + 15   (3) 3 + 3 + 3 + 3
   b) Schreibe die Produkte 7·4, 3·9, 6·2, 5·1, 13·8, 4·4 jeweils als Summe. Berechne auch deren Werte.

6. a) Beschreibe und vergleiche die folgenden Rechnungen. Findest du noch weitere?

   b) Berechne geschickt.
   (1) 7·16   (3) 3·170   (5) 42:3   (7) 321:3   (9) 56 000:700
   (2) 3·48   (4) 5·2 400   (6) 112:4   (8) 1 500:50   (10) 990 000:90

7. Prüfe deine Rechenfertigkeit. Rechne im Kopf.
   a) 8·24   b) 78:6   c) 6·74   d) 135:5   e) 6·207   f) 936:9
      6·37   84:7   7·63   132:6   7·215   856:8

8. Für Eintrittskarten wurden bei einer Schulveranstaltung insgesamt 150 € eingenommen. Jede Karte kostete 6 €. Wie viele Personen haben teilgenommen?

9. a) Lukas ist mit seinem Rad im ersten halben Jahr 2 400 km gefahren. Wie viel km ist er im Durchschnitt pro Monat gefahren?
   b) Pro Tag fährt er für den Hin- und Rückweg seines Schulwegs insgesamt 13 km.
      (1) Wie viel km fährt er in einer Woche?
      (2) Wie viel fährt er in einem Jahr, wenn er die Strecke an insgesamt 190 Tagen fährt?

10. Die Laufbahn eines Stadions hat eine Länge von 400 m. Wie viele Runden muss ein 10 000-m-Läufer [ein 5 000-m-Läufer] zurücklegen?

11. Ein Kopierer benötigt für jede Kopie 2 Sekunden. Ein Drucker schafft 5 Seiten pro Minute.
    a) Wie viel Minuten benötigt jedes Gerät für 100 Seiten?
    b) Wie viele Kopien kann man mit jedem Gerät in einer Stunde anfertigen?

12. Sina, Tim und Janina trainieren für die Stadtmeisterschaften im Schwimmen. Im Training durchschwimmen sie die Bahnen sehr gleichmäßig.
 a) Sina benötigt für eine Bahn 37 s. Sie schwimmt 8 Bahnen im gleichen Tempo. Wie lange benötigt sie dafür?
 b) Janina schwimmt die gleiche Strecke in 5 min 36 s. Wie viel Sekunden benötigt sie für eine Bahn?
 c) Tim benötigt für eine Bahn 32 s. Wie viele Bahnen schwimmt Tim in 6 min 24 s?

13. Stelle deinem Partner eine geeignete Frage. Dieser notiert für den Rechenweg auch einen einzigen Term. Anschließend tauscht ihr die Rollen.
 a) Eine Ameise ist 3 mg schwer und kann das 20-fache ihres Gewichtes stemmen.
 b) Ein Floh ist 2 mm groß und kann mit einem Sprung das 170-fache seiner Körpergröße zurücklegen.
 c) Katharina legt jeden Tag auf dem Schulweg für Hin- und Rückweg zusammen 5 km mit dem Fahrrad zurück. Sie fährt an insgesamt 190 Tagen zur Schule.
 d) Imke und Kathrin vergleichen die Preise für eine Flugreise. Die Eltern von Imke haben 2 100 € für 7 Tage, die Eltern von Kathrin 2 900 € für 10 Tage bezahlt.

14. Ein Baumstamm von 12 m Länge soll in Stücke zu je 120 cm Länge zersägt werden. Wie lange muss gesägt werden, wenn ein Schnitt 30 s dauert?

15. Erfinde selbst Rechengeschichten zu folgenden Produkten bzw. Quotienten.
 a) 60 g : 2 g   f) 25 kg · 8
 b) 3 m · 6   g) 3 d : 6 h
 c) 5 · 45 min   h) 12 · 15 cm
 d) 40 m : 4   i) 15 · 5 s
 e) 30 € : 5 €   j) 80 km : 5

Quotient: 60 g : 30
Rechengeschichte: Inga muss Hustentee trinken. Auf der Dose liest sie: „Inhalt 60 g Teepulver. Reicht für 30 Tassen." Wie viel Tee muss man für 1 Tasse nehmen?
Rechnung: 60 g : 30 = 2 g
Ergebnis: Man muss 2 g Teepulver nehmen.

16. Ein Bürgermeister berichtet über die Veränderungen in seiner Gemeinde:
 (1) In der Innenstadt gibt es 412 Schulkinder. Das sind nur halb so viele wie vor 5 Jahren.
 (2) Im Neubaugebiet gibt es 378 Schulkinder. Das sind dreimal so viele Schulkinder wie vor 5 Jahren.
 Wie viele Schulkinder gab es vor 5 Jahren im Innenstadtbereich, wie viele Schulkinder in den Neubaugebieten?

17. Lukas ist an seinem dritten Geburtstag 1,02 m groß und wiegt 15,4 kg. Damit hat sich seine Größe seit seiner Geburt verdoppelt. Er wiegt sogar fünfmal so viel wie bei der Geburt.

18. Mache die Probe mithilfe der entgegengesetzten Rechenart. Berichtige, wenn es nötig ist.
 a) 405 : 5 = 81   c) 279 : 9 = 32
 b) 434 : 7 = 69   d) 220 : 4 = 55

Aufgabe: 288 : 8 = 36
Pfeilbild: 288 ⇄ 36
Probe: 36 · 8 = 288

19. a) An der Tafel sind einige Zahlen ausgewischt. Welche waren es? Notiere sie im Heft.

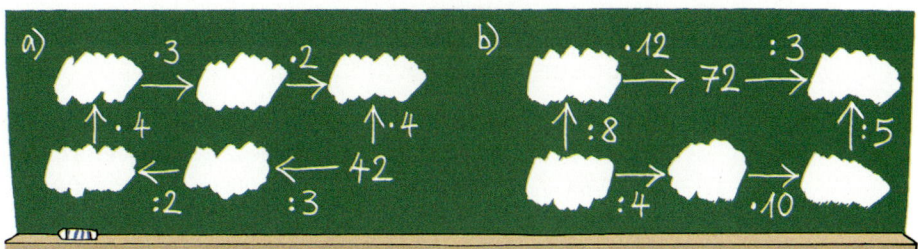

 b) Jeder erstellt ein unvollständiges Rechengitter wie an der Tafel oben. Der Partner ergänzt die fehlenden Zahlen.

20. Berechne, wenn möglich.

a)	b)	c)	d)	e)	f)
1·9	10:1	0+0	1−1	1:1	0:0
0·9	0:10	1:0	0·0	1−0	0·275
9·9	10:10	1+1	0+1	0·1	1·1

21. Fülle, soweit möglich, die Lücken im Heft aus.

a) ■·12 = 12   80·■ = 0   ■·1 = 0   0·■ = 24

b) ■:1 = 19   25:■ = 1   ■:8 = 0   15:■ = 0

c) 60+■ = 60   ■+33 = 33   0:■ = 0   ■:0 = 7

d) ■−48 = 0   72−■ = 72   ■−25 = 1   ■−30 = 30

2.2.2 Schriftliches Multiplizieren

Einstieg

In einem Montagewerk für Sonnenkollektoren werden täglich 1 745 Kollektoren produziert. Wie viele Kollektoren werden produziert in
a) einer Woche mit 5 Arbeitstagen;
b) einem Jahr mit 235 Arbeitstagen?

Aufgabe 1

Multipliziere schriftlich: a) 394·7   b) 417·38
Mache zunächst einen Überschlag. Runde dabei so, dass du im Kopf rechnen kannst.

Lösung

a) *Überschlag:* 400·7 = 2 800
Wir multiplizieren schriftlich:

H	Z	E		
3	9	4	·	7
2	7	5	8	

Einer: 7·4 = 2**8**
Zehner: 7·9 + 2 = 6**5**
Hunderter: 7·3 + 6 = 2**7**
Tausender: 2

b) *Überschlag:* 400·40 = 16 000
Rechnung:

Übungsaufgaben

2. Multipliziere schriftlich. Mache zuerst einen Überschlag.
   a) 423 · 3   b) 3 416 · 8   c) 8 143 · 7   d) 476 · 50   e) 2 513 · 400   f) 4 860 · 80
      146 · 7   7 093 · 6   9 628 · 6   702 · 60   3 518 · 600   1 930 · 40

3. Multipliziere schriftlich. Mache zuerst einen Überschlag.
   a) 32 · 14   b) 45 · 35   c) 760 · 62   d) 445 · 87   e) 23 · 471   f) 83 · 709
      54 · 64   39 · 76   564 · 54   807 · 46   31 · 746   16 · 817

4. Wo steckt der Fehler?

   a) 215 · 35   b) 580 · 67   c) 23 · 408   d) 74 · 320
         645   3 481   92   222
        1 075   4 061   184   148
        1 720   38 871   1 104   2 368

5. Die Treppe zum Keller eines Hauses hat 16 Stufen. Jede Stufe ist 19 cm hoch und 60 cm breit. Wie tief ist der Keller?

6. Multipliziere in der Rechenmauer nebeneinander stehende Zahlen. Rechne so lange im Kopf, wie es geht.
   Vervollständige die Mauern im Heft. Wie lautet die oberste Zahl?
   a)

		20		
1	2	3	4	5

   b)

	84		
12	7	8	15

7. Die Firma verschenkte 587 Stühle im Wert von jeweils 17 €. Stimmt die Angabe auf dem Plakat?

   Firmenjubiläum
   Firma Maierseeger verschenkt Möbel im Wert von über 10 000 €!

8. Auf der Strecke von Hamburg nach Basel fährt der erste Inter-City-Express morgens um 7 Uhr, der letzte um 19 Uhr. Dazwischen verkehren die Züge im zweistündigen Abstand. Jeder ICE hat 12 Personenwaggons. In jedem Waggon können 106 Fahrgäste befördert werden.
   Stelle selbst geeignete Fragen und beantworte sie.

9. Das Herz eines 11-jährigen schlägt durchschnittlich 85-mal in der Minute.
   Stelle geeignete Fragen und beantworte sie.

10. Ein Rundkurs eines Radrennens ist 12 km lang; er soll 15-mal durchfahren werden.
    Die Rennleitung geht davon aus, dass die Radfahrer im Durchschnitt 35 km in der Stunde fahren.
    Dauert das Rennen nach dieser Einschätzung länger als 6 Stunden?

2.2 Multiplizieren und Dividieren

11. In den englischsprachigen Ländern werden im Alltag immer noch andere Längeneinheiten benutzt als bei uns.
Gib die Längen in der Einheit m an.
a) 12 miles
b) 19 000 feet
c) 700 miles
d) 1 500 feet

10 inch	—	254 mm
100 yard	—	9 144 cm
1 mile	—	1 609 m
1 000 feet	—	305 m

12. Eine Toilettenspülung verbraucht etwa 5 Liter Wasser. Bei Müllers läuft sie 17-mal am Tag.
a) Wie viel Liter Wasser sind das in einem Jahr?
b) Familie Meier hat eine Toilettenspülung mit Spartaste. Dabei werden jeweils 3 l Wasser zur Spülung benutzt. Wie viel Liter Wasser werden pro Jahr weniger verbraucht?
c) Schätze, wie viel Liter Wasser deine Familie an einem Wochenende für die Toilettenspülung verbraucht.

2.2.3 Schriftliches Dividieren

Einstieg

Ein Getränkehersteller produziert stündlich 18 300 Flaschen Mineralwasser. Diese werden in Kisten zu 12 Flaschen ausgeliefert.
Wie viele Kisten werden dafür benötigt?

Aufgabe 1

Wiederholung: Schriftliches Dividieren durch eine einstellige Zahl
Beim Börsenspiel „Daxopoly" haben 6 Spieler gemeinsam 2 310 Euro verdient. Bei diesem Spiel gibt es 1 000-, 100- und 10-Euro-Scheine, sowie 1-Euro-Münzen.
Der Geldbetrag wird mit den Scheinen rechts ausbezahlt. Erkläre, wie du beim gerechten Aufteilen des Geldbetrages vorgehst.

Lösung

2 Tausender können wir so nicht an 6 Spieler verteilen. Wir wechseln sie in 20 Hunderter, sodass wir nun insgesamt 23 Hunderter an 6 Spieler zu verteilen haben. Jeder von ihnen erhält 3 Hunderter.
Dann sind 18 Hunderter verteilt und wir haben 5 Hunderter übrig. Um auch diese zu verteilen, wechseln wir sie in 50 Zehner. Wir haben dann insgesamt 51 Zehner. Jeder der 6 Spieler erhält 8 Zehner.
Dann sind 48 Zehner verteilt und 3 Zehner können so nicht verteilt werden. Wir wechseln diese in 30 Einer-Münzen. Davon erhält jeder der 6 Spieler 5 und der Verdienst ist ohne Rest verteilt.
Dieses Vorgehen kann man auch kürzer als schriftliche Division 2 310 : 6 notieren.

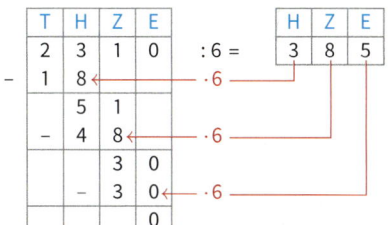

Ergebnis: Jeder der 6 Spieler erhält 385 Euro. Wenn wir dieses Ergebnis überprüfen möchten, können wir multiplizieren.

Aufgabe 2   **Dividieren durch eine zweistellige Zahl – Dividieren mit Rest**

Zwei Lottotippgemeinschaften haben an einem Wochenende beide je 5 966 € gewonnen. Der Gewinn soll gleichmäßig verteilt werden, wobei nur volle Euro-Beträge ausgezahlt werden. Der Rest verbleibt in der Kasse. Wie viel Euro bekommt jeder, wenn

a) eine Tippgemeinschaft aus 19 Personen,
b) die andere Tippgemeinschaft aus 14 Personen besteht?

Mache vorher eine Überschlagsrechnung. Überprüfe das Ergebnis durch eine Probe.

Lösung

a) Man muss 5 966 € durch 19 dividieren.
Eine mögliche Überschlagsrechnung lautet: 6 000 € : 20 = 300 €
Jeder erhält rund 300 €.
Den genaueren Betrag ermitteln wir durch *schriftliches Dividieren* der Zahlen.

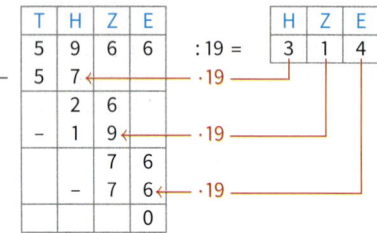

Ergebnis: Jeder der 19 Teilnehmer dieser Lottotippgemeinschaft erhält 314 €.

b) Man muss 5 966 € durch 14 dividieren.
Eine mögliche Überschlagsrechnung lautet hier 6 000 € : 15 = 400 €.
Den genaueren Betrag ermitteln wir wieder durch *schriftliches Dividieren* der Zahlen.

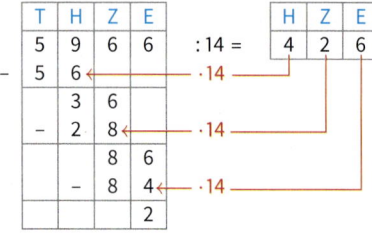

Bei dieser Divisionsaufgabe bleibt ein Rest von 2, der sich nicht mehr durch 14 dividieren lässt.
Ergebnis: Jeder der 14 Teilnehmer dieser Lottotippgemeinschaft erhält 426 €. In der Kasse bleiben 2 €.

2.2 Multiplizieren und Dividieren

Information

Beim Dividieren musst du besonders auf die 0 achten.

(1) 4807 : 23 = 209
```
46
──
 20
  0
 ──
 207
 207
 ───
   0
```
Beim Verteilen von 20 Zehnern erhält jeder 0.

(2) 51068 : 17 = 3004
```
51
──
 00
  0
 ──
 06
  0
 ──
 68
 68
 ──
  0
```
0 Hunderter sind zu verteilen.

(3) 12420 : 54 = 230
```
108
───
 162
 162
 ───
  00
   0
  ──
   0
```
Nach den Zehnern folgen Einer.

Übungsaufgaben

3. Berechne. Kontrolliere dein Ergebnis durch eine Probe.

   a) 615 : 5   b) 2416 : 8   c) 4518 : 9   d) 1680 : 30   e) 194810 : 70   f) 102000 : 300
      1284 : 3   1575 : 7   1626 : 6   54450 : 90   100020 : 60   803600 : 200

4. Jeder der beiden Partner berechnet die Divisionsaufgaben seines Zettels, anschließend wird getauscht und der Partner kontrolliert durch Multiplikation.

   a) Partner A: 255 : 17, 512 : 32, 288 : 24, 252 : 42
      Partner B: 966 : 23, 966 : 42, 952 : 28, 851 : 37

   b) Partner A: 8856 : 72, 18249 : 77, 5712 : 68, 11760 : 48
      Partner B: 20017 : 37, 19968 : 32, 11748 : 89, 49707 : 63

5. Wo steckt der Fehler? Berichtige im Heft.

   a) 14985 : 37 = 45
      148
      ───
       185
       185
       ───
         0

   b) 23940 : 63 = 38
      189
      ───
       504
       504
       ───
         0

   c) 3447 : 47 = 73 R 9
      3297
      ────
       150
       141
       ───
         9

6. Aus einem Metallstab sollen 32 mm lange Stücke als Träger für Regalbretter geschnitten werden. Wie viele solcher Träger erhält man, wenn der Stab
   a) 2,08 m,   b) 1,50 m   lang ist?
   Überschlage zunächst, berechne dann genau.

7. Mache erst einen Überschlag; rechne dann schriftlich.

   1521 : 39 ≈ 1600 : 40 = 40

   a) 1155 : 33   b) 2184 : 56   c) 3403 : 41
      2272 : 71   4680 : 78   4899 : 69
      1968 : 69   1488 : 31   5396 : 76   d) 4712 : 62   e) 24231 : 591
      6545 : 85   2303 : 47   4505 : 53   7387 : 83   92196 : 234
                                                           9794 : 83   850796 : 454

8. Ein Verein bestellt für seine 72 Mitglieder T-Shirts mit Vereinszeichen zu einem Gesamtpreis von 1152 €. Nach dem Zugang von 9 weiteren Mitgliedern muss der Verein die Bestellung erhöhen. Welcher Betrag muss zusätzlich aufgewandt werden?

9. Überprüft, ob die Aufgabe richtig gerechnet wurde. Manchmal reicht auch ein Überschlag. Erklärt euch eure Überlegungen gegenseitig.

a) $1539 : 19 = 41$ d) $5642 : 62 = 81$ g) $7938 : 42 = 170$ j) $14\,364 : 342 = 32$
b) $1127 : 23 = 49$ e) $3648 : 76 = 48$ h) $24\,966 : 73 = 342$ k) $34\,563 : 123 = 461$
c) $2698 : 71 = 58$ f) $4316 : 83 = 42$ i) $19\,968 : 78 = 156$ l) $15\,360 : 512 = 36$

10. Dividiere mit Rest, führe auch die Probe durch.

a) $487 : 4$ b) $347 : 20$ c) $973 : 30$ d) $200 : 15$ e) $874 : 15$
   $368 : 6$ $685 : 30$ $758 : 80$ $378 : 18$ $855 : 22$
   $425 : 7$ $400 : 90$ $904 : 90$ $198 : 21$ $1072 : 37$

11. Stelle geeignete Fragen und beantworte sie.
    a) 770 Flaschen Apfelsaft und 550 Flaschen Traubensaft sollen in Kästen für je zwölf Flaschen versandt werden.
    b) Die Klassen 5 a und 5 b planen einen gemeinsamen Ausflug. Übernachtung und Verpflegung kosten insgesamt 1256 €. Für den Bus müssen 520 € bezahlt werden. In der Klasse 5 a sind 23 Schülerinnen und Schüler, in der 5 b sind 25 Schülerinnen und Schüler.
    c) Jacob backt Muffins und füllt den Teig in eine Form für 12 Muffins.

Muffin-Rezept
Zutaten
250 g Mehl
250 g Butter
150 g Zucker/Zimt-Gemisch
4 große Eier (je 70 g)
1 Teelöffel Backpulver (4 g)
4 Esslöffel Milch (20 g)

12. Ein Obstgroßhändler kauft vom Erzeuger 25 Kisten mit je 50 Äpfeln. Er muss dem Erzeuger pro Kiste 5 € bezahlen. Der Preis des Obstgroßhändlers für einen Apfel beträgt 20 Cent. Während des Lagerns verderben 75 Äpfel.
    a) Wie viel Geld hat der Obstgroßhändler eingenommen?
    b) Wie viel Geld bleibt ihm als Gewinn übrig?

13. Beim Handballspiel kostet eine Einzelkarte für den Stehplatz 6 €, eine Sitzplatzkarte 9 €. Für die 17 Spiele der Saison gibt es aber auch Saisonkarten zu 95 € für einen Stehplatz und zu 140 € für einen Sitzplatz. Robert kann aber nicht jedes Spiel sehen.
    Ab wie viel Spielbesuchen lohnt sich eine Saisonkarte?

14. Im Verkehrsfunk wird gemeldet: „Vor der Anschlussstelle Fünfort 11 km Stau." Wie viele Autos sind ungefähr auf dem zweispurigen Autobahnabschnitt im Stau?
    Hinweis: Du benötigst eine weitere Angabe. Schätze sie.

Das kann ich noch!

A) Die Schülerinnen und Schüler aller 5. Klassen wurden nach ihrer Lieblingsfarbe befragt.
   1) Was kannst du dem Diagramm „auf einen Blick" entnehmen?
   2) Übertrage die Ergebnisse in eine Tabelle.
   3) Wie viele Schülerinnen und Schüler wurden befragt?

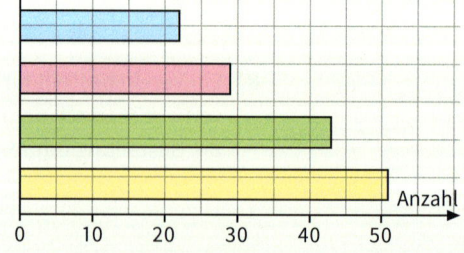

15. a) Der Planet Venus benötigt 225 Tage, um einmal um die Sonne zu kreisen.
Er legt dabei 680 400 000 km zurück. Wie viel km legt er in einer Stunde zurück?
b) Ein Satellit macht um die Erde 12 Umdrehungen in 24 Stunden.
Wie viel Stunden benötigt er für 7 Umläufe? Wie viele Umläufe schafft er in 50 Stunden?

16. Für ein Fußballspiel wurden 4 000 Sitzplatzkarten und 12 000 Stehplatzkarten zum Verkauf angeboten. 1 250 Sitzplatzkarten und 3 220 Stehplatzkarten blieben übrig.
Insgesamt wurden 111 470 € eingenommen. Für eine Stehplatzkarte waren 9 € zu bezahlen.
Stelle geeignete Fragen und beantworte sie.

17. Landwirt Egen hat 34 Kühe. Im Laufe eines Jahres liefert jede Kuh im Mittel in 10 Monaten zweimal 12 Liter Milch am Tag.
a) Wie hoch ist die gesamte Milchproduktion von Landwirt Egen im Laufe eines Jahres?
b) Für 1 kg Käse benötigt man ungefähr 9 Liter Milch. Wie viel Käse kann Landwirt Egen monatlich herstellen?
c) Das „Allgäuer Braunvieh" ist eine spezielle Rasse, von der es insgesamt 670 000 Tiere gibt, darunter 340 000 Milchkühe. Stelle geeignete Fragen und rechne.
d) Erkundige dich, wie teuer ein Liter Milch ist und wie viel die Landwirte für einen Liter bekommen. Schätze mit diesen Angaben die Jahreseinkünfte, die Landwirt Egen aus dem Verkauf seiner Milch bezieht.

Spiel
(4 bis 6 Spieler)

18. *Super 60:* Jeder Spieler hat zu Beginn 10 Punkte. Dann wird reihum gewürfelt. Wirft ein Spieler eine Zahl, durch die sich seine Punktzahl ohne Rest dividieren lässt, dann muss er dividieren; lässt sich seine Punktzahl nicht durch die gewürfelte Zahl dividieren, dann multipliziert er damit.
Beispiel: Wirft er eine 5, dann rechnet er 10 : 5 = 2. Seine neue Punktzahl ist dann 2.
 Wirft er eine 3, dann rechnet er 3 · 10 = 30. Seine neue Punktzahl ist dann 30.
Der Spieler notiert sich seine neue Punktzahl, dann würfelt der nächste Spieler.
Gewonnen hat, wer als erster mehr als 60 Punkte erreicht hat.
Abwandlung der Spielregel: Man kann auch mit einer anderen Punktzahl als 10 starten.

19. Übertrage ins Heft und fülle die Lücken mit den richtigen Ziffern aus.

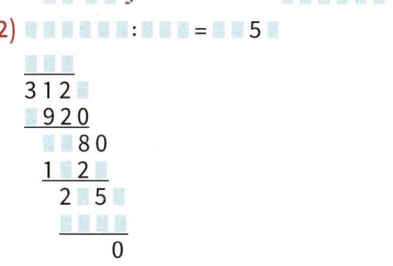

a) (1) 3 5 ■ 8
  + 1 9 2
  + 4 3 1 6
  + ■ ■ ■ ■
   9 3 2 0

(2) 5 8 4 1
  − ■ ■ ■ ■
   1 6 2 9

(3) 2 ■ 1 3
  + 4 ■ 7
  + ■ 2 1 ■
  + 5 7
   4 5 4 3

(4) ■ 2 6 5
  − 3 ■ 7
   7 ■ 1 8

b) (1) 2 7 8 · 2 ■
    ■ ■ ■
    ■ 7 8
    ■ ■ ■ ■

(2) 3 1 4 · 2 ■
   6 2 8
   1 2 ■ 6
    5 ■ ■

(3) ■ ■ ■ · 3 ■
   6 ■ ■
   4 7 1
   ■ ■ ■ ■
   ■ ■ ■ ■ 9

(4) ■ ■ ■ · 5 3 8
   ■ ■ ■ ■
   2 2 0 2
   ■ ■ ■ ■
   ■ ■ ■ ■ ■ ■

c) (1) 4 1 1 0 7 5 : ■ ■ ■ = 2 ■ 4 ■
    3 5 0
    6 1 0
    5 2 5
     8 5 7
    ■ ■ ■
    1 5 7 5
    1 5 7 5
      0

(2) ■ ■ ■ ■ ■ ■ : ■ ■ ■ = ■ ■ 5 ■
   ■ ■ ■
   3 1 2 ■
   9 2 0
   ■ 8 0
   1 2 ■
   2 ■ 5 ■
   ■ ■ ■ ■
     0

Auf den Punkt gebracht

Schätzen und Überschlagen

Ganz genau? – Nicht immer nötig!

1. a) Schätze

   (1) die Höhe des Turmes;

   (2) das Alter der Menschen auf dem Foto;

   (3) die Anzahl der Pinguine;

   (4) die Anzahl der Menschen.

   b) Beschreibe, wie du jeweils vorgegangen bist.

Oftmals kann man eine Größe oder Anzahl nicht genau bestimmen, oder es ist gar nicht nötig, ihren genauen Wert zu kennen. Dann kann man schätzen. Dazu gibt es mehrere Möglichkeiten:

Beim Schätzen einer Größe (z. B. Länge, Masse oder Zeitspanne) vergleicht man die gesuchte Größe mit einem bekannten Wert.

Beim Schätzen einer Anzahl von Gegenständen kann man das Ganze in gleich große Teile einteilen. Dann zählt man nur einen dieser Teile aus und vervielfacht anschließend.

Beispiel:
Der Brief wiegt ungefähr so viel wie zwei Pakete Butter, also 500 g.

Beispiel:
Auf der Fensterscheibe sind ungefähr $16 \cdot 25$, also 400 Wassertropfen.

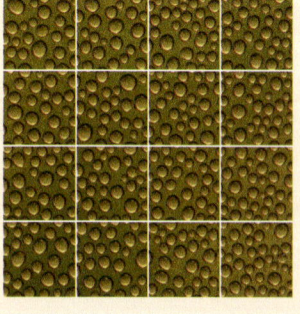

Auf den Punkt gebracht

2. a) Überschlage:
   (1) Reichen 10 € aus, um zwei Tafeln Schokolade zu 0,98 €, eine Tüte Kartoffelchips zu 1,48 €, drei Flaschen Cola zu 1,69 € und 2 Päckchen Kaugummi zu 0,69 € zu kaufen?
   (2) Auf der Autobahn beträgt die Richtgeschwindigkeit 130 $\frac{km}{h}$. Hamburg und München sind 800 km voneinander entfernt. Welche Zeit sollte man für eine Autobahnfahrt von Hamburg nach München einplanen?
   (3) Bist du schon eine Million Stunden alt?
   b) Erläutere folgende Zusammenfassung an eigenen Beispielen.

   > Manchmal ist es nicht nötig, das Ergebnis einer Rechnung genau zu bestimmen, da man nur den ungefähren Wert wissen möchte. Dann kann man einen Überschlag durchführen. Dazu ändert man die Zahlen vor der Rechnung so ab, dass man bequem mit ihnen im Kopf rechnen kann.
   > *Beispiel:* $3\,981 \cdot 21 \approx 4\,000 \cdot 20 = 80\,000$ — Ungefähr richtig
   > Zu groß   Zu klein

3. Jessica und Sebastian möchten wissen, wie viele Buchstaben man wohl benötigt, um das Buch „Jim Knopf und Lukas der Lokomotivführer" von Michael Ende zu drucken: „Hunderttausend oder vielleicht sogar eine Million?". Der Text des Buches beginnt auf Seite 3 und endet auf Seite 252. Unten siehst du einen kleinen Ausschnitt der Seite 79.

   > Den ganzen Vormittag über herrschte in der kaiserlichen Bibliothek die größte Aufregung. Die Bibliothek bestand aus siebenmillionendreihundertundneunundachtzigtausendfünfhundertundzwei Büchern. Sämtliche gelehrten Männer Mandalas waren damit beschäftigt, alle diese Bücher in höchster Eile durchzulesen. Sie hatten nämlich den Auftrag, schnellstens herauszufinden, was die Bewohner der Insel Lummerland am liebsten zu Mittag essen und wie man es kocht.

4. a) Berechne nicht genau; überschlage, zwischen welchen Zahlen das Ergebnis liegt.
   (1) $4\,637 + 74\,589$ (2) $21\,345 - 5\,978$ (3) $453 \cdot 337$ (4) $8\,395 : 73$
   b) Betrachte noch einmal die Beispiele aus Teilaufgabe a): Erläutere, wie du jeweils die Zahlen abändern musst, um einen zu kleinen Wert [zu großen Wert] für das Ergebnis zu erhalten.

5. Christine und Florian wohnen an einer stark befahrenen Straße. Vom Fenster ihrer Wohnung aus können sie die vorbeifahrenden Autos zählen. An einem Werktag zählen sie
   in der Zeit zwischen 14.10 Uhr und 14.30 Uhr insgesamt 336 Autos;
   in der Zeit zwischen 16.20 Uhr und 16.35 Uhr insgesamt 281 Autos;
   in der Zeit zwischen 19.20 Uhr und 19.50 Uhr insgesamt 147 Autos.
   a) Woher kommt es, dass die Ergebnisse so unterschiedlich sind?
   b) Schätze, wie viele Autos vorbeifahren, und zwar in der Zeit zwischen
      (1) 14 Uhr und 15 Uhr;   (2) 16 Uhr und 17 Uhr;   (3) 19 Uhr und 20 Uhr.
   c) Wie sinnvoll ist es, aus den Zahlenwerten aus Teilaufgabe b) auf die Anzahl der in 24 Stunden vorbeifahrenden Autos zu schließen? Was käme wohl heraus?
   d) In der Zeitung stand: Pro Tag fahren 17 352 Autos vorbei. Ist diese Angabe sinnvoll?

6. Überschlagt, wie viele Schüler und Schülerinnen eure Schule hat. Erkundigt euch anschließend nach dem genauen Wert.

Im Blickpunkt

Muster beim Rechnen erforschen

Im Buch „Der Zahlenteufel" von Hans Magnus Enzensberger wird der Junge Robert, der wegen seiner Abneigung gegen den Mathematikunterricht schlecht träumt, in seinen Träumen von einem gar nicht so beängstigenden Teufel heimgesucht. Dieser zeigt ihm viele spannende Dinge aus dem Bereich der Mathematik:

Wenn du willst, mache ich dir gerne vor, wie man alle anderen Ziffern aus lauter Einsen macht.
– Und wie soll das gehen?
– Ganz einfach. Ich mache das so:
1 × 1 = 1
Als nächstes kommt:
11 × 11
Dazu brauchst du wahrscheinlich deinen Taschenrechner.
– Quatsch, sagte Robert.
11 × 11 = 121
– Siehst du, sagte der Zahlenteufel, schon hast du eine Zwei gemacht, aus lauter Einsen. Und jetzt sag mir bitte, wieviel ist:
111 × 111

1. Rechnet selbst. Setzt dann diese Aufgabenreihe fort. Ihr entdeckt ein Muster. Beschreibt es und untersucht, ob eure Vermutung stets zutrifft.

2. Untersucht, was passiert, wenn ihr statt der Ziffer 1 die Ziffer 2 oder eine andere Ziffer verwendet.

3. Ihr könnt auch mit zwei Ziffern arbeiten.
    a) Setzt die Aufgabenreihe rechts im Heft fort.
       Berechnet die ersten Ergebnisse und findet heraus, ob sich in den Ergebnissen ein Muster ergibt.
    b) Wenn ihr ein Muster erkannt habt, dann setzt es fort und überlegt, wie weit es sich fortsetzen lässt. Vielleicht könnt ihr sogar begründen, warum es hier ein anderes Langzeitverhalten gibt als bei den Mustern in Aufgabe 1.
    c) Übertragt das Schema auf die 2 und prüft, ob sich für die 2 im Ergebnis ebenfalls ein Muster ergibt und ob sich dieses für die nächsten Stufen fortsetzen lässt.
    d) Erfindet und erkundet weitere Muster, indem ihr andere Kombinationen aus den Ziffern 1 und 0 bildet und die Produkte untersucht.

1 · 1	
11 · 11	
101 · 101	
1001 · 1001	

2.3 Terme – Rechengesetze

2.3.1 Regeln für das Berechnen von Termen

Einstieg

Frau Weyer geht mit ihrer Klasse ins Schwimmbad. An der Kasse bezahlt sie mit einem 100 €-Schein.
a) Wie viel Wechselgeld erhält sie? Notiere den Rechenweg in einer einzigen Aufgabe.
b) Hättest du die Kartenverteilung auch so vorgenommen? Denke auch an den Fall, dass die Klasse mehrmals ins Schwimmbad geht.

Aufgabe 1

Beschreibung eines Rechenweges durch einen Term

(1)
Sport Maier	
Trikot	49,00
Shorts	37,00
Total	86,00
Gegeben	122,00
Zurück	36,00

Leon hat für ein Sportgeschäft einen Gutschein über 122 €. Er kauft sich dafür ein neues Fußballtrikot für 49 € und eine passende Fußballhose für 37 €. Leon erhält an der Kasse den abgebildeten Bon.

(2) Herr Simon ist Trainer einer Volleyballmannschaft und möchte für die 6 Mitglieder neue bedruckte T-Shirts zu je 17 € kaufen. In der Mannschaftskasse sind 180 €. Wie viel Geld bleibt nach dem Kauf in der Kasse?

a) Schreibe zu beiden Aufgaben zunächst die einzelnen Rechenschritte auf.
b) Schreibe den Rechenweg jeweils mithilfe einer einzigen Aufgabe. Setze das, was zuerst berechnet wird, in Klammern.

Lösung

Wie auch viele Kassen lassen wir die Einheit Euro im Folgenden weg und notieren die Rechenwege nur mit Zahlen.

a) (1) Die Kasse addiert die Preise zu einem Gesamtpreis (Total). Dann wird der Gesamtpreis vom Guthaben subtrahiert.
1. Schritt: $49 + 37 = 86$
2. Schritt: $122 - 86 = 36$

(2) Wir berechnen zunächst die Kosten für die T-Shirts. Dann werden diese Kosten von dem Betrag in der Mannschaftskasse subtrahiert.
1. Schritt: $6 \cdot 17 = 102$
2. Schritt: $180 - 102 = 78$

b) Wir notieren den Rechenweg jeweils als eine einzige Aufgabe.

(1) $122 - (49 + 37)$
$= 122 - 86$
$= 36$
Ergebnis: Leon erhält 36 € Rückgeld.

(2) $180 - (6 \cdot 17)$
$= 180 - 102$
$= 78$
Ergebnis: In der Kasse verbleiben 78 €.

Information

(1) Term – Klammern – Rechenbaum – Vorrangregeln

Du kannst einen Rechenweg in Form einer einzigen Aufgabe aufschreiben. Eine solche Aufgabe wie zum Beispiel $122 - (49 + 37)$ oder $180 - (6 \cdot 17)$ heißt *Term*.

Die Rechnungen werden schrittweise ausgeführt. Was zuerst berechnet werden soll, wird in Klammern gesetzt. Sind keine Klammern gesetzt, rechnest du von links nach rechts.

Einen Term kannst du auch durch einen Rechenbaum darstellen.

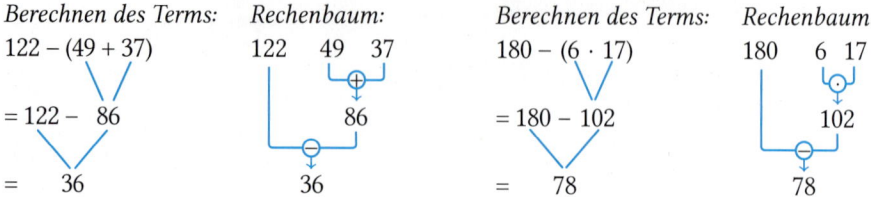

Um Klammern einzusparen, vereinbart man, dass Punktrechnung ($\cdot$ und $:$) vor Strichrechnung ($+$ und $-$) ausgeführt werden soll. Dann kann man statt $180 - (6 \cdot 17)$ auch kürzer $180 - 6 \cdot 17$ schreiben.

Ein **Term** gibt einen Rechenweg an. Als Ergebnis der Rechnung erhält man eine Zahl, den Wert des *Terms*. Bei der Berechnung eines Terms musst du folgende Regeln beachten.

Vorrangregeln
- Was in Klammern steht, muss zuerst berechnet werden.
- Punktrechnung geht vor Strichrechnung.
- Wenn nicht anders geregelt, rechnet man von links nach rechts.

Beispiele:

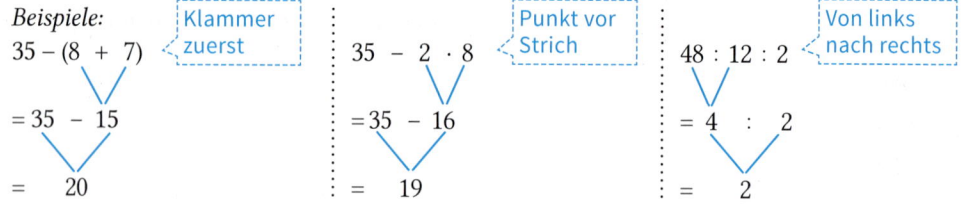

---

(2) Richtiger Gebrauch des Gleichheitszeichens

Beim Ausrechnen eines Terms muss man darauf achten, dass das Gleichheitszeichen richtig gebraucht wird.

$2 \cdot (8 + 7) - 17 = 2 \cdot 15 - 17$
$ = 30 - 17$
$ = 13$

$\cancel{2 \cdot (8+7) - 17 = 2 \cdot 15 = 30 - 17 = 13}$

Wert: 30   Wert: 13

Richtiger Gebrauch des Gleichheitszeichens: Vor und hinter dem Gleichheitszeichen stehen Terme mit demselben Wert.

Falscher Gebrauch des Gleichheitszeichens: Daher wurde die Rechnung durchgestrichen.

Richtiger Gebrauch des Gleichheitszeichens
Der Wert der Terme vor und hinter dem Gleichheitszeichen muss derselbe sein.

2.3 Terme – Rechengesetze

Weiterführende Aufgaben

Wortform von Termen

2. Stelle zunächst den Term auf und berechne ihn dann.
   a) Addiere zu 41 die Differenz der Zahlen 58 und 44.
   b) Subtrahiere von 48 das Produkt der Zahlen 3 und 7.

> *Wortform:* Subtrahiere von 97 die Summe der Zahlen 28 und 17.
> *Term:* 97 − (28 + 17)

Ineinander geschachtelte Klammern

3. Berechne.
   a) 740 − [120 − (67 − 47)]
   b) 482 − [13 · (6 + 4)]
   c) [400 − (300 − 100)] : 2

> Innere Klammer zuerst!
>
> 550 − [(200 − 25) + 55]
> = 550 − [175 + 55]
> = 550 − 230
> = 320

Übungsaufgaben

4. Beachte die Klammern bei der Berechnung des Terms.
   a) 712 − (72 − 12)
   b) 712 − (72 + 12)
   c) 712 − 72 − 12
   d) 293 + (73 − 23)
   e) 293 + 73 − 23
   f) 293 − (73 − 23)
   g) 844 − (27 − 19) − (83 − 50)
   h) 844 − 27 − 19 − 83 − 50
   i) 844 − (27 + 19) + (83 − 50)

5. Rechne zunächst im Kopf; schreibe dann die Berechnung des Terms korrekt auf.
   a) 8 + 72 : 8
   b) 36 + 24 : 6
   c) 84 : 7 − 7
   d) 12 + 78 : 6
   e) 105 − 45 : 15
   f) 45 : 3 + 12 : 2
   g) 84 : 12 + 91 : 7
   h) 12 · 8 + 14 : 7
   i) 78 : 6 − 2 · 5
   j) 135 : 45 − 48 : 16
   k) 117 − 17 · 5 + 25
   l) 123 + 27 · 3 − 2

6. Überprüfe, ob ein richtiger Gebrauch des Gleichheitszeichens vorliegt. Wenn nicht, berichtige im Heft.

   a) (43 − 17) + (88 − 12)
      = 26 + 76
      = 102

   b) 78 : 6 + 5 − 2 · 3
      = 13 + 5
      = 18 − 2 · 3
      = 18 − 6
      = 12

   c) [33 − (4 + 23) − 5] + 6
      = 33 − 27
      = 6 − 5
      = 1 + 6
      = 7

7. Ein Pkw darf mit 320 kg beladen werden. Der Fahrer wiegt 78 kg. Die beiden Koffer zusammen 37 kg und sein Kind wiegt 31 kg. Schreibe jeweils einen Term und berechne. Mache zunächst einen Überschlag.
   a) Wie viel darf noch eingeladen werden?
   b) Dürfen noch 6 Wasserkisten, die jeweils 12 kg wiegen, und eine Marmorplatte mit ca. 40 kg Masse zugeladen werden?

8. Beim Biathlon benötigt eine Läuferin für die reine Laufstrecke 57 Minuten und 30 Sekunden. Für jeden Schuss auf die 10 Scheiben braucht sie durchschnittlich 10 Sekunden. Wie lange ist sie insgesamt unterwegs, wenn sie auch noch zwei Strafrunden zu je 35 Sekunden laufen muss? Schreibe auch einen einzigen Term.

9. Von einem 10 m-Stab werden zwei Stücke zu je 1,60 m und drei Stücke zu je 80 cm abgeschnitten. Der Rest wird in zwei gleich große Teile geteilt. Wie lang ist jedes Teil?

10. Erfinde selbst eine Rechengeschichte zu den angegebenen Termen.
    a) $13 + 4 \cdot 7$ b) $(100 - 40) : 3$ c) $(16 - 12) \cdot 8 + 56$ d) $(38 - 14) : 3 - 5$

11. Berechne und vergleiche: $20 \cdot (7 - 2)$; $20 \cdot 7 - 2$; $20 - (7 \cdot 2)$; $20 - 7 \cdot 2$; $(20 - 7) \cdot 2$, $(20 - 7 \cdot 2)$

12. a) Schreibe zu dem Rechenbaum einen Term und berechne ihn.

    (1) 42 37 14   (2) 89 17 43 19   (3) 4 12 38   (4) 57 7 6
    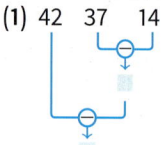 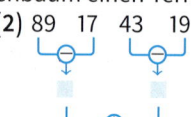 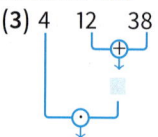 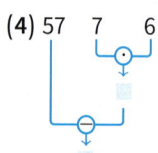

    b) Erstelle selbst einen Term und tausche mit deinem Nachbarn. Berechnet die Terme.

13. Zeichne zu dem Term einen Rechenbaum und rechne.
    a) $(716 - 230) + (179 - 96)$ c) $3 \cdot 4 + (12 - 2)$ e) $(321 - (215 + 36)) + (104 - 85)$
    b) $3 \cdot 4 + 12 \cdot 2$ d) $5 \cdot (4 + 3) - 10$ f) $(14 - 9) \cdot (4 + 16) - 3$

14. Stelle einen Term auf und berechne seinen Wert.
    a) Addiere zum Produkt der Zahlen 24 und 4 die Zahl 18.
    b) Multipliziere die Summe der Zahlen 48 und 67 mit der Zahl 20.
    c) Dividiere die Summe der Zahlen 54 und 18 durch die Differenz der Zahlen 26 und 14.
    d) Subtrahiere von der Summe der Zahlen 38 und 72 das Produkt der Zahlen 17 und 6.

15. Schreibe den Term in der Wortform auf. Berechne auch seinen Wert.
    a) $37 + (48 - 12)$ c) $(34 - 17) - 12$ e) $216 : (51 - 15)$ g) $(150 - 98) - (100 - 49)$
    b) $117 - 7 \cdot 13$ d) $(51 - 15) : 12$ f) $(19 - 7) \cdot (7 + 5)$ h) $(101 - 68) - 8 \cdot 3$

16. Berechne den Wert des Terms. Achte auf die Klammern.
    a) $482 - [72 - (50 - 20)]$ b) $700 - [300 - (200 - 100)] \cdot 2$ c) $800 : [600 - (2 \cdot 350 - 300)]$

17. Erkläre Tim, welche Fehler er bei den Berechnungen gemacht hat.

    a) $86 - 27 + 3$ b) $79 - 9 \cdot 8$ c) $86 - (23 - 9)$ d) $45 - [2 \cdot (7 + 5) - 2]$
       $= 86 - 30$ $= 70 \cdot 8$ $= 63 - 9$ $= 45 - 2 \cdot 12 - 2$
       $= 56$ $= 560$ $= 54$ $= 45 - 2 \cdot 10$
                                                                              $= 25$

18. Lege die Kärtchen links so aneinander, dass sie einen Term ergeben. Achte darauf, dass die Subtraktion ausführbar ist. Bilde verdeckt einen Term und sage deinem Partner nur das Ergebnis. Er soll den Term mit den Kärtchen aufbauen. Tauscht auch die Rollen.

19. Hier sind Klammern vergessen worden. Füge an den richtigen Stellen Klammern ein.
    a) $6 + 4 \cdot 3 = 30$ b) $70 - 50 - 10 + 3 = 33$ c) $200 : 50 - 10 + 8 = 13$

20. Setze ein Klammerpaar so, dass das Ergebnis eine möglichst große [kleine] Zahl ist.
    a) $2 + 2 \cdot 2 - 2$ b) $9 - 2 \cdot 3 - 2$ c) $2 \cdot 6 - 3 \cdot 2$ d) $6 + 15 : 1 + 4$

2.3.2 Kommutativgesetze und Assoziativgesetze

Einstieg

a) Wie teuer ist die Winterausrüstung? Berechnet geschickt.
b) Eine Wasserkiste enthält 12 Flaschen. Wie viele Flaschen sind insgesamt auf der Palette? Findet verschiedene Rechenwege. Vergleicht in der Klasse, wie ihr vorgegangen seid.

Aufgabe 1

Verwenden von Rechengesetzen beim vorteilhaften Rechnen

Tom und Tina rechnen die Aufgaben geschickt im Kopf.
a) Notiere die Rechenwege ausführlich.
b) Findest du noch geschicktere Rechenwege?

Lösung

a) Eigentlich müssten Tom und Tina die Aufgaben von links nach rechts rechnen. Das ist aber ungünstig für das Rechnen im Kopf.

Tom hat eine andere Reihenfolge gewählt und zunächst die letzten beiden Summanden addiert.

$173 + 283 + 27$
$= 173 + (283 + 27)$ Klammern um 283 und 27.
$= 173 + 310$
$= 483$

Tina hat eine andere Reihenfolge gewählt und zunächst die letzten beiden Faktoren multipliziert.

$125 \cdot 5 \cdot 8$
$= 125 \cdot (5 \cdot 8)$ Zuerst $5 \cdot 8$ berechnen.
$= 125 \cdot 40$
$= 5\,000$

b) Tom kann auch zunächst die letzten beiden Summanden tauschen und dann von links nach rechts rechnen.

$173 + 283 + 27$
$= 173 + 27 + 283$ 283 und 27 wurden vertauscht.
$= 200 + 283$
$= 483$

Tina kann auch zunächst die letzten beiden Faktoren tauschen und dann von links nach rechts rechnen.

$125 \cdot 5 \cdot 8$
$= 125 \cdot 8 \cdot 5$ $8 \cdot 125$ lässt sich gut rechnen.
$= 1\,000 \cdot 5$
$= 5\,000$

Information

(1) Kommutativgesetze (Vertauschungsgesetze)

Die Reihenfolge für die Berechnung eines Terms ist durch die Vorrangregeln festgelegt. Aber in besonderen Fällen darfst du, so wie Tom und Tina, auch anders vorgehen:
Tom hat in Lösung b) zwei Summanden vertauscht, Tina vertauscht zwei Faktoren. Bei einer Summe und bei einem Produkt ist das immer möglich, ohne dass sich der Wert der Summe oder des Produkts ändert.
Diese Rechengesetze nennt man Kommutativgesetze oder Vertauschungsgesetze.

kommutativ (lat.)
vertauschbar

Kommutativgesetze

Kommutativgesetz der Addition

In einer Summe darf man die Reihenfolge der Summanden vertauschen.
Denke dir natürliche Zahlen anstelle von a und b. Stets gilt:

a + b = b + a

Beispiel: 34 + 78 = 78 + 34

Kommutativgesetz der Multiplikation

In einem Produkt darf man die Reihenfolge der Faktoren vertauschen.
Denke dir natürliche Zahlen anstelle von a und b. Stets gilt:

a · b = b · a

Beispiel: 3 · 5 = 5 · 3

Begründung der Kommutativgesetze
Wir begründen die Kommutativgesetze an *einem* Zahlenbeispiel, aber dieselbe Begründung ist für alle Zahlen möglich.

Kommutativgesetz der Addtition

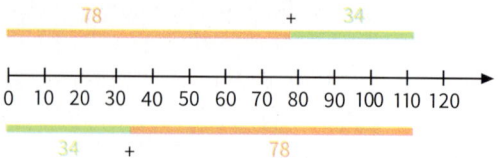

Kommutativgesetz der Multiplikation

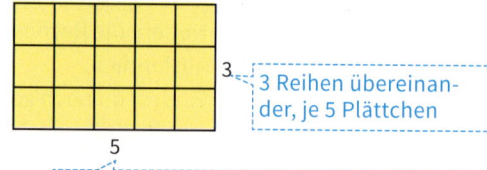

3 Reihen übereinander, je 5 Plättchen

5 Reihen nebeneinander, je 3 Plättchen

Legt man am Zahlenstrahl zwei Strecken, zum Beispiel für die Zahlen 78 und 34, aneinander, so ergibt sich unabhängig von der Reihenfolge der Strecken die gleiche Gesamtlänge.

Die Anzahl der quadratischen Plättchen im Bild oben kann man auf zweierlei verschiedene Weise bestimmen.

(2) Assoziativgesetze (Verbindungsgesetze)

In der Lösung der Aufgabe 1 sind Tom und Tina von der durch den Term festgelegten Berechnungsreihenfolge auch abgewichen, indem sie nicht von links nach rechts gerechnet haben. Bei einer Summe und bei einem Produkt ist das immer möglich, ohne dass sich der Wert der Summe oder des Produkts ändert. Dieses Rechengesetz nennt man das Assoziativgesetz oder Verbindungsgesetz.

assoziativ (lat.)
verbindend

Assoziativgesetze

Assoziativgesetz der Addition

In einer Summe aus drei oder mehr Summanden darf man beliebig Klammern setzen. Der Wert der Summe ist von der Stellung der Klammern unabhängig.
Denke dir natürliche Zahlen anstelle von a, b und c. Stets gilt:

(a + b) + c = a + (b + c)

Man darf die Klammern auch weglassen:
a + b + c

Beispiel:
(21 + 18) + 34 = 21 + (18 + 34) = 21 + 18 + 34

Assoziativgesetz der Multiplikation

In einem Produkt aus drei oder mehr Faktoren darf man beliebig Klammern setzen. Der Wert des Produkts ist von der Stellung der Klammern unabhängig.
Denke dir natürliche Zahlen anstelle von a, b und c. Stets gilt:

(a · b) · c = a · (b · c)

Man darf die Klammern auch weglassen:
a · b · c

Beispiel:
(3 · 5) · 2 = 3 · (5 · 2) = 3 · 5 · 2

2.3 Terme – Rechengesetze

Begründung der Assoziativgesetze
Wir begründen die Assoziativgesetze an *einem* Zahlenbeispiel, aber dieselbe Begründung ist für alle Zahlen möglich.

Assoziativgesetz der Addition

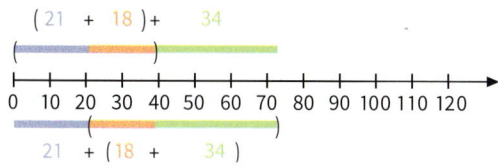

Ob man zuerst die Strecken für die Zahlen 21 und 18 zusammensetzt oder zuerst die Strecken für die Zahlen 18 und 34 zusammensetzt, das Ergebnis ist dasselbe.

Assoziativgesetz der Multiplikation

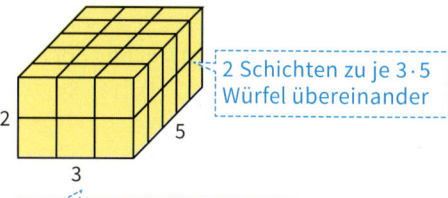

Die Anzahl der Würfel im Bild oben kann man auf verschiedene Weisen bestimmen.

Weiterführende Aufgabe

Günstige Reihenfolge der Faktoren zum vorteilhaften schriftlichen Multiplizieren

2. Multipliziere jeweils in der angegebenen Reihenfolge. Welche Reihenfolge ist günstiger? Woran liegt das?

   (1) 33 · 572   (2) 374 · 12   (3) 128 · 3 007   (4) 1 011 · 99
       572 · 33   12 · 374   3 007 · 128   99 · 1 011

Information

> Beim schriftlichen Multiplizieren ist es häufig vorteilhaft, *die* Zahl als 2. Faktor zu schreiben,
> - bei der *gleiche* Ziffern vorkommen;
> - die *weniger* Stellen als die andere Zahl hat;
> - bei der *Nullen* als Ziffern auftreten.

Übungsaufgaben

3. Rechne im Kopf; beachte dabei Rechenvorteile.

   a) 25 + 38 + 62   b) 42 + 58 + 87   c) 134 + 29 + 71   d) 3 Mio. + 15 Mio. + 27 Mio.
      21 + 54 + 79   47 + 153 + 38   168 + 46 + 44   18 Mrd. + 32 Mrd. + 15 Mrd.
      65 + 57 + 253   219 + 27 + 54   234 + 69 + 566   138 Mio. + 1 Mrd. + 62 Mio.

4. Rechne im Kopf. Beachte Rechenvorteile.

   a) 5 · 19 · 2   b) 5 · 31 · 20   c) 8 · 5 · 7 · 2   d) 5 · 13 · 5 · 4
      2 · 79 · 5   11 · 8 · 5   5 · 13 · 3 · 2   4 · 5 · 25 · 20
      2 · 7 · 50   25 · 7 · 4   2 · 7 · 4 · 50   8 · 40 · 125 · 5

5. Beschreibt, wie man durch Anwenden von Rechengesetzen vorteilhaft im Kopf rechnen kann. Findet dazu auch eigene Beispiele.

Das kann ich noch!

A) Der Eisenbahnwagen ist im Maßstab 1:200 gezeichnet. Wie hoch und wie lang ist er in Wirklichkeit? Bestimme so genau wie möglich die Höhe und Breite eines Fensters bzw. einer Tür.

6. Beachte Rechenvorteile.
   a) 187 + 435 + 93 + 165 + 13 + 107
      173 + 99 + 34 + 201 + 166 + 27
   b) 93 + 179 + 14 + 321 + 57 + 86
      47 + 128 + 33 + 97 + 42 + 53
   c) 125 · 18 · 8
      5 · 17 · 2 000
   d) 4 · 12 · 25 · 5
      8 · 40 · 125 · 5
   e) 8 · 25 · 3 · 17
      25 · 7 · 90 · 4
   f) 15 · 8 · 125 · 60
      11 · 1250 · 3 · 8

7. a) Richtig oder falsch?
      (1) (14 − 8) − 5 = 14 − (8 − 5)   (2) (29 − 19) − 9 = 29 − (19 − 9)   (3) (23 − 23) − 0 = 23 − (23 − 0)
   b) Welche Folgerungen kann man aus den Beispielen für die Subtraktion ziehen?

8. Wähle beim Multiplizieren eine günstige Reihenfolge. Mache zunächst einen Überschlag.
   a) 6 909 · 7   b) 80 · 595   c) 38 · 277   d) 89 · 170   e) 777 · 538
      9 · 1483   479 · 60   58 · 788   300 · 533   8 005 · 145
      4 · 11473   90 · 1549   1017 · 23   60 · 480   4 011 · 239

9. Vor mehr als 200 Jahren stellte ein Lehrer die Aufgabe, alle Zahlen von 1 bis 100 zu addieren: 1 + 2 + 3 + 4 + 5 + 6 + 7 + 8 + 9 + 10 + 11 + … + 95 + 96 + 97 + 98 + 99 + 100
   Er wollte seine Schüler für eine Weile beschäftigen, damit er in Ruhe eine andere Arbeit verrichten konnte. Der Lehrer kam aber nicht zu seiner Ruhe. Bereits nach einigen Minuten meldete sich der neunjährige Carl Friedrich Gauß mit dem richtigen Ergebnis. Der Lehrer schaute ihn verblüfft an. Wie kann man in so kurzer Zeit so viele Zahlen addieren?
   a) Erkläre zunächst den Rechentrick rechts.
   b) Berechne geschickt die Summe
      (1) der Zahlen von 1 bis 100;
      (2) der geraden Zahlen von 2 bis 100;
      (3) der ungeraden Zahlen von 1 bis 99.

Carl Friedrich Gauß
(1777–1855)

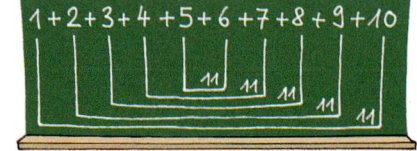

10. Rechne wie im Beispiel.
    a) 178 − 97   d) 453 − 199   g) 2 532 − 148
    b) 147 − 88   e) 1 053 − 498 h) 2 361 − 796
    c) 207 − 98   f) 1 423 − 997 i) 3 453 − 1 290

    148 − 97
    = 148 − 100 + 3
    = 48 + 3
    = 51

11. Richtig oder falsch? Entscheide „auf einen Blick".
    a) 48 · 12 · 9 = 48 · 9 · 12   b) 24 · 5 · 13 · 4 = 13 · 5 · 4 · 42   c) 27 · 45 · 14 = 90 · 7 · 27

12. Michaels älterer Bruder hat in seinen Ferien gejobbt. An 9 Arbeitstagen hat er insgesamt 504 € verdient. Täglich hat er 8 Stunden gearbeitet. Wie hoch war sein Stundenlohn?

2.3.3 Distributivgesetz

Einstieg

Philipp bekommt jeden Monat 20 € Taschengeld, seine jüngere Schwester Marie 12 €.
Wie viel Taschengeld geben die Eltern ihren beiden Kindern im Lauf eines Jahres? Rechne auf zwei Wegen. Schreibe zu jedem Weg auch einen Term.

2.3 Terme – Rechengesetze

Aufgabe 1

Multiplizieren einer Summe
Bei dem Bürohaus rechts sollen die Fenster durch neue Energie sparende Fenster ersetzt werden. Berechne die Anzahl der Fenster auf zwei Wegen. Schreibe zu jedem Weg auch einen Term.

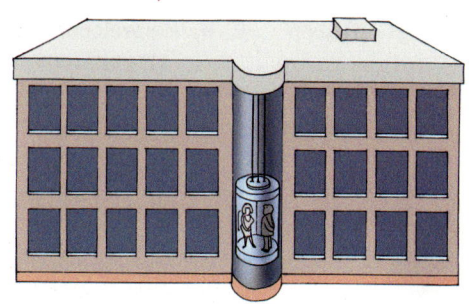

Lösung

1. Weg:
Links vom Aufzug befinden sich
$3 \cdot 5 = 15$ Fenster, rechts vom Aufzug befinden sich $3 \cdot 4 = 12$ Fenster. Insgesamt sind es also
$3 \cdot 5 + 3 \cdot 4$ Fenster, also $15 + 12 = 27$ Fenster.

2. Weg
In jeder Etage sind $5 + 4$ Fenster.
Insgesamt sind es also
$3 \cdot (5 + 4)$ Fenster, also $3 \cdot 9 = 27$ Fenster.

Du erkennst: Beide Rechenwege führen zum gleichen Ergebnis. Es ist: $3 \cdot (5 + 4) = 3 \cdot 5 + 3 \cdot 4$

Information

distributiv (lat.)
verteilend

> **Distributivgesetz (Verteilungsgesetz) für Multiplikation und Addition**
> Anstatt eine Summe mit einer Zahl zu multiplizieren, kann man auch die einzelnen Summanden mit der Zahl multiplizieren und dann addieren. Dabei ändert sich das Ergebnis nicht.
> Denke dir natürliche Zahlen anstelle von a, b und c. Stets gilt:
>
> **a · (b + c) = a · b + a · c**
>
> *Beispiel:* $6 \cdot (12 + 9) = 6 \cdot 12 + 6 \cdot 9$ ⟵ Faktor auf die Summanden verteilen

Begründung: Wir begründen das Distributivgesetz an *einem* Zahlenbeispiel. Aber dieselbe Begründung ist für alle Zahlen möglich.
Die Anzahl der Plättchen rechts kann man auf 2 Weisen bestimmen:
(1) 3 Reihen zu $4 + 2 = 6$ Plättchen ergeben $3 \cdot 6 = 18$ Plättchen
(2) Man kann auch erst die Anzahl der grünen sowie die Anzahl der gelben Plättchen bestimmen und dann addieren:
$3 \cdot 4 + 3 \cdot 2 = 12 + 6 = 18$ Plättchen.
Folglich gilt: $3 \cdot (4 + 2) = 3 \cdot 4 + 3 \cdot 2$

Weiterführende Aufgaben

Anwenden des Distributivgesetzes – Ausklammern

2. Manchmal ist es vorteilhafter, anders als nach der Regel „Punktrechnung vor Strichrechnung" zu rechnen.
Wenn man nämlich eine Zahl „ausklammern" kann, wird die Rechnung oft einfacher. Erläutere die Rechnung rechts.
Berechne ebenso: **a)** $8 \cdot 96 + 8 \cdot 4$ **b)** $4 \cdot 16 + 4 \cdot 34$

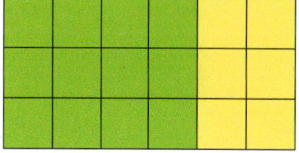

Distributivgesetz rückwärts

Weitere Distributivgesetze

3. Auch für das Subtrahieren und Dividieren gibt es Distributivgesetze:
Denke dir natürliche Zahlen anstelle von a, b und c. Stets gilt:

$$a \cdot (b - c) = a \cdot b - a \cdot c \qquad (a + b) : c = a : c + b : c \text{ (für } c \neq 0)$$

Gib Zahlenbeispiele für diese Gesetze an.

Übungsaufgaben

4.
a) Bei welchem Term ist die Rechnung vorteilhafter?
- (1) $4 \cdot 19 + 4 \cdot 6$ oder $4 \cdot (19 + 6)$
- (2) $4 \cdot 17 + 4 \cdot 23$ oder $4 \cdot (17 + 23)$
- (3) $9 \cdot 100 + 9 \cdot 12$ oder $9 \cdot (100 + 12)$
- (4) $9 \cdot 50 + 9 \cdot 7$ oder $9 \cdot (50 + 7)$

b) Rechne vorteilhaft.
- (1) $8 \cdot 17 + 2 \cdot 17$
- (2) $23 \cdot 64 + 23 \cdot 36$
- (3) $39 \cdot 24 + 11 \cdot 24$
- (4) $176 \cdot 36 + 24 \cdot 36$
- (5) $(40 + 3) \cdot 9$
- (6) $12 \cdot (20 + 3)$
- (7) $7 \cdot (30 + 12)$
- (8) $(100 + 9) \cdot 18$

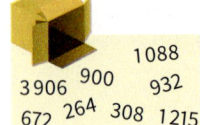

5. Rechne vorteilhaft.
a) $8 \cdot (40 - 7)$
b) $(50 - 6) \cdot 7$
c) $9 \cdot (400 + 30 + 4)$
d) $(125 + 11) \cdot 8$
e) $(250 - 17) \cdot 4$
f) $(200 + 40 + 3) \cdot 5$
g) $18 \cdot (38 + 12)$
h) $(50 - 2) \cdot 14$

6. Rechne vorteilhaft.
a) $(72 + 45) : 9$
b) $102 : 6 + 78 : 6$
c) $(168 - 28) : 14$
d) $135 : 15 + 15 : 15$
e) $720 : 8 - 32 : 8$
f) $221 : 17 - 51 : 17$
g) $(360 - 36) : 12$
h) $(378 + 42) : 21$

7. Rechne vorteilhaft.
a) $17 \cdot 13 + 87 \cdot 17$
b) $54 \cdot 19 - 9 \cdot 54$
c) $24 \cdot 33 - 33 \cdot 14$
d) $47 \cdot 73 - 23 \cdot 47$
e) $16 \cdot 13 + 16 \cdot 29 + 16 \cdot 8$
f) $14 \cdot 38 - 3 \cdot 14 + 65 \cdot 14$

8. Beim Kopfrechnen habt ihr schon immer das Distributivgesetz benutzt.

a) Erläutert das eurem Partner an folgenden Beispielen:

$$6 \cdot 27 = 6 \cdot (20+7) = 6 \cdot 20 + 6 \cdot 7 = 120 + 42 = 162$$

$$7 \cdot 29 = 7 \cdot (30-1) = 7 \cdot 30 - 7 \cdot 1 = 210 - 7 = 203$$

$$96 : 6 = (60 + 36) : 6 = 60 : 6 + 36 : 6 = 10 + 6 = 16$$

$$228 : 12 = (240 - 12) : 12 = 240 : 12 - 12 : 12 = 20 - 1 = 19$$

b) Berechnet im Kopf.
- (1) $7 \cdot 36$; $84 \cdot 6$
- (2) $9 \cdot 98$; $8 \cdot 149$
- (3) $69 \cdot 4$; $152 \cdot 3$
- (4) $917 : 7$; $104 : 8$
- (5) $187 : 17$; $156 : 13$
- (6) $247 : 13$; $330 : 15$

9. Clara sammelt für einen gemeinsamen Ausflug der Klassen 5 a und 5 b Geld ein. Die Kosten betragen pro Schüler 5 €. In Claras Klasse sind 23 Schülerinnen und Schüler, in der Nachbarklasse 27. Wie viel Geld muss Clara insgesamt einsammeln?
Rechne auf zwei verschiedenen Wegen. Schreibe auch einen Term.

10. 380 Flaschen Apfelsaft und 120 Flaschen Traubensaft sollen in Kästen zu je 20 Flaschen versandt werden. Wie viele Kästen sind nötig? Rechne auf zwei Wegen.

11. Untersuche an Beispielen, ob es auch ein Gesetz $c : (a + b) = c : a + c : b$ gibt.

12. Maik möchte für seinen Geburtstag 7 Flaschen der Bio-Apfelschorle kaufen. Wie viel muss er bezahlen?
Du kannst auf zwei verschiedenen Wegen rechnen. Welcher ist günstiger?

2.4 Potenzieren

Ziel
Die Addition gleichartiger Summanden kann man verkürzt als Multiplikation schreiben. Du lernst nun, dass man auch die Multiplikation gleicher Faktoren verkürzt schreiben kann.

Zum Erarbeiten
Ein Papierbogen wird mehrmals nacheinander gefaltet. Wie viele Papierschichten liegen nach dem fünften Falten übereinander? Wie viele Papierschichten wären es nach dem zehnten Falten?

→ Bei jedem Falten verdoppelt sich die Anzahl der übereinander liegenden Blätter:

Anzahl der Faltungen	Anzahl der übereinanderliegenden Schichten	
1	2	= 2
2	2·2	= 4
3	2·2·2	= 8
4	2·2·2·2	= 16
5	2·2·2·2·2	= 32

Nach dem 5. Falten liegen 32 Schichten übereinander. Beim weiteren Falten kommst du bald in Schwierigkeiten. Die Anzahl der Schichten nach dem 10. Falten wäre nämlich:
2·2·2·2·2·2·2·2·2·2 = 1024

Information

(1) Potenzen

Anstelle des Produktes 2·2·2·2·2 mit fünf gleichen Faktoren schreibt man auch 2^5 (gelesen: 2 *hoch* 5). Man nennt 2^5 eine **Potenz** von 2 (die fünfte Potenz von 2), 32 ist der Wert dieser Potenz.

Beachte: $2^1 = 2$ und $2^0 = 1$.

Beispiele:
$5^3 = 5 \cdot 5 \cdot 5 = 125$; $10^5 = 10 \cdot 10 \cdot 10 \cdot 10 \cdot 10 = 100\,000$;
$7^1 = 7$; $6^0 = 1$

$2^5 = 2 \cdot 2 \cdot 2 \cdot 2 \cdot 2 = 32$

2^5

Exponent (Hochzahl) gibt die Anzahl der Faktoren an.

Basis (Grundzahl) gibt den Faktor an.

$2^1 = 2$ hat man festgelegt, da man auch bei einer Faltung die Kurzschreibweise verwenden will.
$2^0 = 1$ hat man festgelegt, da man beim nullmaligen Falten 1 Schicht hat.

(2) Vorrangregeln für das Berechnen von Termen, in denen Potenzen vorkommen

Kommen in einem Term neben dem Potenzieren auch andere Rechenarten vor, so vereinbaren wir, dass das Potenzieren vor den anderen Rechenarten ausgeführt wird.

Vorrangregeln für das Potenzieren
- Potenzrechnung vor Punktrechnung
- Potenzrechnung vor Strichrechnung
- Klammern vor Potenzen

Beispiele:
$2 \cdot 3^4 = 2 \cdot 81 = 162$
$18 + 3^4 = 18 + 81 = 99$
$(2 \cdot 3)^4 = 6^4 = 1296$

Zum Üben

1. Schreibe als Potenz; berechne auch den Wert.
   a) $4 \cdot 4 \cdot 4$ b) $12 \cdot 12$ c) $10 \cdot 10 \cdot 10 \cdot 10 \cdot 10$ d) $7 \cdot 7 \cdot 7 \cdot 7$ e) 8

2. Berechne.
   a) 5^2 b) 6^3 c) 10^1 d) 1^8 e) 0^4 f) 4^1 g) 100^3

3. Der Mensch hat zwei Elternteile, vier Großelternteile, acht Urgroßelternteile usw. Wie viele Urururgroßelternteile hat er? Wie viele Ahnen hat er in der 5. [6., 7., 8.] Vorfahrengeneration?

4. Vergleiche die Ergebnisse.
   a) $6+6$; $6 \cdot 6$; $6 \cdot 2$; 6^2 d) $4+2$; $4 \cdot 2$; 4^2
   b) $4+3$; $4 \cdot 3$; 4^3 e) 5^2; 2^5
   c) $7+1$; $7 \cdot 1$; 7^1 f) 4^2; 2^4

5. Berechne.
   a) $5^2 \cdot 3$ c) $32 : 2^3$ e) $4 \cdot 3^2 - 12$ g) $6 + 3^2$ i) $6 \cdot 3^2$ k) $3^2 + 6^2$
   b) $7 \cdot 2^3$ d) $96 - 6^2$ f) $28 + 2^6 : 16$ h) $(6+3)^2$ j) $(6 \cdot 3)^2$ l) $3^2 \cdot 2 + 2^3$

6. Setze in deinem Heft anstelle von  das richtige Zeichen (>, =, <) ein.
   a) $2^4 \; \square \; 4^2$ b) $2^5 \; \square \; 5^2$ c) $27 \; \square \; 27^1$ d) $5^3 \; \square \; 8^3$ e) $7^5 \; \square \; 7^3$ f) $4 \cdot 5^2 \; \square \; 5 \cdot 4^2$

7. Alexander hat in der Pause Zahlen weggewischt. Welche waren es? Notiere sie im Heft.

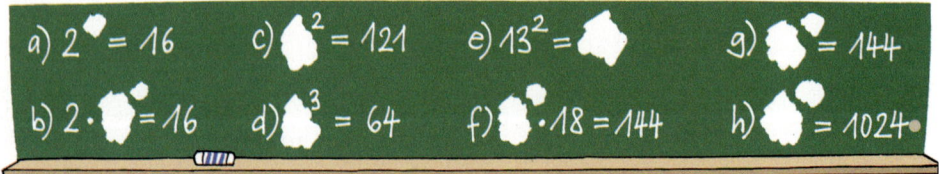

Quadratzahlen

$1^2 = 1$
$2^2 = 4$
$3^2 = 9$
$4^2 = 16$

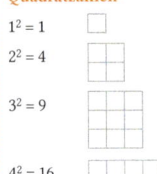

$5^2 = 25$
$6^2 = 36$
$7^2 = 49$
$8^2 = 64$
$9^2 = 81$

8. a) Links auf dem Rand findest du Potenzen mit dem Exponenten 2. Das Potenzieren mit dem Exponenten 2 heißt auch **Quadrieren**. Beim Quadrieren erhältst du **Quadratzahlen**. Erläutere, warum sie so heißen. Lerne sie auswendig.
   b) Berechne die weiteren Quadratzahlen bis 25^2 und lerne sie auswendig.
   c) Es ist günstig, auch noch die folgenden Potenzen auswendig zu wissen. Lege dir entsprechend eine Tafel an und lerne sie auswendig:
   (1) Zehnerpotenzen: $10^1, 10^2, 10^3, ..., 10^6, 10^9$
   (2) Zweierpotenzen: $2^1, 2^2, 2^3, ..., 2^{10}$

9. Schreibe als Potenz: a) 25; 8; 121; 343   b) 16; 81; 64; 0; 1

10. a) Die Basis ist 6, der Exponent ist 3. Gib den Wert der Potenz an.
    b) Der Wert der Potenz ist 64, die Basis ist 2. Gib den Exponenten an.
    c) Der Exponent ist 3, der Wert der Potenz ist 1 Million. Gib die Basis an.

Zum Selbstlernen 2.4 Potenzieren

11. In einer Milchprobe befinden sich Keime, deren Anzahl sich jede Stunde vervierfacht.
   a) Berechne die Anzahl der Keime nach 5 Stunden, wenn anfangs 100 Keime vorhanden sind.
   b) In gekühlter Milch verdreifacht sich die Anzahl der Keime stündlich nur. Vergleiche.

12. Wo steckt der Fehler? Schreibe die Berechnung der Terme korrekt auf.
   a) $(6 + 8)^3 = 14 \cdot 3 = 42$
   b) $5 \cdot 4^4 = 20^4 = 160\,000$
   c) $(22 - 2 \cdot 8)^2 = (20 \cdot 8)^2 = 160^2 = 25\,600$
   d) $(8 + 11 \cdot 2)^2 = (8 + 22)^2 = 8^2 + 22^2 = 64 + 484 = 548$

13. Berechne.
   a) $4 \cdot 3^2$; $5^3 \cdot 4$; $3 \cdot 2^4$
   b) $5^2 \cdot 5$; $1^8 \cdot 8^1$; $2^3 \cdot 3^2$
   c) $4^2 \cdot 3^1 \cdot 2$; $5^1 \cdot 3^3 \cdot 4$; $2 \cdot 3^2 + 9 \cdot 5$
   d) $5^2 \cdot 3 - 5 \cdot 4$; $2^3 \cdot 2 + 4^2 \cdot 7$; $3 \cdot 4^3 - 8^1 \cdot 5$
   e) $3 \cdot 7^2 - 4 \cdot 2^2$; $5 \cdot 2^3 \cdot 3 + 7 \cdot 2^4$; $4^3 - 4^2 + 4 \cdot 5$

14. Die Zahlenangaben in der Abbildung sind Entfernungen der Planeten zur Sonne (in km). Schreibe die Zahlenangaben ohne Zehnerpotenzen.

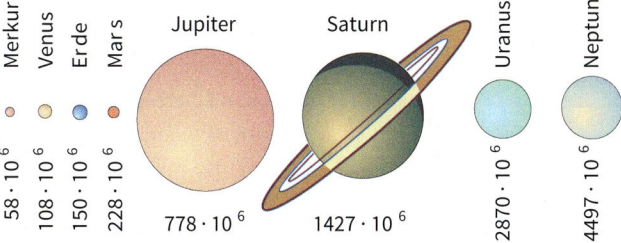

Merkur $58 \cdot 10^6$; Venus $108 \cdot 10^6$; Erde $150 \cdot 10^6$; Mars $228 \cdot 10^6$; Jupiter $778 \cdot 10^6$; Saturn $1427 \cdot 10^6$; Uranus $2870 \cdot 10^6$; Neptun $4497 \cdot 10^6$

15. Schreibe die Zahlenangaben aus dem Zeitungsartikel mit Zehnerpotenzen.

Weißt du, wie viel Sternlein stehen?

Die Anzahl der Sterne, die man von der Erde aus mit bloßem Auge erkennen kann, wird auf achttausend geschätzt.

In der Milchstraße, zu der auch die Sonne zählt, befinden sich etwa 300 Milliarden Sterne.

Die Milchstraße wiederum ist nur eine von mehreren hundert Millionen solcher Galaxien: Immer wieder werden neue Sterne und Galaxien entdeckt.

Das Licht von den am weitesten entfernten Sternen braucht für den Weg zu uns etwa 10 Milliarden Jahre.

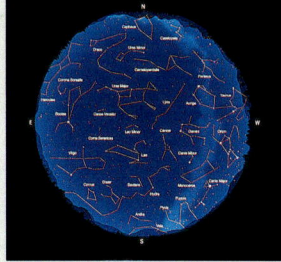

16. Schreibe als Potenz von 10.
   a) hundert   b) zehntausend   c) eine Million   d) eine Milliarde   e) 10 Billionen

17. Schreibe die großen Zahlen mit Zehnerpotenzen.
   a) Der Mensch verliert im Jahr 35 000 Haare.
   b) Das Herz schlägt 42 000 000-mal im Jahr und pumpt dabei 2 500 000 Liter Blut.
   c) Von unseren 100 000 000 000 Gehirnzellen sterben jährlich 36 500 000 ab.
   d) Durch das Atmen strömen jährlich 7 000 000 Liter Luft durch die Lungen.

2.5 Geschicktes Bestimmen von Anzahlen – Zählprinzip

Einstieg

Ein Fahrradgeschäft wirbt mit der nebenstehenden Anzeige.
Unter wie vielen verschiedenen Ausführungen kann Christiana wählen?

Einführung

Allgemeines Zählprinzip

Janina steht vor dem Getränkeautomaten und wählt gesüßten Tee. Sie meint, dass es viele Möglichkeiten der Getränkewahl gibt.
Alexander findet die Anzahl schnell heraus:
„Du hast 3 Möglichkeiten ein Getränk zu wählen. Bei jedem der 3 Getränke kannst du dich für süß oder pur entscheiden, also *jeweils* zwischen 2 Möglichkeiten. Du erhältst insgesamt $3 \cdot 2$, also 6 Möglichkeiten."

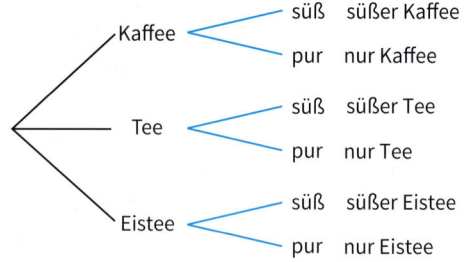

Die verschiedenen Möglichkeiten kann man übersichtlich in einem *Baumdiagramm* darstellen. Zu jeder Entscheidungsmöglichkeit gehört eine Verzweigung im Baumdiagramm. Jeder der 6 Wege gehört zu einer der 6 Möglichkeiten.

Information

Baumdiagramm – Allgemeines Zählprinzip

In der Einführung gab es bei jedem der drei möglichen Getränke zwei weitere Möglichkeiten: süß oder pur.

Kombination: Zusammenstellung einer Anzahl aus gegebenen Dingen

Das Kombinieren verschiedener Möglichkeiten kann man übersichtlich in einem Baumdiagramm darstellen.
Man erkennt dann, dass man die Anzahl der Möglichkeiten bei den einzelnen Auswahlen miteinander multiplizieren muss, um die Gesamtanzahl aller Kombinationen zu erhalten.

Beispiel:

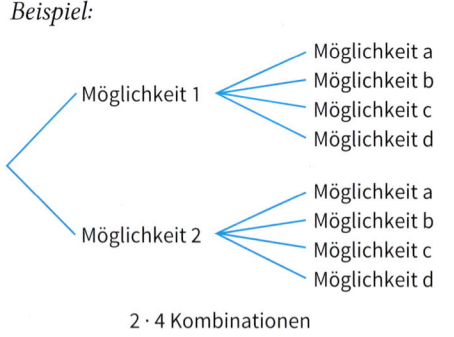

$2 \cdot 4$ Kombinationen

2.5 Geschicktes Bestimmen von Anzahlen – Zählprinzip

Übungsaufgaben

1. In einer Radtourenkarte sind drei Wege von Lisas Standort nach Unterstein und vier Wege von Unterstein nach Oberstein eingezeichnet.
   Wie viele Möglichkeiten hat Lisa, um über Unterstein nach Oberstein zu fahren?

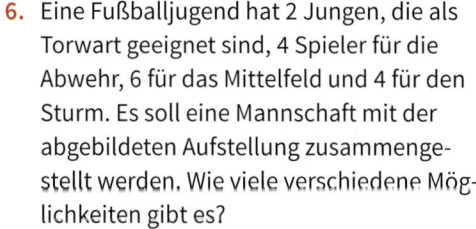

2. a) Aus wie vielen Möglichkeiten kann Fabian ein Menü aus Salat, Pizza und Eis zusammenstellen?
   b) Wie viel muss er für das billigste [teuerste] Menü bezahlen?
   c) Eine kleine Portion Eis besteht aus drei Kugeln. Es gibt die Sorten Vanille, Schoko, Erdbeer, Himbeer und Zitrone.
   Wie viele Zusammenstellungen für kleine Portionen gibt es, wenn alle Kugeln verschieden sein sollen?

3. Bei einem Zahlenschloss lassen sich an jeder der vier Positionen die Ziffern 0, 1, …, 9 einstellen.
   Wie viele verschiedene Einstellungsmöglichkeiten für das Zahlenschloss gibt es, wenn man keine Ziffer doppelt verwenden will?

4. Bei einem Spiel sind 10 Tierbilder in je vier Teile (Kopf, Hals, Rumpf, Beine) zerlegt. Man kann daraus verschiedene lustige Tiere zusammensetzen.
   a) Wie viele verschiedene Tiere kann man insgesamt zusammenstellen?
   b) Drei der zehn Tiere sind Vögel. Wie viele verschiedene Möglichkeiten gibt es, Vögel zusammenzustellen?
   c) Wie viele verschiedene Möglichkeiten gibt es, ein Tier mit einem Vogelkopf, aber mit Beinen, die nicht zu einem Vogel gehören, zusammenzustellen?

5. Ohne zu schauen nimmt Michael nacheinander zwei Murmeln aus dem Beutel links.
   a) Wie viele unterschiedliche Farbkombinationen gibt es?
   b) In wie vielen Fällen dieser Farbkombinationen haben die Murmeln die gleiche Farbe?

6. Eine Fußballjugend hat 2 Jungen, die als Torwart geeignet sind, 4 Spieler für die Abwehr, 6 für das Mittelfeld und 4 für den Sturm. Es soll eine Mannschaft mit der abgebildeten Aufstellung zusammengestellt werden. Wie viele verschiedene Möglichkeiten gibt es?

7. Nimm an, du hast 2 blaue und 3 gelbe Bausteine. Wie viele Möglichkeiten gibt es, damit einen 4 Steine hohen Turm zu bauen?

Im Blickpunkt

Fermi-Fragen

Enrico Fermi
(1901 – 1954)

Enrico Fermi (1901–1954) war ein berühmter italienischer Atomphysiker, der in den Vereinigten Staaten forschte und lehrte. Er vertrat die Meinung, dass sich für jede Frage eine Antwort finden lässt – zumindest kann man sich, mit geeigneten Hilfsfragen, der richtigen Antwort nähern. Seine bekannteste Frage ist: „Wie viele Klavierstimmer gibt es in Chicago?" Diese Frage lässt sich nicht exakt beantworten und die Antwort ist auch sicherlich ziemlich uninteressant, aber der Weg zur Antwort ist das Interessante! Solche Fragen, auf die man nur mit einer Schätzung antworten kann, nennt man Fermi-Fragen.

1. Wir wollen schätzen, wie viele Klavierstimmer es in Berlin gibt.
   a) Mit folgenden Hilfsfragen erhältst du eine Vorstellung von der Größenordnung.
      – Wie viele Einwohner hat Berlin?
      – Wie viele Klaviere gibt es wohl in Berlin?
      – Wie oft muss ein Klavier gestimmt werden?
      – Wie viele Klaviere kann ein Klavierstimmer am Tag stimmen?
      – Wie viele Tage im Jahr arbeitet ein Klavierstimmer?
      Zu welcher Schätzung kommst du?
   b) Vergleiche deine Schätzung mit deinen Mitschülern. Bei welchen Hilfsfragen habt ihr unterschiedlich geantwortet? Wie wirkte sich das bei euren Antworten aus?

2. a) Schätze, wie viele Fahrräder es in deinem Schulort gibt.
   b) Schätze, wie viel Reifenflickzeug in deinem Schulort in einem Jahr verkauft wird.
   c) Schätze, wie viele Schülerinnen und Schüler an deiner Schule mit dem Fahrrad kommen.
   d) Vergleiche deine Ergebnisse mit einem Partner. Erläutert euch folgendes Vorgehen.

   > Zum Abschätzen einer unbekannten Anzahl oder Größe stellt man sich Hilfsfragen, die man leichter durch Schätzen beantworten kann. Deren Ergebnisse kombiniert man dann, um den gesuchten Schätzwert zu ermitteln.

3. Stelle zu jedem Bild eine Fermi-Frage und beantworte diese.

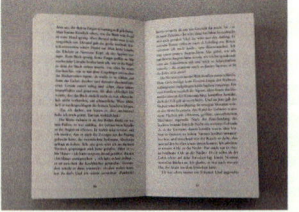

4. Denke dir mit deinem Partner eine interessante Fermi-Frage aus und beantwortet sie.

2.6 Teiler und Vielfache

Einstieg

Spiel: Eins ist Spitze
Ihr benötigt drei Würfel. Der erste Spieler würfelt zunächst mit zwei Würfeln und bildet daraus eine zweistellige Zahl. Dann würfelt der zweite Spieler mit dem dritten Würfel. Lässt sich die zweistellige Zahl durch die Augenzahl des dritten Würfels ohne Rest teilen, so erhält der zweite Spieler einen Punkt. Dann werden die Rollen getauscht. Wer zuerst 10 Punkte hat, ist Sieger. Überlegt anschließend gemeinsam, welche zweistelligen Zahlen günstig bzw. ungünstig sind.

Aufgabe 1

Teiler einer Zahl
Auf dem Klassenfest wurden von der Foto-AG 30 Fotos gemacht, die auf einer Plakatwand in der Klasse ausgestellt werden sollen. Um eine bessere Übersicht für Bestellwünsche zu haben, sollen die Fotos in gleich langen Reihen angeordnet werden.
a) Maria schlägt vor, in jeder Reihe 6 Fotos nebeneinander anzuordnen. Jan überlegt, ob man mit 7 Fotos nebeneinander die Plakatbreite besser ausnutzt. Was meinst du?
b) Welche Möglichkeiten gibt es überhaupt, die 30 Fotos in gleich langen Reihen einzukleben?

Lösung

a) *Marias Vorschlag:*
30 Fotos müssen auf 6er-Reihen aufgeteilt werden:
$30 : 6 = 5$
Also kann man 5 Reihen zu je 6 Fotos bilden.

Jans Vorschlag:
$30 : 7 = 4$ Rest 2
Aus 30 Fotos kann man 4 vollständige 7er-Reihen bilden.
Dann bleiben aber noch 2 Fotos übrig.
30 Fotos kann man nicht in gleich lange Reihen mit je 7 Fotos anordnen.

 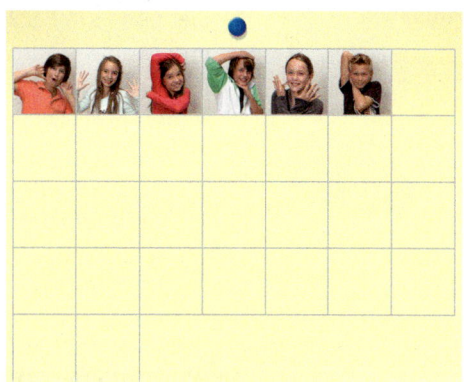

b) Die Anzahl 30 lässt sich nur in folgende Produkte zerlegen:
Zerlegungen und Anordnungen:

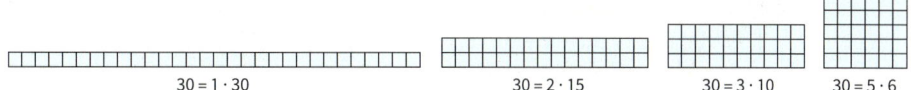

$30 = 1 \cdot 30$ $30 = 2 \cdot 15$ $30 = 3 \cdot 10$ $30 = 5 \cdot 6$

Neben diesen Anordnungen gibt es nur noch die, bei denen Breite und Höhe vertauscht wurden.

Information

(1) Teiler einer natürlichen Zahl

In der Aufgabe 1 hast du versucht, die Zahl 30 auf verschiedene Weisen als Produkt zweier Zahlen zu schreiben.

30 lässt sich als Produkt der Zahl 5 mit einem anderen Faktor schreiben: $30 = 5 \cdot 6$. Das liegt daran, dass sich 30 ohne Rest durch 5 teilen lässt.

30 lässt sich nicht als Produkt der Zahl 7 mit einem anderen Faktor schreiben. Das liegt daran, dass sich 30 nicht ohne Rest durch 7 teilen lässt: $30 : 7 = 4$ Rest 2.

Wir vereinbaren:

> Eine Zahl heißt **Teiler** einer anderen Zahl, wenn diese ohne Rest durch die Zahl dividiert werden kann.
> *Beispiele:*
> 4 ist Teiler von 32, denn $32 : 4 = 8$.   9 ist nicht Teiler von 32, denn $32 : 9 = 3$ Rest 5.
> Wir schreiben dafür: $4 \mid 32$ Wir schreiben dafür: $9 \nmid 32$

(2) Strategie zur Bestimmung aller Teiler einer Zahl – Partnerteiler

Beispiel: Es sollen alle Teiler von 100 bestimmt werden. Hast du einen Teiler gefunden, zum Beispiel die 2, so kennst du eine Zerlegung der Zahl 100 als Produkt: $100 = 2 \cdot 50$.

Damit kennst du aber auch sofort noch einen weiteren Teiler der Zahl 100, nämlich die 50. Für die Zahl 100 sind 2 und 50 **Partnerteiler** zueinander.

$100 = 1 \cdot 100$
$100 = 2 \cdot 50$
$100 = 4 \cdot 25$
$100 = 5 \cdot 20$
$100 = 10 \cdot 10$

100	
1	100
2	50
4	25
5	20
10	10

Suchst du alle Teiler einer Zahl, so beginne mit der 1 und notiere gleich neben dem Teiler auch den zugehörigen Partnerteiler.

Ergebnis: Die Zahlen 1, 2, 4, 5, 10, 20, 25, 50 und 100 sind Teiler von 100.

Weiterführende Aufgaben

Vielfache einer Zahl

2. Eier gibt es in Packungen zu je 6 Stück. Wenn man solche Packungen kauft, hat man immer eine Anzahl Eier, die ein Vielfaches von 6 ist, z. B. das Einfache, Zweifache, das Dreifache, …
Notiere in einer Tabelle, wie viele Eier man kaufen kann, wenn man nur volle Packungen nehmen kann.

> Multipliziert man eine Zahl nacheinander mit 1, 2, 3, 4, … , so erhält man ihre **Vielfachen**.
> *Beispiel:* Die Vielfachen von 7 sind 7, 14, 21, 28, …
> *Beachte:* Jede Zahl hat unendlich viele Vielfache.

Zusammenhang zwischen „ist Teiler von" und „ist Vielfaches von"

3. Einerseits kann man sagen:
5 ist Teiler von 30;
andererseits kann man sagen:
30 ist Vielfaches von 5.
Erläutere allgemein:

$$5 \underset{\text{ist Vielfaches von}}{\overset{\text{ist Teiler von}}{\longleftrightarrow}} 30$$

> Wenn die Zahl b ein Teiler der Zahl a ist, dann ist a ein Vielfaches von b.

2.6 Teiler und Vielfache

Übungsaufgaben

4. Schreibe ab und setze das richtige Zeichen ein: | oder ∤
a) 4 ▪ 36
b) 6 ▪ 76
c) 8 ▪ 98
d) 12 ▪ 60
e) 1 ▪ 13
   5 ▪ 56
   7 ▪ 29
   6 ▪ 126
   14 ▪ 96
   8 ▪ 58
   20 ▪ 20
   5 ▪ 75
   11 ▪ 111
   10 ▪ 133
   13 ▪ 260

27	
1	27
3	9

5. Bestimme mithilfe der Partnerteiler alle Teiler der angegebenen Zahl.
a) 35
b) 22
c) 34
d) 32
e) 44

6. Bestimme alle Teiler der Zahl wie in Aufgabe 5.
a) 10
b) 13
c) 16
d) 21
e) 15
f) 25
g) 56
   28
   30
   22
   18
   23
   70
   96

7. Hier wurden Fehler gemacht. Schreibe die richtigen Teiler ins Heft.

a) 32 hat die Teiler 1, 2, 3, 4, 5, 6, 8, 12, 16, 32.
b) 48 hat die Teiler 1, 2, 3, 4, 6, 8, 10, 12, 16, 18, 24, 48.
c) 31 hat die Teiler 1, 2, 3, 13, 31.
d) 46 hat die Teiler 1, 2, 3, 4, 16, 23, 26, 46.

8. Das große Rad wird einmal gedreht. Kommt dann der markierte Zahn wieder in die markierte Lücke? Begründe.

9. Prüfe folgende Aussagen: a) 0|2 b) 2|0 c) 0|0

10. Bestimme zwei Zahlen, die die folgenden Teiler haben:
a) 2 und 3
b) 3 und 9
c) 3, 5 und 10
d) 2, 3, 4 und 5

11. Mini-Tafeln Schokolade gibt es in Packungen zu je 9 Stück. Wie viele Mini-Tafeln kann man jeweils nur kaufen?

12. Richtig oder falsch?

25 ist Vielfaches von 5,   65 ist Vielfaches von 8,   9 ist Vielfaches von 9
42 ist Vielfaches von 66,   81 ist Vielfaches von 1,   50 ist Vielfaches von 7
5 ist Vielfaches von 25,   88 ist nicht Vielfaches von 11,   168 ist nicht Vielfaches von 14

13. Notiere nacheinander alle Vielfachen der Zahl 4 zwischen folgenden Zahlen:
a) 30, …, 50
b) 55, …, 85
c) 95, …, 135
d) 485, …, 535

14. Auf jeder Karte stehen einige Vielfache einer Zahl.
Welche Zahlen könnten es sein?

15. Beim normalen Gehen beträgt Jans Schrittweite 65 cm. Welche Entfernung kann Jan so mit 1 Schritt, mit 2, 3, 4, …, 10 Schritten zurücklegen?

2.7 Teilbarkeitsregeln

2.7.1 Endstellenregeln

Einstieg

Überlege, welche Ziffern du anstelle der Leerstelle setzen kannst, damit die Zahl teilbar ist
(1) durch 2;   (2) durch 5;   (3) durch 10.
Formuliere jeweils eine Regel.

Aufgabe 1

Teilbarkeit durch 2, 5 und 10
Untersuche, wie man einer Zahl ansehen kann, ob sie
a) durch 10;   b) durch 5;   c) durch 2   teilbar ist.

Lösung

a) Multipliziert man eine Zahl mit 10, zum Beispiel $7 \cdot 10 = 70$, so endet das Ergebnis auf 0.
Alle Zahlen, deren letzte Ziffer eine Null ist, sind durch 10 teilbar.

b) Multipliziert man eine Zahl mit 5, so endet das Ergebnis auf 5 oder 0.
Alle Zahlen, deren letzte Ziffer eine 0 oder 5 ist, sind durch 5 teilbar.

c) Die Vielfachen von 2 sind: 2, 4, 6, 8, 10, 12, 14, 16, 18, 20, 22, …
Die letzte Ziffer des Ergebnisses ist eine 0 oder 2 oder 4 oder 6 oder 8. Daran kann man erkennen, dass die Zahl durch 2 teilbar ist.

Information

> **Teilbarkeit durch 2, 5 oder 10**
> Eine natürliche Zahl ist
> - durch 2 teilbar, wenn ihre letzte Ziffer 0, 2, 4, 6 oder 8 ist, sonst nicht;
> - durch 5 teilbar, wenn ihre letzte Ziffer 0 oder 5 ist, sonst nicht;
> - durch 10 teilbar, wenn ihre letzte Ziffer 0 ist, sonst nicht.
> Durch 2 teilbare Zahlen heißen **gerade Zahlen**, die übrigen **ungerade Zahlen**.

Die letzte Ziffer entscheidet.

Weiterführende Aufgabe

Teilbarkeit durch 4 und durch 25 oder 50
2. a) Notiere bis 150 alle Vielfachen   (1) von 4;   (2) von 25. Was fällt auf?
   b) Formuliere eine Regel für die Teilbarkeit   (1) durch 4,   (2) durch 25 oder 50.

Information

> **Teilbarkeit durch 4 und durch 25 oder 50**
> Eine natürliche Zahl ist
> - durch 4 teilbar, wenn die aus den beiden letzten Ziffern gebildete Zahl durch 4 teilbar ist, sonst nicht;
> - durch 25 oder 50 teilbar, wenn die aus den beiden letzten Ziffern gebildete Zahl durch 25 oder 50 teilbar ist, sonst nicht.

Die letzten beiden Ziffern entscheiden.

Übungsaufgaben

3. Welche der Zahlen 53, 624, 10 458, 660, 125, 6 828, 28 124, 375, 1 000, 1 005 sind teilbar
   a) durch 2;   b) durch 5;   c) durch 10   d) durch 50?

4. Setze (wenn es möglich ist) für die Leerstellen im Heft passende Ziffern ein, sodass die Zahl dann a) durch 2, b) durch 5, c) durch 10 teilbar ist.
   (1) 3 82■   (2) 60■   (3) 87 4■■   (4) 23 7■■   (5) 7 35■   (6) 34 2■■   (7) 68■■ 0

5. Suche die Zahlen heraus, die teilbar sind durch 2 [5; 10; 4; 25; 50].

348	572	700	1 250	5 216	2 175	8 415	17 700	124 110
375	855	780	1 770	4 131	7 557	7 025	44 447	324 805
441	725	1 000	2 552	3 555	2 936	3 175	35 296	701 234

6. Ein Jahr ist ein Schaltjahr, wenn die Jahreszahl durch 4 teilbar ist. Ausnahmen sind die vollen Jahrhunderte, die nicht durch 400 teilbar sind (z. B. 1 700).
   a) Waren die Jahre 1926, 1904, 1884, 1968, 1996, 2000 Schaltjahre?
   b) Gib die kommenden fünf Schaltjahre an.

7. Gib je zwei vierstellige Zahlen an, die
   a) durch 4 und durch 25 teilbar sind;   **c)** durch 25 und nicht durch 4 teilbar sind;
   b) durch 4 und nicht durch 25 teilbar sind;   **d)** weder durch 4 noch durch 25 teilbar sind.

8. Diskutiert in eurer Klasse die Behauptung der Parallelklasse: „Wenn eine Zahl durch 4 teilbar ist, muss sie zweimal durch 2 teilbar sein. Also müssen die letzten beiden Ziffern der Zahl gerade sein." Schreibt als Antwort einen Brief an die Parallelklasse.

2.7.2 Quersummenregeln

Einstieg

Überlege, welche Ziffern du anstelle der Leerstellen setzen kannst, damit die Zahl teilbar ist
a) durch 9;   **b)** durch 3.

Einführung

9 Klassen einer Schule sollen Lose für eine Lotterie verkaufen. Die Lose sollen gleichmäßig an die 9 Klassen verteilt werden.
Können **(1)** 1 273 Lose, **(2)** 3 465 Lose
gleichmäßig auf 9 Klassen verteilt werden?
Verteilt man 1 000 bzw. 100 bzw. 10 Lose gleichmäßig an 9 Klassen, so bleibt jeweils ein Los übrig, denn:
1 000 : 9 = 111 Rest 1; 100 : 9 = 11 Rest 1; 10 : 9 = 1 Rest 1
Verteilt man Vielfache von 1 000 bzw. 100 bzw. 10 Losen an 9 Klassen, so bleiben entsprechende Vielfache von 1 Los übrig:
3 000 : 9 = 333 Rest 3; 500 : 9 = 55 Rest 5; 70 : 9 = 7 Rest 7

Wir zerlegen nun 1 273 bzw. 3 465 in Tausender, Hunderter, Zehner und Einer und notieren jeweils die Reste bei Division durch 9:

a)
```
1 000 an 9 verteilen:   111 Rest  1
  200 an 9 verteilen:    22 Rest  2
   70 an 9 verteilen:     7 Rest  7
    3 an 9 verteilen:     0 Rest  3
────────────────────────────────────
1 273 an 9 verteilen:   140 Rest 13
```

b)
```
3 000 an 9 verteilen:   333 Rest  3
  400 an 9 verteilen:    44 Rest  4
   60 an 9 verteilen:     6 Rest  6
    5 an 9 verteilen:     0 Rest  5
────────────────────────────────────
3 465 an 9 verteilen:   383 Rest 18
```

Ob sich die Karten gleichmäßig verteilen lassen, hängt jetzt nur noch davon ab, ob sich die restlichen Karten zusammen gleichmäßig an 9 Klassen verteilen lassen:
13 an 9 verteilen: Rest 4   18 an 9 verteilen: Rest 0
Ergebnis: 1 273 ist *nicht* durch 9 teilbar, 3 465 ist durch 9 teilbar.

Information

Quersumme = Summe der Ziffern

An den Beispielen der Einführung erkennst du: Die Anzahl der restlichen Karten ist die Summe der einzelnen Reste, also gerade die Summe der Ziffern der Zahl. Ob 7583 durch 9 teilbar ist, hängt nur davon ab, ob die Summe der Ziffern $7 + 5 + 8 + 3 = 23$ durch 9 teilbar ist oder nicht: 23 ist nicht durch 9 teilbar, also ist auch 7583 nicht durch 9 teilbar.

> **Teilbarkeit durch 9**
> Eine natürliche Zahl ist durch 9 teilbar, wenn ihre Quersumme durch 9 teilbar ist, sonst nicht.
> *Beispiel:* $9 \mid 4572$, da $9 \mid (4 + 5 + 7 + 2)$

Weiterführende Aufgabe

Teilbarkeit durch 3

1. Untersuche, ob sich **(1)** 754, **(2)** 2361 Karten gleichmäßig auf 3 Klassen verteilen lassen. Begründe die folgende Regel für die Teilbarkeit durch 3.

> **Teilbarkeit durch 3**
> Eine natürliche Zahl ist durch 3 teilbar, wenn ihre Quersumme durch 3 teilbar ist, sonst nicht.
> *Beispiel:* $3 \mid 4875$, da $3 \mid (4 + 8 + 7 + 5)$

Übungsaufgaben

2. Suche die Zahlen heraus, die teilbar sind **a)** durch 3; **b)** durch 9.

45	270	981	6780	31854	278370
105	647	1215	7431	42975	753448
190	816	4721	11081	87949	798303

3. **a)** Setze im Heft für ■ Ziffern passend ein, sodass die Zahl durch 3 teilbar ist. Wie viele Möglichkeiten gibt es jeweils?
   (1) 2 7 ■ 3   **(2)** 5 8 ■ 4   **(3)** 72 ■ 573   **(4)** 8 ■ 172   **(5)** 5 2 ■ 3 ■ 24   **(6)** 6 ■ 1 25 ■
   b) Setze für ■ Ziffern passend ein, sodass die Zahl durch 9 teilbar ist.
   (1) 5 8 ■ 7   **(2)** 65 47 ■   **(3)** 81 ■ 54   **(4)** 7 ■ 635   **(5)** 3 ■ 7 ■ 85   **(6)** 64 ■ 9 ■ 7

4. Prüfe für jede der Zahlen, ob sie teilbar ist durch 2, 3, 5, 9, 10, 100. Schreibe wie im Beispiel.
   | 200 ist teilbar durch 2, 4, 5, 10, 100 |
   a) 80; 108; 135; 300; 720; 3384; 7500
   b) 6375; 9000; 4572; 37764; 82125   **c)** 884700; 197025; 208205; 133456789

5. **a)** Notiere jeweils drei Zahlen, die zugleich teilbar sind durch
   (1) 2 und 5;   **(2)** 3 und 10;   **(3)** 2 und 9;   **(4)** 2, 3 und 5.
   b) Nenne jeweils die kleinste [größte] zweistellige Zahl, die die Bedingungen von Teilaufgabe a) erfüllt.

6. Erläutere: Ist die Quersumme einer Zahl größer als 9, dann kann von der Quersumme wieder die Quersumme gebildet werden. An ihr entscheidet man, ob die Zahl durch 9 (bzw. 3) teilbar ist.

7. **a)** Erläutere am Beispiel der Zahl 294593: Um zu prüfen, ob eine Zahl durch 9 teilbar ist, kann die Ziffer 9 bei der Quersummenbildung weggelassen werden.
   b) Wie lautet eine entsprechende Regel über das Weglassen von Ziffern bei der Quersumme, wenn man die Teilbarkeit durch 3 prüfen will?

2.8 Primzahlen

Einstieg Natascha behauptet, dass große Zahlen viele Teiler haben müssen. Was meint ihr dazu?

Zahl	1	2	3	4
Teiler	1	1; 2	1; 3	1; 2; 4
Anzahl der Teiler	1	2	2	3

Aufgabe 1 Schreibe die Zahlen 70, 14, 132, 25 und 23 als Produkt mit möglichst vielen Faktoren. Lasse den Faktor 1 dabei weg.

Lösung

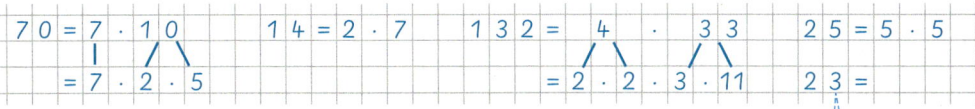

Wie auch immer du die Zerlegung beginnst, stets erhältst du dieselben Faktoren, höchstens in anderer Reihenfolge, zum Beispiel:
70 = 7·10 = 7·2·5;   70 = 2·35 = 2·5·7;   70 = 5·14 = 5·2·7

Kann man nicht zerlegen

Information

(1) Primzahlen
Bei Aufgabe 1 erhalten wir schließlich Zahlen, die sich nicht weiter in von 1 verschiedene Faktoren zerlegen lassen. Diese Zahlen heißen Primzahlen. 23 ist eine solche Zahl, sie hat nur die Teiler 1 und 23. Du erkennst Primzahlen daran, dass sie genau zwei Teiler haben. Man kann beweisen, dass es unendlich viele Primzahlen gibt.

> Jede natürliche Zahl mit genau zwei Teilern heißt **Primzahl**.
> Primzahlen sind: 2, 3, 5, 7, 11, 13, 17, 19, 23, 29, 31, 37, 41, 43, 47, ...

(2) Primfaktorzerlegung
In Aufgabe 1 hast du eine Zahl in ein Produkt aus lauter Primzahlen zerlegt.

> Die Zerlegung einer natürlichen Zahl in ein Produkt aus Primzahlen heißt **Primfaktorzerlegung**.
> Zerlegt man eine Zahl in Primfaktoren, so erhält man (abgesehen von der Reihenfolge der Faktoren) stets dieselbe Zerlegung.
>
> *Beispiel:*
>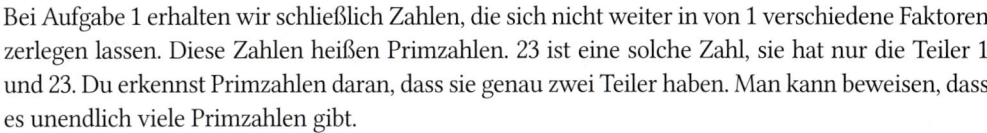

Beachte:
(1) *Ausschluss des Faktors 1*
Hätten wir die Zahl 1 als Primzahl zugelassen, so könnte man sie in der Primfaktorzerlegung einer Zahl beliebig oft ergänzen. Die Zerlegung wäre dann nicht mehr eindeutig. Deshalb hat man den Faktor 1 ausgeschlossen.

(2) *Potenzschreibweise der Primfaktorzerlegung*
Mit der Potenzschreibweise lässt sich die Primfaktorzerlegung kürzer aufschreiben.
Beispiel: $360 = 2 \cdot 2 \cdot 2 \cdot 3 \cdot 3 \cdot 5$
$= 2^3 \cdot 3^2 \cdot 5^1$

Übungsaufgaben

2. Suche die Primzahlen heraus. Es sind 5 Primzahlen auf jedem Zettel.

a) 9 13 1 35
7 52 57 2
39 5 19 63

b) 33 13 43 38
59 49 39 28
20 27 17 61

c) 96 89 79 99
101 97 92 75
84 76 87 83

d) 153 143 136 134
135 151 131 159
137 129 139 149

3. Schreibe alle Primzahlen auf, die zwischen den folgenden Zahlen liegen.
a) 1 und 20
b) 20 und 50
c) 60 und 80
d) 80 und 100
e) 100 und 130
f) 130 und 160
g) 160 und 200
h) 200 und 230

4. Richtig oder falsch? Prüfe an Beispielen.

| Es gibt keine geraden Primzahlen. | Es gibt nur zwei Primzahlen, deren Differenz 1 ist. | Es gibt keine Primzahlen, deren Differenz 3 ist. | Eine Primzahl kann Teiler einer anderen Primzahl sein. |

5. Fülle im Heft die Lücke in der Primfaktorzerlegung aus.
a) $30 = 2 \cdot \blacksquare \cdot 5$
   $40 = 2 \cdot 2 \cdot \blacksquare \cdot 5$
b) $42 = \blacksquare \cdot 3 \cdot 7$
   $44 = 2 \cdot 2 \cdot \blacksquare$
c) $350 = 2 \cdot 5 \cdot \blacksquare \cdot 7$
   $264 = 2 \cdot 2 \cdot \blacksquare \cdot 3 \cdot 11$
d) $182 = 2 \cdot \blacksquare \cdot 13$
   $195 = 3 \cdot 5 \cdot \blacksquare$

10 005 und 10 101 sind Primzahlen.

6. Zerlege in Primfaktoren.
a) 20   b) 60   c) 64   d) 110   e) 630   f) 816   g) 836   h) 984
   39   22   90   200   868   888   203   644
   70   54   88   180   875   608   768   975

7. Ist Tinas Behauptung richtig (Bild links)? Begründe.

8. Zerlege in Primfaktoren. Schreibe mit Potenzen.
a) 50   b) 48   c) 135   d) 300   e) 4 410   f) 22 295

9. Zerlege die Zahlen in Primfaktoren. Die Karten mit den Zahlen, bei denen der Primfaktor 3 zweimal auftritt, ergeben ein Lösungswort.

105 R   252 A   225 T   132 E   63 U   198 O   66 S

Spiel (für zwei Spieler)

10. *Primzahlen – STOP*
Gespielt wird mit einem Würfel. Der erste Spieler würfelt so lange, bis die Summe seiner gewürfelten Augenzahlen eine Primzahl ergibt. Diese wird notiert. Nun ist der andere Spieler an der Reihe. Nach 10 Spielrunden werden die notierten Zahlen addiert. Wer die höhere Punktzahl erreicht hat, ist Sieger.

Im Blickpunkt

Wie findet man Primzahlen?

Euklid, griechischer Mathematiker, der um 300 v. Chr. in der ägyptischen Hafenstadt Alexandria lebte. Über sein Leben ist fast nichts bekannt.

Eratosthenes von Kyrene (heute Shahat in Libyen) lebte etwa um 275 bis 195 v. Chr. Er war Erzieher am Königshof von Alexandria und Direktor der dortigen Bibliothek.

Seit mehr als 2 500 Jahren beschäftigen sich Mathematiker mit Primzahlen. Im berühmten Lehrbuch von *Euklid* mit dem Titel „Elemente" findet man eine Begründung dafür, dass es unendlich viele Primzahlen gibt. Große Primzahlen zu finden, ist jedoch sehr mühsam.

Das Sieb des Eratosthenes
Ein Verfahren, das nach einem bestimmten Plan übersichtlich und schnell aus den natürlichen Zahlen von 1 bis zu einer Zahl (z. B. bis 30) alle Primzahlen „aussiebt", soll von dem griechischen Gelehrten *Eratosthenes* stammen.

1. a) Notiere die Zahlen von 1 bis 30.
   (1) Streiche 1.
   (2) Umrahme 2 und streiche das 2-, 3-, 4-, …fache von 2.
   (3) Umrahme 3 und streiche das 2-, 3-, 4-, …fache von 3, falls noch nicht geschehen.
   (4) Umrahme 5 und streiche das 2-, 3-, 4-, …fache von 5, falls noch nicht geschehen, usw. Was für Zahlen bleiben übrig?
   b) Warum muss man nach dem 3. Schritt nicht die Vielfachen von 4 streichen?
   c) Warum endet das Verfahren mit der 5? Begründe dazu, dass die Vielfachen von 6 (bis 30) bereits gestrichen sind.

2. Führe das Verfahren für die Zahlen 31 bis 100 [101 bis 200] durch.

Berechnen von Primzahlen
Bis heute haben Mathematiker noch keine Formel gefunden, mit der man die Primzahlen berechnen kann. *Mersenne* berechnete gewisse Primzahlen mithilfe der Formel $m = 2^n - 1$.

Marin Mersenne französischer Franziskanermönch, lebte von 1588 bis 1648. Er stand mit vielen Mathematikern seiner Zeit, wie Fermat, Pascal, Descartes, im Briefwechsel.

3. a) Setzt man für n eine natürliche Zahl ein, die keine Primzahl ist, so erhält man auch keine Primzahl. Überprüfe das für die Zahlen von 1 bis 20.
   b) Setzt man für n eine Primzahl ein, so kann man eine Primzahl erhalten, jedoch nicht immer. Überprüfe das für die Primzahlen 2, 3, 5, 7, 11.

Primzahlen, die man auf diese Weise erhält, sind 3, 7, 31, 127. Sie heißen **Mersenn'sche Primzahlen**. Der französische Mathematiker *Lucas* begründete 1876, dass
$2^{127} - 1 = 170\,141\,183\,460\,469\,231\,731\,687\,303\,715\,884\,105\,727$ eine Primzahl ist; dies ist die 12. Mersenn'sche Primzahl; sie hat 39 Stellen. Erst im Januar 1952 fand man – nun mit Computern – eine 157-stellige Mersenn'sche Primzahl. 2013 wurde von amerikanischen Mathematikern die 48. Mersenn'sche Primzahl gefunden: $2^{57\,885\,161} - 1$. Sie hat 17 425 170 Stellen.

4. Wie viele Seiten eines Buches füllt die 48. Mersenn'sche Primzahl aus? Nimm an, dass in eine Zeile 75 Ziffern passen und eine Seite 50 Zeilen hat. Schätze zunächst.

5. Sucht im Internet: Wie viele Stellen hat die größte bis heute bekannte Primzahl? Wie lange dauert das Ausdrucken dieser Zahl?

2.9 Aufgaben zur Vertiefung

1. **a)** Sarah hat eine Strichliste erstellt. Sie zählt:

   Startwert ⇢ 5 $\xrightarrow{+5}$ 10 $\xrightarrow{+5}$ 15 $\xrightarrow{+5}$ 20 $\xrightarrow{+5}$ …

   Die Zahlen 5; 10; 15; 20; … bilden eine **Zahlenfolge**.

   b) Übe dich im Kopfrechnen. Bilde die nächsten 10 Zahlen der Folge.

   (1) Startwert: 4; Vorschrift: $\xrightarrow{+17}$ (3) Startwert: 8; Vorschrift: $\xrightarrow{+22}$

   (2) Startwert: 3; Vorschrift: $\xrightarrow{+13}$ (4) Startwert: 12; Vorschrift: $\xrightarrow{+11}$

2. Nenne die nächsten 10 Zahlen der Zahlenfolge. Welche Vorschrift liegt zugrunde?

   a) 2, 7, 12, 17, 22, …   b) 6, 18, 30, 42, 54, …   c) 2, 21, 40, 59, …

3. Bei der Zahlenfolge 1 $\xrightarrow{\cdot 2}$ 2 $\xrightarrow{\cdot 2}$ 4 $\xrightarrow{\cdot 2}$ 8 $\xrightarrow{\cdot 2}$ 16 $\xrightarrow{\cdot 2}$ 32 $\xrightarrow{\cdot 2}$ …

   ist der Startwert 1; die Vorschrift lautet „verdopple die Zahl" (d. h. „multipliziere mit 2" oder kurz: „mal 2"). Bestimme die nächsten 5 Glieder der Zahlenfolge.

4. Bestimme die nächsten fünf Glieder der Zahlenfolge. Gib auch die Vorschrift an.

   a) 4, 31, 58, 85, …   c) 7, 14, 28, 56, 112, …   e) 1, 3, 6, 10, 15, 21, …

   b) 5, 84, 163, 242, …   d) 5, 15, 45, 135, 405, …   f) 1, 4, 9, 16, 25, 36, …

5. An den Figuren kannst du eine Zahlenfolge erkennen. Gib die nächsten fünf Zahlen an.

   a) 1, 4, 9, 16

   b) 1, 3, 6, 10, 15

   c) 2, 6, 12, 20

   d) 2, 4, 7, 11

6. Am Kamin einer ehemaligen Brauerei in Unna „wächst" eine Folge von Zahlen in den Himmel. Man bezeichnet diese Zahlenfolge als **Fibonacci-Folge**, benannt nach dem bedeutendsten Mathematiker des Mittelalters Leonardo Fibonacci (um 1180 bis 1245).

   a) Erkennst du die zugrunde liegende Vorschrift? Gib die nächsten fünf Zahlen der Folge an.

   b) Was stellst du fest, wenn du

   (1) das Quadrat einer Zahl aus der Fibonacci-Folge mit dem Produkt der beiden benachbarten Zahlen vergleichst;

   (2) die Summe der Quadrate zweier benachbarter Fibonacci-Zahlen bildest?

Das Wichtigste auf einen Blick

Addieren und Subtrahieren	*Summand + Summand = Summe* *Minuend − Subtrahend = Differenz* Addition und Subtraktion sind *entgegengesetzte* Rechenarten.	*Beispiele:* $12 + 35 = 47 \quad 47 − 35 = 12$ 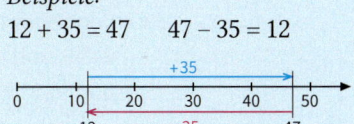
Multiplizieren und Dividieren	*Faktor · Faktor = Produkt* *Dividend : Divisor = Quotient* Multiplikation und Division sind *entgegengesetzte* Rechenarten. Für alle Zahlen a gilt: $0 \cdot a = 0$ und $1 \cdot a = a$. *Durch 0 kann man nicht dividieren.*	*Beispiel:* $64 \cdot 8 = 512 \quad 512 : 8 = 64$ $64 \xrightarrow[:8]{\cdot 8} 512$
Potenzieren	Potenz: Exponent (Hochzahl) $a^n = \underbrace{a \cdot a \cdot a \cdot \ldots \cdot a}_{n \text{ Faktoren}}$ Basis (Grundzahl)	*Beispiel:* $3^4 = 3 \cdot 3 \cdot 3 \cdot 3 = 81$

Terme	Ein *Term* beschreibt einen *Rechenweg*; er besteht aus Zahlen, Rechenzeichen und Klammern.
	Beachte: Berechne zuerst, was in Klammern steht.
	        Potenzrechnung geht vor Punktrechnung.
	        Punktrechnung geht vor Strichrechnung.
	        Sonst rechne von links nach rechts.
		Beispiel:
		$24 : 2 \cdot 3 − 2 \cdot (3^2 + 4)$
		$= 12 \cdot 3 − 2 \cdot (9 + 4)$
		$= 36 − 2 \cdot 13$
		$= 36 − 26$
		$= 10$

Rechengesetze	*Kommutativgesetze* $a + b = b + a \quad a \cdot b = b \cdot a$ *Assoziativgesetze* $(a + b) + c = a + (b + c) = a + b + c$ $(a \cdot b) \cdot c = a \cdot (b \cdot c) = a \cdot b \cdot c$ *Distributivgesetz* $a \cdot (b + c) = a \cdot b + a \cdot c$	*Beispiele:* $12 + 43 = 43 + 12$ $12 \cdot 43 = 43 \cdot 12$ $(25 + 7) + 66 = 25 + (7 + 66) = 25 + 7 + 66$ $(9 \cdot 11) \cdot 5 = 9 \cdot (11 \cdot 5) = 9 \cdot 11 \cdot 5$ $7 \cdot (45 + 8) = 7 \cdot 45 + 7 \cdot 8$
Teiler und Vielfache	Wenn b (ohne Rest) durch a teilbar ist, sagen wir: a ist *Teiler* von b. Wir schreiben a|b. b heißt dann *Vielfaches* von a.	*Beispiele:* 7 ist Teiler von 84, da $7 \cdot 12 = 84$. 84 ist Vielfaches von 7.
Primzahl	Eine natürliche Zahl mit genau zwei Teilern ist eine Primzahl.	*Beispiele:* 2, 3, 5, 7, …

Bist du fit?

1. Welche Zahl muss man einsetzen? Übertrage in dein Heft. Kontrolliere dein Ergebnis mithilfe der entgegengesetzten Rechenart.
   a) $486 + \blacksquare = 791$ b) $955 − \blacksquare = 218$ c) $\blacksquare − 436 = 159$ d) $\blacksquare + 641 = 807$

2. Schätze erst das Ergebnis durch Runden. Berechne dann schriftlich den genauen Wert.
   a) $3278 + 2948$ b) $5314 − 4685$ c) $8816 − 975$ d) $6480 + 1246 + 597 + 2217$

Bist du fit? Rechnen mit natürlichen Zahlen

3. a) Welche Zahl muss man zu 384 addieren, um die kleinste vierstellige Zahl zu erhalten?
  b) Was muss man von 93 215 subtrahieren, um die größte vierstellige Zahl zu erhalten?

4. Vom Erlös des Schulfestes soll ein Öko-Teich angelegt werden. Am Kuchenstand werden 243 € und bei der Theateraufführung 189 € eingenommen. Für die Kostüme wurden 73 € und für die Ausstattung des Standes 42 € ausgegeben. In der Spendenbox waren 53 €.

5. Ein Unternehmen beliefert drei Haushalte mit Heizöl. Im Tank des Tankwagens sind 11 650 Liter. Die Haushalte erhalten 3 785 Liter, 4 360 Liter und 2 875 Liter. Wie viel Liter Heizöl bleiben im Tankwagen? Überschlage und rechne dann genau.

6. Rechne im Kopf.
  a) 45 · 80 **b)** 960 : 80 **c)** 207 · 4 **d)** 6 · 340 **e)** 624 : 12 **f)** 910 : 70

7. Rechne schriftlich. Du erhältst auffallende Ergebnisse.
  a) 38 885 : 7 **b)** 3 737 · 12 **c)** 176 042 : 23 **d)** 7 992 · 125 **e)** 217 560 : 280
  74 070 : 6 2 963 · 33 302 192 : 34 3 389 · 102 220 800 : 640

8. Berechne das Produkt. Dividiere dann das Ergebnis durch 24.
  a) 109 · 17 **b)** 31 · 144 **c)** 179 · 9 **d)** 23 · 71 **e)** 25 · 52 **f)** 26 · 73

9. Welche Zahl kann für das Kästchen eingesetzt werden, damit eine wahre Aussage entsteht? Rechne in deinem Heft.
  a) ■ · 12 = 168 **c)** 800 : ■ = 32 **e)** 0 : ■ = 0
  b) ■ : 27 = 101 **d)** ■ · 170 = 0 **f)** 33 : 0 = ■

10. An einer Landstraße sollen 712 Bäume gepflanzt werden. Jeder Baum kostet 65 €. Es stehen 50 000 € zur Verfügung. Reicht dieser Betrag? Berechne die Differenz.

11. In einem Zuschauerraum gibt es 23 Sitzreihen zu je 54 Plätzen. Bei einer überfüllten Veranstaltung mussten 95 Zuschauer stehen. Wie viele Zuschauer waren anwesend?

12. Rechne vorteilhaft: **a)** 5 · 51 · 20 **b)** 4 · 25 · 73 **c)** 12 · 25 · 5 · 4 · 7

13. a) Tims Vater nimmt pro Tasse Kaffee 4 g Kaffeepulver. Für wie viele Tassen reicht ein halbes Kilogramm?
  b) Tims Mutter nimmt für eine Tasse 3,5 g Kaffeepulver. Wie viele Tassen erhält sie?
  c) Wie viel g darf man für eine Tasse nehmen, damit man 200 Tassen erhält?

14. Berechne.
  a) $5 \cdot 10^3$ **c)** $(30 - 10) \cdot (23 + 3)$ **e)** $(263 - 81 : 9) : 2 - 26 : 13$
  b) $(640 - 30) : (31 - 3 \cdot 7)$ **d)** $5 \cdot (100 - 5 \cdot 14) - 48 : 12$ **f)** $5 \cdot 2^3 - 2$

15. a) Gib alle Teiler von 24 an.
  b) Bestimme die ersten vier Vielfachen von 6.
  c) Welche der Zahlen 12, 13, 15, 17, 19, 29, 33, 39, 41, 43 sind Primzahlen?

3. Körper und Figuren

Viele Gegenstände weisen entsprechend ihrer Verwendung oder des schöneren Aussehens wegen besondere Formen auf.

➔ Sieh dich um. Du findest überall Körper. Beschreibe ihre Formen:

*In diesem Kapitel ...
wirst du geometrische Begriffe zur Beschreibung
von Körpern, Figuren und Linien
sowie ihrer Lage zueinander kennenlernen.*

Lernfeld: Körper herstellen und damit experimentieren

Geometrie zum Essen
Alles was wir essen und trinken können, bezeichnet man als Lebensmittel. Viele Lebensmittel haben einfache Formen.

→ Beschreibt die Formen, die ihr erkennt.

→ Nennt Lebensmittel mit möglichst unterschiedlichen einfachen geometrischen Formen. Findet noch andere als die abgebildeten Formen.

→ Sortiert: Welche Formen kommen in der Natur vor, welche werden von Menschen hergestellt? Welche Formen kommen besonders oft vor, welche sind selten?

→ Diskutiert Gründe, weshalb manche Formen besonders oft vorkommen.

→ Organisiert eine Ausstellung mit Bildern von Zusammenstellungen solcher geometrischer Speisen. Solche Bilder werden in der Kunst Stillleben genannt.

→ Organisiert ein „Geometrie-Frühstück", bei dem nur Speisen in bestimmten geometrischen Formen erlaubt sind.

Schattenbilder
Bastelt aus Strohhalmen oder magnetischen Stäben einen möglichst großen würfelförmigen Körper und haltet ihn ins Sonnenlicht. Durch die Sonnenstrahlen entsteht ein Schattenbild des Würfels.

→ Dreht den Würfel. Wie muss der Würfel in das Sonnenlicht gehalten werden, damit der Schatten so aussieht wie in den folgenden Abbildungen?
Welche Kante des Würfels gehört zu welcher Kante des Schattens?
Welches Schattenbild vermittelt den besten räumlichen Eindruck vom Würfel?

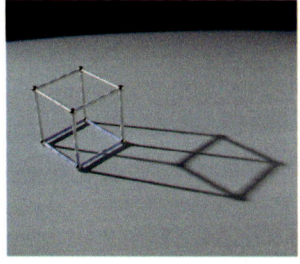 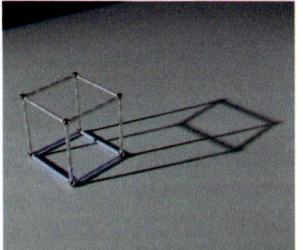 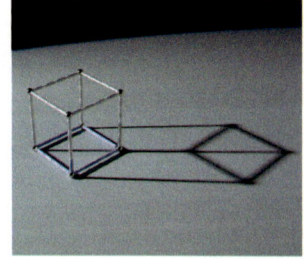

→ Baut das Kantenmodell eines Quaders. Untersucht, welche Schattenbilder ihr damit erzeugen könnt.

→ Baut das Kantenmodell einer Pyramide mit einer quadratischen Standfläche. Könnt ihr euch vorstellen, wie deren Schattenbild aussieht?

Lernfeld: Körper herstellen und damit experimentieren

Gesichtsfelder

Für uns Menschen erscheint es selbstverständlich, dass wir (ohne zusätzliche Augen- und Kopfbewegungen) nicht sehen können, was hinter uns geschieht. Beim Pferd ist das anders. Von Natur aus können Pferde auch sehen, was hinter ihnen geschieht. Auf diese Weise können sie einen nahenden Feind aus nahezu allen Richtungen erkennen. Um das Gesichtsfeld eines Pferdes anschaulich zu machen, zeichnen wir den Kopf eines Pferdes von oben und markieren, welchen Bereich es ohne Kopf- und Augenbewegung wahrnehmen kann.

Durch Scheuklappen kann das Gesichtsfeld von Pferden eingeschränkt werden, sodass sie dann weniger nervös sind.

→ Was meint man, wenn man von einem Menschen sagt, er laufe mit Scheuklappen durch die Welt?

→ Ihr könnt euer eigenes Gesichtsfeld durch ein kleines Experiment überprüfen:
Schau geradeaus auf einen festen Punkt. Dein Partner führt einen Stift auf Augenhöhe langsam von rechts bzw. links hinten in dein Gesichtsfeld.
Ab welcher Stelle kannst du ungefähr den Stift wahrnehmen? Skizziere dein eigenes Gesichtsfeld.

→ Tiere haben Gesichtsfelder anderer Größe. Hier einige Beispiele:

Woran liegt es, dass das Gesichtsfeld der Ente so groß und das Gesichtsfeld der Eule relativ klein ist?

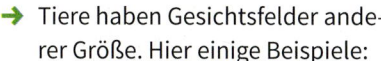

Winkel falten
Durch Falten eines Blattes Papier kann man gerade Linien erzeugen.

→ Erzeugt bei einem DIN-A4-Blatt durch Falten zwei Linien, die parallel zur oberen Kante des Papiers verlaufen. Faltet nun eine Linie, die diese beiden Faltlinien schneidet. Betrachtet die Schnittwinkel. Was fällt auf?

3.1 Körper und Vielecke

3.1.1 Körper – Ecken, Kanten, Flächen

Einstieg Bringt verschieden geformte Verpackungen mit in den Unterricht. Sortiert sie.

Aufgabe 1 Im Geometrieunterricht der Klasse 5 a wird folgendes Ratespiel gespielt:
Die Lehrerin hat in einem schwarzen Stoffbeutel unterschiedliche geometrische Körper.
Ein Schüler greift hinein und beschreibt mit geschlossenen Augen den Körper, den er ertastet.
Die anderen Schüler müssen den Körper erraten, indem sie ihn benennen oder zeichnen. Leider lassen die Beschreibungen immer noch mehrere Möglichkeiten offen.
Finde mindestens zwei Körper, auf die die Beschreibung passt.
a) Jens beschreibt den ersten Körper: „Er ist begrenzt von 6 Vierecken."
b) Jule ertastet einen Körper, der nur von Dreiecken begrenzt ist.
c) Jasper: „Ich glaube mein Körper hat tatsächlich nur zwei verschiedene Seitenflächen."

Lösung

a) Der wohl bekannteste Körper dieser Art ist der Würfel. Es könnte sich z. B. aber auch um einen anderen Quader oder um ein vierseitiges Prisma handeln.

vierseitiges Prisma | Spezialfall Quader | Spezialfall Würfel

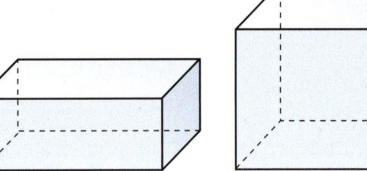

b) Sind es vier Dreiecke, dann ist es eine dreiseitige Pyramide. Bei mehr Dreiecken könnte es auch eine doppelseitige Pyramide sein.

dreiseitige Pyramide | Doppelpyramiden

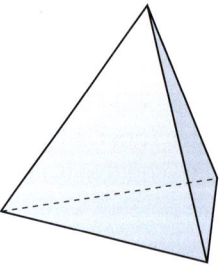
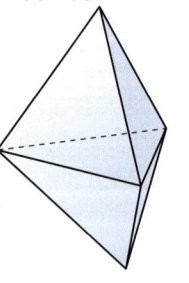

c) Der Körper könnte ein Kegel oder eine Halbkugel sein.

Kegel (mit einer Ecke) | Halbkugel (ohne Ecke)

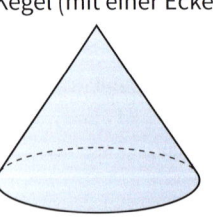
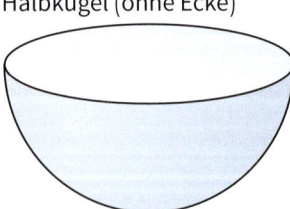

3.1 Körper und Vielecke

Information

(1) Flächen, Kanten und Ecken

Körper werden von **Flächen** begrenzt.
Aufeinander stoßende Flächen bilden eine **Kante**.
Aufeinander treffende Kanten bilden eine **Ecke**.

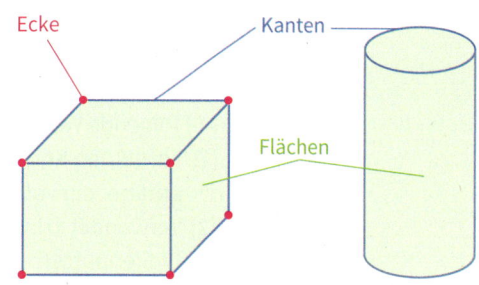

(2) Besondere Körper

Zur Beschreibung von Gegenständen aus dem Alltag verwendet man die Formen einfacher Körper.

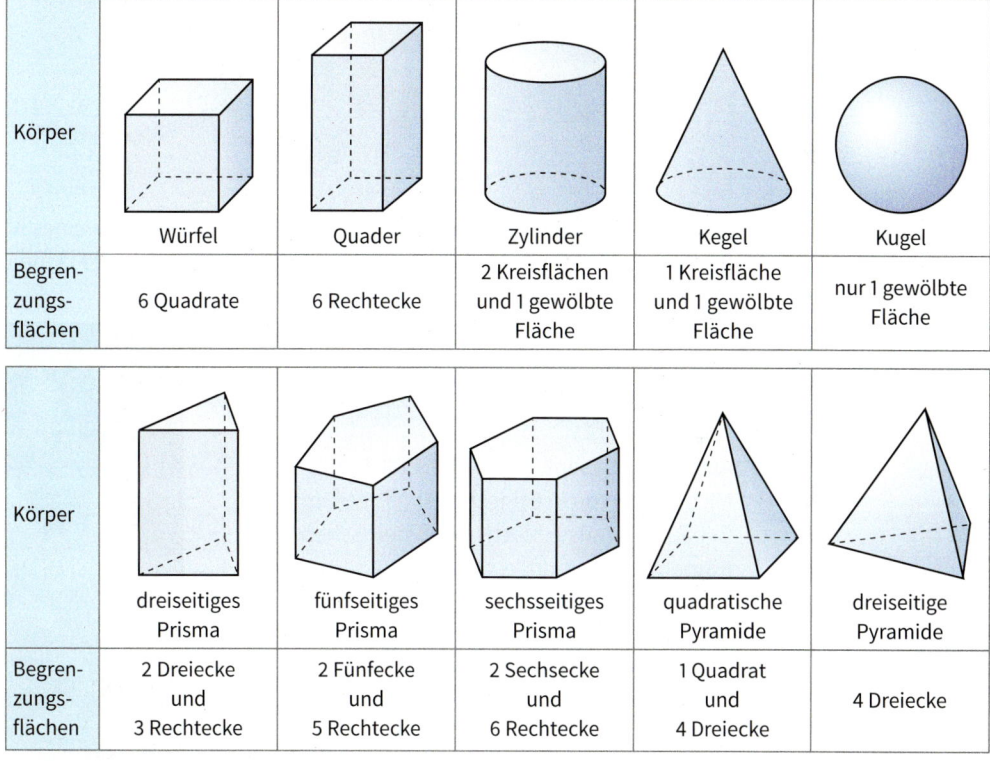

Körper	Würfel	Quader	Zylinder	Kegel	Kugel
Begrenzungsflächen	6 Quadrate	6 Rechtecke	2 Kreisflächen und 1 gewölbte Fläche	1 Kreisfläche und 1 gewölbte Fläche	nur 1 gewölbte Fläche

Körper	dreiseitiges Prisma	fünfseitiges Prisma	sechsseitiges Prisma	quadratische Pyramide	dreiseitige Pyramide
Begrenzungsflächen	2 Dreiecke und 3 Rechtecke	2 Fünfecke und 5 Rechtecke	2 Sechsecke und 6 Rechtecke	1 Quadrat und 4 Dreiecke	4 Dreiecke

Übungsaufgaben

2. Gib für den Körper die Anzahl der Ecken, die Anzahl der Kanten, die Anzahl der Flächen an. Gib auch an, um welche Art von Flächen es sich handelt.
   a) Quader
   b) Zylinder
   c) Pyramide mit quadratischer Grundfläche
   d) Pyramide mit sechseckiger Grundfläche
   e) Kegel
   f) Kugel
   g) Prisma mit dreieckiger Grundfläche
   h) Prisma mit sechseckiger Grundfläche

3. Nenne einen Körper mit:
   a) 5 Flächen, 8 Kanten und 5 Ecken,
   b) 4 Flächen, 6 Kanten und 4 Ecken,
   c) 5 Dreiecke und ein Fünfeck als Flächen,
   d) nur gewölbten Flächen,
   e) keiner einzigen Kante,
   f) keiner einzigen Ecke.

4. a) Erfinde weitere solche Beschreibungen wie in Aufgabe 3 und lasse deinen Partner raten. Tauscht die Rollen nach jedem Körper.
b) Tim sagt: „Mein Körper hat 1 Ecke, 1 Kante und 1 Fläche." Was meinst du dazu?

5. Auf folgende Weisen könnt ihr euch Modelle von Körpern herstellen:
   (1) Formt den Körper aus Knetmasse oder schneidet ihn z. B. aus einer Kartoffel aus. Ihr erhaltet ein *Vollmodell* des Körpers.
   (2) Verwendet Trinkhalme für die Kanten des Körpers. Ihr könnt diese mit Knetmasse oder Pfeifenputzern verbinden. Ihr erhaltet ein *Kantenmodell* des Körpers. Noch einfacher ist es, wenn ihr stabförmige Magneten und Eisenkugeln zur Verfügung habt.

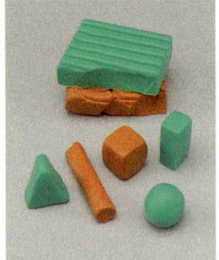

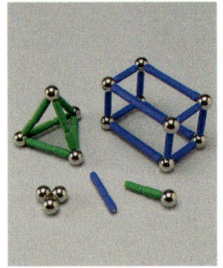

Arbeite mit deinem Partner zusammen. Jeder stellt ein Modell eines Körpers her und der Partner beschreibt den Körper mithilfe der Ecken, Kanten und Flächen.

6. Nenne Körper, von denen du kein Kantenmodell wie in Aufgabe 5 herstellen kannst. Begründe.

7. Auf dem Foto seht ihr die 1 000 Jahre alte Michaeliskirche in Hildesheim. Das gesamte Gebäude ist aus einfachen geometrischen Körpern zusammengesetzt.
   a) Gebt an, welche Körper ihr erkennt.
   b) Sucht weitere Körper mit zwei oder mehreren Grundformen. Stellt die Körper oder Fotos von ihnen in eurem Klassenraum aus.

Das kann ich noch!

A) Schreibe folgende Zahlen mit Ziffern:
   1) zwei Millionen dreihunderttausend
   2) achtundzwanzigtausendvierhundertundsieben
   3) fünf Milliarden sechs Millionen siebenhunderttausendacht

B) Schreibe folgende Zahlen mit Worten:
   1) 16 007
   2) 9 583 467
   3) 9 998
   4) 120 032 004
   5) 356 000
   6) 4 507 890 003

3.1.2 Vielecke – Umfang und Diagonale

Einstieg

a) Manche Körper könnt ihr als Stempel benutzen. Mit welchen der Körpern rechts kann man die Stempelabdrücke links herstellen?

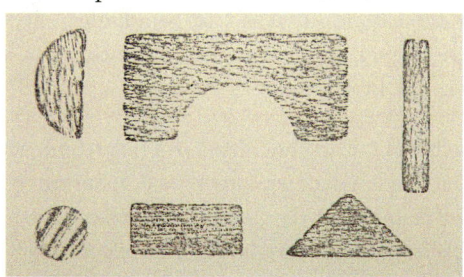 

b) Stelle aus Kartoffeln oder Knetmasse einen Körper her und stemple mit ihm Abdrücke von mehreren seiner Seiten. Dein Partner soll aus den Stempelabdrücken erkennen, welchen Körper du verwendet hast. Danach tauscht ihr die Rollen.

Aufgabe 1

Vieleck – Umfang

Eine mit jungen Fichten bepflanzte Schonung im Wald soll eingezäunt werden. Die Punkte A, B, C, D und E markieren die Eckpfähle. Die Zeichnung ist im Maßstab 1:1000 angefertigt.
a) Übertrage die Punkte in dein Heft und zeichne den Zaun ein.
   Färbe die bepflanzte Fläche.
b) Wie lang wird der Zaun?

Lösung

a) Wir übertragen die Punkte auf Karopapier und verbinden sie.

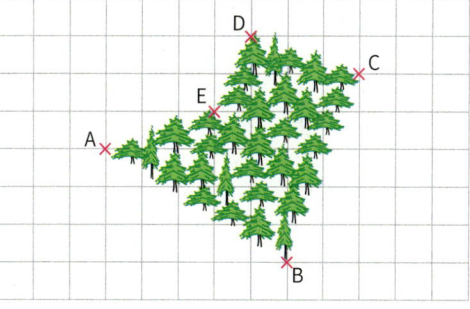
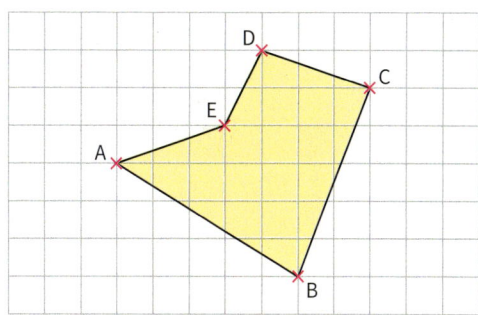

b) Um die Länge des Zaunes zu bestimmen, muss man die Längen aller Seiten der Schonung messen und addieren.
Beim Maßstab 1:1000 entspricht 1 mm in der Zeichnung 1000 mm, also 1 m in der Wirklichkeit.

Seite	Länge
Seite von A nach B	29 m
Seite von B nach C	27 m
Seite von C nach D	16 m
Seite von D nach E	11 m
Seite von E nach A	16 m
Länge des Zaunes	99 m

Information

(1) Vielecke – Umfang

Körper werden von Flächen begrenzt. In unserer Umwelt finden wir aber auch Flächen wie beispielsweise Grundstücke, Waldflächen, landwirtschaftliche Flächen, bei denen wir nicht an einen Körper denken. Die Waldfläche in Aufgabe 1 ist geradlinig begrenzt. Es gibt aber auch Flächen in der Umwelt, die nicht geradlinig begrenzt sind, wie z. B. kreisförmige Beete.

Jede Fläche, die nur von sich nicht überschneidenden geraden Linien begrenzt ist, bezeichnen wir als **Vieleck**. Die begrenzenden geraden Linien heißen **Seiten** des Vielecks.
Ein **Dreieck** wird von *drei* Seiten begrenzt und hat *drei* Eckpunkte;
ein **Viereck** wird von *vier* Seiten begrenzt und hat *vier* Eckpunkte;
ein **Fünfeck** wird von *fünf* Seiten begrenzt und hat *fünf* Eckpunkte, usw.

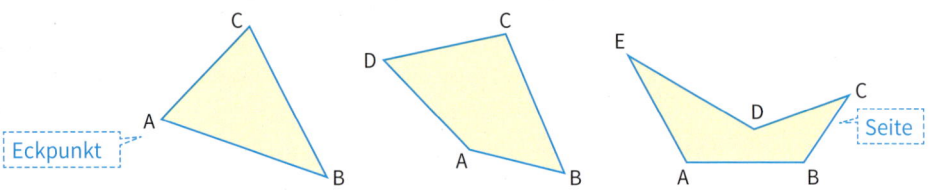

Ein Vieleck gibt man mithilfe der Eckpunkte an. Das obige Fünfeck heißt ABCDE.
Die Summe aller Seitenlängen ergibt den **Umfang** des Vielecks.

(2) Strecke – Länge einer Strecke

Die geradlinigen Kanten eines Körpers und die Seiten eines Vielecks sind Beispiele für *Strecken*.

Die geradlinige Verbindung zweier Punkte P und Q nennen wir **Strecke** mit den Endpunkten P und Q. Dafür schreiben wir kurz $\overline{PQ}$ oder $\overline{QP}$.
Das Lineal oder die entsprechende Kante des Geodreieckes kann man sowohl zum Zeichnen einer Strecke als auch zum Messen ihrer Länge verwenden.
Für die Länge der Strecke $\overline{PQ}$ schreiben wir $\overline{PQ}$.

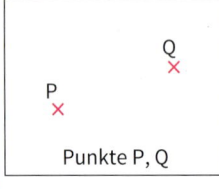
Punkte P, Q

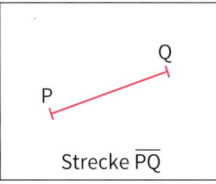
Strecke $\overline{PQ}$

Länge der Strecke:
$\overline{PQ}$ = 6 cm

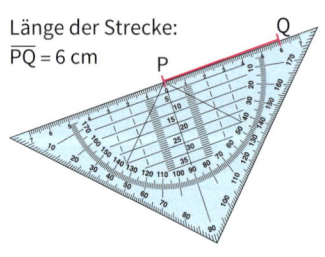

Weiterführende Aufgabe

Diagonale

2. Übertrage die beiden Vielecke in dein Heft. Zeichne bei jedem Vieleck alle Verbindungslinien nicht benachbarter Ecken ein. Was fällt dir beim Viereck ABCD auf?

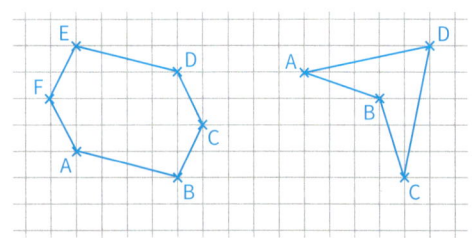

3.1 Körper und Vielecke

Information

diagonal (lat.)
schräg laufend

Jede Verbindungsstrecke von zwei Eckpunkten eines Vielecks, die nicht Seite dieses Vielecks ist, nennt man **Diagonale** des Vielecks.

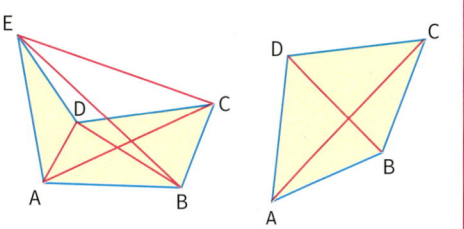

Übungsaufgaben

3. Das Gelände der Sportplätze soll eingezäunt werden. Eine Firma bietet die Arbeiten für 20 € pro Meter an. Mit welchen Kosten muss die Stadtverwaltung rechnen?

4. Erkundet, wo in eurer Umwelt Vielecke vorkommen. Sammelt Material und bringt es in die Schule mit. Gestaltet damit ein Plakat für den Klassenraum.

5. a) Von was für Vielecken können die Pyramiden [Prismen] von Seite 106 begrenzt werden?
   b) Welche der Körper von Seite 107 haben Strecken als Kanten, welche nicht?

6. Welche der gezeichneten Flächen sind Vielecke? Um was für ein Vieleck handelt es sich?

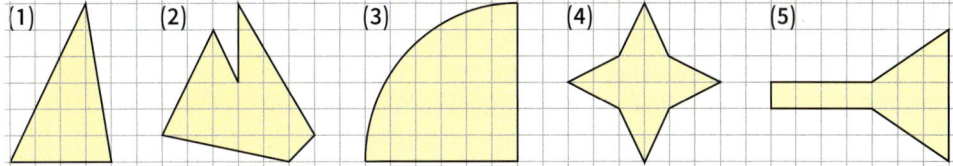

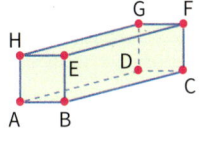

7. Welche Kanten des Quaders links sind gleich lang? Benutze die Schreibweise für Strecken.

8. Zeichne das Vieleck in dein Heft und bestimme seinen Umfang.

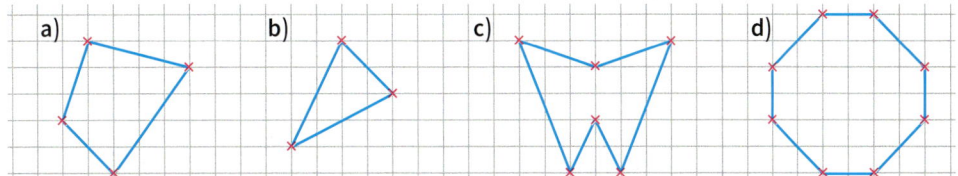

9. Matties behauptet: „Ein Vierundzwanzigeck hat 24 Eckpunkte, also nur 12 Seiten, da immer 2 Eckpunkte zu einer Seite gehören." Was meinst du dazu?

10. Im Alltag verwendet man das Wort Strecke auch, z. B. im Wort Bahnstrecke. Beschreibe Gemeinsamkeiten und Unterschiede zum Gebrauch in der Geometrie.

11. a) Untersuche, wie viele Diagonalen ein Viereck, Fünfeck, ..., Achteck hat. Notiere dein Ergebnis in einer Tabelle im Heft.
    b) Formuliere Regelmäßigkeiten und versuche, eine Begründung zu finden.

Zahl der Ecken	4	5	6	7	8
Zahl der Diagonalen					

Im Blickpunkt

Geometrie auf dem Geobrett

Ein Geobrett ist ein kleines Holzbrett, in das in Form eines Quadratmusters Nägel eingeschlagen sind. Mit Gummibändern kann man um diese Nägel Figuren spannen.
Du kannst ein Geobrett auch leicht selbst herstellen, falls es an deiner Schule noch keine gibt: Verwende z. B. ein Holzbrettchen der Größe 20 cm × 20 cm. Markiere auf dem Brett z. B. 25 Punkte in Form eines Quadratmusters mit dem Abstand von z. B. 3 cm. Schlage an diesen Stellen die 25 Nägel vorsichtig ein.

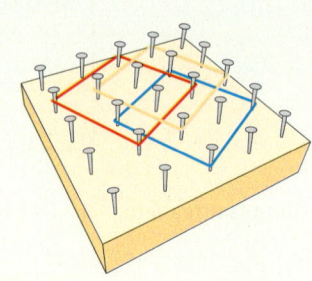

> Auch im Deutschen ist Diagonale ein Fremdwort; es stammt aus dem Griechischen.

1. Als in Tansania 1961 die englische Kolonialmacht abzog, wurde die Kolonialsprache Englisch ersetzt durch die Landessprache Suaheli. Alle Schulbücher mussten aus dem Englischen in die Landessprache übersetzt werden.
   Für das Wort Diagonale gab es kein Wort in Suaheli. Man wählte statt dessen das Wort „ulalo". Es wird verwendet zur Beschreibung des Spannens von Betten und bedeutet „längstes Seilstück".

   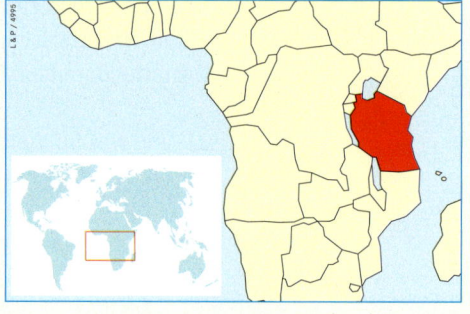

   a) Rechts ist eine mögliche Bettbespannung gezeigt. Welches Seilstück ist das ulalo?

   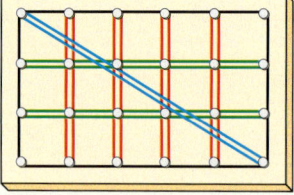

   b) Spanne ein Viereck wie rechts mit einer Diagonale. Du erkennst, dass die Diagonale länger ist als jede Seite des Vierecks. Spanne ein Viereck, bei dem eine Diagonale kürzer ist als die Seiten.

   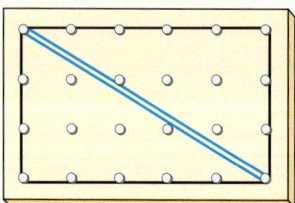

2. In dem abgebildeten Viereck liegen alle Diagonalen im Inneren des Vierecks und schneiden sich.
   a) Spanne ein solches Viereck.
   b) Spanne ein Viereck, bei dem eine Diagonale nicht im Inneren des Vierecks verläuft.

   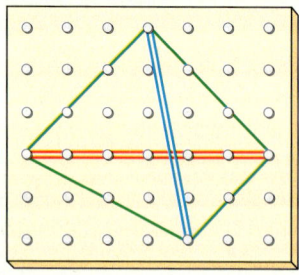

Im Blickpunkt

Zeichnen mit einem Dynamischen Geometrie-System (DGS)

Wenn du dich bei einer Zeichnung im Heft vertan hast, musst du radieren, und das bleibt meistens nicht spurenlos. Änderungen einer Zeichnung sind somit nicht einfach möglich. Das ist anders beim Arbeiten mit Dynamischen Geometrie-Systemen, die es für Computer und auch Taschencomputer gibt. Du kannst hier problemlos Zeichenschritte rückgängig machen oder die Form einer Figur nachträglich verändern.

1. Mit den meisten DGS-Programmen kannst du Punkte, Strecken, Geraden, Kreise, Vielecke, … zeichnen. Die Befehle dafür findest du oben am Bildschirmrand in einem Auswahl-Menü bildlich dargestellt. Probiere das mit deinem DGS aus, um eine lustige Figur zu erzeugen.

2. Du kannst vom Zeichnen zum Bewegen einer Figur wechseln, indem du den Befehl „Bewege" aus dem Menü am oberen Bildschirmrand auswählst. Teile deiner Figur bleiben beim Verändern zusammen, andere fallen auseinander. Probiere das mit deiner Zeichnung aus und formuliere eine Vermutung, welche Teile der Zeichnung beim Verändern zusammen bleiben und welche auseinander fallen.

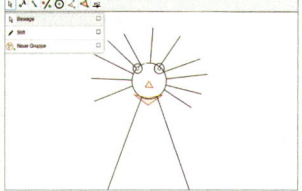

3. Hilfslinien, die nicht mehr benötigt werden, kannst du vom Programm verbergen lassen und auch wieder anzeigen lassen. Probiere das an einer geeigneten Figur aus.

4. Arbeite mit dem DGS am Bildschirm, skizziere die gefundenen Figuren in dein Heft.
   a) Zeichne ein Fünfeck, bei dem alle Diagonalen im Inneren des Fünfecks liegen.
   b) Verändere das Fünfeck so, dass eine Diagonale nicht im Inneren des Fünfecks liegt.
   c) Verändere das Fünfeck so, dass zwei Diagonalen nicht im Inneren des Fünfecks liegen.
   d) Verändere das Fünfeck so, dass eine Diagonale teilweise innerhalb und teilweise außerhalb des Fünfecks liegt.

3.2 Koordinatensystem

Ziel Hier lernst du, wie man die Lage von Punkten mithilfe von Zahlen eindeutig angeben kann.

Zum Erarbeiten

Angabe von Punkten durch Zahlen
Wo haben die Bankräuber das Geld versteckt? Auf einem Notizzettel fand die Polizei den entscheidenden Hinweis. Kurze Zeit später fand sie das Versteck.

→ Um zu dem Versteck zu gelangen, kann man vom Jägerstand aus zuerst 50 m nach Osten und dann 30 m nach Norden laufen. Geht man zuerst 30 m nach Norden und dann 50 m nach Osten, gelangt man natürlich auch zum Versteck.

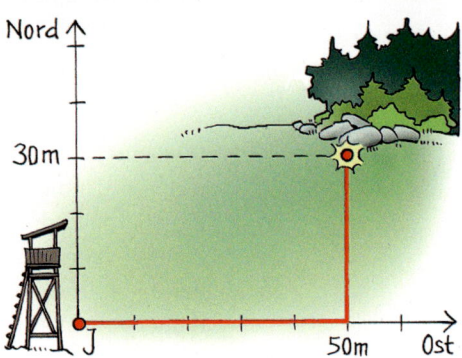

Information

Angabe von Punkten in einem Koordinatensystem
Genauso wie einen Punkt auf einer Karte kann man einen Gitterpunkt eines Quadratgitters durch die Angabe von zwei natürlichen Zahlen, den sogenannten *Koordinaten*, festlegen.

Wählt man in einem Quadratgitter einen festen Bezugspunkt O, einen Zahlenstrahl von O aus nach rechts und einen nach oben, so erhält man ein **Koordinatensystem**.

Der Bezugspunkt O heißt **Ursprung** des Koordinatensystems. Den Zahlenstrahl nach rechts nennt man **x-Achse** (auch *Rechtsachse*), den Zahlenstrahl nach oben **y-Achse** (auch *Hochachse*).

A (4|2) bedeutet: Gehe vom Punkt O aus 4 Einheiten nach rechts, dann 2 Einheiten nach oben. So gelangt man zum Punkt A.

Rechts vor hoch

Die Zahl 4 nennt man **x-Koordinate** oder *1. Koordinate*; die Zahl 2 nennt man **y-Koordinate** oder *2. Koordinate* des Punktes A.

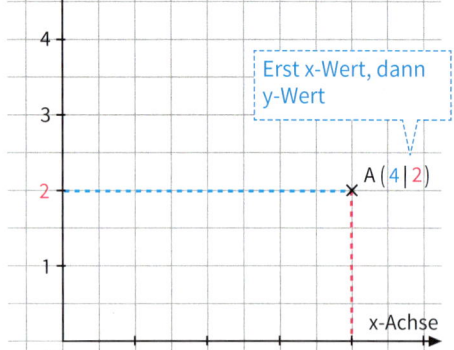

Zum Selbstlernen 3.2 Koordinatensystem

Zum Üben

1. a) Gib für jeden eingezeichneten Punkt die Koordinaten an, z. B. A(3|2).
   b) Zeichne ein Koordinatensystem mit der Einheit 1 cm in dein Heft und trage die folgenden Punkte ein:
   A(2|1); B(1|2); C(3|5); D(6|10);
   E(6|5); F(0|4); G(0|0); H(4|4).

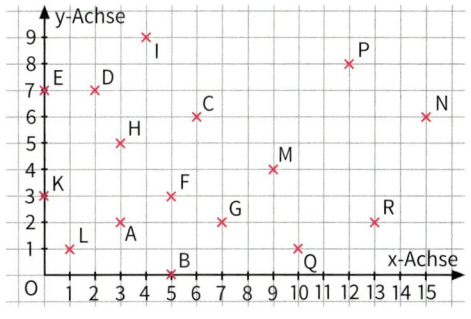

2. Lege das Blatt (DIN A4) quer.
   Zeichne dann die Punkte in ein Koordinatensystem mit der Einheit 1 cm. Verbinde sie dann in der angegebenen Reihenfolge.
   Punkte: A(2|12), B(2|2), C(6|2), D(17|2), E(19|4), F(19|10), G(18|11), H(8|11), I(8|14), J(5|17), K(6|12), L(17|8), M(6|8), N(7|11)
   Reihenfolge: A-B-C-D-E-F-G-H-I-J-A-K-I, dann D-L-G, dann L-M-N-H, dann J-K-M-C.

3. Denke dir eine Figur im Koordinatensystem aus. Gib die Koordinaten deinem Nachbarn an und lasse daraus die Figur zeichnen. Du findest rechts eine Anregung.

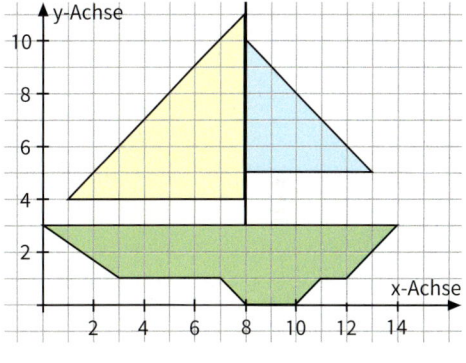

4. Zeichne die angegebenen Punkte in ein Koordinatensystem mit der Einheit 1 cm. Verbinde sie dann in der angegebenen Reihenfolge zu einem Vieleck.
   Miss dessen Umfang.
   a) A(2|7); B(7|3); C(9|6); D(6|9)
   b) A(8|2); B(3|8); C(1|1); D(5|4)
   c) A(4|5); B(0|5); C(2|0); D(5|0); E(8|1); F(9|5)
   d) A(0|4); B(5|0); C(6|2); D(7|5); E(4|4); F(5|7); G(2|6)
   e) A(5|5); B(1|6); C(5|7); D(6|11); E(7|7); F(11|6); G(7|5); H(6|1)

5. Bei einem Orientierungslauf führt die Strecke vom Start S aus über die Stationen A, B und C zurück zum Start.
   Jeder Läufer erhält eine Karte, auf der die Route zu sehen ist. Derjenige, der am schnellsten im Ziel ankommt, gewinnt den Orientierungslauf.
   a) Gib die Koordinaten der Stationen A, B und C an.
   b) Wie lang ist die Wegstrecke, die die Läufer mindestens zurückgelegt haben, wenn sie im Ziel angekommen sind?
   c) Ein Läufer wählt aus Versehen den Weg S–A–C–B–S.
   Um wie viel ist sein Weg länger?

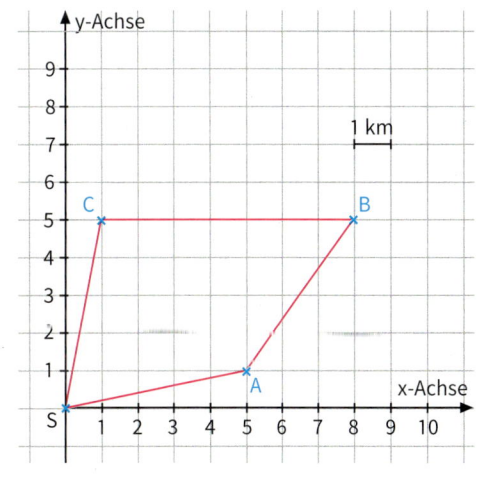

6. Trage in ein Koordinatensystem fünf Punkte ein, bei denen jeweils die x-Koordinate um 2 größer ist als die y-Koordinate. Was fällt auf?

7. Der New Yorker Stadtteil Manhattan hat ein regelmäßig aufgebautes Straßensystem.
Die Streets verlaufen in Ost-West-Richtung, die Avenues in Nord-Süd-Richtung. Beide sind durchnummeriert.

   a) Der Eingang zum Hauptbahnhof (Grand Central Terminal) ist an der Ecke 42nd Street / 4th Avenue. Finde ihn auf der Karte.
   b) Wo befindet sich das Empire State Building?
   c) Welche Gründe sprechen für eine solche Benennung der Straßen?

Hydrant
Wasserzapfstelle an der Straße

Schieber
Riegel zum Öffnen und Schließen einer Leitung

8. a) Die Schilder geben die Lage eines Hydranten H und eines Schiebers (GS) für eine Gasleitung an. Die Rohrdurchmesser betragen 80 mm bzw. 50 mm. Die übrigen Angaben sind in m.
Wie musst du gehen, um den Hydranten und den Schieber zu finden?

b) An der Stelle O sollen Schilder aufgestellt werden, die auf die Hydranten bei A, B und C hinweisen. Wie müssen sie beschriftet werden?
Die Zeichnung hat den Maßstab 1:200.

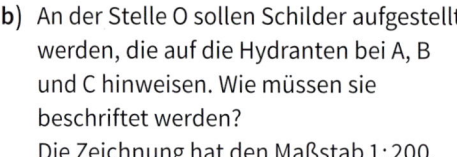

3.3 Geraden – Beziehungen zwischen Geraden

3.3.1 Geraden

Einstieg

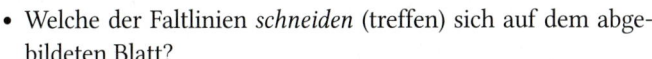

Wenn du ein Zeichenblatt faltest, entsteht eine *Faltlinie*. Eine Faltlinie ist eine gerade Linie; du kannst sie deshalb mit Lineal und Bleistift von Rand zu Rand nachzeichnen.

Rechts siehst du ein Blatt mit vier Faltlinien a, b, c und d.

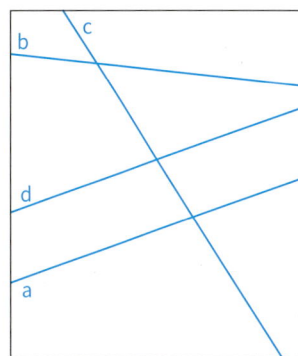

- Welche der Faltlinien *schneiden* (treffen) sich auf dem abgebildeten Blatt?
- Pause die Faltlinien auf ein größeres Blatt Papier durch und falte wieder.
  Welche Faltlinien schneiden sich jetzt? Markiere jeweils den *Schnittpunkt*.
- Denke dir nun das Zeichenblatt nach allen Seiten unbegrenzt fortgesetzt und damit auch die Faltlinien über die Ränder des Zeichenblattes hinaus beliebig verlängert.
  Was kann man nun über die Schnittpunkte sagen?

Information

(1) Gerade

Eine gerade Linie, die man sich über das Zeichenblatt hinaus beliebig verlängert denkt, nennen wir **Gerade**.

> Eine **Gerade** ist eine gerade Linie, die nach beiden Seiten unbegrenzt ist.
>
> Geraden bezeichnen wir meistens mit kleinen Buchstaben wie g, h, …
>
> Die Gerade durch die beiden Punkte P und Q bezeichnen wir mit PQ oder QP. Wir sagen auch:
> „Die Gerade geht durch die Punkte P und Q."
>
> Will man die Lage der Punkte P und Q beschreiben, so sagt man:
> „P und Q liegen auf der Geraden PQ."
>
> Die Strecke PQ endet in den Punkten P und Q.
>
> Die Gerade PQ hat keine Endpunkte!

Beachte: Du kannst eine Gerade nie vollständig zeichnen, sondern immer nur ein kleines Stück von ihr. Um das zu verdeutlichen, markieren wir keine Endpunkte. Geraden haben im Gegensatz zu Strecken keine Länge.

(2) Schnittpunkt von Geraden

Die beiden rechts gezeichneten Geraden haben einen gemeinsamen Punkt. Man sagt auch: Sie schneiden sich. Den gemeinsamen Punkt nennt man **Schnittpunkt**.

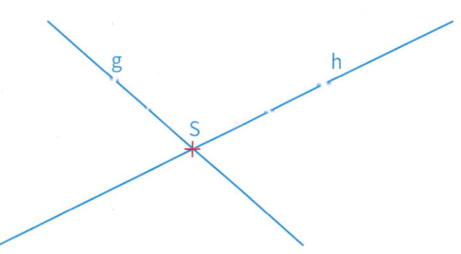

Übungsaufgaben 1.

a) Wozu wird im linken Bild die Schnur benutzt? Worauf muss man achten?
b) Wie kann man überprüfen, ob die Bäume im rechten Bild in einer geraden Linie stehen? Nenne zwei verschiedene Möglichkeiten.

2. Durch zwei Punkte kannst du stets eine Gerade zeichnen. Benenne diese Geraden. Auf welchen Geraden liegen drei oder noch mehr der eingezeichneten Punkte?

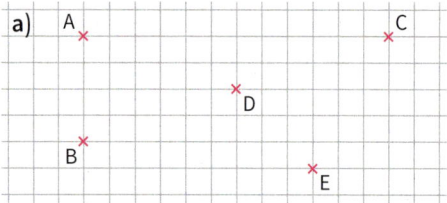
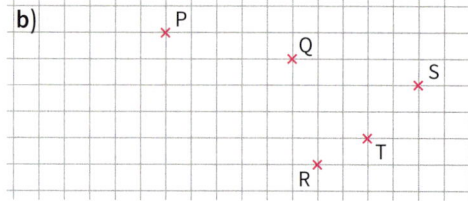

3. Bestimme die gemeinsamen Punkte
   (1) von AC und BD,
   (2) von AC und $\overline{BD}$,
   (3) von AB und CD,
   (4) von $\overline{AB}$ und $\overline{CD}$,
   (5) von $\overline{AB}$ und AC,
   (6) von AB und BC.

4. Zeichne in ein Koordinatensystem die Punkte A(3|2), B(13|4), C(15|10) und D(5|12) und alle Verbindungsgeraden. In welchem Punkt schneidet die Gerade DB die x-Achse?

5. a) Zeichne fünf Punkte so in dein Heft, dass drei von ihnen auf einer Geraden liegen und es noch eine weitere Gerade gibt, auf der drei dieser fünf Punkte liegen.
   b) Zeichne sechs Punkte so in dein Heft, dass vier von ihnen auf einer Geraden liegen und es noch eine weitere Gerade gibt, auf der genau drei dieser Punkte liegen.
   Wie viele Geraden gibt es, auf denen genau zwei dieser Punkte liegen?

6. Arbeitet auf einem Blatt Papier oder benutzt ein DGS.
   a) Zeichnet vier Geraden so, dass sich möglichst viele Schnittpunkte ergeben.
   b) Untersucht, wie viele Schnittpunkte 2 [3; 4; 5; 6] Geraden höchstens haben können. Notiert euer Ergebnis in einer Tabelle.
   c) Welche Regelmäßigkeit entdeckt ihr? Begründet.

3.3.2 Zueinander senkrechte Geraden

Einstieg Rechts seht ihr einen kleinen Ausschnitt aus dem Stadtplan von Berlin. An welchen Kreuzungen haben Autofahrer einen besonders guten Einblick in die quer verlaufende Straße?

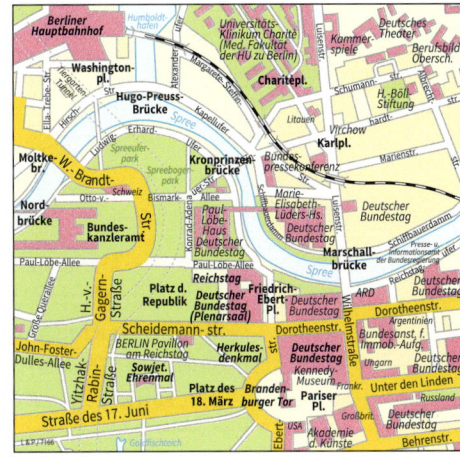

Aufgabe 1 **Zueinander senkrechte Geraden**
Nimm einen unregelmäßig umrandeten Notizzettel und falte ihn zweimal wie im Bild.
Die beiden Faltlinien bestimmen zwei Geraden, nenne sie g und h.
Beschreibe die Lage der Geraden zueinander.

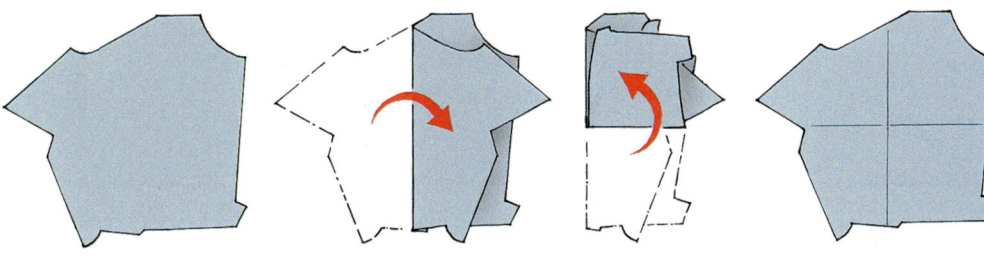

Lösung Faltet man das Papier wieder auseinander, so erkennt man, dass die Geraden g und h sich in besonderer Weise schneiden. Sie treffen aufeinander wie benachbarte Seiten eines Rechtecks. Dies kannst du auch durch Anlegen eines Geodreiecks überprüfen.

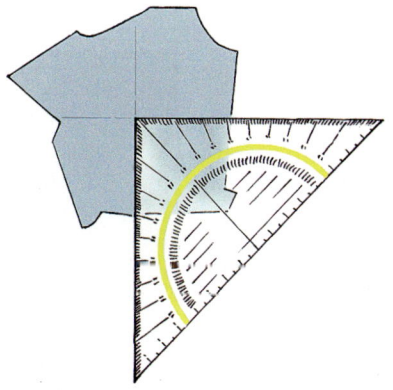

Information   Zueinander senkrechte Geraden

> Zwei sich schneidende Geraden heißen **senkrecht** zueinander, wenn beim Falten an einer der beiden Geraden die beiden Teile der anderen Geraden aufeinander fallen.
> Mit dem Geodreieck kann man bequem zueinander senkrechte Geraden zeichnen.
>
> (Mittellinie auf g legen)
>
> Sind zwei Geraden g und h senkrecht zueinander, so schreiben wir dafür kurz g⊥h, gelesen: *g ist senkrecht zu h*. In der Zeichnung verwenden wir das Zeichen ⌐.
> Sind zwei Geraden g und h *nicht* senkrecht zueinander, so schreiben wir g⊥̸h.
> Sind zwei Geraden g und h senkrecht zueinander, so sagt man häufig auch:
> g ist **senkrecht zu** h.

Weiterführende Aufgabe

„Senkrecht" und „senkrecht zu"

2. Bei der Neugestaltung eines Schulgartens sollen Mia und Peter in den schrägen Hang am Ende des Grundstücks Pflöcke senkrecht in den Boden schlagen, damit neu gepflanzte Sträucher daran befestigt werden können. Mia und Peter haben ihre Pflöcke jedoch ganz unterschiedlich angebracht, sind sich aber beide sicher, dass ihr Pflock senkrecht eingeschlagen ist. Wer hat Recht?

Information

Der Begriff „senkrecht zu" kann leicht verwechselt werden mit „senkrecht".
Ob eine Kante, z. B. eine Mauer, senkrecht verläuft, prüft man mit einem Senklot. Der Begriff „senkrecht" beschreibt die Lage *einer* Strecke (Geraden). Um Verwechslungen zu vermeiden, sagt man auch *lotrecht* statt *senkrecht*.

orthogonal (griech.)
rechtwinklig

Der Begriff „senkrecht zu" beschreibt die Lage *zweier* Geraden *zueinander*. Um Verwechslungen zu vermeiden, sagt man auch „orthogonal zu" statt „senkrecht zu".

Verwechsle nicht **senkrecht** und **senkrecht zu**!

Im Alltag verwendet man oft eine Wasserwaage statt eines Senklots. Mit ihr kann man nicht nur überprüfen, ob eine Kante senkrecht verläuft, sondern auch, ob eine Kante waagerecht verläuft. Zwei Kanten, von denen eine senkrecht (lotrecht) und die andere waagerecht verläuft, sind senkrecht zueinander. Umgekehrt gibt es aber Kanten, die orthogonal zueinander sind, von denen aber keine der beiden orthogonal ist.

3.3 Geraden – Beziehungen zwischen Geraden

Weiterführende Aufgabe

Abstand eines Punktes von einer Geraden

3. Juri badet noch im See, als seine Freunde schon gehen wollen. Welchen Weg muss er schwimmen, um möglichst schnell auf den Steg zu gelangen?
Zeichne dazu in deinem Heft mehrere Möglichkeiten und vergleiche.

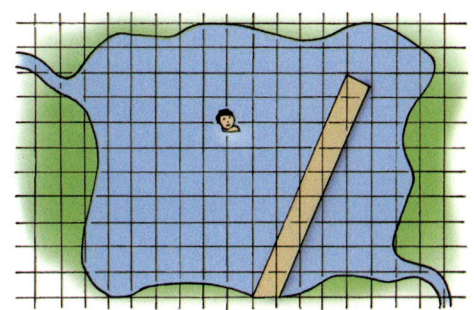

Information

(1) Abstand eines Punktes von einer Geraden

Die Länge der *kürzesten* Verbindungslinie von einem Punkt P zu einer Geraden g nennt man den **Abstand** des Punktes von der Geraden.
Um den Abstand des Punktes P von der Geraden zu bestimmen, zeichnet man zunächst die zu g senkrechte Gerade durch den Punkt P. Diese Gerade nennt man die **Senkrechte zu der Geraden g durch den Punkt P.**
Statt Senkrechte sagt man auch **Orthogonale**.
Die Länge der Strecke vom Punkt P bis zum Schnittpunkt F der beiden Geraden ist der gesuchte Abstand.

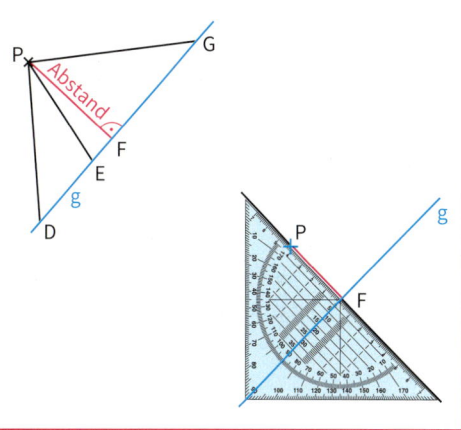

Die Strecke $\overline{PF}$ nenn man auch das Lot von P auf g.

(2) Abstand zweier Punkte
Man spricht auch von dem Abstand zweier Punkte. Das ist hier die Länge der kürzesten Verbindungslinie, also die Länge der Verbindungsstrecke.

Übungsaufgaben

4. a) Finde im Klassenraum oder in deiner Umwelt gerade Linien, die zueinander senkrecht sind.
   b) Finde auf dem Geodreieck zueinander senkrechte Linien.
   c) Wofür verwendet man einen Anschlagwinkel im Bild rechts?

5. Zeichne die Geraden AB und CD. Prüfe, ob sie senkrecht zueinander sind.
Schreibe z.B. AB⊥CD bzw. AB ⊥̸ CD.
   a) A(2|3); B(7|8); C(1|9); D(8|2)
   b) A(1|5); B(6|9); C(0|10); D(8|1)
   c) A(2|9); B(8|5); C(1|5); D(7|14)
   d) A(1|9); B(7|4); C(2|0); D(7|7)

6. Sammle Körper, bei denen zueinander senkrechte Kanten vorkommen. Zähle bei jedem Körper, wie viele Kanten keine dazu senkrechte Kante haben.
Tausche die Körper mit deinem Nachbarn aus. Vergleiche, ob der Partner die gleiche Zahl nicht zueinander senkrechter Kanten findet.

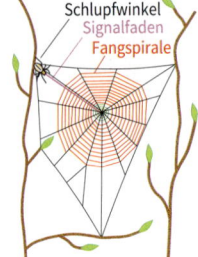

7. a) Zeichne ab und fahre entsprechend weiter fort.
   b) Was ändert sich, wenn man mit nur 4 [nur 3; nur 2] Geraden durch einen gemeinsamen Punkt beginnt?

8. a) Finde im Klassenraum senkrechte und waagerechte Linien.
   b) Kannst du zwei zueinander senkrechte Linien an die Tafel zeichnen, die beide nicht senkrecht sind?

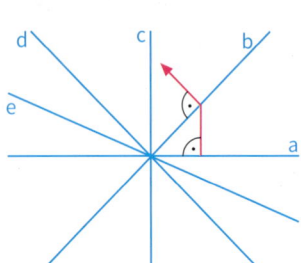

9. Zeichne auf ein Blatt Papier eine Gerade g und einen Punkt P, der nicht auf g liegt.
Erzeuge dann durch Falten die Senkrechte zu g durch P und beschreibe deine Vorgehensweise.

10. Zeichne die Gerade durch die Punkte A(3|6) und B(12|3). Zeichne anschließend durch den Punkt C(6|5) die Senkrechte zu der Geraden AB. Gib zwei Punkte auf der Senkrechten an. Einer soll unterhalb und einer oberhalb von AB liegen.

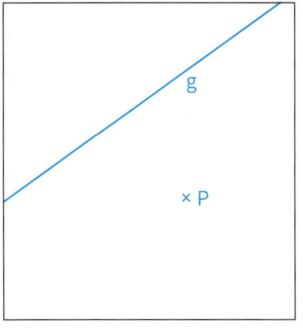

11. Zeichne in ein Koordinatensystem mit der Einheit 1 cm die Gerade AB und bestimme den Abstand des Punktes C von der Geraden.
    a) A(0|4); B(9|2); C(5|7)   c) A(2|3); B(6|7); C(8|9)   e) A(1|1); B(7|6); C(4|4)
    b) A(1|9); B(7|8); C(2|3)   d) A(3|4); B(5|6); C(1|1)   f) A(0|1); B(2|3); C(4|4)

12. Eltern ermahnen ihre Kinder, „richtig über die Straße zu gehen".
    a) Beschreibe diesen Weg in der Sprache der Geometrie.
    b) Erläutere, warum dieser Weg der „richtige" ist.

13. Zeichne die Punkte A(1|1), B(6|1), C(4|7) und P(4|3). Von welcher der Geraden AB, BC und AC hat P den kleinsten Abstand?

14. Zeichne einen Punkt P und dann möglichst viele Geraden, die von P den Abstand 3 cm haben. Welchen Eindruck erweckt das fertige Bild?

3.3.3 Zueinander parallele Geraden – Besondere Vierecke

Einstieg

Nimm ein Blatt Papier und falte es in der abgebildeten Art und Weise dreimal. Die erste und die letzte Faltlinie bestimmen zwei Geraden. Nenne sie g und h. Beschreibe ihre Lage zueinander.

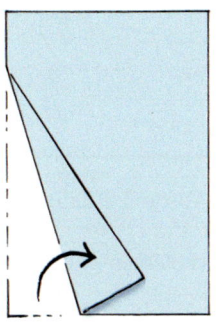 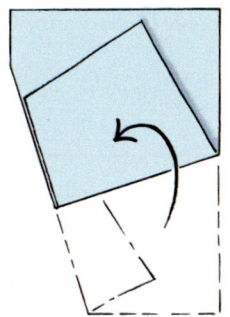 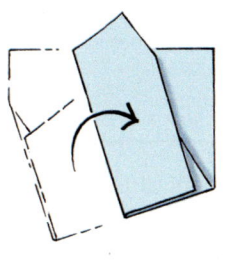 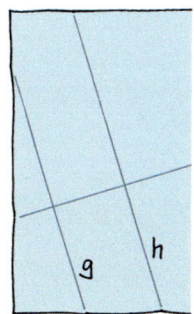

Einführung

Zueinander parallele Geraden

Florian und Sarah wollen ein Stück eines Eisenbahngleises zeichnen. Alle Punkte der zweiten Schiene müssen den gleichen Abstand von der ersten Schiene haben. Dieser Abstand heißt Spurweite. Bei der Modellgröße TT beträgt die Spurweite 12 mm.

Florian zeichnet an mehreren Stellen die Senkrechte zur ersten Schiene ein. Auf ihnen markiert er jeweils die Punkte mit 12 mm Abstand zur ersten Schiene. Anschließend zeichnet er die Gerade, auf der alle diese Punkte liegen.

Sarah fällt auf: „Das lässt sich doch viel einfacher lösen. Zeichne nur eine Senkrechte zur ersten Schiene. Dann zeichnest du zu dieser Senkrechten eine Senkrechte durch den Punkt mit 12 mm Abstand."

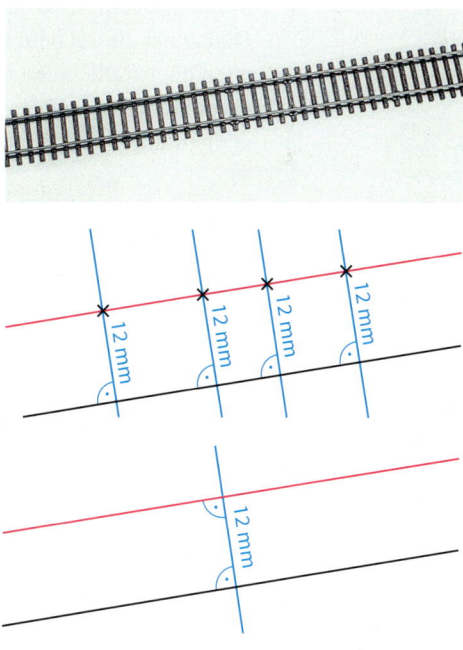

Information

(1) Parallelität von Geraden

Florian hat zum Zeichnen der zweiten Schiene ausgenutzt, dass sie überall denselben Abstand von der ersten Schiene hat.

parallel (griech.)
gleichlaufend,
gleichgerichtet,
genau entsprechend

Zwei Geraden g und h heißen **parallel** zueinander, wenn alle Punkte auf g denselben Abstand von h haben und umgekehrt.
Sind zwei Geraden g und h parallel zueinander, so schreiben wir dafür kurz:
g ∥ h
Sind zwei Geraden g und h *nicht* parallel zueinander, so schreiben wir dafür:
g ∦ h

(2) Zusammenhang zwischen „ist parallel zu" und „ist senkrecht zu"

Sarah hat zum Zeichnen der zweiten Schiene ausgenutzt, dass beide Schienen senkrecht zu einer Eisenbahnschwelle sind.

> Zwei Geraden sind parallel zueinander, wenn man eine weitere Gerade finden kann, die zu beiden senkrecht ist.

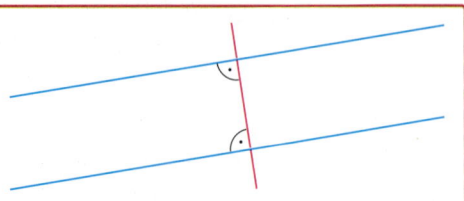

Damit ist jede Gerade parallel zu sich selbst mit dem Abstand 0. Daraus ergibt sich dann:

> Zwei zueinander parallele Geraden haben entweder keinen gemeinsamen Punkt oder sie fallen zusammen.

Geraden, die weder parallel noch senkrecht zueinander sind, schneiden sich schräg.

(3) Zeichnen zueinander paralleler Geraden mit dem Geodreieck

Mit dem Geodreieck kannst du auf verschiedene Weisen zueinander parallele Geraden zeichnen: Du kannst die auf dem Geodreieck eingezeichneten Parallellinien verwenden wie in Bild a). Reichen die Parallellinien nicht aus, so musst du bei diesem Vorgehen zunächst eine Hilfsparallele (oder mehrere) zeichnen. Einfacher kannst du in diesem Fall die beiden Parallelen mithilfe einer gemeinsamen Senkrechten zeichnen wie in Bild b).

a)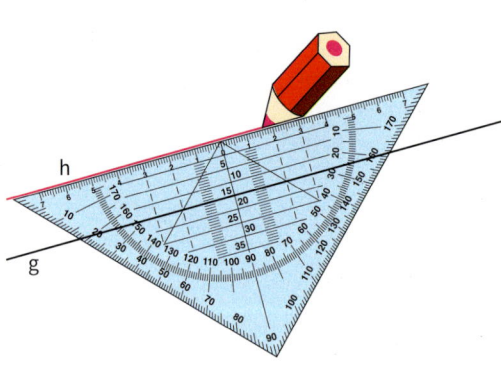

b)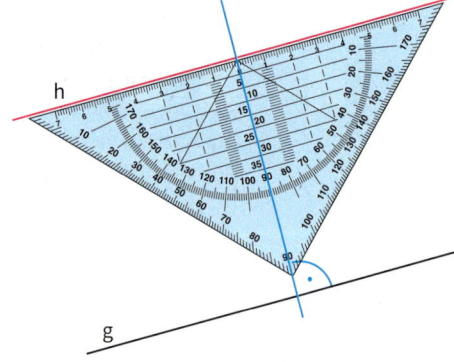

Weiterführende Aufgaben

Parallele zu einer Geraden durch einen Punkt

1. Zeichne eine Gerade AB und einen Punkt P, der nicht auf g liegt. Zeichne anschließend die Parallele zu AB durch P. Beschreibe zwei verschiedene Möglichkeiten für dein Vorgehen.
   a) A(1|2); B(7|3); P(5|5)   b) A(2|4); B(3|9); P(7|0)

Besondere Vierecke

2. Verwende einen Streifen Papier von gleich bleibender Breite. Mit zwei Schnitten kannst du daraus Vierecke herstellen. Untersuche, welche besonderen Vierecke du so erzeugen kannst. Beschreibe ihre Eigenschaften.

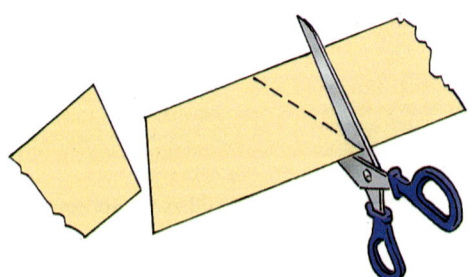

Information

(1) Rechteck und Quadrat

Vierecke mit zueinander senkrechten Seiten kennst du schon.

> Jedes Viereck, bei dem benachbarte Seiten jeweils senkrecht zueinander sind, nennen wir ein **Rechteck**.
> An dieser Eigenschaft erkennst du das Rechteck.
>
> Jedes Rechteck, bei dem alle vier Seiten gleich lang sind, nennen wir ein **Quadrat**.
> An dieser Eigenschaft erkennst du das Quadrat.

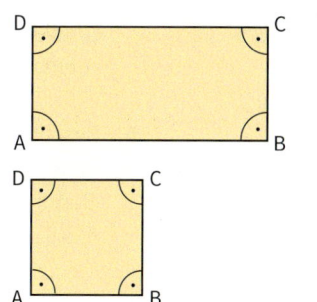

Quadrate sind also besondere Rechtecke.
Eine weitere Eigenschaft aller Rechtecke ist:
Einander gegenüber liegende Seiten sind jeweils parallel zueinander und gleich lang.

(2) Parallelogramme

> Jedes Viereck, bei dem die gegenüberliegenden Seiten jeweils parallel zueinander sind, nennen wir ein **Parallelogramm**.
> An dieser Eigenschaft erkennst du das Parallelogramm.

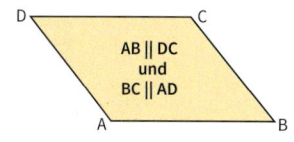

Rechtecke sind also besondere Parallelogramme.
Eine weitere Eigenschaft von Parallelogrammen ist:
Einander gegenüberliegende Seiten sind jeweils gleich lang.

(3) Rauten

> Jedes Parallelogramm, bei dem alle vier Seiten gleich lang sind, nennen wir eine **Raute** (einen *Rhombus*).
> An dieser Eigenschaft erkennst du die Raute.

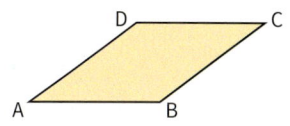

Quadrate sind also besondere Rauten.

(4) Trapeze

> Ein Viereck, bei dem wenigstens zwei gegenüberliegende Seiten parallel zueinander sind, heißt **Trapez**.
> Die beiden zueinander parallelen Seiten heißen **Grundseiten**, die beiden anderen Seiten heißen **Schenkel**.

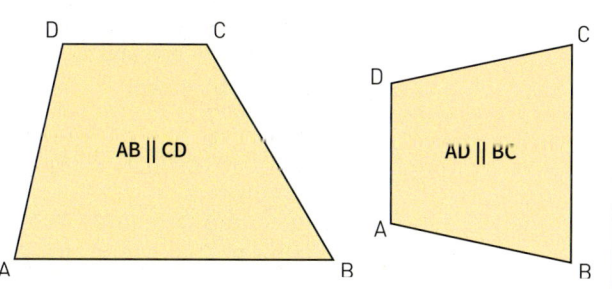

Parallelogramme sind somit besondere Trapeze.

Übungsaufgaben

3. Zeichne zwei Geraden, die keinen Schnittpunkt haben. Beschreibe ihre Lage zueinander.

4. Findet im Klassenzimmer bzw. in eurer Umwelt gerade Linien, die parallel zueinander sind.

5. Beschreibe den Ausschnitt aus dem nebenstehenden Stadtplan der Mannheimer Innenstadt. Wie liegen die Straßen zueinander?

6. Suche auf deinem Geodreieck zueinander parallele Linien. Bestimme ihren Abstand voneinander.

7. Zeichne ab. Vereinfache dabei die Latten zu Strecken.

Jägerzaun
Der Jägerzaun, auch Scherengitter- oder Kreuzzaun genannt, wird in manchen Gegenden sehr gerne beim Privathausbau angelegt. Der Zaun besteht aus sich x-förmig kreuzenden Halbrundprofilplatten, die an zwei Querbalken befestigt sind. Ursprünglich stammen solche Holzzäune wie der Jägerzaun aus holzreichen Gegenden, wo sie zum Schutz gegen Wild preiswerte Einfriedungen für Nutzflächen waren. Jägerzäune werden heute aus vorgefertigten, ausziehbaren Zaunfeldern hergestellt, wobei die Zaunpfähle etwa im Abstand von 2,8 m gesetzt werden.

8. Welche Kanten der Kerzen rechts sind parallel zueinander?

9. Zeichne eine Gerade g und mehrere Punkte, die alle den gleichen Abstand 3 cm von dieser Geraden haben. Wo liegen alle diese Punkte?

10. Zeichne zwei zueinander parallele Geraden, deren Abstand voneinander
    a) 3 cm,   b) 4,3 cm   beträgt.

11. Zeichne die Geraden AB und CD in ein Koordinatensystem mit der Einheit 1 cm. Bestimme ihren Abstand.
    a) A(0|5); B(5|0); C(0|7); D(7|0)   c) A(1|3); B(3|3); C(4|4); D(6|4)
    b) A(1|2); B(4|5); C(3|4); D(6|7)   d) A(2|3); B(5|6); C(0|5); D(6|11)

12. Zeichne eine Gerade g. Zeichne dann zwei zu g senkrechte Geraden h und i. Beschreibe die Lage von h und i zueinander.

3.3 Geraden – Beziehungen zwischen Geraden

13. Eine Gärtnerin will Johannisbeersträucher in zwei Reihen anpflanzen. Die Reihen sollen den Abstand 1,20 m haben. Dazu benutzt sie Pflöcke und Spannseile. Beschreibt, wie sie das machen kann. Ihr könnt dazu auch zeichnen.

14. Daniel und Julia sollten jeweils drei Geraden so zeichnen, dass sie keinen bzw. einen bzw. zwei bzw. drei Schnittpunkte aufweisen.
Was meinst du zu ihren Zeichnungen?

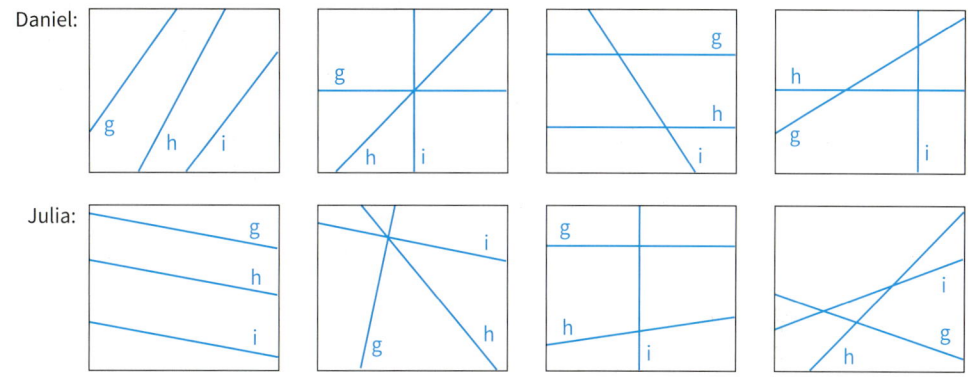

15. Zeichne ein Dreieck ABC. Zeichne dann durch jeden Eckpunkt die Gerade, die parallel zur gegenüberliegenden Dreieckseite ist.

16. Wie liegen die Geraden AB und CD zueinander? Notiere mit den entsprechenden Zeichen. Bestimme bei den zueinander parallelen Geraden ihren Abstand in einem Koordinatensystem mit der Einheit 1 cm.
  a) A(1|3); B(5|7); C(6|0); D(10|4)
  b) A(0|0); B(6|2); C(1|3); D(5|6)
  c) A(1|8); B(5|3); C(2|4); D(7|8)
  d) A(0|7); B(2|5); C(5|5); D(3|4)

17. Zeichne eine 1 cm lange Strecke. Zeichne an einem Endpunkt eine dazu senkrechte Strecke von 1,5 cm Länge.
An deren Endpunkt zeichnest du wieder eine dazu senkrechte Strecke der Länge 2 cm.
Fahre so fort.
Wie liegen die Strecken zueinander?

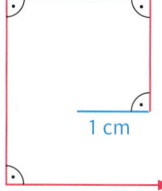

Das kann ich noch!

A) Berechne und beachte dabei Rechenvorteile. Welche Rechengesetze verwendest du?
  1) 69 + 86 + 31 + 114
  2) 164 + 27 + 200 + 73 + 536
  3) 234 + 567 + 433 + 766
  4) 45 000 + 177 000 + 55 000 + 223 000
  5) 8 999 + 2 333 + 7 667 + 1 001
  6) 123 456 789 + 987 654 321 + 876 543 211

B) Berechne. Welche Besonderheit haben alle Ergebnisse?
  1) 9 975 – 8 754
  2) 14 677 – 12 345
  3) 63 430 – 59 987
  4) 255 612 – 45 600

18. Zeichne ein großes Dreieck ABC. Wähle einen Punkt auf der Seite $\overline{AB}$ und zeichne von ihm aus eine Parallele zur Seite $\overline{AC}$ bis hin zur Seite $\overline{BC}$. Von diesem Punkt aus zeichnest du eine Parallele zu einer Dreiecksseite bis hin zur anderen. Fahre so fort, bis du am Anfangspunkt wieder angelangt bist. Vergleiche die Länge dieses Rundweges im Dreieck mit dem Dreiecksumfang.
Wiederhole die Aufgabe mit anderen Startpunkten auf der Seite $\overline{AB}$.

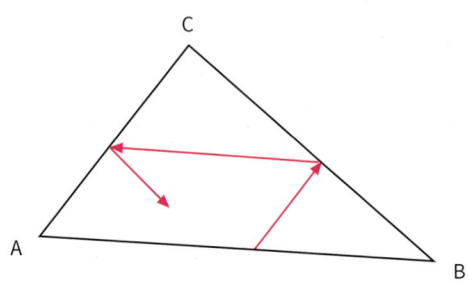

19. Mache dir die Behauptungen an Skizzen klar und überprüfe die Richtigkeit.
    a) Wenn die Gerade g parallel zur Geraden h ist und die Gerade h parallel zur Geraden i, dann ist die Gerade g auch parallel zur Geraden i.
    b) Wenn die Gerade g senkrecht zur Geraden h ist und die Gerade h senkrecht zur Geraden i ist, dann ist die Gerade g senkrecht zur Geraden i.
    c) Wenn die Gerade g parallel zur Geraden h ist und die Gerade h senkrecht zur Geraden i ist, dann ist die Gerade g senkrecht zur Geraden i.

20. a) Max behauptet: „Zweimal senkrecht gibt parallel."
       Was meinst du dazu?
    b) In der Ebene gilt: Wenn zwei Geraden sich nicht schneiden, dann sind sie parallel zueinander.
       Gilt dies auch im Raum? Begründe.

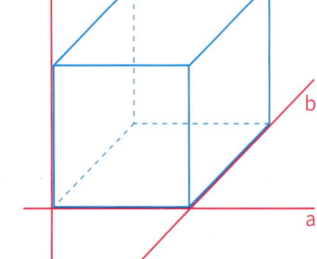

21. Zwei verschiedene Geraden haben entweder einen oder keinen Schnittpunkt. Untersuche, wie viele Schnittpunkte bei 3 [4; 5] verschiedenen Geraden vorkommen können.

22. Zeichne zwei sich schneidende Geraden. Zeichne alle Punkte, die
    a) von beiden Geraden einen Abstand von 3 cm haben;
    b) von beiden Geraden einen Abstand von mindestens 3 cm haben;
    c) von beiden Geraden einen Abstand von höchstens 3 cm haben.

23. In den Bildern sieht es so aus, als ob die Geraden nicht zueinander parallel und senkrecht gezeichnet wurden. Zeichnet genau ab.
    Entwerft selber *optische Täuschungen*; hängt sie im Klassenraum aus.

3.3 Geraden – Beziehungen zwischen Geraden

24. Erkundet, wo ihr in eurer Umwelt besondere Vierecke findet. Gestaltet ein Plakat damit.

25. Um welches besondere Viereck handelt es sich jeweils?
Stelle deine Antworten im Heft in einer Tabelle zusammen.
Begründe sie auch.

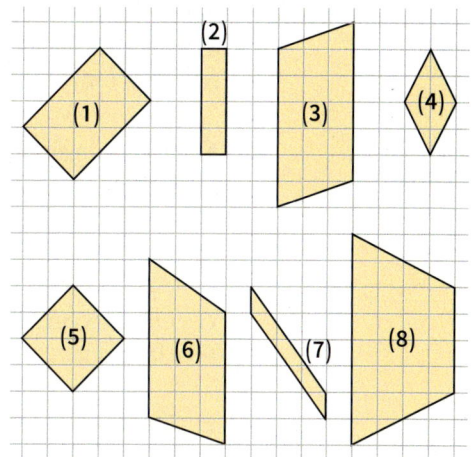

Viereck	(1)	(2)
Parallelogramm	ja	
Rechteck	ja	
Quadrat	nein	
Raute	nein	
Trapez	ja	

26. Falte aus einem unregelmäßig geformten Stück Papier ein Rechteck.

27. Zeichne das Viereck ABCD in ein Koordinatensystem mit der Einheit 1 cm. Welches besondere Viereck liegt vor? Bestimme den Umfang. Miss auch beide Diagonalen.
 a) A(0|5); B(5|0); C(10|5); D(5|10)
 b) A(1|6); B(5|2); C(8|1); D(4|5)
 c) A(0|2); B(3|1); C(5|7); D(2|8)
 d) A(9|0); B(5|3); C(0|3); D(4|0)
 e) A(1|4); B(5|0); C(5|3); D(3|5)
 f) A(1|2); B(4|2); C(6|7); D(1|7)

28. Miss bei den Vierecken die Längen der Diagonalen. In welchen Fällen sind die Diagonalen zueinander senkrecht? Um welche Art von Vierecken handelt es sich?
 a) A(5|1); B(9|5); C(5|9); D(1|5)
 b) A(2|0); B(7|5); C(6|7); D(0|2)
 c) A(2|3); B(8|3); C(7|6); D(1|6)
 d) A(2|7); B(4|3); C(6|7); D(4|11)

29. a) Zeichne drei verschiedene Parallelogramme, die keine Rechtecke sind, mit den Seitenlängen 3 cm und 5 cm. Bestimme den Umfang der Parallelogramme. Was kannst du über den Abstand der zueinander parallelen Seiten aussagen?
 b) Zeichne ein Quadrat mit der Seitenlänge 4,5 cm. Bestimme den Umfang des Quadrats. Was kannst du über den Abstand der zueinander parallelen Seiten aussagen?
 c) Zeichne eine Raute, die kein Quadrat ist. Bestimme den Umfang der Raute. Was kannst du über den Abstand der zueinander parallelen Seiten aussagen?

30. Übertrage das Dreieck in dein Heft.
Vervollständige es dann auf mehrere Arten zu einem Parallelogramm.
Miss jeweils, wie weit die beiden längeren Seiten des Parallelogramms voneinander entfernt sind.

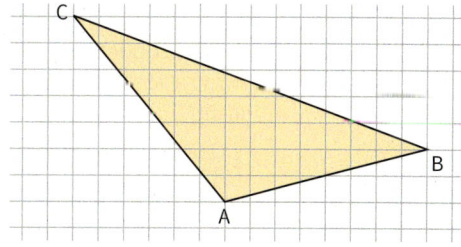

31. Zeichne die Punkte A, B, C in ein Koordinatensystem mit der Einheit 1 cm. Zeichne dann einen weiteren Punkt D so, dass ABCD ein Parallelogramm ist.
Bestimme den Umfang und untersuche, ob ein besonderes Parallelogramm entsteht.
- **a)** A(1|6); B(6|1); C(11|6)
- **b)** A(2|7); B(6|3); C(9|2)
- **c)** A(1|3); B(4|2); C(6|8)
- **d)** A(10|1); B(6|4); C(1|4)

32. a) Zeichne in ein Koordinatensystem die Punkte A(3|3) und B(6|3) ein.
Zeichne zwei weitere Punkte C und D so, dass ein Quadrat ABCD entsteht.
Gib die Koordinaten von C und D an.
b) Wiederhole die Teilaufgabe a) für die Punkte A(5|1) und B(5|4).

33. Zeichne zwei verschiedene Trapeze, bei denen die zueinander parallelen Seiten 6 cm und 4 cm lang sind.

34. a) Ein Rechteck hat den Umfang von 24 cm; eine Seitenlänge beträgt 4 cm. Zeichne es.
b) Zeichne ein Quadrat, dessen Umfang 18 cm beträgt.
c) Zeichne ein Parallelogramm mit dem Umfang 12 cm, eine Seitenlänge beträgt 4 cm.
d) Zeichne zwei Rauten mit jeweils dem Umfang von 14 cm.

35. Ein Paket der Größe L ist 45 cm breit, 35 cm tief und 20 cm hoch. Zeichne den Boden, die Vorderwand und die Seitenwand verkleinert im Maßstab 1:10 in dein Heft.

36. Zeichne ein Parallelogramm, das
- **a)** weder ein Rechteck noch eine Raute ist;
- **b)** sowohl ein Rechteck als auch eine Raute ist.

37. a) Zeichne ein Quadrat, dessen Diagonalen 4 cm lang sind.
b) Zeichne ein Rechteck, dessen Diagonalen 6 cm lang sind, das aber kein Quadrat ist.
c) Zeichne ein Parallelogramm, dessen Diagonalen 6 cm und 8 cm lang sind.
d) Zeichne eine Raute, deren Diagonalen 5 cm und 7 cm lang sind.
e) Welche Eigenschaften haben die Diagonalen bei den besonderen Vierecken?

38. a) Zeichne das Muster in dein Heft und färbe es.

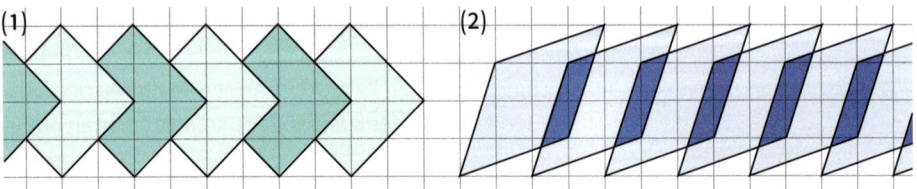

b) Erfindet weitere solcher Viereckmuster.

39. Ein Architekt hat für einen Kirchturm das nebenstehende Fenster aus Dreiecken entworfen.
Kannst du auch Parallelogramme darin erkennen? Wie viele?

Im Blickpunkt

Eigenschaften besonderer Vierecke mit einem Dynamischen Geometrie-System (DGS) erforschen

1. Um mit einem dynamischen Geometrie-System ein Quadrat mit seinen Diagonalen zu zeichnen, sind mehrere Schritte nötig. Unten siehst du eine Möglichkeit. Zeichne selbst ein Quadrat und kontrolliere anschließend durch Verändern beim Ziehen an einem Eckpunkt, ob es ein Quadrat bleibt:

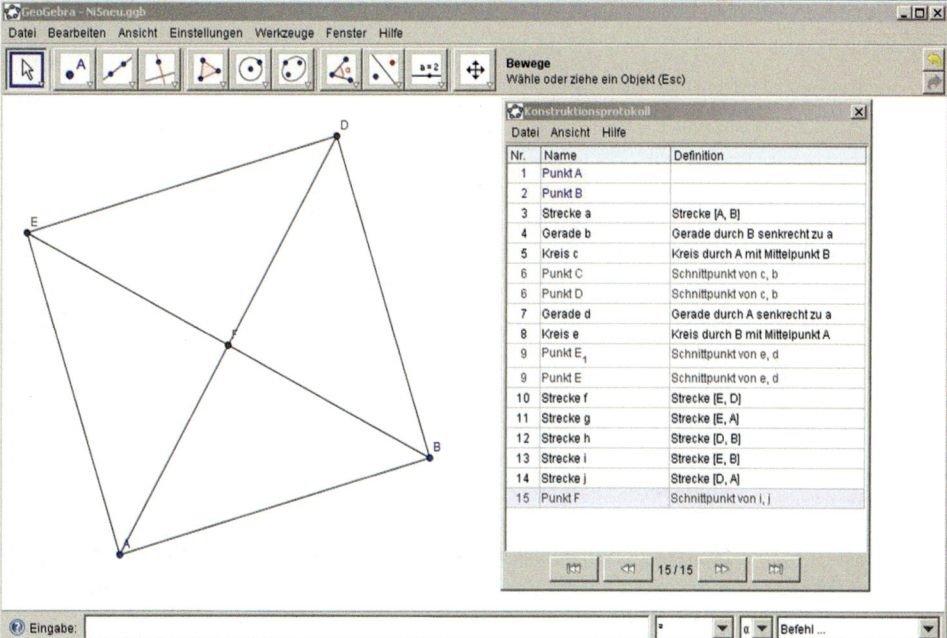

2. Beim Quadrat sind beide Diagonalen gleich lang. Sie halbieren sich ferner gegenseitig. Du kannst die Streckenlängen auch vom DGS messen lassen. Probiere das aus.

3. a) Untersuche die Länge der Diagonalen bei weiteren besonderen Vierecken.
   b) Untersuche bei den besonderen Vierecken, ob sich die Diagonalen gegenseitig halbieren.

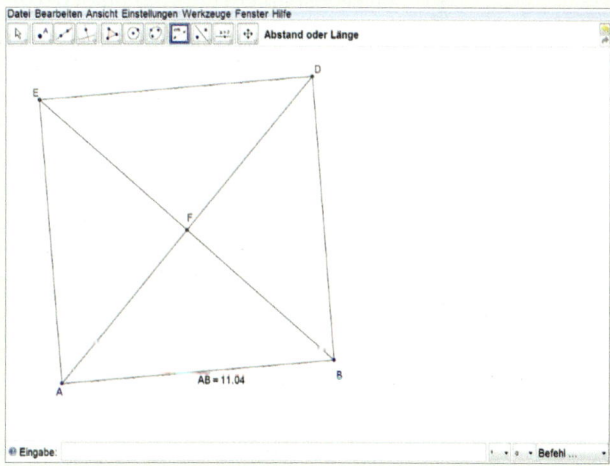

4. Beim Quadrat sind die Diagonalen sogar senkrecht zueinander. Untersuche, ob das bei anderen besonderen Vierecken auch so ist.

3.4 Netz und Schrägbild von Quader und Würfel

3.4.1 Herstellen von Quader und Würfel aus einem Netz

Einstieg

Besorgt euch mehrere quaderförmige und würfelförmige Schachteln. Schneidet sie längs so vieler Kanten auf, dass man die Begrenzungsflächen in die Ebene klappen kann. Es entstehen *Netze*. Welche Gemeinsamkeiten, welche Unterschiede weisen diese Netze auf?

Aufgabe 1

Netz eines Quaders

Für ein Theaterstück werden ein Goldbarren und ein goldener Würfel benötigt. Matties will daher einen Spielzeugklotz mit Goldpapier vollständig bekleben. Er schneidet sechs Rechtecke aus. Beim Bekleben stören jedoch die Kanten, an denen man erkennt, dass er kein massiver Goldbarren ist.

Sein Freund Fabian schlägt vor: Mache es doch so wie ich mit meinem Würfel.

Bastele ein solches Flächenmodell eines Quaders mit den Kantenlängen 1,5 cm, 2,3 cm und 3,0 cm.

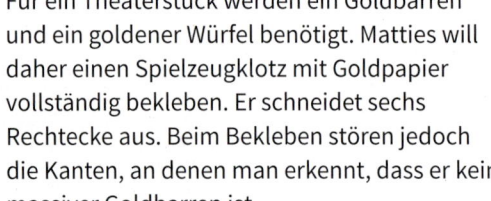

In der Praxis benutzt man häufig Klebelaschen.

Denke dir dazu einen Karton zerschnitten und dann aufgeklappt. Zeichne anschließend auf dickeres Papier einen Bauplan, bei dem die einzelnen Flächen zusammenhängen. Schneide ihn dann aus und klebe zusammen.

Lösung

Der Bauplan (ohne Klebelaschen) besteht aus sechs Rechtecken, von denen jeweils zwei genau aufeinander passen.

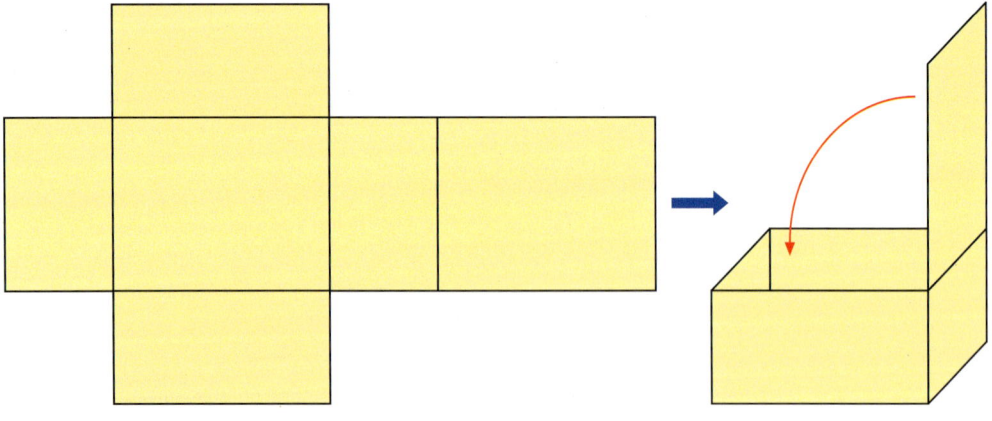

3.4 Netz und Schrägbild von Quader und Würfel

Information

(1) Quader als besonderer Körper, Würfel als besonderer Quader

(a) Jeder Körper, der von sechs rechteckigen Flächen begrenzt wird, heißt **Quader**.

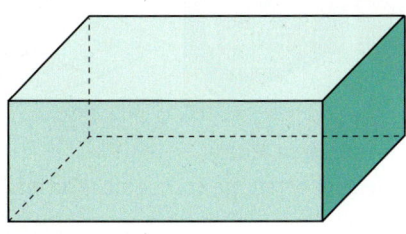

(b) Die besonderen Quader, die von sechs quadratischen Flächen begrenzt werden, heißen **Würfel**.

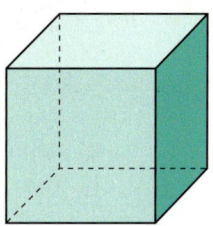

(2) Netz von Quader und Würfel

Die Begrenzungsflächen von Quadern und damit auch von Würfeln ergeben zusammen das ebene **Netz** dieser Körper.

Quadernetz

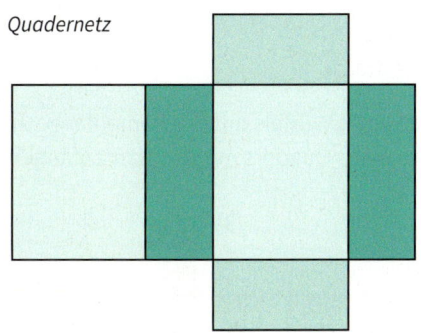

Würfelnetz

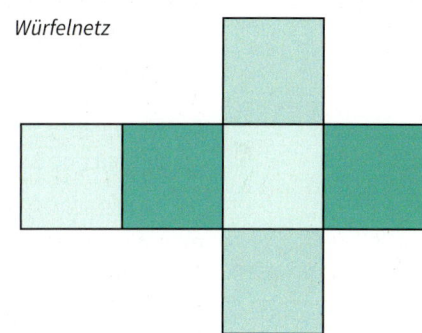

Weiterführende Aufgabe

Eigenschaften von Quadern

2. Rechts siehst du ein Kantenmodell einer Schachtel. Baue ein solches Modell aus Strohhalmen und Knetgummi oder Pfeifenputzern. Beschreibe, worauf du beim Zuschneiden und Zusammenbauen achten musst.

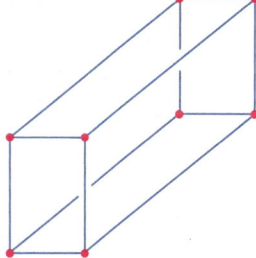

Eigenschaften von Quadern
(1) Ein Quader hat 8 Ecken.
(2) Ein Quader hat 12 Kanten.
Zueinander parallele Kanten sind gleich lang, benachbarte Kanten sind senkrecht zueinander.
(3) Ein Quader wird von 6 Rechtecken begrenzt. Gegenüberliegende Rechtecke passen genau aufeinander und sind parallel zueinander.

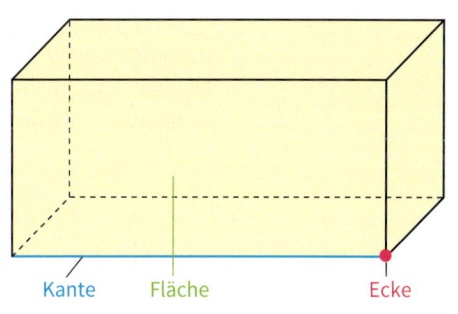

Übungsaufgaben

3. a) Welche der abgebildeten Körper sind Quader?

   b) Nenne Beispiele für Würfel aus dem Alltag.
   c) Tim meint, ein Stück Würfelzucker hat die Form eines Würfels. Was meinst du dazu?

4. Janina behauptet: „Ein Quader hat 24 Kanten und zwar 4 unten, 4 oben, 4 rechts, 4 links, 4 vorn und 4 hinten." Wo steckt der Fehler?

5. a) Zeichne auf dünnen Karton das Netz eines Würfels mit der Kantenlänge 6 cm. Schneide es aus und falte es zu einem Würfel zusammen.
   b) Verfahre ebenso mit dem Netz eines Quaders, der 4 cm lang, 3 cm breit und 6 cm hoch ist.

6. a) Zeichne 3 verschiedene Netze eines Würfels mit der Kantenlänge 2 cm.
   b) Zeichne 3 verschiedene Netze eines Quaders mit den Kantenlängen 2 cm, 3 cm, 4 cm.

7. (1)   (2)   (3)   (4)

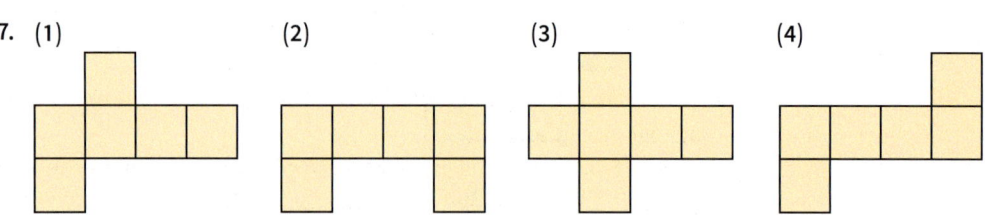

   a) In welchen Fällen liegt ein Würfelnetz vor?
   b) Wähle ein Würfelnetz aus, zeichne es in dein Heft. Denke es dir zu einem Würfel gefaltet. Färbe mit gleicher Farbe die Flächen, die dann einander gegenüberliegen.
   c) Wähle ein Würfelnetz aus. Färbe mit der gleichen Farbe die Kanten, die beim Falten zu einem Würfel aneinander stoßen.

8. Die vier „Würfelnetze" rechts sind unvollständig. Zeichne sie auf Karopapier und ergänze sie zu einem vollständigen Würfelnetz.
Hinweis: Es gibt zum Teil mehrere Lösungen.

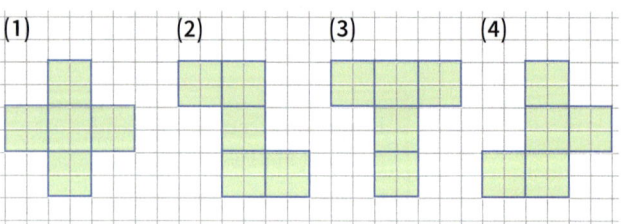

Das kann ich noch!

A) Berechne. Überlege dir dann jeweils eine Situation, die zur Rechnung passt.
   1) 5,65 m + 25 cm   **3)** 45 min · 6   **5)** 12 t – 3 500 kg
   2) 12 kg : 500 g   **4)** 86,4 km : 4   **6)** 210 mm · 200

3.4 Netz und Schrägbild von Quader und Würfel

9. Findet möglichst viele verschiedene Netze für einen Würfel mit der Kantenlänge 1 cm.

10. a) In welchen Fällen liegt ein Quadernetz vor?

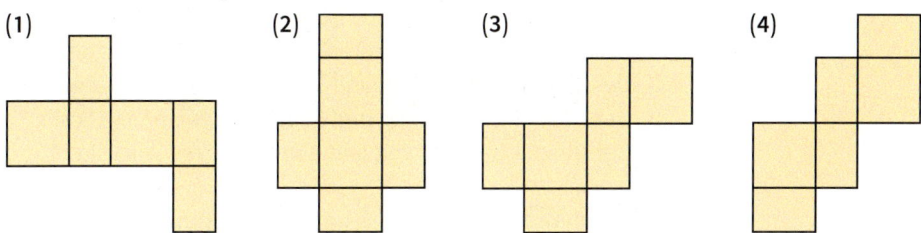

b) Wähle ein Quadernetz aus und zeichne es ab. Denke es dir zu einem Quader gefaltet.
  (1) Färbe im Netz die Flächen mit derselben Farbe, die beim Quader gegenüber liegen.
  (2) Färbe im Netz die Kanten mit derselben Farbe, die beim Falten aneinander stoßen.

11. a) Übertrage die Netze auf ein Blatt Papier. Stelle dir vor, ein Quader würde daraus hergestellt. Kennzeichne aufeinander fallende Kanten im Netz mit der gleichen Farbe.

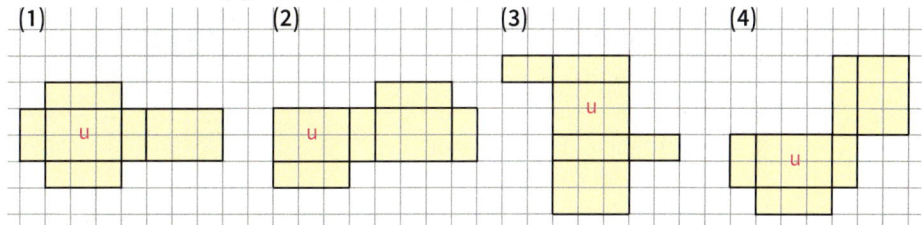

b) Der Buchstabe u in den Netzen von Teilaufgabe a) bedeutet: Die Fläche ist unten, z. B. auf der Tischplatte.
Welche Fläche ist rechts (r), links (l), oben (o), vorn (v), hinten (h)?
Schreibe die Buchstaben in die zugehörigen Flächen.

12. Eine Ecke eines Würfels ist blau gefärbt. Übertrage die gezeichneten Netze in dein Heft. Markiere dann alle Quadratecken, die beim Zusammenfalten die blaue Ecke ergeben.

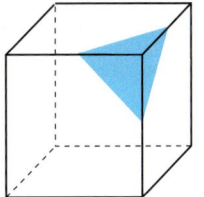
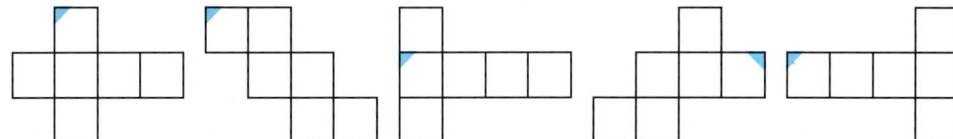

13. Ein Kantenmodell eines Quaders mit den angegebenen Maßen soll aus Draht gebaut werden.
  a) Wie viele Drahtstücke müssen hergestellt werden? Gibt es Ecken, an denen gleich lange Kanten zusammenstoßen? Erkläre.
  b) Wie viele Drahtstücke müssen 6 cm, wie viele 4 cm, wie viele 2 cm lang sein?
  c) Wie lang muss der benötigte Draht insgesamt sein?

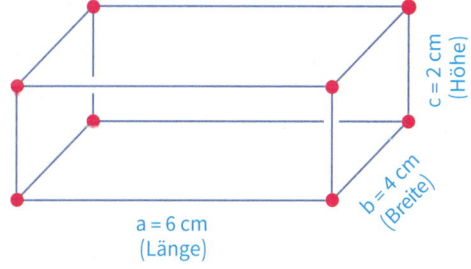

14. Ein Kantenmodell eines Würfels soll aus Draht gebaut werden.
  a) Eine Kante soll 7 cm [4,5 cm] lang werden. Wie viel Draht benötigt man?
  b) Ein Draht ist 72 cm [960 mm] lang. Welche Kantenlänge hat der Würfel?

15. Aus 60 cm Draht wird das Kantenmodell eines Quaders hergestellt.
  a) Der Quader ist 7 cm lang und 3 cm breit. Wie hoch ist er?
  b) Der Quader ist 8 cm lang und 5 cm hoch. Wie breit ist er?
  c) Der Quader ist 4 cm breit und 2 cm hoch. Wie lang ist er?

16. Aus 32 cm Draht soll das Kantenmodell eines Quaders hergestellt werden. Gib fünf verschiedene Möglichkeiten an.

3.4.2 Schrägbild von Quader und Würfel

Einstieg

Fabian hält ein Kantenmodell eines Quaders in der Hand und beobachtet dessen Schatten an der Wand. Je nachdem, wie er das Modell in das Sonnenlicht hält, bekommt er einen mehr oder weniger guten Eindruck von der räumlichen Gestalt des Quaders. Auch in einer günstigen Stellung ist aber im Schattenbild nicht zu entscheiden, ob eine Kante vorne oder hinten liegt.

Einführung

Schrägbild eines Quaders

Eine Streichholzschachtel ist 1 cm hoch, 4 cm breit und 3 cm tief. Fabian möchte ein Bild dieser Streichholzschachtel zeichnen. Dabei zeichnet er die Kanten, die bei einem Vollkörper nicht sichtbar wären, gestrichelt. Das erste Bild der Streichholzschachtel gefällt ihm aber noch nicht, denn die Schachtel sieht viel zu breit aus. Erst wenn er für 1 cm einer nach hinten laufenden Kante nur die Diagonale eines Kästchens zeichnet, überzeugt das Bild.

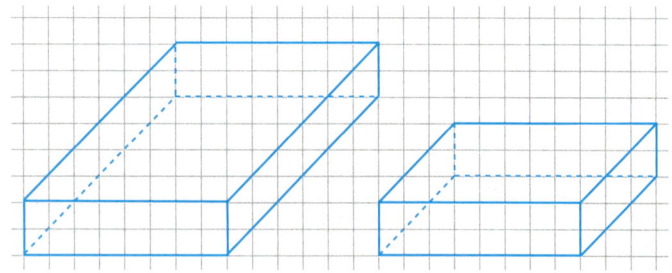

3.4 Netz und Schrägbild von Quader und Würfel

Information Zeichnen des Schrägbildes eines Quaders

1. Schritt:	2. Schritt:	3. Schritt:
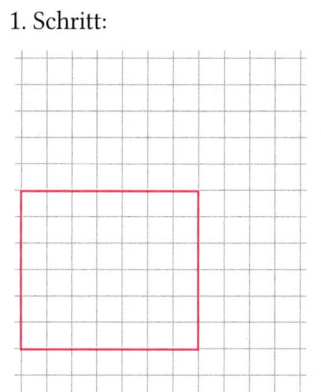	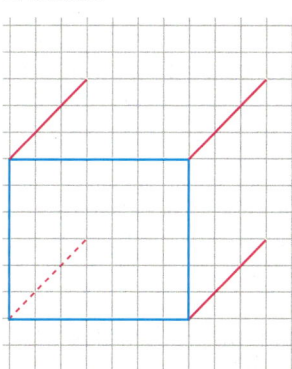	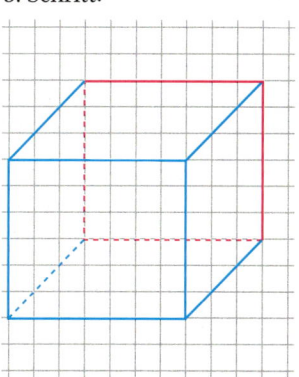
Zeichne zunächst die Vorderfläche mit den richtigen Maßen.	Zeichne die nach hinten laufenden Seitenkanten diagonal und verkürzt (für 1 cm jeweils 1 Kästchendiagonale). Nicht sichtbare Kanten werden nur gestrichelt gezeichnet.	Zeichne die Rückfläche. Auch hier werden nicht sichtbare Kanten nur gestrichelt gezeichnet.

Weiterführende Aufgabe

Schrägbild bei Sicht von links oben

1. Bei dem Schrägbild in der Information oben hat man den Eindruck, von rechts oben auf den Quader zu sehen.
   Zeichne nun ein Schrägbild, bei dem man den Eindruck hat, von links oben auf einen Quader zu sehen.

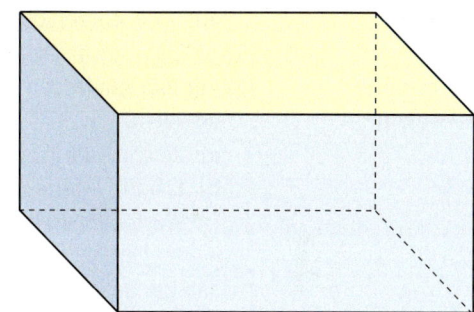

Übungsaufgaben

2. Drei Schülerinnen haben versucht, eine räumliche Darstellung eines Würfels mit der Kantenlänge 2 cm anzufertigen.
   Vergleiche ihre Zeichnungen.
   Welche vermittelt den besten räumlichen Eindruck?

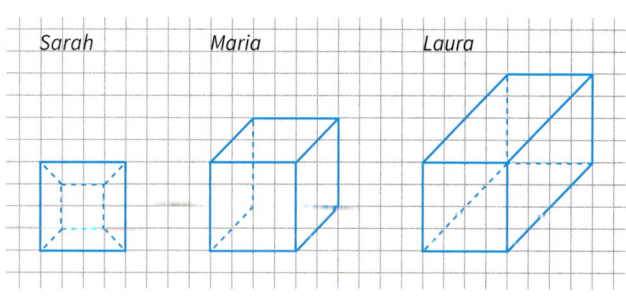

3. Zeichne das Schrägbild eines Würfels mit der Kantenlänge 3 cm [4 cm; 35 mm; 5 cm].

4. Zeichne ein Schrägbild des Quaders mit folgenden Seitenlängen:
   a) 5 cm lang, 6 cm breit, 4 cm hoch
   b) 4 cm lang, 8 cm breit, 1 cm hoch

5. Eine Kaugummipackung hat die Kantenlängen 7 cm, 2 cm und 1 cm. Zeichne Schrägbilder von ihr, wähle drei verschiedene Flächen als Standflächen aus.

6. Das Schrägbild des Quaders ist unvollständig. Vervollständige es im Heft.

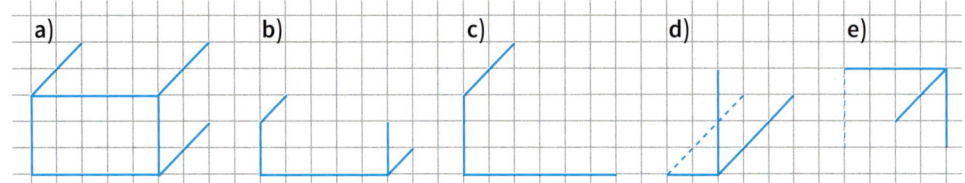

7. Ein Quader ist 6 cm lang, 3 cm breit und 4 cm hoch. Zeichne ein Schrägbild, bei dem die nach hinten laufenden Kanten
   a) nach rechts oben, b) nach rechts unten, c) nach links unten, d) nach links oben
   gezeichnet werden. Von wo sieht man den Körper?

8. Untersuche folgende Fragestellung und antworte ausführlich.
   a) Sind zueinander senkrechte Kanten eines Quaders auch im Schrägbild senkrecht zueinander?
   b) Sind zueinander parallele Kanten eines Quaders auch im Schrägbild parallel zueinander?

9. Ein Quader wird von sechs Rechtecken begrenzt. Wie viele Rechtecke weist sein Schrägbild auf? Wie werden die anderen Rechtecke im Schrägbild gezeichnet?

Vermischte Übungen

10. Aus Würfeln lassen sich allerlei „Bauwerke" erstellen.
    a) Zeichne die Treppe und den Hocker ab.
    b) Erfinde eigene Körper, die nur aus Würfeln bestehen.

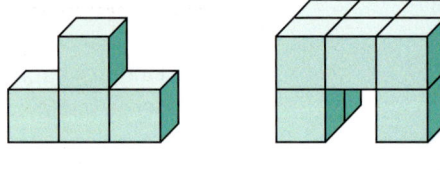

11. Jan hat aus 16 Würfeln eine „Würfelburg" gebaut und ihre Ansicht von oben und von rechts gezeichnet.
    Zeichne ein passendes Schrägbild.
    Findest du mehrere Möglichkeiten?

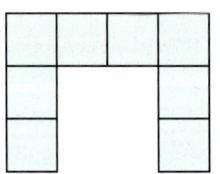 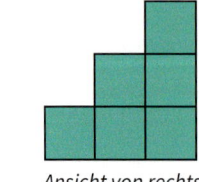

Ansicht von oben *Ansicht von rechts*

12. Auf dem Quader im Bild rechts ist der Weg einer Spinne eingezeichnet. Sie kriecht geradlinig von A nach B, dann von B nach C, von C nach D und von D nach E.
    Zeichne drei verschiedene Netze des Quaders. Trage den Weg der Spinne jeweils in das Netz ein.

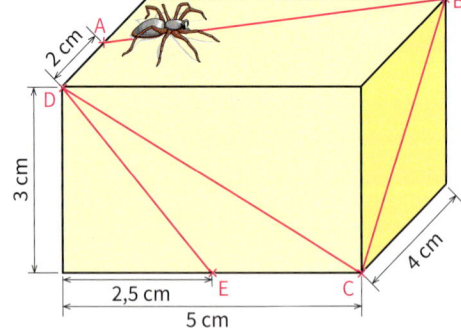

13. Bei dem Schrägbild des Quaders sind einige Kanten rot gezeichnet. Zeichne das Netz, das sich ergibt, wenn man den Quader längs dieser Kanten aufschneidet. Übernimm auch die Eckpunktbezeichnungen des Netzes.

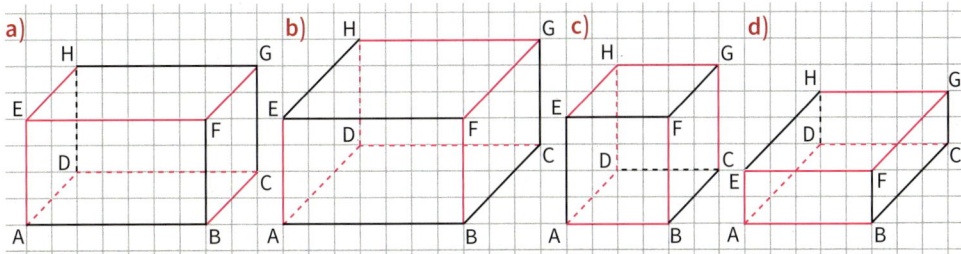

14. Im Schrägbild sieht manches anders aus als es in Wirklichkeit am Würfel ist. Untersuche
(1) die Form der Begrenzungsflächen; (2) die Länge der Kanten;
(3) die Lage von Kanten zueinander.

15. Es ist jeweils das Schrägbild oder das Netz eines Quaders vorgegeben, der teilweise gefärbt ist. Übernimm diese Färbung in das Netz bzw. in das Schrägbild.

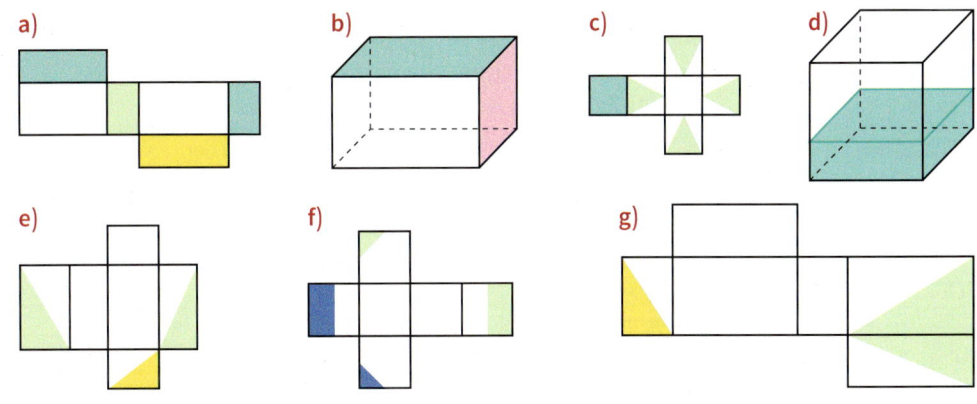

16. Die Würfel werden durch Eintauchen in Farbe wie angegeben eingefärbt. Zeichne jeweils ein Netz des gefärbten Würfels.

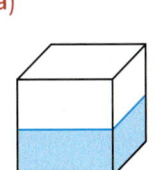 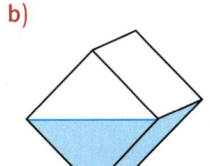 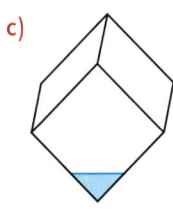

Tetraeder (lat.)
Vierflächner,
dreiseitige Pyramide

17. Sarah will Ohrschmuck aus Silberdraht herstellen. Der Anhänger soll ein Tetraeder mit der Kantenlänge 1,5 cm sein. Er soll an einer 3 cm langen Aufhängung befestigt sein. Der Silberdraht kostet 5 € pro m. Wie teuer ist das Material für ein Paar dieses Ohrschmucks?

18. Gegeben ist ein oben offener Würfel der Kantenlänge 2 cm. Gib möglichst viele verschiedene Netze dieses Würfels an.
Anleitung: Beginne mit einer Seitenfläche, füge eine weitere hinzu, überlege dann, wie viele Möglichkeiten es gibt, die dritte anzugeben.

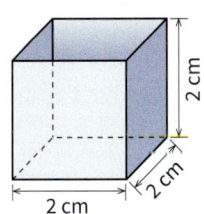

Im Blickpunkt

Anzahl von Ecken, Flächen und Kanten erforschen

1. a) Bastelt einen Würfel, indem ihr zuerst ein Netz aufzeichnet. Berücksichtigt – wie in den Beispielen rechts – die Falze, die zum Zusammenkleben nötig sind. Findet ihr noch mehr Möglichkeiten?
   b) Vergleicht innerhalb der Klasse eure Netze und die Anzahl der nötigen Klebefalze. Überlegt, warum man beim Würfel immer sieben Falze benötigt.

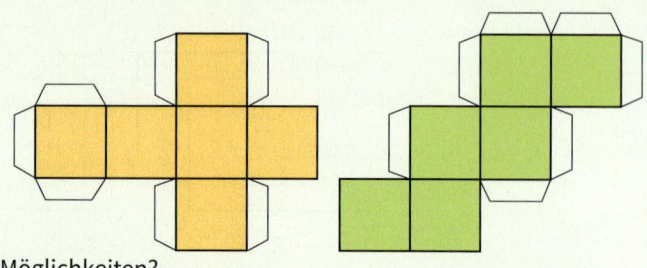

2. Zeichne für die Pyramide rechts verschiedene Netze mit Klebefalzen. Wie viele Falze benötigt man jeweils?

3. Um einen Zusammenhang zwischen der Anzahl der Ecken, Flächen, Kanten und Falze herauszufinden, ist es sinnvoll, eine Tabelle anzufertigen. Vervollständige die unten stehende Tabelle im Heft.

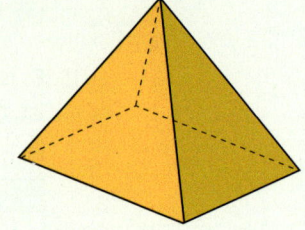

Körper	Zahl der Ecken e	Zahl der Flächen f	Zahl der Kanten k	Zahl der Falze z
Würfel, Quader	8	6	12	7
Vierseitige Pyramide	5	5	8	4
Dreiseitige Pyramide				
Prisma mit sechseckiger Grundfläche				

4. Sicherlich ist dir aufgefallen, dass die Anzahl der Falze immer um 1 kleiner ist als die Anzahl der Ecken: $z = e - 1$
   Versuche dies zu begründen. Nimm hierzu einen Körper (z. B. eine Schachtel) und schneide den Körper längs seiner Kanten so auf, dass du ein Netz erhältst. Der erste Schnitt verbindet 2 Ecken des Körpers längs einer Kante, beim zweiten Schnitt erreichst du drei Ecken mit 2 Kanten. Führe diese Überlegungen weiter. Wie viele Schnitte benötigt man, bis jede Ecke einmal erreicht ist? Begründe, dass die Anzahl der Schnitte gleich der Anzahl der Falze ist.

5. Wir wollen jetzt den Zusammenhang zwischen Ecken, Flächen und Kanten eines Körpers mit geradlinigen Kanten untersuchen. Übertrage das Netz des abgebildeten Quaders in dein Heft und kennzeichne die Kanten, an denen der Körper aufgeschnitten wurde, und diejenigen Kanten, die im Netz zusammenhängen.

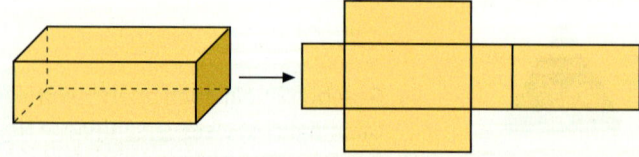

Im Blickpunkt

6. Betrachte deine Zeichnung aus Aufgabe 5.
   Wir wissen, dass die Anzahl der Kanten, an denen aufgeschnitten wurde, e – 1 beträgt. Wie viele Kanten gibt es, an denen der Körper zusammenhängt?
   Begründe, dass die Anzahl dieser Kanten um 1 kleiner sein muss als die Anzahl der Flächen des Körpers.
   Erläutere, dass sich damit folgender Satz ergibt:

   > **Euler'scher Polyedersatz**
   > Für viele Körper mit geradlinigen Kanten ist die Anzahl der Kanten um 2 kleiner als die Summe aus der Anzahl der Ecken und der Anzahl der Flächen:
   > **k = e + f − 2**

7. Vervollständige die Tabelle im Heft mithilfe des Euler'schen Polyedersatzes.

Körper	Ecken	Flächen	Kanten
	8		12
	5	5	
	60	12 Fünfecke, 20 Sechsecke	

8. Betrachte den Körper rechts.
   a) Überlege, ob man diesen Körper aus einem zusammenhängenden Netz bauen kann.
   b) Vergleiche die Anzahl der Ecken, Flächen und Kanten miteinander.
   c) Ändere eine Längenangabe so ab, dass der Körper doch aus einem zusammenhängenden Netz zu bauen ist.
   d) Zeichne ein Schrägbild des Körpers mit den rechts angegebenen Maßen.

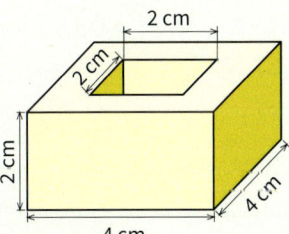

Auf den Punkt gebracht

Präsentieren auf Plakaten

1. a) Zwei Gruppen von Schülerinnen und Schülern haben jeweils ein Plakat zu geometrischen Themen hergestellt. Vergleicht die Gestaltung der beiden Plakate miteinander. Was ist besonders gut gelungen? Wo kann man noch Verbesserungen vornehmen?

Besondere Vierecke

Quadrat
- Alle Seiten sind gleich lang.
- Alle Winkel sind 90° groß.
- Beide Diagonalen sind gleich lang.
- Die Diagonalen sind orthogonal zueinander.
- Gegenüber liegende Seiten sind parallel.

Parallelogramm
- Gegenüberliegende Seiten sind parallel und gleich lang.

Raute
- Alle Seiten sind gleich lang.
- Gegenüberliegende Seiten sind parallel.
- Diagonalen sind orthogonal zueinander.

Rechteck
- Alle Winkel sind 90° groß.
- Gegenüberliegende Seiten sind gleich lang und parallel.
- Beide Diagonalen sind gleich lang.

Trapez
- Zu einer Seite gibt es eine parallele Seite gegenüber.

Auf den Punkt gebracht

b) Vergleicht eure Vorschläge mit den folgenden Tipps.

> **Präsentieren von Ergebnissen auf einem Plakat:**
> **So werden Plakate richtig ansprechend!**
> - Achte auf eine kurze Überschrift.
> - Schreibe groß und deutlich, am besten in Druckschrift oder mit dem Computer.
> - Formuliere knapp; häufig sind Stichworte besser als ganze Sätze.
> - Lockere das Plakat durch Bilder und Grafiken auf. Fotos wirken häufig gut; du kannst sie bequem mit einer Digitalkamera herstellen.

2. Erstellt ein Plakat zu folgendem Thema und hängt es im Klassenraum aus.
   a) Wo kommen Vielecke in der Umwelt vor?
   b) Wo kommen symmetrische Figuren im Alltag vor?

3.5 Kreise

Ziel

Kreise kennst du aus dem Alltag.
In diesem Abschnitt lernst du, welche Eigenschaften Kreise aufweisen.

Zum Erarbeiten

Eigenschaft der Punkte auf einem Kreis

Auf dem linken Bild siehst du, wie auf einem Fußballfeld der Mittelkreis markiert wird.
Beschreibe, wie das geschieht und worauf geachtet werden muss.
Auf dem rechten Bild siehst du, wie ein Mädchen mit einem Band einen Kreis zeichnet.
Beschreibe, worauf sie achten muss.

→ Der Kreidewagen ist mit einem Seil fest verbunden mit einem Pflock in der Mitte. Der Platzwart fährt mit dem Kreidewagen, wobei er darauf achten muss, dass das Seil stets straff gespannt sein muss.
Auch das Mädchen muss darauf achten, dass das Band immer straff gespannt ist, damit das Kreidestück immer denselben Abstand vom Mittelpunkt hat. Es gilt nämlich:

Auf einem **Kreis** liegen alle Punkte P, die von einem festen Punkt M die gleiche Entfernung r haben.
Der Punkt M heißt **Mittelpunkt des Kreises**, r heißt **Radius des Kreises**.
Man sagt auch:
Der Kreis ist die **Ortslinie** aller Punkte, die von dem Punkt M denselben Abstand haben.

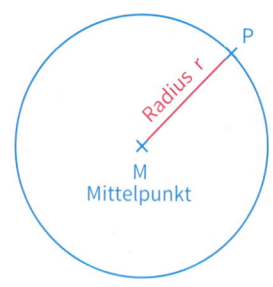

Zeichnen eines Kreises mit dem Zirkel – Sehne und Durchmesser

Markiere einen Punkt M.
Zeichne den Kreis um den Punkt M mit dem Radius $r = 4$ cm. Zeichne dann eine Strecke, die zwei Punkte auf diesem Kreis verbindet und
(1) 6 cm;   (2) 8 cm   lang ist.
Beschreibe die Lage des Kreismittelpunktes zu diesen beiden Strecken.
Leo behauptet, dass er in diesen Kreis eine 9 cm lange Strecke zeichnen kann. Was meinst du dazu?

Zum Selbstlernen 3.5 Kreise

→ Du kannst die gesuchte Strecke mit dem Geodreieck durch Probieren in den Kreis einpassen oder dir einen Punkt auf dem Kreis wählen und um ihn einen Kreis mit der Streckenlänge als Radius zeichnen. Hier sind die Zeichnungen verkleinert dargestellt.

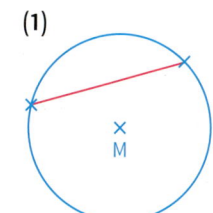
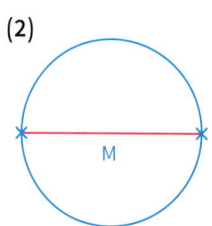

Der Mittelpunkt des Kreises liegt nicht auf der 6 cm lange Strecke, aber auf der 8 cm langen Strecke. Eine längere Strecke kann man nicht in den Kreis zeichnen, da 8 cm doppelt so lang sind wie der Radius von 4 cm. Leos Behauptung ist falsch.

Information

„Radius" und „Durchmesser sind Teekesselchen, haben also zwei Bedeutungen. Sie bedeuten sowohl eine Strecke als auch eine Länge.

Allgemein gilt:

> Eine **Sehne** eines Kreises ist eine Strecke, die zwei Kreispunkte verbindet.
> Ein **Durchmesser** eines Kreises ist eine besondere Sehne, die durch den Mittelpunkt des Kreises geht.
> Ein Durchmesser d ist doppelt so lang wie ein Radius:
> **d = 2 · r**

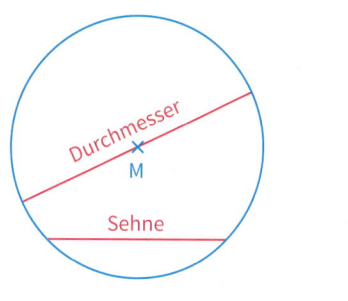

Zum Üben

1. Zeichne mit dem Zirkel einen Kreis. Markiere zuerst den Mittelpunkt M. Gib auch den Durchmesser d bzw. den Radius r an.
   a) r = 3 cm   b) r = 4,5 cm   c) d = 8 cm   d) d = 8,2 cm

2. Zeichne drei Kreise mit demselben Mittelpunkt M. Die Durchmesser sollen 4 cm, 7 cm und 10 cm betragen.

3. Zeichne mithilfe einer Dose einen Kreis; schneide ihn aus. Finde nun den Mittelpunkt des Kreises.

4. Zeichne einen Kreis mit r = 5 cm.
   a) Passe mit dem Lineal zwei Sehnen mit den Längen 4 cm und 7 cm ein.
   b) Passe mit dem Zirkel zwei Sehnen mit den Längen 3 cm und 6 cm ein.

5. a) Übertrage die Figur in dein Heft. Du kannst sie auch färben.

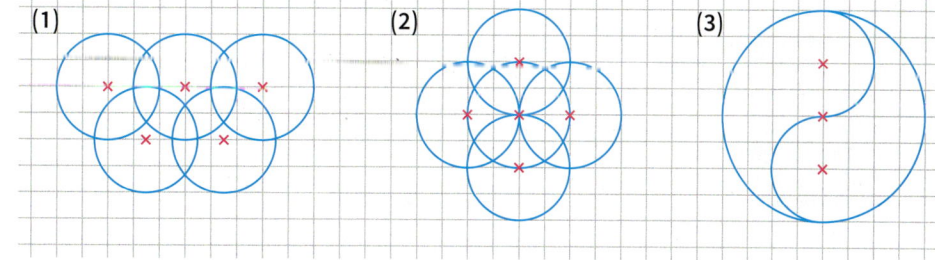

b) Erfinde selbst schöne Kreisfiguren und färbe sie. Du kannst auch ein DGS verwenden.

6. Zeichne in ein Koordinatensystem mit der Einheit 1 Kästchenlänge einen Kreis mit dem Mittelpunkt M(5|6). Der Radius soll 5 Kästchenlängen betragen. Zeichne folgende Punkte ein: A(5|1), B(8|4), C(3|2), D(10|12), E(1|9), F(8|2), G(5|10), H(1|2). Welche dieser Punkte liegen (1) auf dem Kreis; (2) im Inneren [außerhalb] des Kreises?

7. In Berlin und Brandenburg sind in Perleberg, Angermünde, Brandenburg (Havel), Berlin, Bad Saarow und Senftenberg Rettungshubschrauber stationiert. Sie können Orte bis zu einer Entfernung von 70 km anfliegen (Einsatzradius).
   a) Übertrage die Standorte der sechs Rettungshubschrauber auf Transparentpapier und bestimme mit dem Zirkel die Einsatzgebiete.
   b) Lege das Transparentpapier auf die Karte. Nenne Städte in dem Gebiet, das von keinem [von einem; nur von einem] dieser Rettungshubschrauber erreicht werden kann.
   c) Welche Städte können von zwei dieser Hubschrauber erreicht werden?

8. Ein Hund wird mit einer 5 m langen Leine an einer Ecke eines quadratischen Brunnentrogs mit der Kantenlänge 3 m gebunden. Welchen Bereich kann der Hund erreichen? Konstruiere mit dem Zirkel im Maßstab 1 : 100.

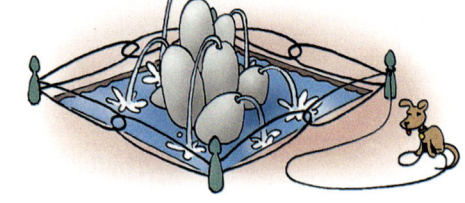

9. Zeichne zwei Kreise mit den Radien 2 cm und 3 cm, die
   (1) keinen Punkt gemeinsam haben;
   (2) sich in einem Punkt berühren;
   (3) sich in zwei Punkten schneiden.

10. Viele Figuren bestehen nicht aus ganzen, sondern aus Teilen von Kreisen. Zeichne die Figuren in dein Heft.

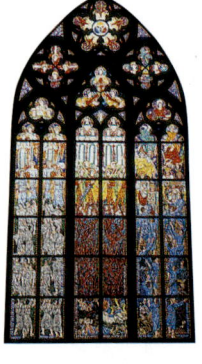

(1) 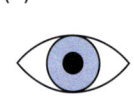 (2) 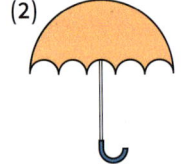 (3)  (4) 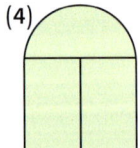 (5)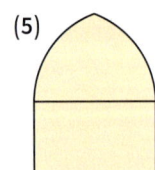

11. Entwerft ein Maßwerk-Fenster wie auf dem Foto links. Hängt die Entwürfe im Klassenraum aus.

3.6 Winkel

3.6.1 Begriff des Winkels

Einstieg   Leuchttürme dienen in der Seefahrt zur Orientierung. Aus Seekarten kann man nicht nur die Position der Türme entnehmen, sondern auch, wohin das Leuchtfeuer strahlt und in welcher Farbe.

a) In der Kuppel des „Amrumer Leuchtturms" dreht sich ein Scheinwerfer in 7,5 s einmal im Kreis.

Der Leuchtturm „Ölhörn" auf Föhr hat in einigen Abschnitten rot und in anderen grün gefärbte Scheiben.

Häufig sind wie bei dem Leuchtturm „Nebel" auf Amrum die Fenster nur zu einer Seite ausgerichtet.

Welche Auswirkungen hat die Bauart der Türme auf den Schein des Leuchtfeuers? Ihr könnt es mit einer Taschenlampe ausprobieren.

b) In der Karte findet ihr die Leuchtfeuer einiger Leuchttürme. Beschreibt, wohin jeweils ihr Licht strahlt, und vergleicht die Gebiete, in denen die einzelnen Leuchtfeuer zu sehen sind. Beachtet dabei jeweils auch die Farben des Feuers. (Weißes Licht wird in Seekarten gelb eingezeichnet.)

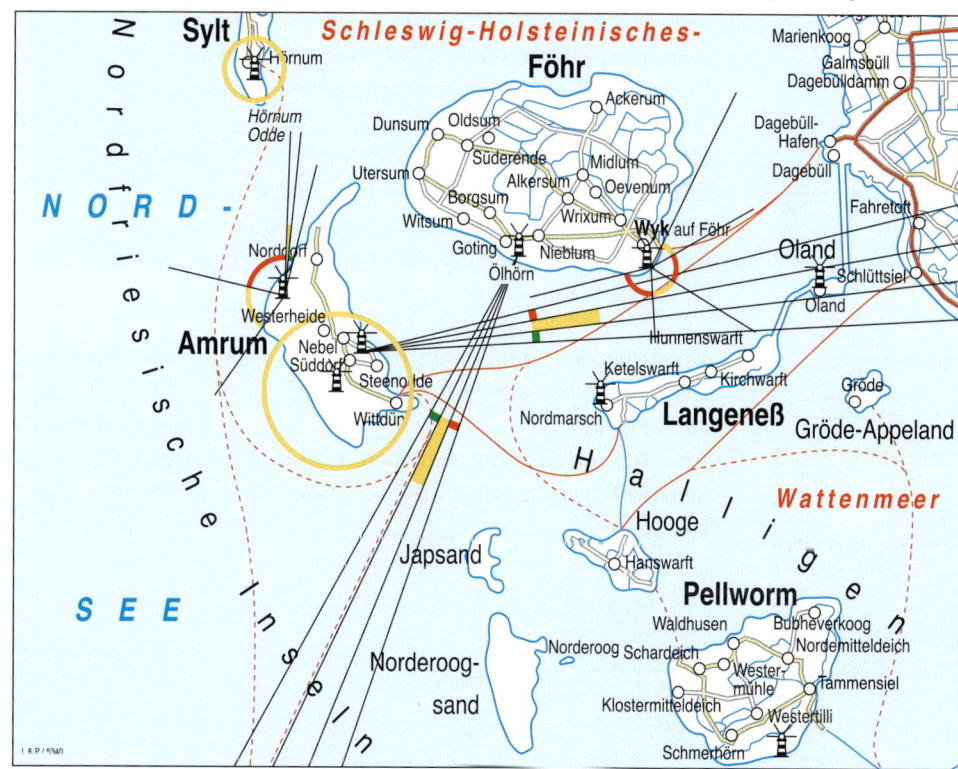

Information

Auf dem Foto links siehst du einen Radarturm mit Sender und Antenne. Die Antenne dreht sich und der Sender sendet dabei ständig einen Radarstrahl aus. Radarstrahlen breiten sich wie Lichtstrahlen geradlinig aus. Trifft ein Strahl auf ein Hindernis, z. B. ein Flugzeug, so wird er zurückgeworfen und von der Antenne empfangen. Die vom Strahl getroffenen Punkte erscheinen auf dem kreisrunden Bildschirm (Bild rechts) als leuchtende Punkte. Daraus lassen sich Lage und Entfernung der Flugzeuge erkennen.

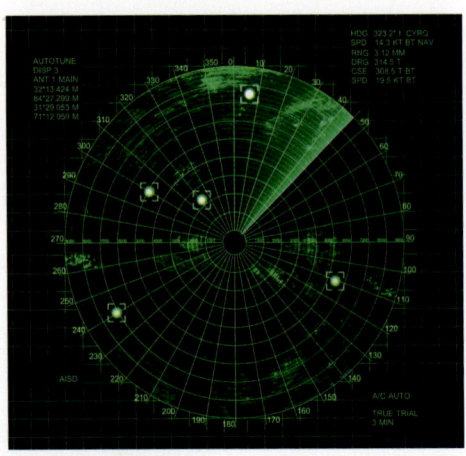

Einen Radarstrahl kann man mathematisch durch einen Strahl beschreiben: Er hat einen Anfangspunkt und ist zur anderen Seite unbegrenzt.

Für den Strahl mit dem Anfangspunkt A durch den Punkt B schreibt man das Symbol $\overrightarrow{AB}$.

Strecke $\overline{AB}$
nach beiden Seiten begrenzt

Strahl (Halbgerade) $\overrightarrow{AB}$
nach einer Seite unbegrenzt

Gerade AB
nach beiden Seiten unbegrenzt

Aufgabe 1

Einführung des Winkelbegriffs

Die Figur besteht aus zwei Strahlen g und h mit dem gemeinsamen Anfangspunkt S. Zeichne die Figur in dein Heft.

a) Drehe mithilfe von Transparentpapier und einer Nadel den Strahl g um seinen Anfangspunkt S.
Welche Möglichkeiten gibt es, den Strahl g so zu drehen, dass er auf den Strahl h fällt? Färbe mit verschiedenen Farben die Flächen, die der Strahl g dabei überstreicht.

b) Drehe den Strahl h um den Punkt S, bis er auf den Strahl g fällt. Welche Möglichkeiten gibt es?

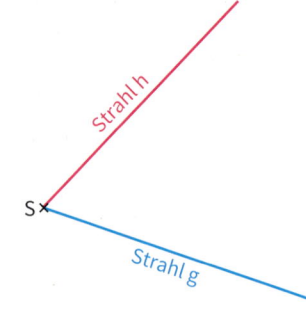

Lösung

a) Wenn man den Strahl g linksherum dreht (gegen den Uhrzeiger), so erhält man die gelbe Fläche.
Dreht man den Strahl g rechtsherum (mit dem Uhrzeiger), so erhält man die grüne Fläche.

b) Wenn man den Strahl h linksherum dreht, so erhält man die gelbe Fläche. Dreht man den Strahl h dagegen rechtsherum, so erhält man die grüne Fläche.

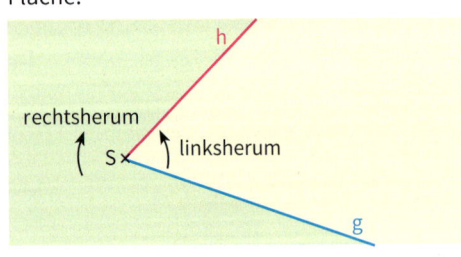
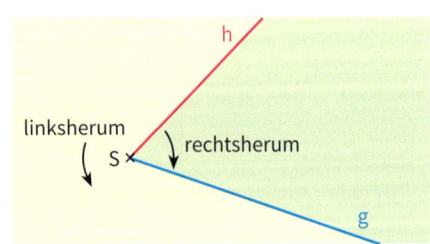

3.6 Winkel

Information

(1) Winkel

Dreht man einen Strahl um seinen Anfangspunkt S in eine neue Lage, so wird eine Fläche überstrichen. Dieses Gebiet heißt **Winkel**.
Der gemeinsame Punkt S der beiden Strahlen heißt **Scheitel** *(Scheitelpunkt)*, die beiden Strahlen heißen **Schenkel** des Winkels.
In der Mathematik ist es üblich, die Drehrichtung linksherum (gegen den Uhrzeigersinn) zu wählen.

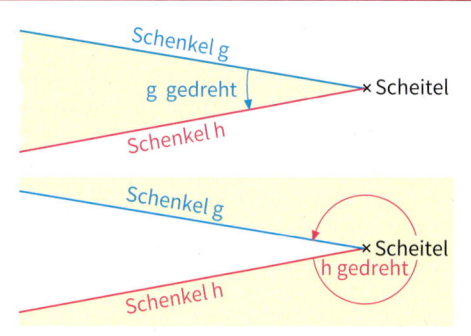

Griechische Buchstaben
α Alpha
β Beta
γ Gamma
δ Delta
ε Epsilon

(2) Bezeichnung eines Winkels durch griechische Buchstaben
Punkte bezeichnen wir mit großen Buchstaben, Geraden mit kleinen Buchstaben.
Es ist üblich, Winkel kurz mithilfe kleiner griechischer Buchstaben zu bezeichnen.

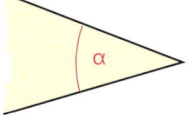 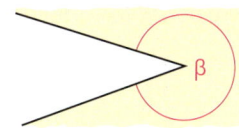 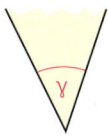 

Weiterführende Aufgabe

Winkel in Figuren

2. Auch in Figuren (z. B. im Dreieck ABC) treten Winkel auf, obgleich hier Strecken die Begrenzungslinien bilden. Man muss sich nur die Seiten unbegrenzt fortgesetzt denken zu Strahlen.
In einem Dreieck werden die markierten Winkel so bezeichnet:
Zum Eckpunkt A gehört der Winkel α,
zum Eckpunkt B gehört der Winkel β,
zum Eckpunkt C gehört der Winkel γ.
Erkläre die Entstehung der Winkel durch Drehung von Strahlen.

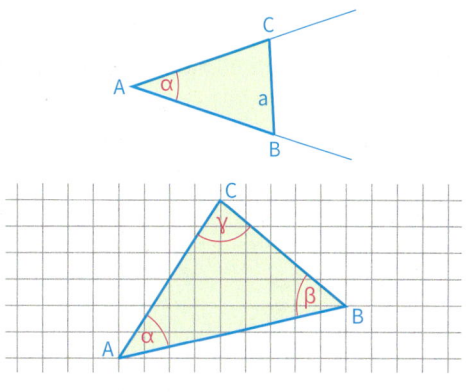

Übungsaufgaben

3. Auf dem Foto siehst du einen Windsack. Dreht sich der Wind, so dreht sich auch der Windsack.
Stelle durch eine Zeichnung dar, dass der Wind
a) von S auf SW dreht,
b) von O auf NW dreht.

4. Durch die beiden Strahlen a und b sind zwei Winkel festgelegt. Erkläre ihre Entstehung und bezeichne in deinem Heft jeden Winkel durch einen Bogen und einen griechischen Buchstaben.

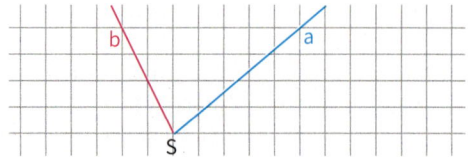

5. Zeichne ab und markiere, welcher Schenkel linksherum, d. h. entgegen dem Uhrzeigersinn, gedreht werden muss, um den eingezeichneten Winkel zu erhalten.

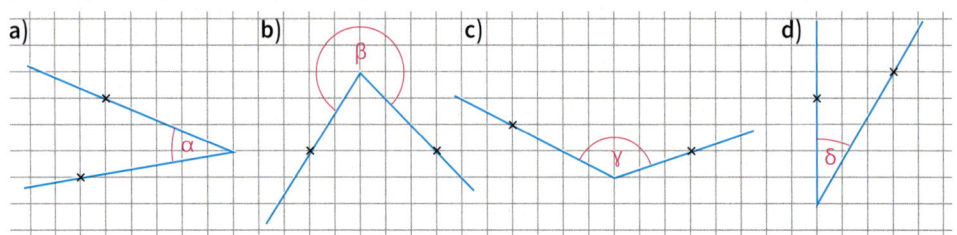

6. Zeichne ab und markiere den Winkel, der entsteht, wenn man den Schenkel g linksherum dreht.

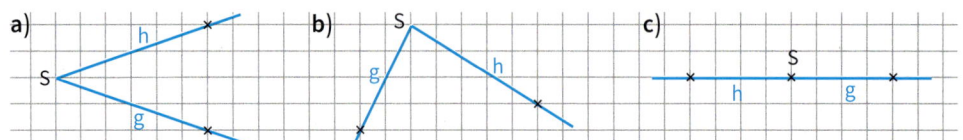

7. Die Eckpunkte und Winkel eines Vielecks werden wie im Bild bezeichnet. Erkläre die Entstehung der Winkel α, β, γ, δ durch Drehung von Strahlen.

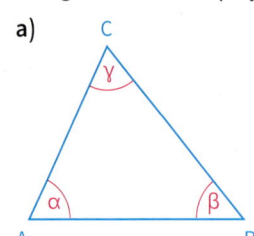
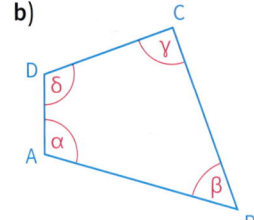
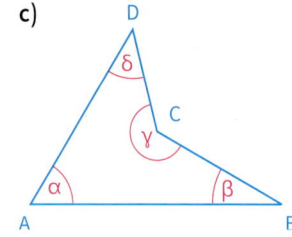

8. Skizziere die Zeichnung in dein Heft. Erläutere die Bedeutung der eingezeichneten Winkel und ergänze den toten Winkel.

Toter Winkel
Trotz der Außenspiegel und des Rückspiegels kann ein Autofahrer nicht den ganzen Bereich hinter dem Fahrzeug und seitlich des Fahrzeugs einsehen, ohne den Kopf zu drehen („Schulterblick"). Den nicht einsehbaren Bereich bezeichnet man als **toten Winkel**.

Das kann ich noch!

A) Berechne.
1) $12 - 2 \cdot 3$
2) $28 - (12 - 9)$
3) $5 \cdot 2^3$
4) $36 : 4 : 3$
5) $2 \cdot [5 \cdot (4 - 1)]$

B) Berechne vorteilhaft.
1) $39 \cdot 2 \cdot 5$
2) $57 + 68 + 43$
3) $4 \cdot 29 \cdot 25$
4) $59 \cdot 13 + 41 \cdot 13$
5) $7 \cdot 168 + 7 \cdot 32$

3.6.2 Messen von Winkeln – Winkelarten

Einstieg
Aus der alltäglichen Sprache kennst du Sätze wie: „Die Tür steht weit offen." Welche der Türen steht weiter offen? Beschreibt, wie weit sie geöffnet sind. Denke auch an Winkel.

Aufgabe 1
Winkel vergleichen
Vergleiche die Winkel und ordne sie der Größe nach.

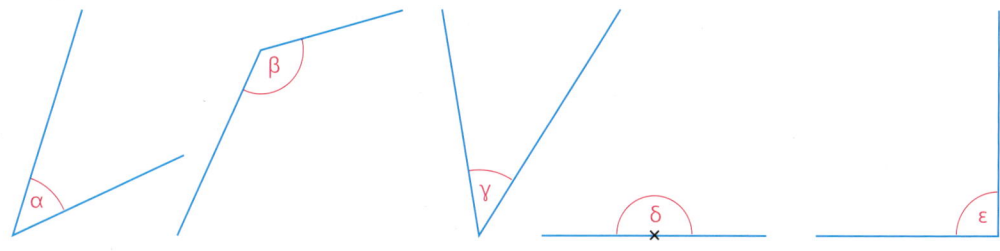

Lösung
Mit bloßem Auge erkennt man: $\delta > \beta > \epsilon > \gamma$
Die Größe von α und γ kann man durch Übertragen von einem der beiden Winkel auf Transparentpapier vergleichen. Du erhältst $\alpha > \gamma$.
Damit gilt: $\delta > \beta > \epsilon > \gamma > \alpha$

Information

(1) Angabe der Größe eines Winkels durch Maßzahl und Maßeinheit
Die Ägypter und Babylonier haben ein Maß für Winkel benutzt, das noch bis heute üblich ist. Der Kreislauf der Erde in rund 360 Tagen um die Sonne war wohl der Grund für die Einteilung des Vollwinkels in 360 gleich große Teilwinkel.

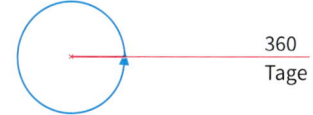
360 Tage

Der 360. Teil eines Vollwinkels hat die Größe **1 Grad**
(geschrieben 1°). Seine Öffnungsweite ist nur sehr gering;
man kann die beiden Schenkel erst in einiger Entfernung vom Scheitelpunkt voneinander unterscheiden.

Einheitswinkel der Größe 1° (Öffnungsweite 1°)

1°

Der Winkel α hat die Größe 17°. Das bedeutet: Der Winkel α ist so groß, wie 17 Winkel von 1° zusammen ergeben. 17° ist ein Maß für die Öffnungsweite des Winkels.

Beachte:
Wir haben α als Bezeichnunag für einen Winkel eingeführt. Wir wollen den griechischen Buchstaben aber auch für die Größe dieses Winkels benutzen und schreiben $\alpha = 17°$.

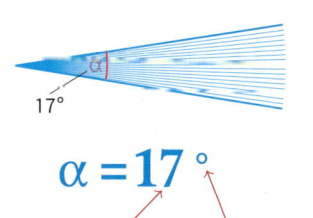
$\alpha = 17°$
Maßzahl   Einheit

Symmetrie

Information

(2) Winkelarten

Man unterscheidet folgende Winkel nach ihrer Größe:

Die Schenkel sind senkrecht zueinander.	Die Schenkel liegen auf einer Geraden.	Die Schenkel liegen aufeinander.
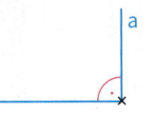	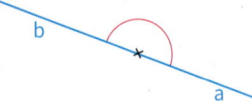	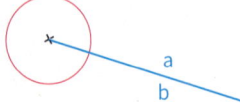
rechter Winkel $\alpha = 90°$	**gestreckter Winkel** $\alpha = 180°$	**Vollwinkel** $\alpha = 360°$
Der Winkel ist kleiner als ein rechter Winkel.	Der Winkel ist kleiner als ein gestreckter Winkel, aber größer als ein rechter Winkel.	Der Winkel ist größer als ein gestreckter Winkel, aber kleiner als ein Vollwinkel.
spitzer Winkel $\alpha < 90°$	**stumpfer Winkel** $90° < \alpha < 180°$	**überstumpfer Winkel** $180° < \alpha < 360°$

α zwischen 90° und 180° groß.

(3) Winkelmesser

Mit dem Geodreieck kannst du auch Winkel messen.
Du siehst zwei Winkelskalen von 0° bis 180°, eine innere und eine äußere. Die innere Winkelskala beginnt links mit 0°, die äußere beginnt rechts mit 0°.
Mache dich mit deinem Winkelmesser vertraut.

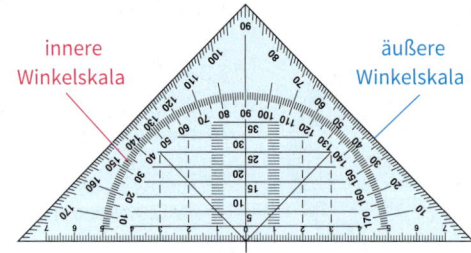

Aufgabe 2

Winkel messen

Zeichne den Winkel in dein Heft.
Miss dann mit dem Geodreieck die Größe des Winkels β.

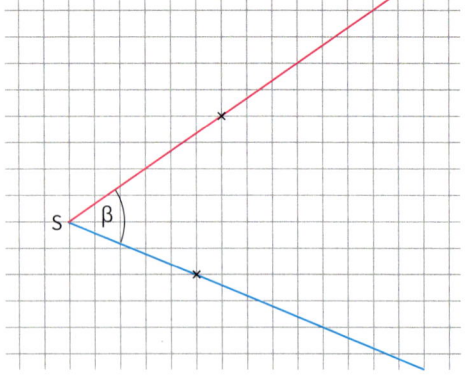

Lösung   1. Möglichkeit

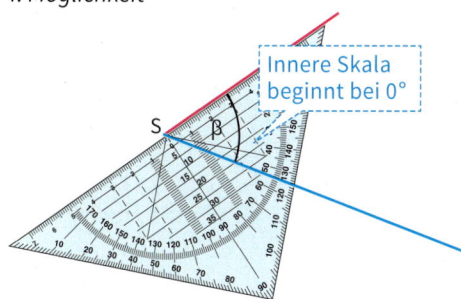 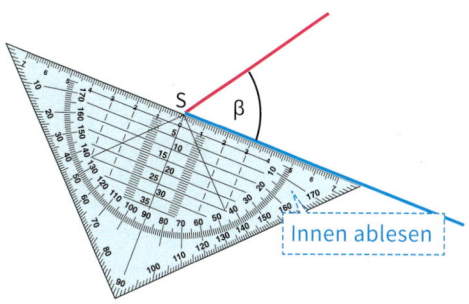

Lege das Geodreieck so an wie im Bild. *Beachte:* Der Nullpunkt des Geodreiecks muss genau auf dem Scheitelpunkt S liegen.

Drehe das Geodreieck dann um S linksherum bis in die Lage wie im Bild. Lies nun die Größe des Winkels β ab: β = 55°.

2. Möglichkeit

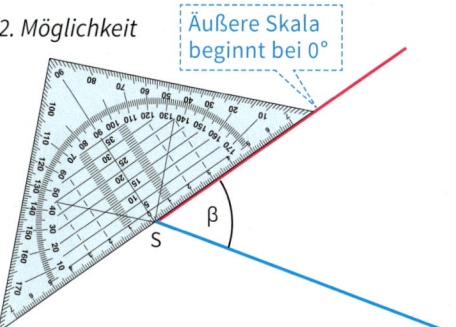 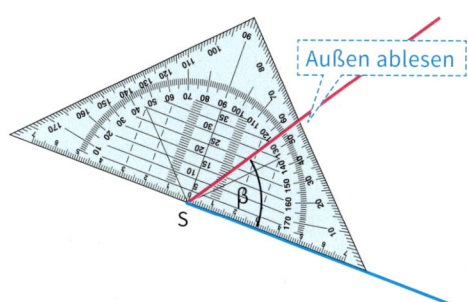

Lege das Geodreieck so an wie im Bild. *Beachte:* Der Nullpunkt des Geodreiecks muss genau auf dem Scheitelpunkt S liegen.

Drehe das Geodreieck dann um S rechtsherum bis in die Lage wie im Bild. Lies nun die Größe des Winkels β ab: β = 55°.

Weiterführende Aufgaben

Messen eines überstumpfen Winkels

3. Die Winkelskala des Geodreiecks reicht nur bis 180°. Übertrage den überstumpfen Winkel α in dein Heft und erläutere, wie man seine Größe trotzdem bestimmen kann. Es gibt mehrere Möglichkeiten.

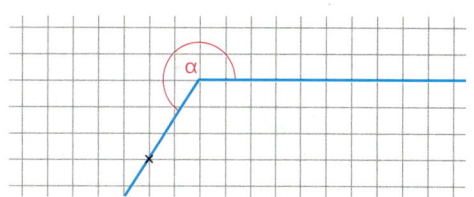

DGS **Messen von Winkeln mit einem DGS**

4. Zeichne mit einem DGS einen Winkel. Du kannst ihn messen, indem du drei Punkte angibst: einen auf dem einen Schenkel, den Scheitelpunkt und einen Punkt auf dem anderen Schenkel. Verändere die Öffnungsweite des Winkels. Was stellst du fest?

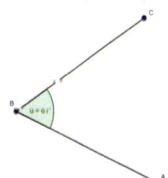

Übungsaufgaben

5. Vergleiche – ohne zu messen – die drei Winkel α, β und γ ihrer Größe nach.

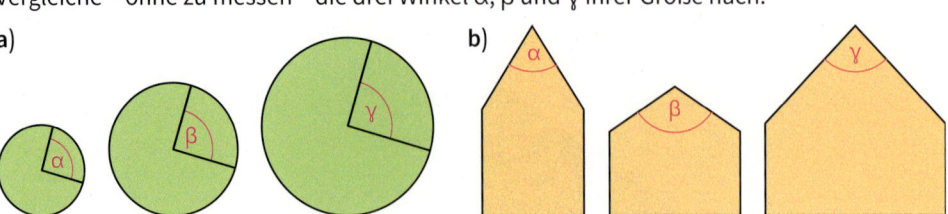

6. Was für Winkel liegen in dem Viereck vor?

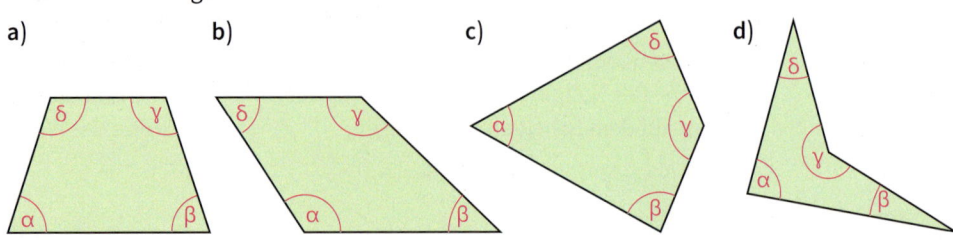

7. Sucht rechte, spitze und stumpfe Winkel in eurer Umwelt.

8. Zeichne ein Dreieck mit
   a) drei spitzen Winkeln;
   b) einem rechten Winkel;
   c) einem stumpfen Winkel.

9. Zeichne ein Viereck mit
   a) zwei stumpfen und zwei spitzen Winkeln;
   b) drei spitzen und einem stumpfen Winkel;
   c) mindestens einem rechten Winkel;
   d) genau zwei rechten Winkeln.

10. Übertrage die Winkel in dein Heft. Schätze ihre Größe und gib ihre Art an. Miss dann genau.

spitz? stumpf?

11. Die folgenden Winkel sind 117°, 56°, 37° und 124° groß. Ermittle die Größe von α, β, γ und δ ohne zu messen.

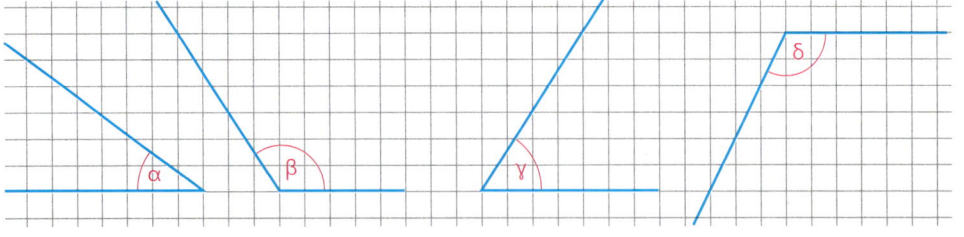

3.6 Winkel

12. Ein Partner zeichnet einen Winkel mit der angegebenen Größe nach Augenmaß.
    Der andere prüft anschließend mit dem Geodreieck und benennt die Winkel. Wechselt euch nach jedem Winkel ab.
    a) 30° b) 45° c) 60° d) 90° e) 120° f) 150° g) 10° h) 180°

13. Zeichne in ein Koordinatensystem mit der Einheit 1 cm ein Dreieck mit den angegebenen Eckpunkten. Miss die Winkel α, β und γ.
    a) A(1|1), B(6|1), C(1|5)
    b) A(0|1), B(7|4), C(5|9)
    c) A(1|6), B(5|1), C(9|6)
    d) A(2|4), B(7|0), C(7|8)

14. Zeichne die überstumpfen Winkel in dein Heft und bestimme ihre Größe.

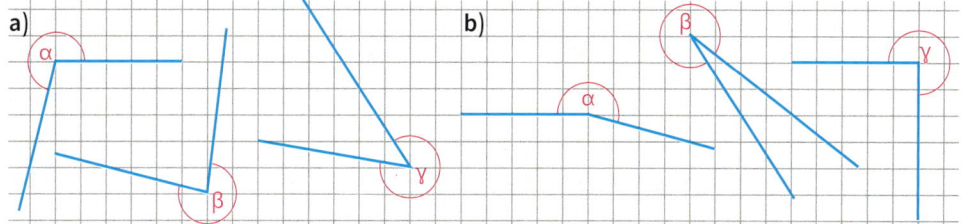

15. Neben einer Treppe ist eine Auffahrt (eine „schiefe Ebene") für Rollstuhlfahrer gebaut.
    Zeichne die Auffahrt in dein Heft und miss den Steigungswinkel α.

16. Es gilt in der Zeichnung rechts:
    α = 75°, β = 65° und γ = 110°.
    Wie groß ist δ?

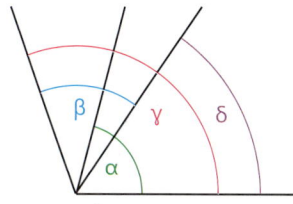

17. Zeichne die Punkte A(1|1), B(9|1), C(11|5) und D(5|9) in ein Koordinatensystem mit der Einheit 1 cm und miss die Winkel, die du mithilfe der Punkte bilden kannst.

Spiel (2 Spieler)

18. Stellt euch eine „Winkelscheibe" her. Zeichnet dazu zwei gleich große Kreise mit dem Radius 7 cm auf verschieden farbigem Karton, markiert den Mittelpunkt und schneidet sie aus. Schneidet dann beide Kreise bis zum Mittelpunkt ein und steckt sie ineinander. Der eine Partner stellt mit der Scheibe einen Winkel ein, der andere schätzt seine Größe. Dann wird gemessen. Notiert die Ergebnisse in einer Tabelle. Wechselt euch ab. Bildet die Summe der Unterschiede. Sieger ist, wer nach 10 Schätzungen das kleinste Ergebnis hat.
    Variante: Zeichnet Winkel, statt sie mit der Scheibe einzustellen.

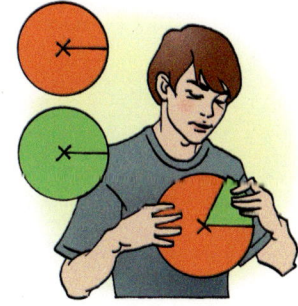

3.6.3 Zeichnen von Winkeln

Einstieg

a) Kopiert eine Karte von Brandenburg. Tragt mit einer Winkelscheibe von Brandenburg (Havel) aus die Richtung 40° Ost (zur Nordrichtung) ein.
Welche Orte liegen in dieser Richtung? Stellt euch auch weitere solche Aufgaben zu eurem Heimatort.

b) Kopiert euch eine genauere Karte eurer Gegend. Ermittelt mit einer Winkelscheibe, welche Orte ausgehend von eurem Wohnort in Richtung 35° West (zur Nordrichtung) liegen. Stellt euch weitere solcher Aufgaben.

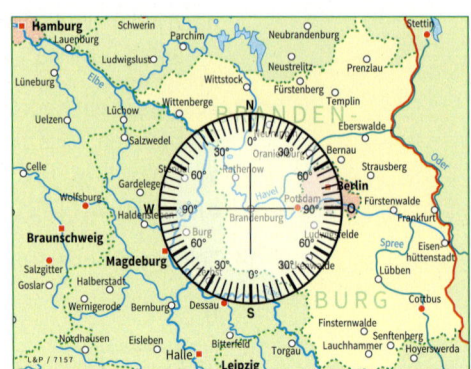

Aufgabe 1

Winkel zeichnen
Zeichne mit dem Geodreieck an den Strahl g nach oben einen Winkel mit dem Scheitel S und der Größe 65°.

Lösung

1. Möglichkeit:

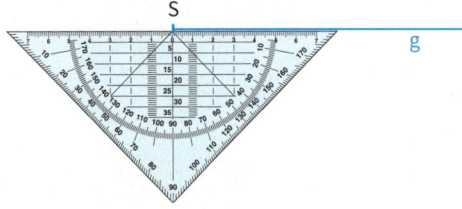

Lege das Geodreieck so auf den Strahl g.
Beachte: Der Nullpunkt des Geodreiecks muss auf dem Scheitel S liegen.

Drehe das Geodreieck um S linksherum um 65°, bis es die Lage wie im Bild erreicht hat. Zeichne den zweiten Schenkel des Winkels α von S aus.

2. Möglichkeit:

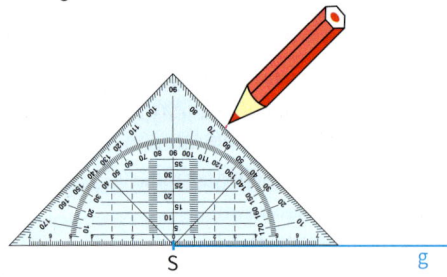
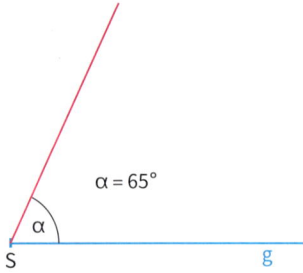

Lege das Geodreieck so auf den Strahl g.
Beachte: Der Nullpunkt des Geodreiecks muss auf dem Scheitel S liegen.

Markiere bei 65° einen Punkt. Verbinde den Markierungspunkt mit dem Punkt S.

3.6 Winkel

Weiterführende Aufgaben

Zeichnen von überstumpfen Winkeln

2. a) Erkläre, wie man den überstumpfen Winkel mit der Größe 235° zeichnen kann.
   b) Zeichne einen Winkel mit der Größe
      (1) 185°;   (2) 308°.

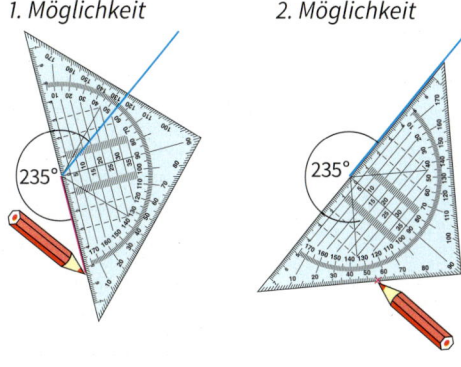

1. Möglichkeit   *2. Möglichkeit*

Zeichnen von Dreiecken mithilfe von Winkeln

3. Zeichne ein Dreieck ABC mit $\overline{AB}$ = 6 cm, α = 23° und β = 72°.

Übungsaufgaben

4. Zeichne einen Winkel mit der angegebenen Größe. Überlege dir vorher, um was für einen Winkel es sich handelt.
   a) 40°   d) 180°   g) 147°   j) 270°   m) 293°
   b) 77°   e) 110°   h) 139°   k) 267°   n) 360°
   c) 10°   f) 90°   i) 300°   l) 311°   o) 353°

5. Zeichne in ein Koordinatensystem mit der Einheit 1 cm den Strahl $\overrightarrow{SP}$. Trage an dem Strahl $\overrightarrow{SP}$ den Winkel α an.
   a) S(2|1); P(7|3); α = 42°   b) S(4|3); P(8|0); α = 112°   c) S(7|4); P(11|1); α = 238°

6. Beim Diskuswerfen ist der Radius des Wurfkreises 1,25 m. Der Winkel des Wurfsektors ist 35° groß. Zeichne die Anlage in dein Heft. Wähle 2 cm für 1 m.

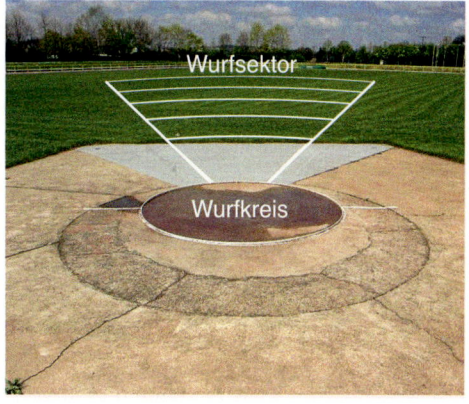

7. Zeichne das Dreieck mit den angegebenen Maßen in dein Heft. Beginne mit der Strecke $\overline{AB}$. Bestimme die Größe des dritten Winkels und die Länge der Strecken $\overline{AC}$ und $\overline{BC}$.

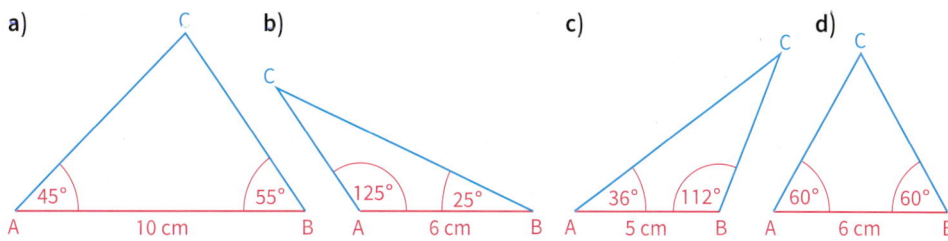

 Im Blickpunkt

Orientierung mithilfe von Winkeln

1. Bei einer Schatzsuche im Gelände erhält Anne die Anweisung: Gehe von deinem Zelt aus genau nach Osten. Nach 150 Schritten kommst du an eine dicke Eiche. Ändere an der Eiche deinen „Kurs" um 50°. Nach etwa 200 Schritten wirst du einen Schatz finden. Nach einiger Zeit kommt Anne verärgert zurück und sagt: „Ihr habt mich reingelegt. Schon nach 100 Schritten hinter der Eiche war ich an einem See."
Überlege, wer einen Fehler gemacht hat.

Festlegen von Richtungen durch Winkel
Winkel kann man auch zum Festlegen von Richtungen verwenden. Dabei muss man von einer festen Richtung, z. B. einer der Himmelsrichtungen Nord, Ost, Süd oder West, ausgehen und dann angeben, um wie viel Grad man sich von dieser Richtung nach links oder rechts drehen muss.
Zwischen zwei Richtungen liegt ein Winkel. Der Unterschied zwischen zwei Richtungen kann daher durch eine Winkelgröße in Grad angegeben werden.

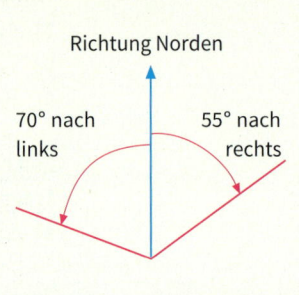

2. Zeichne die Nord-Richtung [die Ost-Richtung] und dann folgende Richtung ein:
   a) 17° nach links   b) 23° nach rechts   c) 109° nach links   d) 147° nach rechts

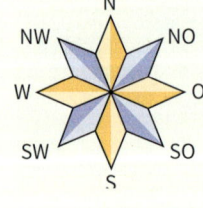

3. a) Welcher Richtungsunterschied besteht zwischen den folgenden Richtungen?
      (1) W und N   (2) O und S   (3) SO und S   (4) NW und NO
   b) Ein Fernrohr wird rechtsherum gedreht. Wie groß ist der Winkel bei einer Drehung
      (1) von N nach O;   (3) von NW nach SO;   (5) von N nach SW;
      (2) von S nach NW;   (4) von N nach SO;   (6) von NO nach NW?

4. Ein Schiff fährt von einem Punkt A aus 5 km direkt in östlicher Richtung zu einem Punkt E. Dort ändert es seinen Kurs um 50° zur Nordrichtung hin und fährt von dort aus 7 km weiter zu einem Punkt F.
Stelle fest, in welchem Winkel zur Nordrichtung und wie weit das Schiff fahren müsste, um von A direkt nach F zu gelangen.

5. Luca hat den Weg zum Eingang einer Höhle entdeckt. Er beschreibt Mia den Weg dorthin so:
Gehe 50 m nach Norden. Drehe dich dann um 120° nach rechts und gehe 40 m geradeaus.
Drehe dich anschließend um 90° nach links und gehe noch 80 m geradeaus.
Zeichne den Weg zur Höhle und gib einen einfacheren Weg an.

Im Blickpunkt

6. Während einer Klassenfahrt organisieren einige Schülerinnen und Schüler der 6 b eine Schatzsuche am Strand.

   a) Nachdem der Schatz vergraben ist, schreibt Lukas folgende Anweisung:

   > Startet eure Suche beim Fähnchen am Ende des Weges.
   > Von dort aus müsst ihr 120 m genau Richtung Süden gehen.
   > Geht anschließend 250 m in Richtung Westen. Dreht euch jetzt nach Südosten und geht so lange, bis ihr die beiden Spitzen der Leuchtfeuer genau hintereinander seht.
   > Dort ist der Schatz vergraben.

   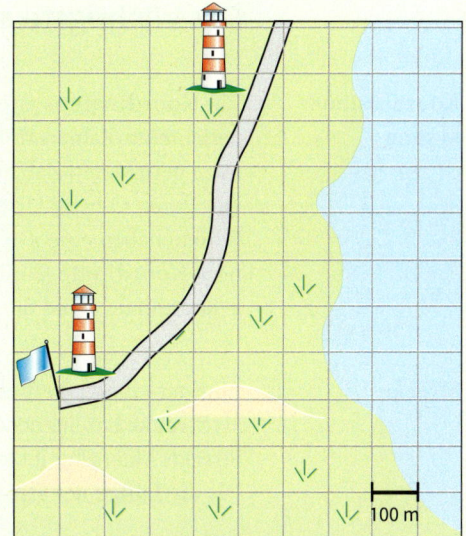

   Mia entgegnet: „Wir haben nicht für alle Gruppen einen Kompass. Wir müssen den Weg zum Schatz anders beschreiben." Gib den Weg mithilfe von Winkeln an.

   b) Paul findet das alles zu umständlich: „Wozu haben wir ein GPS-Gerät dabei, das uns unsere Position immer genau anzeigt? Wir können doch einfach die Koordinaten der Stelle angeben, an der wir den Schatz vergraben haben."

   > Die Koordinaten des Schatzes sind:
   > 32 U   0 458 019
   >   6 053 011

   Entsprechend knapp ist seine Anweisung.
   Beschreibe, wie man mit Pauls Anweisung den Schatz findet.

   c) Nina überlegt, ob die Gruppe, die den Schatz sucht, mit dieser Anweisung auch ohne ein solches Gerät etwas anfangen kann. Sie schaut sich daraufhin die Karte, die sie alle bekommen haben, noch einmal genau an.

   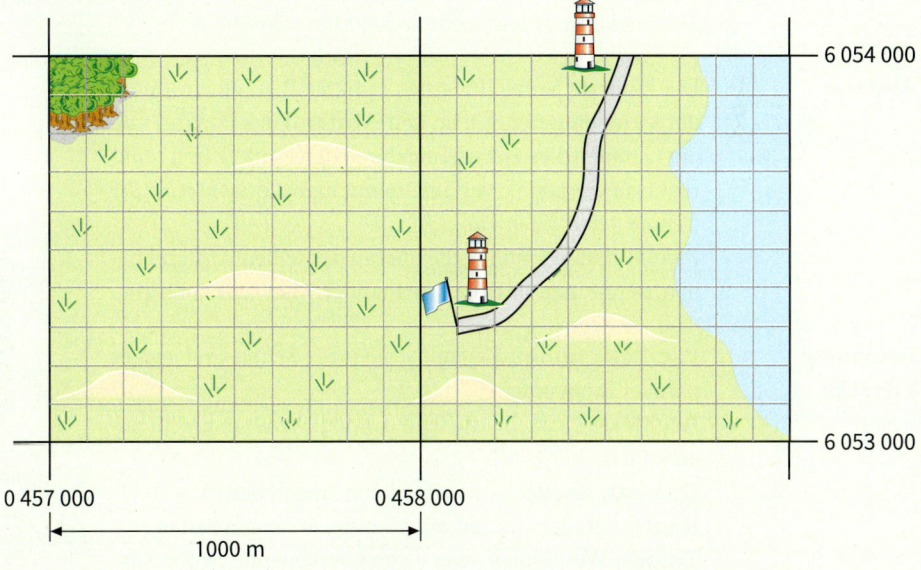

   Beschreibe wie Nina ohne GPS-Gerät mit dieser Karte den Schatz finden kann.

7. Versteckt selbst einen Schatz und versucht möglichst verschiedene Suchanweisungen zu erstellen.

Das Wichtigste auf einen Blick

Koordinatensystem

Ein **Koordinatensystem** besteht aus einem nach rechts gerichteten Zahlenstrahl, der **x-Achse**, und einem nach oben gerichteten Zahlenstrahl, der **y-Achse**.
Der Punkt O heißt Ursprung des Koordinatensystems.
Punkte haben eine **x-Koordinate** (1. Koordinate) und eine **y-Koordinate** (2. Koordinate). Z.B. hat P(4|3) die x-Koordinate 4 und die y-Koordinate 3.

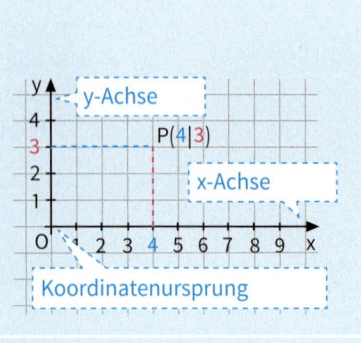

Strecke

Eine geradlinige Verbindung zweier Punkte A und B wird als **Strecke** bezeichnet. A und B sind die Endpunkte dieser Strecke. Man schreibt kurz: $\overline{AB}$ oder $\overline{BA}$.
Für die **Länge** der Strecke $\overline{AB}$ schreibt man $\overline{AB}$.

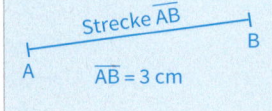

Vielecke

Eine Fläche, die von Strecken begrenzt wird, heißt **Vieleck**. *Dreiecke* (drei Eckpunkte), *Vierecke* (vier Eckpunkte) und *Fünfecke* (fünf Eckpunkte) sind Beispiele für Vielecke.
Unter dem **Umfang** eines Vielecks versteht man die Summe aller seiner Seitenlängen. Eine **Diagonale** verbindet nicht nebeneinander liegende Eckpunkte eines Vielecks.

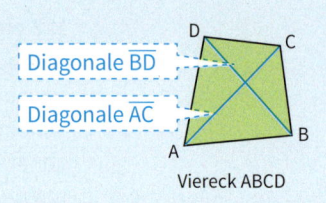

Geraden

Eine **Gerade** ist eine gerade Linie ohne Anfangs- und Endpunkt. Die Gerade durch die Punkte A und B wird mit AB bzw. BA oder einem Kleinbuchstaben (hier h) bezeichnet.
Zwei sich *schneidende* Geraden haben einen Punkt, den **Schnittpunkt** S gemeinsam. Liegen die Geraden g und h **senkrecht** zueinandern, so liegen sie wie Mittellinie und Zeichenkante eines Goedreiecks. Man schreibt g⊥h.

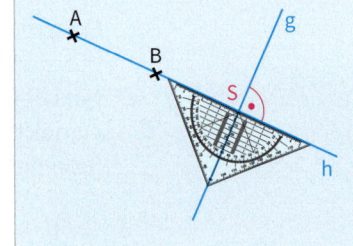

Abstand

Die kürzeste Verbindung des Punktes P zu einem Punkt der Geraden g nennt man den **Abstand** des Punktes von der Geraden. Die Gerade, die durch den Punkt P und senkrecht zur Geraden g verläuft, nennt man die *Senkrechte der Gerade g durch den Punkt P*.
Zwei Geraden g und h, die überall denselben Abstand haben, nennt man **parallel** zueinander. Man schreibt g∥h.

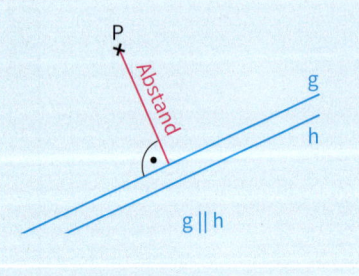

Besondere Vierecke

Parallelogramm: Gegenüberliegende Seiten sind jeweils parallel zueinander.
Rechteck: Benachbarte Seiten sind jeweils senkrecht zueinander.
Quadrat: Rechteck mit vier gleich langen Seiten
Raute: Parallelogramm mit vier gleich langen Seiten
Trapez: Wenigstens zwei gegenüberliegende Seiten sind parallel zueinander.

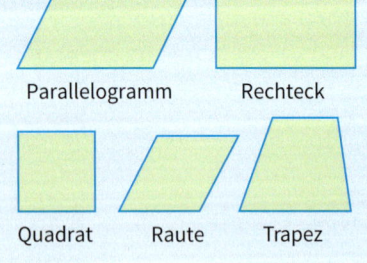

Das Wichtigste auf einen Blick

Quader und Würfel

Ein Quader wird von 6 Rechtecken begrenzt. Ein Würfel ist ein besonderer Quader, der von 6 Quadraten begrenzt wird. Quader kann man im Schrägbild darstellen und aus einem Netz herstellen.

Schrägbild 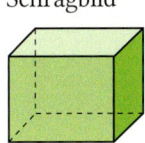 Netz

Kreis

Alle Punkte auf einem **Kreis** haben von einem festen Punkt M denselben Abstand r. M ist der **Mittelpunkt** des Kreises; r nennt man den **Radius** des Kreises.
Die Verbindungslinie zweier Punkte des Kreises bezeichnet man als **Sehne**. Eine Sehne, die durch den Mittelpunkt des Kreises geht, heißt **Durchmesser** d des Kreises.
Es gilt: $d = 2 \cdot r$.

Winkel

Dreht man einen Strahl um seinen Anfangspunkt S, so wird eine Fläche überstrichen, die man **Winkel** nennt. Der Punkt S ist der **Scheitel**, die Strahlen heißen **Schenkel** des Winkels. Winkel werden durch griechische Kleinbuchstaben wie α, β oder γ bezeichnet.
Rechts sind die wichtigsten Winkelarten aufgeführt.

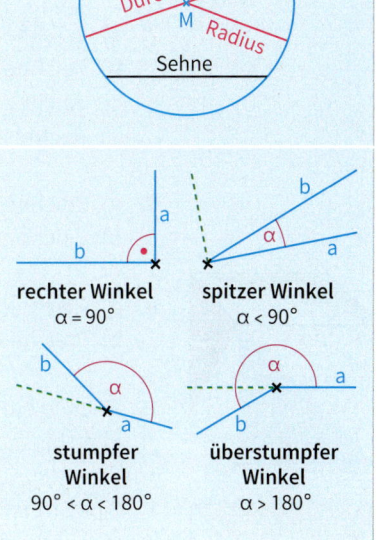

Bist du fit?

1. a) Zeichne die Punkte A(1|1), B(5|1), C(7|3), D(4|3), E(1|5) in ein Koordinatensystem mit der Einheit 1 cm und verbinde sie zum Fünfeck ABCDE.
   b) Bestimme den Umfang des Fünfecks ABCDE.
   c) Zeichne alle Diagonalen ein.

2. Zeichne die Punkte P(1|5), Q(1|3), R(1|1), S(3|5), T(5|3), U(6|5), V(7|1) in ein Koordinatensystem. Zeichne dann die Geraden PT, QV, RS und TU.
   Untersuche, welche dieser Geraden parallel, welche senkrecht zueinander sind. Schreibe das Ergebnis mit den Zeichen ⊥ und ∥.

3. Zeichne die Gerade g durch die Punkte A(3|0) und B(7|4) sowie den Punkt P(3|6) in ein Koordinatensystem mit der Einheit 1 cm.
   a) Zeichne eine Gerade a durch P, die zu g senkrecht ist.
   b) Zeichne eine Gerade b durch P, die zu g parallel ist.
   c) Bestimme den Abstand des Punktes P von der Geraden g.

4. Zeichne die Punkte A(1|1), B(6|1), C(4|7) und P(4|3) in ein Koordinatensystem mit der Einheit 1 cm. Von welcher der Geraden AB, BC und AC hat der Punkt P den kleinsten Abstand?

5. Zeichne zwei zueinander parallele Geraden a und b mit dem Abstand 5 cm. Zeichne nun eine dritte Gerade c. Sie soll zu a und zu b parallel sein. Außerdem soll die Gerade c von der Geraden a den Abstand 2 cm [8 cm] und von der Geraden b den Abstand 3 cm haben.

6. Markiere in einem Koordinatensystem die Punkte P(3|3) und Q(4|6). Zeichne ein Quadrat, das die Strecke $\overline{PQ}$ als Seite hat.

7. a) Zeichne ein Rechteck mit den Seitenlängen 3 cm und 5 cm.
   b) Zeichne eine Diagonale ein.
   c) Zeichne zu dieser Diagonalen eine Parallele, die durch einen Eckpunkt des Rechtecks geht.

8. a) Zeichne ein Rechteck mit dem Umfang 18 cm; eine Seite soll 6 cm lang sein.
   b) Zeichne ein Quadrat mit dem Umfang 18 cm.

9. a) Zeichne Netz und Schrägbild eines Quaders mit den Seitenlängen 6 cm, 8 cm und 5 cm.
   b) Welche besonderen Vierecke zeigt das Schrägbild?

10. Zeichne ein Netz des links abgebildeten Würfels, in das du die angegebene Färbung überträgst.

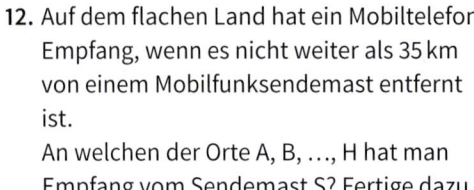

11. Eine Streichholzschachtel hat die Kantenlängen 5 cm, 3 cm und 1 cm. Zeichne Schrägbilder von ihr, wähle drei verschiedene Flächen als Standflächen aus.

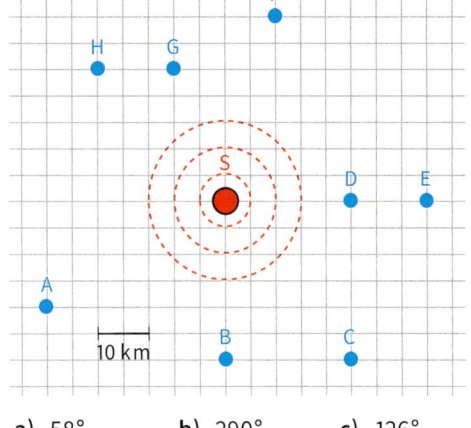

12. Auf dem flachen Land hat ein Mobiltelefon Empfang, wenn es nicht weiter als 35 km von einem Mobilfunksendemast entfernt ist.
    An welchen der Orte A, B, …, H hat man Empfang vom Sendemast S? Fertige dazu eine Zeichnung im Heft an.

13. Zeichne einen Winkel der Größe   a) 58°,   b) 290°,   c) 126°.

14. Markiere in einem Koordinatensystem mit dem Ursprung O die Punkte A(5|1), B(5|7), P(0|2), Q(4|3) und R(8|0). Zeichne die Winkel mit den Schenkeln $\overrightarrow{OA}$ und $\overrightarrow{OB}$ bzw. $\overrightarrow{QP}$ und $\overrightarrow{QR}$. Miss ihre Größe.

4. Flächen- und Rauminhalte

Beim Planen, Bauen und Renovieren benötigt man oft Größen von
z. B. Terrassen, Zimmern und Gebäuden.

Familie Wieblitz möchte ihre Terrasse neu mit Fliesen auslegen. Die Terrasse ist 4 m lang und 3 m breit.

Fliesen / quadratisch
50 cm
Stück 9,95 €

Fliesen / rechteckig
60 cm ; 40 cm
Stück 9,55 €

→ Wie viele der rechteckigen Fliesen benötigt die Familie mindestens, wenn die ganze Terrasse damit gefliest werden soll?
→ Wie viele der quadratischen Fliesen benötigt die Familie mindestens, wenn die ganze Terrasse damit gefliest werden soll?
→ Man könnte auch rechteckige und quadratische Fliesen kombinieren. Finde dafür eine Möglichkeit.

In diesem Kapitel ...
lernst du, wie man die Größe von Flächen misst und berechnet.
Auch das Messen und Berechnen des Rauminhalts von Körpern lernst du.

Lernfeld: Wie groß ist …?

Wie umläuft man eine möglichst große Fläche?
In der Erzählung „Wie viel Erde braucht der Mensch?" des russischen Schriftstellers Leo Tolstoi erhält der Bauer Pachom für 1000 Rubel so viel Land, wie er von Sonnenaufgang bis Sonnenuntergang umlaufen kann.

Desjatine, altes russisches Maß für Flächen. Ein Quadrat mit der Seitenlänge 104,5 m ist 1 Desjatine groß.

»Nun, ich habe nichts dagegen. Nimm dir Land, wo du willst; wir haben genug.« […]
»Und welchen Preis verlangt ihr dafür?« fragte Pachom.
»Wir haben nur einen Preis: tausend Rubel für den Tag.«
Pachom verstand es nicht.
»Was ist denn der Tag für ein Maß? Wieviel Desjatinen sind es?«
»Wir verstehen so nicht zu rechnen«, erwiderte der Älteste.
»Wir verkaufen so: Wieviel Land du an einem Tage umgehen kannst, soviel gehört dir. Und ein Tag kostet tausend Rubel.«
Pachom wunderte sich.
»In einem Tage«, sagte er, »kann man ja ein sehr großes Stück Land umgehen.«
Der Älteste lachte: »Ja, und alles das soll dir gehören!
Wir machen aber noch eine Bedingung aus: Wenn du am gleichen Tage nicht an die Stelle zurückkommst, von der du ausgegangen bist, ist dein Geld verfallen.« […]
Pachom geht also auf den Hügel zu, und das Gehen fällt ihm immer schwerer: er schwitzt, die bloßen Füße sind zerschunden und wollen ihm nicht mehr gehorchen. Er will gern ein wenig ausruhen, darf es aber nicht mehr, sonst kann er vor Sonnenuntergang nicht zurück sein. Die Sonne wartet nicht und sinkt immer tiefer.
»Habe ich nicht doch einen Fehler gemacht und mir zuviel Land vorgenommen? Wenn ich nur nicht zu spät komme!«
Er blickt bald auf den Hügel, bald auf die Sonne: bis zum Ziel ist es noch weit, die Sonne steht aber schon dicht über dem Steppenrand. Pachom geht mit großer Mühe und beschleunigt dennoch seine Schritte immer mehr. Er geht und geht, die Entfernung bleibt aber immer die gleiche; nun fängt er an zu laufen […]

➔ Nehmen wir einmal an, du könntest am Tag 24 km gehen. Zeichne in verkleinertem Maßstab auf kariertem Papier verschiedene Wege so auf, dass ein rechteckiges Feld umlaufen wird. Wie kannst du die Größe der Felder vergleichen? Welches Feld ist das größte?

➔ Suche zu Hause oder in einer Bücherei oder im Internet nach der Erzählung von Tolstoi und lies, wie die Geschichte ausgeht.

Somawürfel
Jan hat von einer Holzstange Würfel der Kantenlänge 2 cm abgesägt. Alle Würfel passen lückenlos in eine würfelförmige Schachtel der Kantenlänge 6 cm.

➔ Wie viele Würfel sind es?

In der Abbildung rechts siehst du, wie Konstantin die Würfel zu größeren Teilen zusammengeklebt hat. Beim Zusammenkleben hat er sorgfältig darauf geachtet, dass die quadratischen Klebeflächen genau aufeinander passen.
Jan behauptet, dass er alle möglichen verschiedenen Körper hergestellt hat, die man so aus höchstens 4 Würfeln zusammenfügen kann.

➔ Wie viele Würfel hat er insgesamt verarbeitet?

➔ Stimmt Jans Aussage oder gibt es weitere Möglichkeiten, die Würfel zusammenzukleben?

➔ Sortiere die Körper nach gemeinsamen Merkmalen.

4.1 Flächenvergleich – Messen von Flächeninhalten

4.1.1 Größenvergleich von Flächen – Begriff des Flächeninhalts

Einstieg

Zerschneide ein Rechteck längs einer Diagonalen in zwei Teile. Lege diese Teile zu einer neuen Figur zusammen.
Findest du mehrere Möglichkeiten?
Was haben die unterschiedlichen Figuren gemeinsam, worin unterscheiden sie sich?

Aufgabe 1

Flächeninhalt
Auf dem Teppichboden ist ein großer Fleck entstanden. Tanja und ihr Vater wollen den Teppichboden ausbessern. Es ist noch ein Reststück vorhanden, das beim Verlegen übrig geblieben ist. Der Fleck ist jedoch zu breit.
Wie können sie sich helfen?

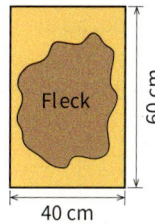
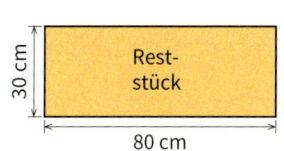

Lösung

Tanja und ihr Vater schneiden aus dem Teppichboden ein Rechteck mit den Seitenlängen 40 cm und 60 cm heraus. Wenn das Reststück in der Mitte zerschnitten wird, passt es genau in die Lücke.

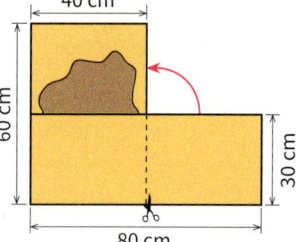

Information

Flächeninhalt
Reststück und Lücke aus Aufgabe 1 sind Rechtecke. Sie haben zwar verschiedene Seitenmaße, aber dennoch dieselbe Größe. In der Mathematik sagt man: Sie haben denselben *Flächeninhalt*.

> Flächen, die man so zerlegen kann, dass sie in ihren Teilflächen übereinstimmen, haben denselben **Flächeninhalt**.

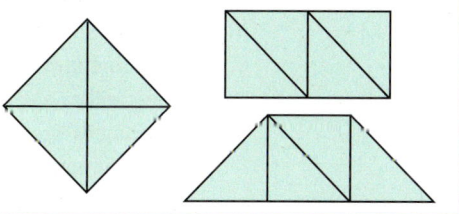

Weiterführende Aufgabe

Unterscheidung von Flächeninhalt und Umfang
2. Das Rechteck und die Teppichlücke von Aufgabe 1 haben denselben Flächeninhalt. Bestimme und vergleiche ihre Umfänge.

Information

Unterscheidung von Flächeninhalt und Umfang
Du musst den Flächeninhalt einer Fläche von ihrem Umfang unterscheiden.
Der Umfang ist eine Länge und wird z. B. in cm gemessen.
Der Flächeninhalt ist eine *neue* Größe.

> Flächen mit demselben Flächeninhalt können unterschiedlichen Umfang haben.

Übungsaufgaben

3. Haben die beiden Flächen denselben Flächeninhalt? Wenn nein, welcher Flächeninhalt ist größer?

   a) (1)   (2)   b) (1)   (2)   c) (1)   (2)

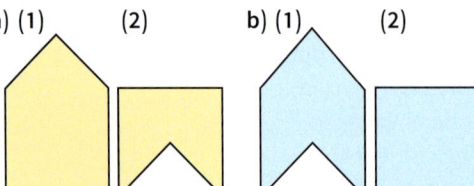
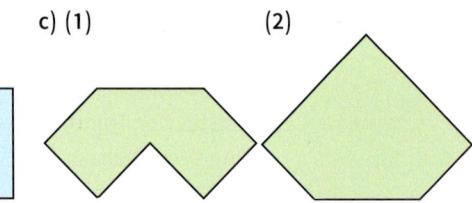

4. a) Warum haben die beiden gelben Quadrate zusammen denselben Flächeninhalt wie das grüne Quadrat?

   b) Entscheide, ob die blauen Flächen L und M den gleichen Flächeninhalt haben. Zeichne dazu ab, schneide aus und zerlege.

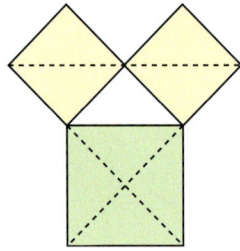
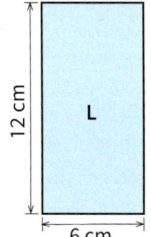
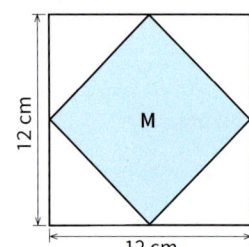

5. Ein Balkon soll gefliest werden. Es stehen zwei verschiedene Fliesensorten zur Auswahl.
Welche Fliese hat den größeren Flächeninhalt? Zeichne, schneide aus und versuche aufeinander zu legen.

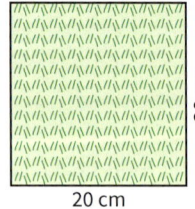
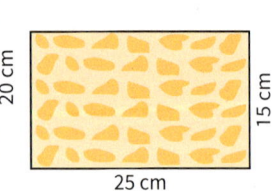

6. a) Verschiedene Rasenstücke in einem Park sollen neu eingesät werden. Vergleiche die Rasenstücke. Benötigt man für eines mehr Rasensamen als für ein anderes?

   b) Die Rasenfläche soll mit Randsteinen von 1 m Länge umgeben werden.
   Lukas sagt: „Für die Begrenzung des Rasenstücks B braucht man mehr Randsteine als für die Begrenzung des Rasenstücks A. Also ist das Rasenstück B größer als das Rasenstück A." Stimmt die Überlegung von Lukas? Begründe.

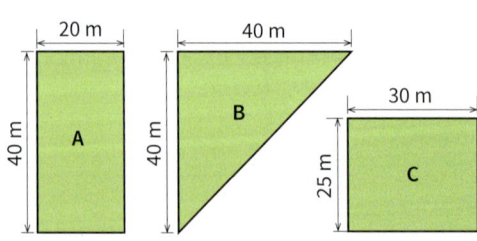

4.1 Flächenvergleich – Messen von Flächeninhalten

Spiel

7. *Tangram*
Das Tangramspiel ist ein altes chinesisches Legepuzzle, das aus 7 einfachen Teilen besteht (siehe Zeichnung rechts). In China wird es auch Ch'i Ch'a pan (d. h. Siebenschlau) genannt. Obwohl es nur aus wenigen Figuren besteht, lassen sich mit ihm eine Vielzahl von Bildern legen. Übertragt das Tangram auf Karopapier und schneidet es aus.
Legt mit den Teilen schöne Figuren. Vergleicht deren Flächeninhalt.

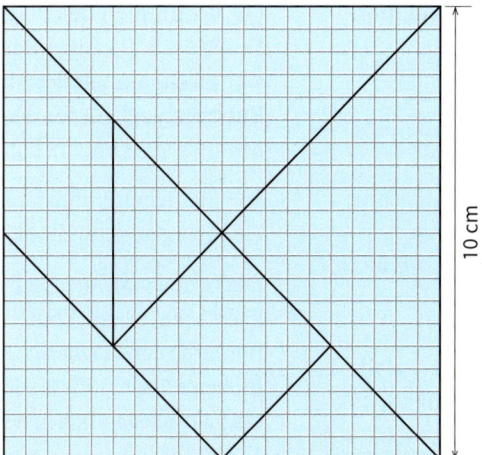

4.1.2 Angabe eines Flächeninhalts durch Maßzahl und Einheit – Die Einheit Quadratzentimeter

Einstieg

Bestimmt näherungsweise in der Einheit H (Heftgröße) den Flächeninhalt (die Größe) von Tischflächen. Legt dazu die Flächen mit gleich großen Heften aus.
Findet im Klassenraum kleinere und größere Flächen, deren Flächeninhalt ihr mithilfe von Heften ermittelt.

Aufgabe 1

Tim will drei Mosaike aus quadratischen Steinchen herstellen. Er hat dazu geometrische Muster entworfen (siehe unten). Mit seinem Freund Sebastian diskutiert er darüber, welches Mosaik am größten und welches am kleinsten ist.
Wie kann man die Größe der Mosaike vergleichen? Welche Einheit bietet sich dazu an?

(1)  (2)  (3)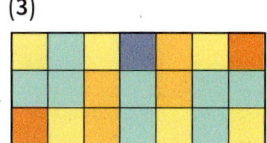

Lösung

Um die Größe der Mosaike zu bestimmen, kann man jeweils die Anzahl der Steine bestimmen.
Das Mosaik (1) besteht aus 4 Reihen zu je 5 Steinen.
Das Mosaik (1) besteht somit aus $5 \cdot 4$, also 20 Steinen.
Das Mosaik (2) besteht aus $2 \cdot 11$, also 22 Steinen und
das Mosaik (3) aus $3 \cdot 7$, also 21 Steinen.
Das Mosaik (2) ist am größten, das Mosaik (1) am kleinsten.
Als Maßeinheit wurde die Größe eines Steins verwandt.

Information

(1) Bestimmen des Flächeninhalts durch Auslegen der Flächen

Das Mosaik (1) aus Aufgabe 1 besteht aus 20 Steinchen. Man kann daher sagen:
Der Flächeninhalt des Mosaiks (1) beträgt 20 Steinchengrößen, kurz: 20 S.
Entsprechend gilt für den Flächeninhalt des Mosaiks (2) dann 22 S und für den Flächeninhalt des Mosaiks (3) schließlich 21 S.

S (= Steinchengröße) ist die Einheit, in der der Flächeninhalt des Mosaiks gemessen wird. Sie ist eine frei gewählte Einheit, die hier praktisch ist.

Die Größe von Terrassen oder von Gartenwegen kann man in der Einheit *Plattengröße* angeben. Bei gefliesten Flächen, z. B. im Bad, bietet sich die Einheit *Fliesengröße* an. Journalisten geben große Flächen gelegentlich in der Einheit *Fußballfeld* an.

(2) Messen des Flächeninhalts in der Einheit Quadratzentimeter

Die frei gewählten Einheiten für den Flächeninhalt (z. B. Flächeninhalt einer Fliese oder einer Kachel) können unterschiedlich groß sein. Eine Angabe wie „10 Fliesen groß" kann Flächen unterschiedlicher Größe beschreiben und ist deshalb für den Alltag unpraktisch. Man hat sich daher auf Einheiten für den Flächeninhalt geeinigt, die auf der ganzen Welt verwendet werden.

Dabei greift man zurück auf Flächeninhalte von Quadraten, deren Seitenlängen die Längeneinheiten mm, cm, dm, m, km haben. Wir betrachten zunächst die Einheit $1\,cm^2$ (gelesen: *1 Quadratzentimeter*).

(1) Ein Quadrat mit der Seitenlänge 1 cm hat den Flächeninhalt **$1\,cm^2$** (gelesen: *1 Quadratzentimeter*).
Alle anderen Figuren, die man durch Zerschneiden und erneutes Zusammensetzen eines Quadrats mit 1 cm Seitenlänge erhält, haben auch den Flächeninhalt $1\,cm^2$.

(2) In die Fläche rechts passen 4 Quadrate von 1 cm Seitenlänge.
Die Fläche hat den Flächeninhalt $A = 4\,cm^2$.
Der Flächeninhalt einer Fläche wird meist mit A bezeichnet.

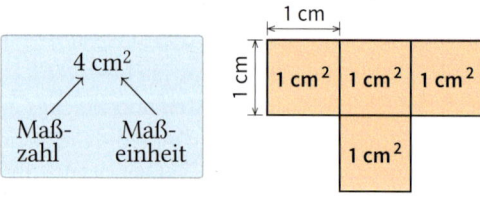

area (lat./engl.) Fläche

(3) Unterscheidung von Flächeninhalt und Umfang

Der Umfang ist eine Länge. Flächen mit demselben Flächeninhalt können verschieden große Umfänge haben:

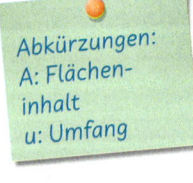

Abkürzungen:
A: Flächeninhalt
u: Umfang

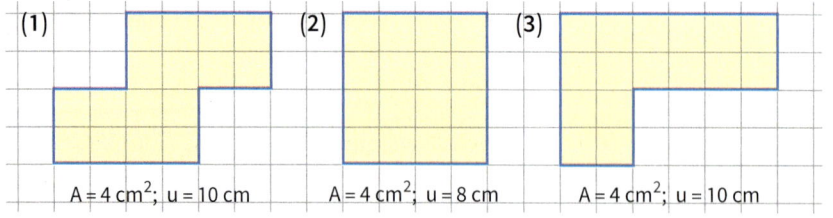

(1) $A = 4\,cm^2$; $u = 10\,cm$ (2) $A = 4\,cm^2$; $u = 8\,cm$ (3) $A = 4\,cm^2$; $u = 10\,cm$

4.1 Flächenvergleich – Messen von Flächeninhalten

Übungsaufgaben

2. In einer Zeitschrift findet man verschiedene Vorschläge für eine Terrassengestaltung. Gib den Flächeninhalt der Terrassen in der Einheit P (= Plattengröße) an. Welche Flächen haben gleichen Flächeninhalt?

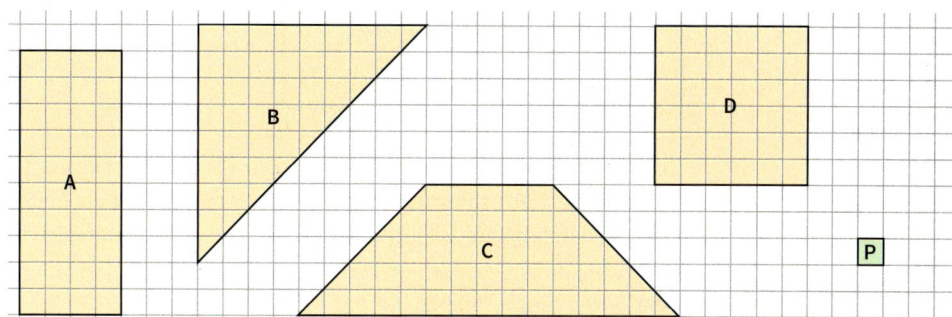

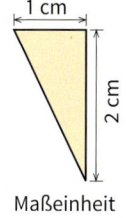

Maßeinheit

3. Der Flächeninhalt der Fläche soll bestimmt werden. Als Maßeinheit soll der Flächeninhalt des Dreiecks links verwendet werden. Du kannst zeichnen und ausschneiden.

a) 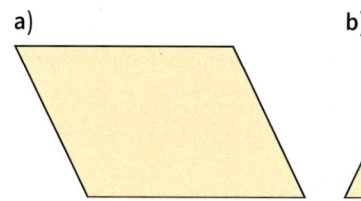 b)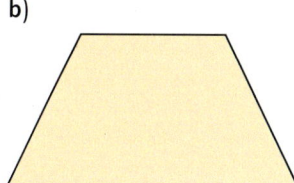

4.

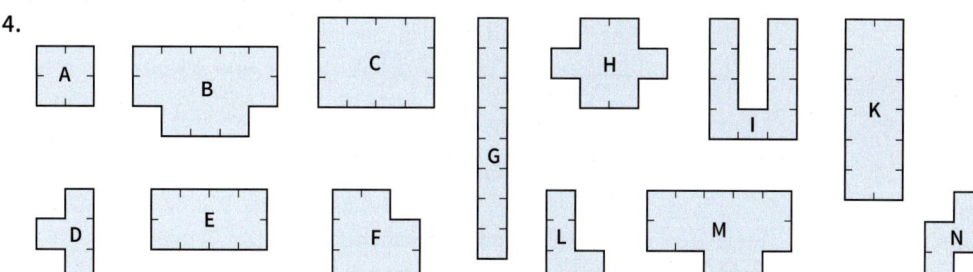

a) Gib den Flächeninhalt der Flächen in der Einheit *Kästchengröße* (KG) an.
b) Gib den Umfang der Flächen in der Einheit *Kästchenlänge* (KL) an.
c) Gib die Flächen an, die denselben Umfang, aber verschiedene Flächeninhalte haben.
d) Gib die Flächen an, die verschiedene Umfänge, aber denselben Flächeninhalt haben.

Das kann ich noch!

A) Verwende jede der Ziffern 4, 5, 6, 7, 8 und 9 einmal.
1) Bilde die kleinste Zahl aus den Ziffern und lies sie vor.
2) Bilde die größte Zahl aus den Ziffern und lies sie vor.
3) Bilde aus den Ziffern die Zahl, die einer halben Million am nächsten ist.
4) Bilde aus den Ziffern die Zahl, die 900 000 am nächsten ist.

B) Runde die folgenden Zahlen jeweils auf Millionen (Mio), Tausender (T), Hunderter (H) und Zehner (Z).
1) 1 234 567   2) 9 876 789   3) 999 999   4) 9 090 909

5. a) Bestimme den Flächeninhalt in cm².

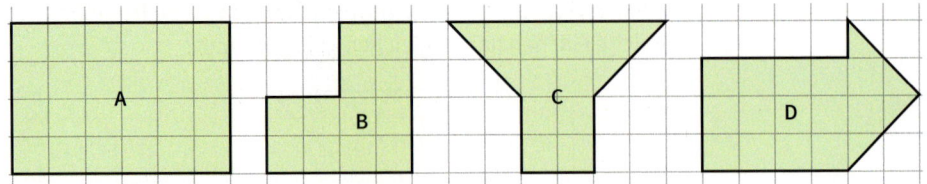

b) Zeichne die Fläche (1) von Teilaufgabe a) und schneide sie aus. Lege sie nun neu zu einer anderen Fläche zusammen. Welchen Flächeninhalt hat die neue Fläche?
Miss den Umfang auf Millimeter genau und vergleiche mit dem Umfang von Fläche (1).

6. Lest die Zeitungsnotiz rechts.
Um eine Vorstellung von der Größe des Hautstücks zu bekommen, zeichnet auf Karopapier mehrere Flächen (nicht nur Rechtecke) mit dem Flächeninhalt A = 5 cm².
Bestimmt auch den Umfang u der Flächen.

> Bei Verbrennungen 3. Grades wird meistens eine Hauttransplantation durchgeführt. Dazu züchtet man aus einem Hautstück ein größeres Stück. Das ist sehr teuer: 5 cm² der gezüchteten Haut kosten 75 €.

7. Zeichne drei Flächen mit dem folgenden Flächeninhalt. Gib auch den Umfang an.
    a) 7 cm²   **b)** 80 cm²   **c)** 10 cm²   **d)** 100 cm²   **e)** 120 cm²   **f)** 160 cm²

8. Zeichne eine Fläche mit dem Flächeninhalt A und dem Umfang u.
    a) A = 16 cm² und u = 16 cm   **b)** A = 16 cm² und u = 20 cm   **c)** u = 12 cm und A = 9 cm²

4.1.3 Weitere Einheiten für Flächeninhalte – Zusammenhänge

Einstieg

Im letzten Abschnitt hast du die Flächeneinheit 1 cm² kennengelernt. Bei sehr großen oder sehr kleinen Flächen verwendet man andere Flächeneinheiten, z. B. 1 m², 1 dm² oder 1 mm².
a) Das Glückskleeblatt rechts soll vergoldet werden. Der Preis dafür richtet sich nach der Größe. Wie groß ist das Kleeblatt?
b) Zeichne auf Millimeterpapier Quadrate mit der Seitenlänge 1 mm, 1 cm, 1 dm und vergleiche deren Flächeninhalte.

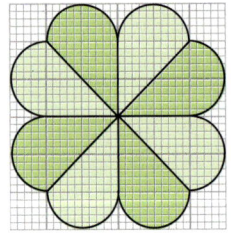

Einführung

(1) Die Einheit Quadratmillimeter
Das Quadrat rechts hat den Flächeninhalt 1 cm². Es ist unterteilt in kleine Quadrate mit der Seitenlänge 1 mm. Jedes dieser Quadrate ist 1 mm² groß. Wie viele 1 mm² große Quadrate sind in einem 1 cm² großen Quadrat enthalten?

Um ein Quadrat der Seitenlänge 1 cm zu erhalten, muss man 10 Quadrate der Seitenlänge 1 mm nebeneinander legen und 10 von diesen Reihen übereinander. Man benötigt folglich 10 · 10, also 100, kleine Quadrate.

Es gilt somit:

$$1\,\text{cm}^2 = 100\,\text{mm}^2$$

(2) Die Einheit Quadratdezimeter

Das Quadrat hat die Seitenlänge 1 dm.
Es hat den Flächeninhalt 1 dm².

> Ist deine Handfläche 1 dm² groß? Prüfe durch Auflegen auf das Quadrat.

Im Kunstunterricht soll es mit bunten Quadraten des Flächeninhalts 1 cm² beklebt werden, sodass ein schönes Mosaik entsteht.
Wie viele kleine Quadrate benötigt man?
Um ein Quadrat der Seitenlänge 1 dm zu erhalten, muss man 10 Quadrate der Seitenlänge 1 cm nebeneinander legen und 10 von diesen Reihen übereinander.
Man benötigt folglich 10·10, also 100 kleine Quadrate.

Es gilt also für den Zusammenhang zwischen den Einheiten dm² und cm²: $1\,dm^2 = 100\,cm^2$

(3) Die Einheit Quadratmeter

Die Tafelfläche links im Bild ist ein Quadrat mit 1 m Seitenlänge. Der Flächeninhalt des Quadrats ist 1 m².

m² und m sind Einheiten für verschiedene Größen!

Auf die Wandtafel ist ein Gitternetz gezeichnet.
Wie viele kleine Quadrate mit 1 dm Seitenlänge entstehen?
Es entstehen 10·10, also 100 solcher Quadrate mit dem Flächeninhalt 1 dm².

Es gilt somit für den Zusammenhang zwischen den Einheiten m² und dm²: $1\,m^2 = 100\,dm^2$

Flächen- und Rauminhalte

Information

Überblick über alle Einheiten des Flächeninhalts

Weitere Maßeinheiten für den Flächeninhalt sind: 1 a (Ar), 1 ha (Hektar), 1 km².
Die folgende Tabelle gibt einen Überblick über alle Flächeninhaltseinheiten.

Quadrat mit der Seitenlänge	Flächeninhalt des Quadrats	gelesen
1 mm	1 mm²	1 Quadratmillimeter
1 cm	1 cm²	1 Quadratzentimeter
1 dm	1 dm²	1 Quadratdezimeter
1 m	1 m²	1 Quadratmeter
10 m	1 a	1 Ar
100 m	1 ha	1 Hektar
1 km	1 km²	1 Quadratkilometer

Beispiele:

Judomatte: 1 a

Fußballfeld: 1 ha

Fläche eines Dorfes: 1 km²

Weiterführende Aufgaben

Zusammenhang zwischen m², a, ha und km²

1. a) Legt auf dem Schulhof mit einem Seil ein Quadrat mit der Seitenlänge 10 m fest. Dieses Quadrat hat den Flächeninhalt 1 a. Wie viele Quadrate mit der Seitenlänge 1 m braucht man, um ein Quadrat mit dem Flächeninhalt 1 a auszulegen?
   Füllt im Heft aus: 1 a = ■ m²
   b) Erklärt, weshalb gilt
   (1) 1 ha = 100 a;
   (2) 1 km² = 100 ha?
   Das Quadrat auf Seite 171 kann euch helfen.

Messen des Flächeninhalts in geeigneten Einheiten

2. Ähnlich wie man kleine Flächen in der Flächeninhaltseinheit cm² angibt, kann man große Flächen wie Zimmerflächen, Ackerflächen usw. in größeren Einheiten angeben.
   a) Wie groß ist die nebenstehende Grundstücksfläche? Gib das Ergebnis in verschiedenen Einheiten an.
   b) In welchen Einheiten misst man sinnvoll folgende Flächen:
   Zimmerdecke, Segel, Querschnittsfläche eines Drahtes, Brett, Äcker, Baugrundstücke, Gärten, Bauernhöfe, Staaten (Länder), große Seen, Inseln, Erdteile?

4.1 Flächenvergleich – Messen von Flächeninhalten

Information

$$1\,km^2 \underset{\cdot 100}{\overset{:100}{\rightleftarrows}} 1\,ha \underset{\cdot 100}{\overset{:100}{\rightleftarrows}} 1\,a \underset{\cdot 100}{\overset{:100}{\rightleftarrows}} 1\,m^2 \underset{\cdot 100}{\overset{:100}{\rightleftarrows}} 1\,dm^2 \underset{\cdot 100}{\overset{:100}{\rightleftarrows}} 1\,cm^2 \underset{\cdot 100}{\overset{:100}{\rightleftarrows}} 1\,mm^2$$

$1\,km^2 = 100\,ha$ $\qquad\qquad\qquad\qquad 1\,m^2 = 100\,dm^2$

$\qquad 1\,ha = 100\,a \qquad\qquad\qquad\qquad\qquad 1\,dm^2 = 100\,cm^2$

$\qquad\qquad 1\,a = 100\,m^2 \qquad\qquad\qquad\qquad\qquad 1\,cm^2 = 100\,mm^2$

Beim Flächeninhalt: Umwandlungszahl 100

Übungsaufgaben

3. Bestimmt den Flächeninhalt eines DIN-A4-Blattes folgendermaßen:
Stellt euch mehrere Quadrate mit dem Flächeninhalt $1\,dm^2$ her und legt damit ein DIN-A4-Blatt (großes Schulheft) aus.

4. a) Gib die Größe der rechts abgebildeten Kellerfläche in m^2 an.
   b) Zeichne ebenso verkleinert Zimmerflächen mit dem Flächeninhalt $30\,m^2$ [dem Flächeninhalt $17\,m^2$].

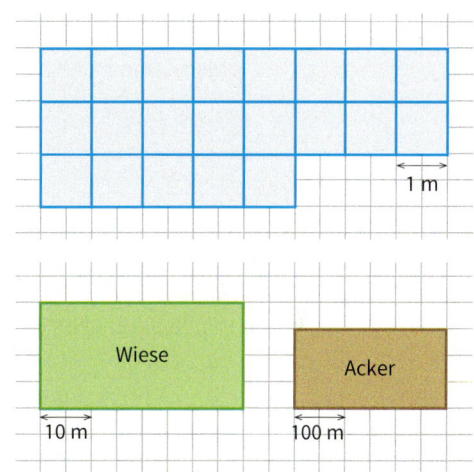

5. a) Gib die Größe der Wiese an.
   b) Gib die Größe des Ackers an.
   c) Wie lang wäre ein Zaun um die Wiese, wie lang um den Acker?
   d) Zeichne ähnlich einen 9 a großen Bolzplatz.
   e) Zeichne verkleinert eine 6 ha große Waldfläche und einen $6\,km^2$ großen Park.

6. Gib den Flächeninhalt und den Umfang an.

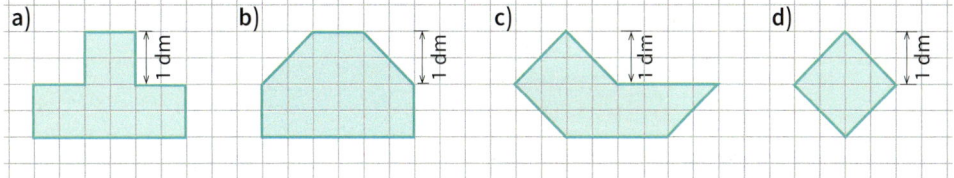

7. Schlage in einem Lexikon oder im Internet die Größe folgender Seen nach:
   (1) Müggelsee
   (2) Bodensee
   (3) Senftenberger See
   (4) Viktoriasee
   Wie viele 1 ha große Fußballfelder würden hineinpassen?
   Ordne die Seen der Größe nach.

8. Verwandle in die in Klammern angegebene Einheit.
   a) 8 dm² (cm²)
      15 dm² (cm²)
   b) 5 m² (dm²)
      27 m² (dm²)
   c) 8 a (m²)
      75 a (m²)
   d) 8 cm² (mm²)
      18 cm² (mm²)
   e) 2 ha (a)
      31 ha (a)
   f) 3 km² (ha)
      43 km² (m²)

   $1\,cm^2 = 100\,mm^2$
   $57\,cm^2 = 5700\,mm^2$

9. Drücke in der in Klammern angegebenen Einheit aus.
   a) 3 800 cm² (dm²)
      4 000 cm² (dm²)
   b) 5 900 dm² (m²)
      8 000 dm² (m²)
   c) 400 m² (a)
      1 400 m² (a)
   d) 3 000 a (ha)
      1 700 a (ha)
   e) 8 000 ha (km²)
      400 ha (km²)
   f) 300 mm² (cm²)
      16 000 mm² (cm²)
   g) 470 000 cm² (m²)
      520 000 cm² (m²)
   h) 230 000 m² (ha)
      100 000 m² (ha)

10. Gib die Größe des Industriegebietes auch in m² und ha an.

11. Fülle die Lücken in deinem Heft aus.
    a) 400 dm² = ☐ cm²
    b) 200 m² = ☐ dm²
    c) 100 km² = ☐ a
    d) 300 dm² = ☐ m²
    e) 500 mm² = ☐ cm²
    f) 700 ha = ☐ km²
    g) 1 000 a = ☐ ha
    h) 817 m² = ☐ dm²
    i) 655 cm² = ☐ mm²
    j) 1 900 cm² = ☐ dm²
    k) 7 ha = ☐ m²
    l) 3 m² = ☐ cm²

12. Welcher Flächeninhalt gehört zu welchem Gegenstand?

    18 m²   4 a   150 m²   10 cm²   1 ha
    2 cm²   890 km²   7 dm²   600 m²   208 mm²

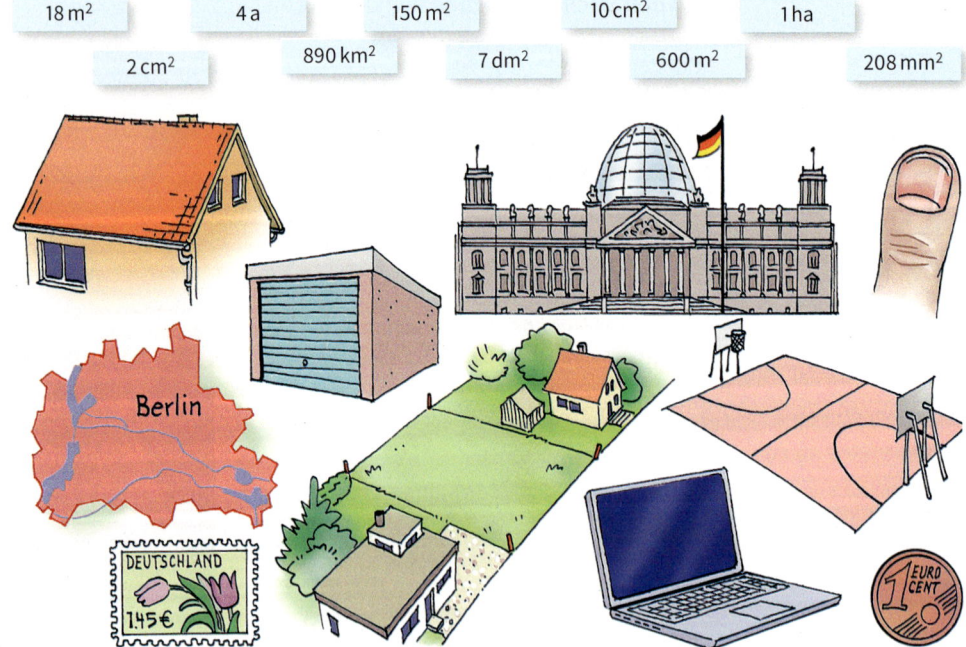

4.1.4 Umwandeln in andere Einheiten

Einstieg

Gib den Flächeninhalt der Briefmarke auf verschiedene Weisen an.

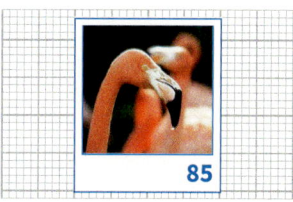

Aufgabe 1

Ein Grundbuch ist ein öffentliches Verzeichnis der Grundstücke eines bestimmten Gebietes, z.B. einer Gemeinde. Es wird beim Amtsgericht geführt.
In ihm sind unter anderem der Eigentümer des Grundstücks sowie Wirtschaftsart, Lage und Größe des Grundstücks eingetragen. Hier siehst du einen Auszug aus einem Grundbuch.

Nr. der Grundstücke	Eigentümer	Karte		Wirtschaftsart und Lage	Größe		
		Flur	Flurstück		ha	a	m²
1	Müller, Hans	2	16/1	Wiese; Helmeweg		3	47
2	Müller, Anne	2	16/2	Acker; Am Morgenhang		37	05

In Grundbüchern wird die Größe eines Grundstücks mit gemischten Einheiten angegeben. Wandle auch die Größenangaben der anderen Grundstücke in m² um.

Lösung

Um 3 a 47 m² insgesamt in m² anzugeben, wandeln wir 3 a in m² um.
1 a ist genauso groß wie 100 m², 3 a so groß wie 300 m².
Damit ist das Grundstück insgesamt 347 m² groß:
3 a 47 m² = 347 m²
Entsprechend findest du:
37 ha 05 a = 3 705 a = 370 500 m²

Information

(1) Einheitentabelle

Das Grundbuch oben enthält eine *Einheitentabelle* mit ha, a und m². Diese kann man um die übrigen Flächeninhaltseinheiten ergänzen. An dieser großen Einheitentabelle kann man leicht verschiedene Schreibweisen für denselben Flächeninhalt ablesen. Sie ist eine Hilfe beim Umwandeln in andere Einheiten.
Da die Umwandlungszahl 100 ist, hat jede Einheit zwei Stellen: Zehner (Z) und Einer (E).

km²		ha		a		m²		dm²		cm²		mm²		zwei verschiedene Schreibweisen für denselben Flächeninhalt
H	Z	F	E	Z	E	Z	E	Z	E	Z	E	Z	E	
						7	2	3						7 a 23 m² = 723 m²
		2	2	5										22 km² 5 ha = 2205 ha
				3	7	0								3 ha 70 a = 370 a
								0	4	7				0 m² 47 dm² = 47 dm²

(2) Kommaschreibweise

Die Größe von Grundstück Nr. 2 des Grundbuches ist in einer Einheitentabelle angegeben: 3 a 47 m². Diese Angabe schreibt man auch mit Komma: 3,47 a = 3 a 47 m²
Die Kommaschreibweise ist also nur eine Abkürzung für eine Schreibweise mit gemischten Einheiten.

Vor dem Komma		Nach dem Komma	
a		m²	
Z	E	Z	E
	3	4	7

Beispiele: Schreibe mit gemischten Einheiten: 8,49 km²; 37,05 ha; 2,4 m²

km² ha
↘ ↙
8,49 km² = 8 km² 49 ha

ha a
↘ ↙
37,05 ha = 37 ha 5 a

m² dm²
↘ ↙
2,4 m² = 2 m² 40 dm²

Übungsaufgaben

2. Gib in der kleineren Einheit an.

   a) 8 a 37 m²
      4 a 7 m²
   c) 4 km² 15 ha
      1 km² 4 ha
   e) 15 a 9 m²
      26 a 35 m²

   > 4 a 25 m² = 425 m²
   > 7 m² 4 dm² = 704 dm²

   b) 3 ha 18 a
      24 ha 48 a
   d) 4 m² 12 dm²
      9 m² 75 dm²
   f) 8 ha 9 a
      24 ha 3 a
   g) 3 km² 2 ha
      43 km² 11 ha
   h) 18 cm² 25 mm²
      8 dm² 3 cm²

3. Drücke in gemischten Einheiten aus.

   a) 260 ha
      4 821 ha
   c) 4 823 m²
      204 m²
   e) 846 ha
      1 024 ha

   > 340 a = 3 ha 40 a

   b) 3 250 a
      4 635 a
   d) 803 a
      4 024 a
   f) 5 020 m²
      305 m²
   g) 3 437 cm²
      809 cm²
   h) 372 dm²
      5 056 dm²

4. Kontrolliere Tims Hausaufgaben. Wo stecken Fehler? Erkläre und berichtige.

   a) 8 m² = 800 cm²
   b) 900 mm² = 90 cm²
   c) 300 m² = 3 ha
   d) 4 a 7 m² = 47 m²
   e) 500 m = 5 km
   f) 24 ha = 2 ha 4 a
   g) 4 m = 40 000 cm
   h) 70 000 m² = 700 ha
   i) 2 km² = 2 000 m²

5. Gib in gemischten Einheiten an. Verwandle dann in die kleinere Einheit. Die Einheitentabelle kann dir helfen.

   > 8,35 a = 8 a 35 m² = 835 m²

   a) 2,49 km²
      37,53 km²
      8,06 km²
      30,03 km²
   b) 0,54 m²
      2,04 m²
      2,4 m²
      9,31 m²
   c) 2,54 dm²
      59,09 dm²
      3,5 dm²
      0,35 dm²
   d) 4,7 cm²
      0,04 cm²
      0,4 cm²
      3,08 cm²
   e) 7,65 a
      98,23 a
      0,42 a
      10,04 a
   f) 4,37 ha
      8,05 ha
      78,05 ha
      90,37 ha

6. Schreibe in gemischten Einheiten.

   > 4,2 ha = 4 ha 20 a

   a) 2,97 ha
      18,52 a
      37,36 ha
      84,28 m²
   b) 5,2 km²
      7,6 km²
      4,7 m²
      4,9 a
   c) 3,05 m²
      2,4 ha
      1,97 ha
      0,09 km²
   d) 3,04 km²
      0,75 a
      0,33 ha
      23,7 ha
   e) 7,53 ha
      6,72 a
   f) 3,7 cm²
      4,02 dm²

7. Schreibe mit einem Komma.

   a) 7 m² 12 dm²
      5 dm² 16 cm²
      12 a 16 m²
      84 ha 13 a
   b) 5 ha 43 a
      3 cm² 54 mm²
      27 ha 32 a
      2 km² 97 ha
   c) 4 dm² 6 cm²
      8 km² 7 ha
      14 a 9 m²
      7 m² 2 dm²
   d) 53 m² 72 dm²
      27 dm² 32 cm²
      2 a 9 m²
      5 cm² 8 mm²

8. a) Lest die Zeitungsanzeige rechts.
   Was bedeutet die Angabe qm?
   Äußert euch zu den Größenangaben.
   b) Sucht ähnliche Angaben im Alltag.

Bungalow
210 qm Wohnfläche
2 a Grundstück
zentrumsnahe, aber
ruhige Lage in einer
verkehrsberuhigten
Sackgasse
Preis: VB

9. Auch Flächeninhalte rundet man.
   a) Runde auf volle m²:
   (1) 3 761 dm² (2) 1 748 dm² (3) 12 465 cm² (4) 725 335 cm² (5) 9 735 cm² (6) 4 550 dm²
   b) Runde auf volle ha:
   (1) 547 a   (2) 2 467 a   (3) 653 786 m² (4) 176 819 m² (5) 37 195 m² (6) 8 614 m²
   c) Runde auf volle km²:
   (1) 923 ha   (2) 6 451 ha   (3) 472 ha   (4) 98 ha   (5) 45 392 ha   (6) 1 213 485 ha

10. a) Maries Zimmer ist 12 m² groß. Diese Angabe ist auf volle m² gerundet.
    Wie groß kann das Zimmer tatsächlich sein?
    b) Daniels Onkel besitzt ein 7 ha großes Waldstück. Die Angabe ist auf volle ha gerundet.
    Wie groß kann das Waldstück tatsächlich sein?

11. a) Ein Gärtner will einen 32 a großen Acker mit Rasen einsäen. Für je 1 m² Fläche benötigt man 25 g Rasensamen. Wie viel Rasensamen muss er kaufen?
    b) Eine Landwirtin baut auf einer 7 ha großen Fläche Roggen an. Für je 100 m² Fläche rechnet man 1,1 kg Saatgut.
    Wie viel Roggen-Saatgut muss sie kaufen?

12. Wie teuer ist das Baugrundstück rechts?

Alte Maßeinheiten

13. Früher gab man die Größe (den Flächeninhalt) einer Ackerfläche in *Morgen* an. Hierbei war 1 Morgen die Größe einer Fläche, die man an einem Morgen (Vormittag) pflügen konnte.
    Ein *Joch* war die Größe einer Ackerfläche, die man mit einem Joch Ochsen (2 Ochsen) an einem Tag umpflügen konnte.
    a) Warum sind solche Maßeinheiten für genaue Angaben unbrauchbar?
    b) Später hat man in bestimmten Regionen Deutschlands festgesetzt.
    1 Morgen = 25 a;   1 Joch = 50 a
    Gib in der in Klammern angegebenen Maßeinheit an.
    (1) 8 ha (Morgen)   (2) 8 Morgen (ha)   (3) 700 Morgen (Joch)   (4) 300 a (Morgen)
       12 ha (Morgen)   12 Morgen (ha)   450 Joch (Morgen)   14 Morgen (a)
       500 a (Morgen)   20 Morgen (ha)   800 Joch (ha)   200 ha (Joch)

c) Informiert euch im Internet oder in einem Lexikon über „alte Flächeneinheiten". Gestaltet dazu ein Plakat und hängt es im Klassenzimmer aus.

4.2 Formeln für Flächeninhalt und Umfang eines Rechtecks

Einstieg

Nimm Stellung zu dem Gespräch über das Zimmer.

Aufgabe 1

Flächeninhalt eines Rechtecks
Ein Rechteck hat die Seitenlängen a = 5 cm und b = 3 cm. Bestimme den Flächeninhalt des Rechtecks und erkläre, wie man aus den Seitenlängen den Flächeninhalt A des Rechtecks berechnen kann.

Lösung

Wir legen das Rechteck vollständig mit 1 cm² großen Quadraten aus. In den linken Teil des Rechtecks können wir zunächst 3 Quadrate zu einem Streifen übereinanderlegen, da die eine Seite 3 cm lang ist.
5 solche Streifen passen dann nebeneinander, da die andere Seite 5 cm lang ist.
Insgesamt kann man das Rechteck mit 5·3 Quadraten der Größe 1 cm² auslegen. Also:
A = (5·3) cm² = 15 cm²

Information

(1) Formel für den Flächeninhalt eines Rechtecks
Die Größe eines rechteckigen Teppichs gibt man üblicherweise durch das Produkt der Seitenlängen an, z. B. 200 cm × 300 cm, gelesen: *200 cm mal 300 cm*.
Du kennst sicherlich bei Fotos die Größenangabe 10 cm × 15 cm (kurz 10 × 15).
Auch bei einem Rechteck mit den Seitenlängen 5 cm und 3 cm wollen wir für den Flächeninhalt A schreiben:
A = 5 cm · 3 cm
Wie man den Flächeninhalt dieses Rechtecks berechnet, hast du oben erfahren. Diese Produktschreibweise ermöglicht uns, für den Flächeninhalt des Rechtecks eine Formel zu notieren:

Achte auf gleiche Einheiten!

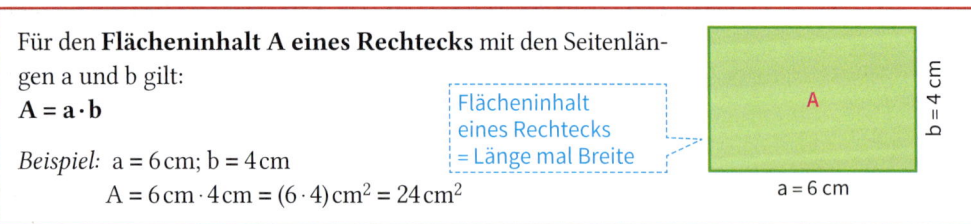

Für den **Flächeninhalt A eines Rechtecks** mit den Seitenlängen a und b gilt:
A = a · b

Beispiel: a = 6 cm; b = 4 cm
A = 6 cm · 4 cm = (6 · 4) cm² = 24 cm²

Bei der Multiplikation 6 cm · 4 cm in der Formel handelt es sich um eine neue Multiplikation zwischen Längen (hier 6 cm und 4 cm). Das Ergebnis dieser Multiplikation ist ein Flächeninhalt, nämlich 24 cm².

4.2 Formeln für Flächeninhalt und Umfang eines Rechtecks

Weiterführende Aufgaben

Formel für den Umfang eines Rechtecks

2. In der Information hast du eine Formel zum Berechnen des Flächeninhalts eines Rechtecks kennengelernt. Betrachte als Beispiel ein Rechteck mit den Seitenlängen a = 4 cm und b = 3 cm und erstelle damit eine Formel für den Umfang des Rechtecks.

> Für den **Umfang eines Rechtecks** mit den Seitenlängen a und b gilt:
> $u = 2 \cdot a + 2 \cdot b = 2 \cdot (a + b)$
>
> *Beispiel:* a = 34 m; b = 57 m
> $\quad u = 2 \cdot 34\,m + 2 \cdot 57\,m \quad oder: \quad u = 2 \cdot (34\,m + 57\,m)$
> $\quad\quad = 68\,m + 114\,m \quad\quad\quad\quad\quad\quad = 2 \cdot 91\,m$
> $\quad\quad = 182\,m \quad\quad\quad\quad\quad\quad\quad\quad\quad = 182\,m$

Formeln für Flächeninhalt und Umfang eines Quadrats

3. Gegeben ist ein Quadrat mit der Seitenlänge a.
   a) Gib eine Formel an für
      (1) den Flächeninhalt des Quadrats;   (2) den Umfang des Quadrats.
   b) Berechne mithilfe der Formeln den Flächeninhalt und den Umfang des Quadrats mit den Seitenlängen
      (1) a = 7 cm;   (2) a = 25 m.

Berechnen einer Seitenlänge aus dem Flächeninhalt

4. Ein Rechteck ist 36 cm² groß. Eine Seite ist 2 cm lang. Wie lang ist die andere Seite?

> **Dividieren eines Flächeninhalts durch eine Länge**
>
> Zum Bestimmen einer Länge eines Rechtecks mit vorgegebenem Flächeninhalt muss man den Flächeninhalt durch die gegebene Seitenlänge dividieren.
>
> *Beispiel:*
> Gegeben: A = 600 cm²; a = 75 cm
> $75\,cm \cdot b = 600\,cm^2$
> $b = 600\,cm^2 : 75\,cm \quad$ ⟵ $cm \cdot cm = cm^2$
> $\quad = 8\,cm$

Übungsaufgaben

5. Gib den Flächeninhalt A und den Umfang u des Rechtecks mit den Seitenlängen a und b an.

	a)	b)	c)	d)	e)	f)	g)
Seite a	7 cm	4 m	64 mm	40 cm	70 dm	8 cm	5 m 8 dm
Seite b	8 cm	6 m	89 mm	6 dm	8 m	2,5 dm	4,4 m

6. Berechne den Flächeninhalt und den Umfang des Rechtecks mit den Seitenlängen:
   a) a = 40 mm   b) a = 1180 cm   c) a = 7 cm 5 mm   d) a = 4 m 8 cm
      b = 5 mm   b = 114 cm   b = 5 cm 3 mm   b = 3,4 m

7. Ein Holzpaneel zum Verkleiden einer Zimmerdecke ist 4 m lang und 23 cm breit.
   a) Wie groß ist die Fläche, die man damit bedecken kann?
   b) Wie viele Paneele braucht man, um eine 9 m² große Zimmerdecke zu verkleiden?

8. Ein Grundstück ist 60 m lang und 20 m breit. Wie viel Ar ist es groß?
   Das Grundstück soll eingezäunt werden. Wie viel m Zaun werden benötigt?

9. Schätzt zunächst den Flächeninhalt des Fußbodens eures Klassenraumes und berechnet dann genau.

10. a) Der Flächeninhalt eines Rechtecks beträgt 24 cm² [48 cm²].
Wie groß könnten die Seitenlängen des Rechtecks sein?
Gib alle Möglichkeiten mit ganzzahligen Zahlenwerten in der Maßeinheit cm an.
b) Der Helenesee ist 250 ha groß. Gib Rechtecke an, die denselben Flächeninhalt haben.

11. Berechne die fehlenden Größen eines Rechtecks mit den Seitenlängen a und b, dem Flächeninhalt A und dem Umfang u.

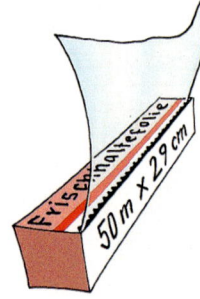

a	6 cm		10 m	11 dm		18 cm	8 cm	
b	5 cm	9 mm			18 cm	1,2 m		2 km
A				88 dm²	306 cm²			1 km²
u		36 mm	28 m				3,6 dm	

12. Eine Verpackung für Frischhaltefolie trägt die Aufschrift: 50 m × 29 cm.

13. Sucht in Zeitschriften, Zeitungen oder Katalogen nach Größenangaben für rechteckige Gegenstände, die als Produkt angegeben werden.
Gestaltet damit ein Plakat und hängt es im Klassenraum aus.

14. Bringt verschiedene Konservendosen mit und bestimmt die Größe der Etiketten.

15. Von einem Quadrat ist die Seitenlänge a gegeben. Berechne Flächeninhalt und Umfang.
a) a = 12 cm   **b)** a = 24 cm   **c)** a = 48 cm   **d)** a = 14,3 m   **e)** a = 2,09 m

16. Ein Quadrat hat die Seitenlänge a, den Flächeninhalt A und den Umfang u.

a	6 cm		13 m	24 mm				
A					9 cm²	64 mm²	144 m²	
u		36 mm						10 m	0,6 m

17. Die Fußleiste eines Zimmers soll erneuert werden. Das Zimmer ist 4,50 m breit und 5,20 m lang. Die Tür ist 1,20 m breit. Wie lang ist die Fußleiste?

18. Ein 47 m langes und 22 m breites Baugrundstück soll verkauft werden. Der Quadratmeterpreis beträgt 105 €. Wie teuer ist das Grundstück?

Das kann ich noch!

A) Das Diagramm rechts zeigt die Höhe einiger bayerischer Berge.
1) Was kannst du dem Diagramm sofort auf einen Blick entnehmen?
2) Lies die Höhen der Berge ab.
3) Welche Rundung wurde vorgenommen?

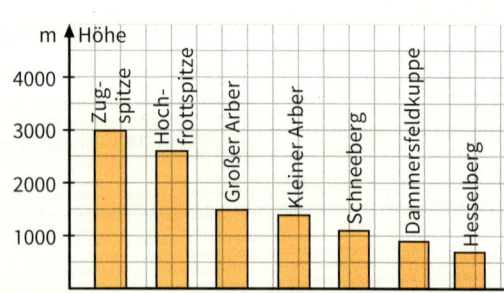

19. Fußballfelder können unterschiedlich groß sein.

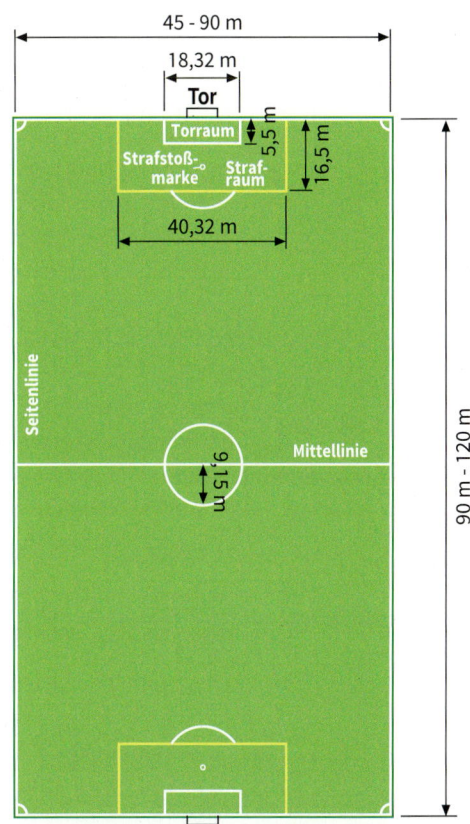

a) Lars und Tim gehören verschiedenen Sportvereinen an. Sie streiten, welcher Verein das größere Fußballfeld hat. Wer hat Recht?
b) Wie groß ist der Strafraum?
c) Stelle selbst geeignete Aufgaben und lasse sie deinen Partner lösen.

20. Eine rechteckige landwirtschaftliche Fläche ist 640 m lang und 120 m breit. Es soll Weizen angebaut werden. Dazu werden 1,6 kg Saatgut je Ar benötigt.
Wie viel kg Weizen werden zum Säen benötigt?

21. Eine Wiese ist 110 m lang und 42 m breit.
Gib den Flächeninhalt in m^2 und in Ar an.
Die Wiese soll eingezäunt werden. Wie lang ist der Zaun?

22. Nora und Ruben besichtigen die neue Wohnung, in die sie umziehen wollen. Ruben misst die beiden Kinderzimmer aus: Das erste ist 5 m lang und 4 m breit, das zweite 6 m lang und 3 m breit. Nora sagt: „Beide Zimmer sind gleich groß, denn 5 + 4 ist 9 und 6 + 3 ist auch 9." Was meinst du?

23. Ein rechteckiger Garten ist 11 m breit und 87 m lang. Er wird an einer schmalen Seite durch eine Mauer mit einer Pforte begrenzt. An den übrigen Seiten des Gartens steht ein Zaun.
a) Wie lang ist dieser Zaun?
b) Die Hälfte des Gartens ist Rasen. Wie groß ist dieser Rasen?

24. Der Umfang eines Rechtecks beträgt 24 cm, seine Breite 4 cm. Wie groß ist der Flächeninhalt des Rechtecks?

4.3 Rechnen mit Flächeninhalten

Einstieg

Am Waldrand soll ein Schülercamp mit 5 Blockhütten und einem Kletterpark errichtet werden. Für jede Blockhütte ist eine Grundstücksfläche von etwa 420 m² vorgesehen. Das Wirtschaftsgebäude mit Information und Küche soll eine Grundfläche von mindestens 60 m² haben. Für den Kletterpark sollen rund 2 500 m² zur Verfügung stehen.
Reicht das rechts abgebildete Grundstück aus?
Vergleicht eure Rechenwege.

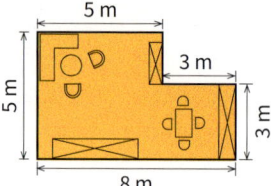

Aufgabe 1

Addieren und Subtrahieren von Flächeninhalten
Das Wohnzimmer rechts soll einen neuen Parkettboden erhalten.
Wie viel Parkett muss bestellt werden?
Finde verschiedene Rechenwege und erkläre sie.

Lösung

Du kannst auf verschiedene Weise vorgehen:

(1) Du kannst den Essplatz abtrennen.
Der linke Teil des Wohnzimmers ist ein Rechteck mit dem Flächeninhalt:
$A_l = 5\,m \cdot 5\,m = 25\,m^2$
Der rechte Teil (Essplatz) hat den Flächeninhalt:
$A_r = 3\,m \cdot 3\,m = 9\,m^2$
Der Flächeninhalt A des gesamten Wohnzimmers ist dann die Summe dieser beiden Flächeninhalte:
$A = A_l + A_r = 25\,m^2 + 9\,m^2 = 34\,m^2$

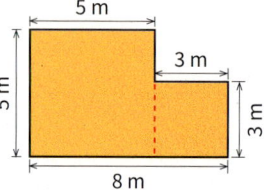

(2) Du kannst das Wohnzimmer auch in zwei andere Rechtecke zerlegen. Für das obere Rechteck gilt:
$A_o = 5\,m \cdot 2\,m = 10\,m^2$
Für das untere Rechteck gilt:
$A_u = 8\,m \cdot 3\,m = 24\,m^2$
Auch hier ist der Flächeninhalt A des gesamten Wohnzimmers die Summe der beiden Flächeninhalte:
$A = A_o + A_u = 10\,m^2 + 24\,m^2 = 34\,m^2$

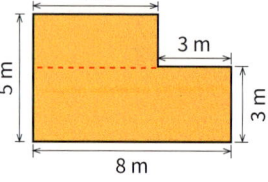

(3) Du kannst die Fläche des Wohnzimmers zu einem großen Rechteck ergänzen. Dieses hat den Flächeninhalt:
$A_g = 8\,m \cdot 5\,m = 40\,m^2$
Ergänzt wurde dabei ein Rechteck mit dem Flächeninhalt:
$A_e = 2\,m \cdot 3\,m = 6\,m^2$
Dieser Flächeninhalt wurde zu viel berechnet, muss also subtrahiert werden. Der Flächeninhalt A des gesamten Wohnzimmers ist die Differenz der beiden Flächeninhalte:
$A = A_g - A_e = 40\,m^2 - 6\,m^2 = 34\,m^2$

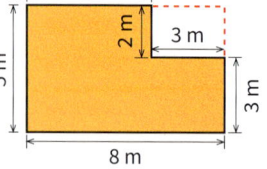

Auf allen drei Wegen erhältst du, dass 34 m² Parkettboden bestellt werden müssen.

4.3 Rechnen mit Flächeninhalten

Information

Strategien zum Berechnen des Flächeninhalts zusammengesetzter Flächen

1. Strategie: Zerlegen

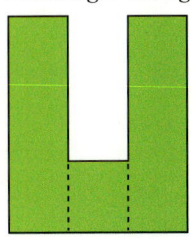

Man zerlegt die Figur in geeignete Teilflächen, berechnet deren Flächeninhalte und addiert diese.

2. Strategie: Ergänzen

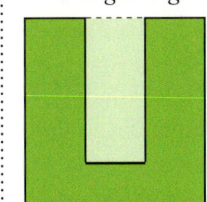

Man ergänzt die Figur geeignet. Dann berechnet man den Flächeninhalt der gesamten Figur und subtrahiert davon den Flächeninhalt der ergänzten Fläche.

Aufgabe 2

Vervielfachen und Dividieren von Flächeninhalten

Ein Gartenverein erhält von der Gemeinde 5 nebeneinander liegende Grundstücke. Jedes Grundstück ist 30 m lang und 15 m breit.

a) Wie groß ist die neue Fläche insgesamt?
b) Es ist geplant, dass die neue Fläche in 250 m² große Gärten aufgeteilt wird. Wie viele Gärten erhält man?
c) Da sich jedoch nur 6 Familien für einen neuen Garten angemeldet haben, wird das Grundstück gleichmäßig an sie verteilt. Wie groß wird dann jeder Garten?

Lösung

a) Jedes der 30 m langen und 15 m breiten Grundstücke hat den Flächeninhalt:
$A_G = 30\,m \cdot 15\,m = 450\,m^2$
Den Flächeninhalt der neuen Fläche erhält man durch Multiplizieren mit 5:
$A = 5 \cdot 450\,m^2 = 2250\,m^2$
Ergebnis: Die neue Fläche ist 2 250 m² groß.

b) Da die neue Fläche in gleich große Flächen zu je 250 m² zerlegt wird, dividieren wir die Gesamtfläche durch 250 m²:
$A = 2250\,m^2 : 250\,m^2 = 9$
Ergebnis: Man erhält 9 Gärten.

Zerlegen in gleich große Flächen mit vorgegebenem Flächeninhalt, also durch den Flächeninhalt dividieren.

c) Da die neue Fläche in 6 gleich große Teile zerlegt werden soll, dividieren wir die Gesamtfläche durch 6:
$2250\,m^2 : 6 = 375\,m^2$
Ergebnis: Jeder Garten ist 375 m² groß.

Zerlegen einer Fläche in eine bestimmte Anzahl gleich großer Flächen, also Flächeninhalt durch Zahl dividieren.

Information

Dividieren von Flächeninhalten

Insgesamt kennst du jetzt drei Fälle zum Dividieren bei Flächeninhalten:

(1) Zum Zerlegen einer Fläche in gleich große Flächen mit vorgegebenem Flächeninhalt dividiert man den Gesamtflächeninhalt durch den vorgegebenen Flächeninhalt. Man erhält als Ergebnis eine Zahl. *Beispiel:* $600\,m^2 : 50\,m^2 = 12$

(2) Zum Zerlegen einer Fläche in eine vorgegebene Anzahl von gleich großen Teilflächen dividiert man den Gesamtflächeninhalt durch die Anzahl der Teilflächen. Man erhält als Ergebnis einen Flächeninhalt. *Beispiel:* $480\,m^2 : 20 = 24\,m^2$

(3) Von einem Rechteck sind der Flächeninhalt und eine Seitenlänge bekannt. Zum Bestimmen der anderen Seitenlänge dividiert man den Flächeninhalt durch die bekannte Seitenlänge. Man erhält als Ergebnis eine Seitenlänge. *Beispiel:* $96\,m^2 : 24\,m = 4\,m$

Übungsaufgaben

3. Rechts siehst du den Grundriss eines Wohnzimmers.
   Berechne den Flächeninhalt auf drei verschiedene Weisen.

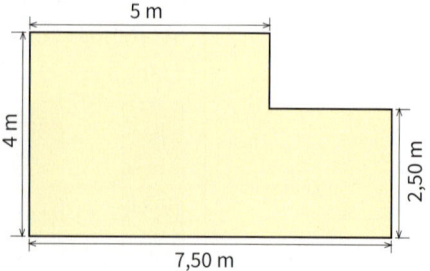

4. Einer Gemeinde gehört eine Fläche von 2 735 ha. Davon sind 681 ha Weideland, 810 ha Ackerland, 618 ha Wald und 22 ha Wohngebiete. 12 ha entfallen auf Straßen und Wege. Der Rest ist Ödland. Wie groß ist dieses?

5. An einer Straße sollen 18 Garagen gebaut werden. Jede soll 17 m² groß sein. Wie groß muss das Grundstück mindestens sein, auf dem die Garagen gebaut werden sollen?

6. An einem Straßenrand stehen 126 m² für 9 Parkplätze zur Verfügung.

7. Herr Kerner will den Fußboden in seinem Keller mit einer Acryl-Farbe streichen.
   Er misst: Heizungskeller 3 m × 3 m; Vorratskeller 3 m × 5 m; Hobbyraum 6 m × 8 m; Vorratsraum 3 m × 4 m.
   Wie viele Eimer muss er kaufen? Wie teuer ist die Farbe?

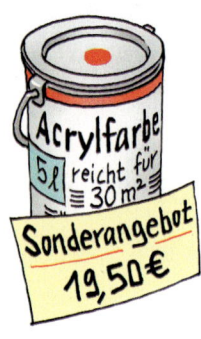

8. Frau Reichle verkauft Bauplätze. Der erste Bauplatz ist 750 m², der zweite 675 m², der dritte 775 m² und der vierte 650 m² groß. Ein Quadratmeter kostet 210 €.
   Stelle geeignete Fragen und beantworte sie.

9. Frau Sorp kauft den Rasendünger im Bild rechts. Die Rasenfläche ist 8 m lang und 3 m breit. Stelle geeignete Fragen und beantworte sie.

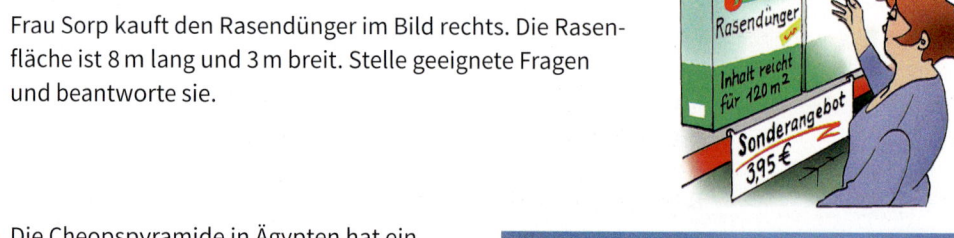

10. Die Cheopspyramide in Ägypten hat ein Quadrat mit der Seitenlänge 230 m als Grundfläche.
    Wie viele Fußballfelder der Größe 105 m × 80 m passen mindestens in diese Grundfläche? Schätze zuerst.

11. a) Berechne Flächeninhalt und Umfang eines DIN-A4-Blatts.
    b) Clara behauptet: „Ein DIN-A3-Blatt ist doppelt so groß wie ein DIN-A4-Blatt. Flächeninhalt und Umfang eines DIN-A3-Blatts sind also doppelt so groß wie beim DIN-A4-Blatt." Was meinst du dazu?
    c) Eine Packung Druckerpapier enthält 500 DIN-A4-Blätter. Frank meint, dass eine solche Packung genügt, um mit den Blättern den Schulhof auszulegen.
       Überprüfe Franks Behauptung.
    d) Ihr bekommt im Unterricht etliche Fotokopien. Schätzt, ob man mit den Fotokopien, die ihr in einem Schuljahr erhaltet, euren Klassenraum tapezieren könnte.

12. Erfinde eine Rechengeschichte.
    a) $380\,cm^2 + 750\,cm^2$ e) $720\,m^2 : 12\,m^2$
    b) $240\,cm^2 - 48\,cm^2$ f) $135\,m^2 : 15$
    c) $6 \cdot 18\,m^2$ g) $120\,m^2 + 30\,m^2$
    d) $40\,m^2 : 5\,m$ h) $5\,ha - 2\,a$

    Aufgabe: $1420\,m^2 - 350\,m^2$
    Rechengeschichte: Frau Blum besitzt eine $1420\,m^2$ große Wiese. Sie verkauft davon einen $350\,m^2$ großen Teil. Wie groß ist ihre Wiese noch?

13. Ein Wohnzimmer mit Essplatz soll mit Parkettboden ausgelegt werden.
    Wie viel m² müssen bestellt werden? Du kannst unterschiedlich rechnen.

    a) 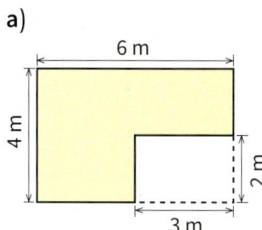   b) 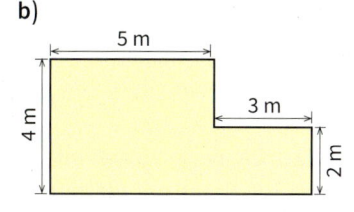   c)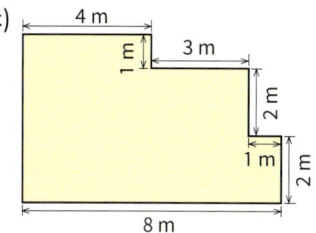

14. Berechne die Masse der abgebildeten Blechplatten (Maße in cm). $1\,cm^2$ Blech wiegt 3 g.

    a) 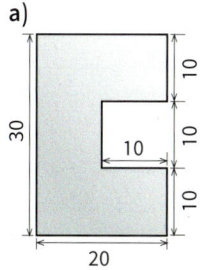   b) 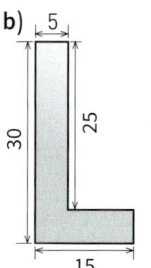   c) 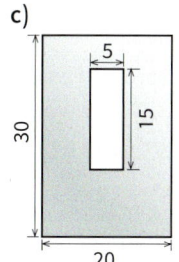   d)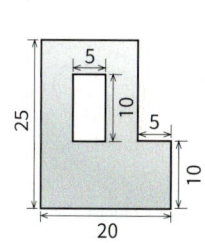

15. Ein $30\,cm \times 20\,cm$ großes Bild soll aufgehängt werden.
    Dazu wird es auf eine weiße Pappe mit den Seitenlängen 50 cm und 40 cm geklebt.
    Vergleiche die Bildfläche mit der weißen Fläche.

16. Eine Tageszeitung erscheint an allen Wochentagen in einer Auflage von 200 000 Exemplaren. Die Anzahl der Seiten ist an den einzelnen Wochentagen unterschiedlich. Durchschnittlich erscheinen wöchentlich 400 Seiten, das sind 100 Blätter in jeder Woche. Damit kann man eine Fläche von ungefähr $30\,m^2$ bedecken. Stellt euch vor, man würde alle Exemplare dieser Tageszeitung ausbreiten. Welche Fläche wäre dann bedeckt? Gebt die Fläche auch an für eine Woche, für ein Jahr, für 10 Jahre.
    Die Bundesrepublik Deutschland ist ungefähr $360\,000\,km^2$ groß. Vergleicht.

17. Peter sagt: „Beim Format 10×15 bekommt man bei diesem Angebot am meisten Foto für sein Geld!"

Format	Preis für 10 Stück
10 × 15	0,60 €
20 × 30	5,00 €
30 × 45	29,90 €
40 × 60	59,50 €

18. Für das Titelbild des Jahresberichts einer Schule soll ein Foto mit allen Schülerinnen und Schülern darauf aufgenommen werden.
Der Fotograf hat auf dem Schulhof eine rechteckige Fläche mit 15 m und 20 m Seitenlänge gekennzeichnet, in das sich alle Schülerinnen und Schüler stellen sollen, damit er sie vom Schuldach aus fotografieren kann. Passen alle Schülerinnen und Schüler in das Rechteck?

19. Rechts siehst du einen Zeitungsartikel zur Frankfurter Buchmesse. Die Größe der Ausstellungsfläche kannst du dir nur schwer vorstellen. Gib die Seitenlängen eines Rechtecks an, das ungefähr denselben Flächeninhalt hat.

Frankfurter Buchmesse
Die Frankfurter Buchmesse ist die weltweit größte Messe im Buch- und Medienbereich. Ihre Anfänge reichen bis in das 16. Jahrhundert zurück. Damals fand die Messe in der Buchgasse statt.
Vom 7. bis zum 12. Oktober 2014 zeigten 7 275 Aussteller aus 100 Ländern auf einer Ausstellungsfläche von 171 791 Quadratmetern rund 400 000 Publikationen. Die Anzahl der Besucher betrug 275 000.
Im Rahmen der Buchmesse wird in der Frankfurter Paulskirche der Friedenspreis des deutschen Buchhandels verliehen.

20. Ein Hof von 12 m Länge und 5 m Breite hat ein 2 m breites Tor. Er soll mit Platten belegt werden. Jede Platte ist 75 cm lang und 50 cm breit.
   a) Wie viele Platten werden benötigt?
   b) Der Hof braucht einen neuen Zaun. Wie lang ist dieser?

21. Die vordere Fassade der Fabrik rechts soll gestrichen werden.
Mit welchen Kosten muss man rechnen?

22. Eine 5 m lange und 3,5 m breite Terrasse soll mit Platten belegt werden. Die Platten sind 50 cm mal 50 cm groß.
Wie viele Platten sind zu bestellen?

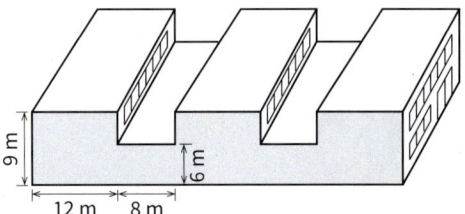

23. In einem Neubaugebiet beträgt der Grundstückspreis 110 € pro m². Berechne die Preise für die Grundstücke rechts.

24. Eine Weide der Größe 240 m × 720 m soll durch einen Elektrozaun in 8 gleich große Rechtecke geteilt werden, in die dann nacheinander das Vieh getrieben wird.
Wie groß ist jeder Teil?
Gib verschiedene Möglichkeiten für Länge und Breite der Rechtecke an.

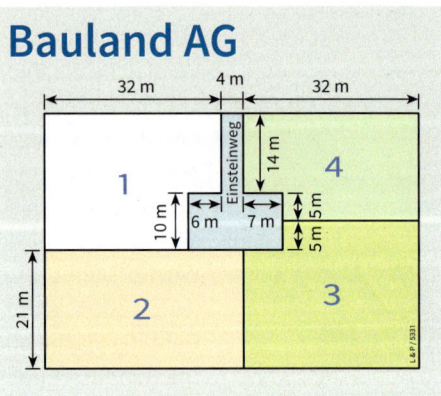

Neubaugebiet am Einsteinweg

25. a) Eine Seite eines Rechtecks wird um 1 m verlängert. Wie musst du die andere Seitenlänge verändern, damit der Umfang sich nicht ändert? Formuliere eine allgemeine Regel.
   b) Die Länge einer Seite eines Rechtecks wird verdoppelt [verdreifacht, vervierfacht]. Wie musst du die andere Seitenlänge ändern, damit der Flächeninhalt sich nicht ändert?

Im Blickpunkt

Flächeninhalt nicht rechteckiger Figuren

„Deutschland hat eine Fläche von 356 974 km²", lesen Ronja und Kevin in ihrem Erdkundebuch. Kevin überlegt: „Den Flächeninhalt von Rechtecken kann man leicht bestimmen. Aber wie geht man bei einer krummlinig begrenzten Figur vor?"
„Wir könnten ja die Größe zunächst ungefähr bestimmen", meint Ronja.

Ronja zeichnet ein Rechteck, das auf jeden Fall größer als Deutschland ist: „Wie groß die Fläche Deutschlands höchstens ist, können wir aus der Fläche des Rechtecks in der Zeichnung berechnen."

„Das Rechteck ist aber viel zu groß. An den Ecken des Rechtecks können wir noch kleinere Rechtecke einzeichnen. Dann erhalten wir eine Figur, die fast wie die Umrisse von Deutschland aussieht…", schlägt Kevin vor.

1. a) Übertrage die Zeichnung auf Papier. Zeichne Rechtecke in den Ecken des großen Rechtecks so ein, dass du nicht über die Umrisse von Deutschland hinausgehst.
Berechne den Flächeninhalt dieser Figur. Vergleiche dein Ergebnis mit deinem Nachbarn.
   b) Rechne aus, wie groß Deutschland höchstens ist. Beachte dabei, dass 1 cm auf deiner Zeichnung 60 km in der Natur entsprechen.

„Jetzt wissen wir, wie groß Deutschland höchstens ist. Können wir genau so leicht feststellen, wie groß Deutschland mindestens ist?", möchte Kevin noch wissen.

Im Blickpunkt

Ronja überlegt kurz, dann schlägt sie vor: „Zeichnen wir doch Rechtecke, die ganz in den Umrissen von Deutschland liegen. Mit einem Rechteck kommen wir dabei sicherlich nicht aus. Aber wenn wir mehrere nehmen und sie aneinander legen, können wir die Zeichnung fast abdecken. Wir müssen aber darauf achten, dass wir in den Umrissen Deutschlands bleiben. Mit ihrem Flächeninhalt zusammen bekommen wir dann eine Angabe über die Mindestfläche Deutschlands."

2. Zeichne Rechtecke so, wie Ronja es vorschlägt.
   Was kannst du jetzt über den Flächeninhalt von Deutschland aussagen?

Als Ronja und Kevin gerade die letzten Rechtecke einzeichnen, kommt ihr Freund Felix dazu. „Das ist mir zu umständlich und zu ungenau. Warum zeichnet ihr die Karte denn nicht auf kariertes Papier. Dann braucht ihr doch nur Karos zu zählen."

3. a) Bestimme zunächst, welchen Flächeninhalt das zu einem Karo in der Wirklichkeit gehörende Quadrat hat.
   b) Ermittle dann einen Wert für die Größe von Deutschland, der zu groß ist.
   c) Ermittle auch einen zu kleinen Wert für die Größe von Deutschland.

4. Bestimme einen noch genaueren Wert für die Größe von Deutschland, indem du angeschnittene Karos geeignet berücksichtigst.

5. Mithilfe von Millimeterpapier kannst du den Wert für die Größe von Deutschland noch weiter verbessern. Wie nahe kommst du dem Wert aus dem Erdkundebuch?

Auf die hier beschriebene Art kannst du den Flächeninhalt jeder Figur angenähert bestimmen. Du musst dazu Quadrate so nebeneinander legen, dass sie die Figur ganz überdecken. Dann weißt du, wie groß der Flächeninhalt höchstens ist. Durch Auslegen mit Quadraten kannst du dann andererseits auch berechnen, wie groß die Fläche mindestens ist. Dabei werden deine Ergebnisse immer genauer, je kleiner die Seiten der Quadrate sind, mit denen du die Figur überdeckst bzw. ausfüllst.

4.4 Volumenvergleich von Körpern – Messen von Volumina

4.4.1 Größenvergleich von Körpern – Begriff des Volumens

Einstieg Die Fotos zeigen zwei Versuche. Beschreibt sie. Welche Folgerung könnt ihr daraus entnehmen?

(1)

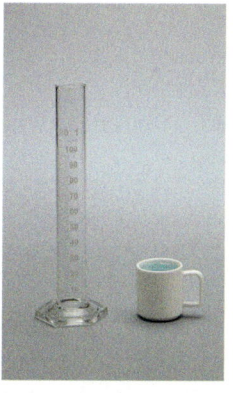 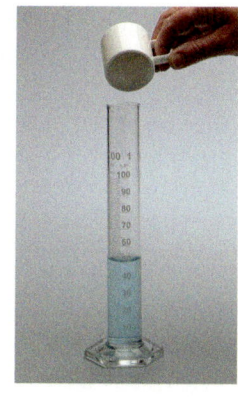

(2)

 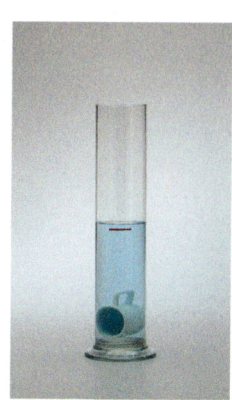

Aufgabe 1

Volumen und Fassungsvermögen
Zwei Flaschen werden verglichen.

(1) Der Inhalt einer gefüllten Flasche wird in die andere leere Flasche gegossen.

(2) Beide leeren Flaschen werden in einen Zylinder mit Wasser getaucht.

Betrachte die Fotos. Welche Aussage kannst du über die Flaschen machen?

Lösung

(1) Füllt man den Inhalt der rechten Flasche in die linke, so wird diese randvoll gefüllt und es bleibt nichts in der rechten Flasche zurück. In beide Flaschen passt gleich viel Flüssigkeit. Beide Flaschen haben somit dasselbe Fassungsvermögen.

(2) Beim Eintauchen der rechten Flasche in den Standzylinder mit Wasser steigt der Flüssigkeitsstand stärker an als beim Eintauchen der linken Flasche. Die rechte Flasche verdrängt mehr Wasser als die linke. Sie nimmt also einen größeren Raum ein.

Trotz gleichen Fassungsvermögens nehmen die leeren Flaschen unterschiedlichen Raum ein. Die rechte Flasche hat eine dickere Glaswand.

Information

(1) Ausfüllen des Innenraumes eines Gefäßes

Flüssigkeiten füllen den Innenraum von Gefäßen (Flaschen, Töpfen, Eimern, Kästen, Fässern usw.) aus. Durch Umfüllen kann man feststellen, ob der Innenraum von Gefäßen gleich groß ist. Die Größe des ausgefüllten Raumes heißt **Volumen** (oder *Rauminhalt*).

(2) Raumausfüllung von Körpern

Taucht man Körper ins Wasser, so steigt der Wasserspiegel.
Zwei Körper haben das gleiche Volumen, wenn der Wasserspiegel im gleichen Gefäß um den gleichen Betrag steigt.
Das Volumen des eingetauchten Körpers ist gleich dem Volumen des Wassers über dem alten Wasserstand.

> Das **Volumen** eines Körpers ist die Größe des Raumes, den der Körper ausfüllt.

Weiterführende Aufgaben

Volumenvergleich durch Zerlegen und Zusammensetzen von Körpern

2. Rechts siehst du zwei Quader. Vergleiche deren Volumen. Denke dir einen der beiden Quader zerschnitten und neu zusammengesetzt.

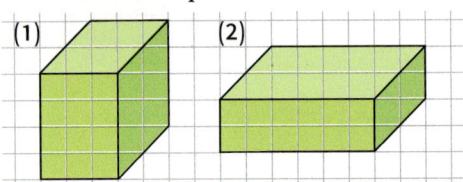

> Körper, die man in dieselben Teilkörper zerlegen kann, haben dasselbe **Volumen** (denselben *Rauminhalt*).

Unterscheidung von Volumen und Masse

3. Das Volumen und die Masse darf man nicht verwechseln. Erinnere dich, wie man das Volumen zweier Körper vergleichen kann und wie man ihre Masse vergleichen kann. Zwei der Körper rechts haben gleiches Volumen, aber unterschiedliche Masse. Zwei der Körper haben gleiche Masse, aber unterschiedliches Volumen.

   a) Welche Körper haben gleiches Volumen? Welche Körper haben gleiche Masse?
   b) Besteht der lackierte Körper C aus Holz oder aus Blei? Entscheide und begründe.

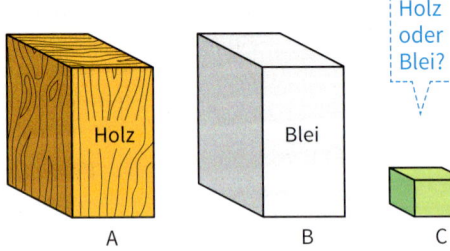

4.4 Volumenvergleich von Körpern – Messen von Volumina

Übungsaufgaben

4. Haben die beiden Körper dasselbe Volumen? Begründe.

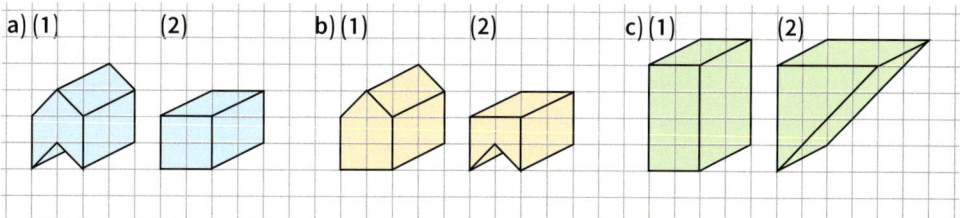

5. Vergleiche die Körper. Welche der Körper füllen einen gleich großen Raum aus?

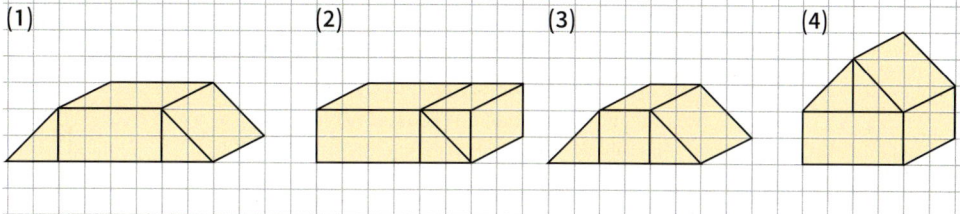

6. Skizziere Körper, die dasselbe Volumen wie der abgebildete Körper haben.

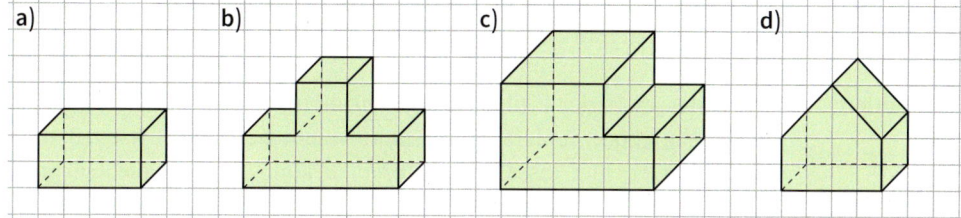

7. a) Nennt zwei Körper, die gleiches Volumen, aber verschiedene Masse haben.
b) Nennt zwei Körper, die gleiches Gewicht, aber unterschiedliche Masse haben.

4.4.2 Angabe eines Volumens – Volumeneinheiten

Einstieg

Für die Größenangabe des Stauraums eines Containerschiffes kann man als frei gewählte Volumeneinheit 1 C (C = Containervolumen) verwenden.
An Deck passen immer 8 Container nebeneinander, 4 hintereinander und 3 übereinander. Unter Deck sind die Container in 4 Schichten gestapelt. Es stehen 5 nebeneinander und 4 hintereinander.
Wie groß ist der gesamte Stauraum des Schiffes (in der Volumeneinheit C)?

Aufgabe 1

a) Der Körper rechts besteht aus 12 gleich großen Würfeln. Man sagt auch: Sein Volumen beträgt 12 W (W = Würfelgröße). W ist dabei eine frei gewählte Volumeneinheit. Gib das Volumen der Körper in der Einheit W an.

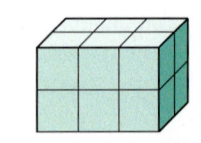

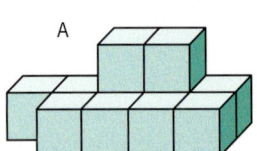 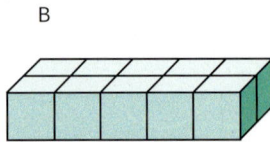 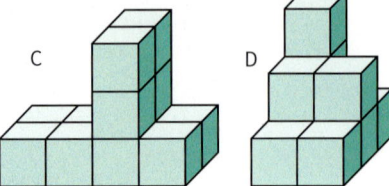

A　　　　B　　　　C　　　　D

b) Als Maßeinheit für das Volumen ist festgelegt:
Ein Würfel mit der Kantenlänge 1 cm hat das Volumen 1 cm³ (gelesen: *1 Kubikzentimeter*).
Welches Volumen hat der Körper rechts?

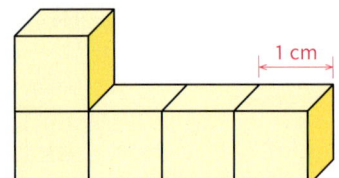

Lösung

a)

Körper	A	B	C	D
Volumen	11 W	10 W	12 W	10 W

b) Der Körper besteht aus 5 Würfeln mit jeweils 1 cm Kantenlänge. Jeder Würfel hat das Volumen 1 cm³. Der ganze Körper hat daher das Volumen 5 cm³.

Information

(1) **Messen in der Einheit Kubikzentimeter**

Die Würfel oder andere frei gewählte Volumeneinheiten, wie z. B. das Fassungsvermögen eines Löffels oder einer Tasse bei Backrezepten, können unterschiedlich groß sein. Sie sind für genaue Volumenangaben im täglichen Leben sowie für Handel und Industrie nicht geeignet.

(1) Ein Würfel mit der Kantenlänge 1 cm hat das Volumen 1 cm³ (gelesen: *1 Kubikzentimeter*). Alle anderen Körper, die man durch Zerlegen und erneutes Zusammensetzen eines Würfels mit 1 cm Kantenlänge erhält, haben auch das Volumen 1 cm³.

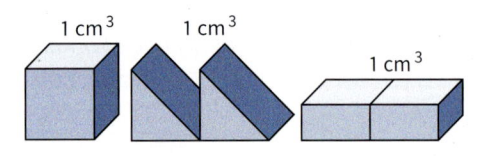

(2) In den Körper links passen 5 Würfel mit 1 cm Kantenlänge. Der Körper hat das Volumen 5 cm³. Die beiden anderen Körper haben dasselbe Volumen, nämlich 5 cm³.

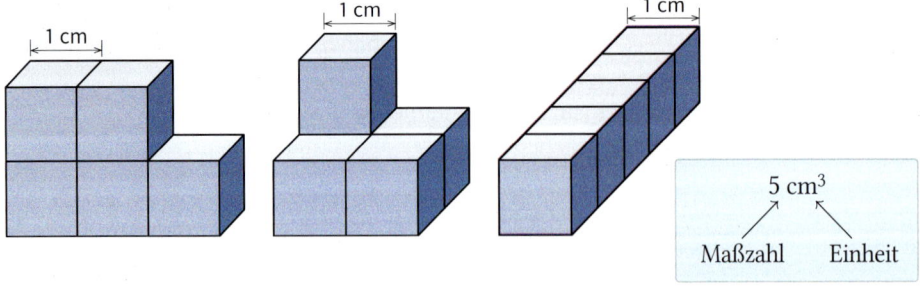

5 cm³
Maßzahl　Einheit

(2) **Übersicht über die Volumeneinheiten**
Weitere Einheiten für das Volumen sind:
Kubikmillimeter, Kubikzentimeter, Kubikdezimeter, Kubikmeter
Die folgende Tabelle gibt einen Überblick über die Volumeneinheiten.

Kantenlänge des Würfels	Volumen des Würfels	gelesen
1 mm	1 mm³	1 Kubikmillimeter
1 cm	1 cm³	1 Kubikzentimeter
1 dm	1 dm³	1 Kubikdezimeter
1 m	1 m³	1 Kubikmeter

Salzkorn
Volumen 1 mm³

Würfelzucker
Volumen 1 cm³

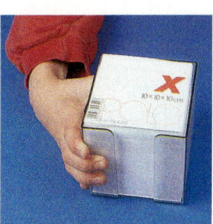
Zettelblock
Volumen 1 dm³

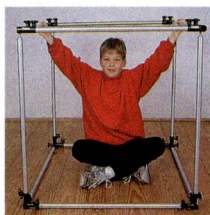
Würfel mit 1 m Kantenlänge;
Volumen 1 m³

(3) **Die Einheiten Liter (ℓ), Milliliter (mℓ) und Hektoliter (hℓ)**

(a) Zum Messen des Volumens von Gefäßen wie Töpfen, Eimern, Kannen, Fässern verwendet man auch die Einheit Liter (ℓ). Es gilt:

$$1\,\ell = 1\,dm^3$$

(b) Das Volumen der Flüssigkeit in Flaschen (z.B. in Arzneimittelflaschen, Zahnpastatuben) wird oft in der Einheit Milliliter (mℓ) angegeben. Es gilt:

$$1\,m\ell = 1\,cm^3$$

(c) Außerdem gibt es noch die Einheit Hektoliter (hℓ). Man verwendet sie für das Volumen großer Fässer und Tanks. Es gilt:

$$1\,h\ell = 100\,\ell$$

Zusammengefasst ergibt sich:

$$1\,m\ell = 1\,cm^3 \qquad 1\,\ell = 1\,dm^3 \qquad 1\,h\ell = 100\,\ell = 100\,dm^3$$

Filzstiftkappe 1 mℓ

Messbecher 1 ℓ

Weinfass 100 ℓ = 1 hℓ

(4) Weitere gegenwärtig verwandte Volumeneinheiten sowie alte Volumeneinheiten

In der Erdölindustrie wird heute weltweit das Volumen von Erdöl in der Einheit Barrel angegeben. Es gilt ziemlich genau:
1 Barrel = 159 ℓ.
In den USA und in Großbritannien wird Benzin an den Tankstellen nicht in Liter, sondern in der Einheit *Gallone* verkauft.
Es gilt in Großbritannien: 1 Gallone = $4\frac{1}{2}$ ℓ;
in den USA: 1 Gallone = $3\frac{3}{4}$ ℓ.
Eine alte Volumeneinheit für trockenes Schüttgut, wie z. B. Getreide, war der *Scheffel*. In Preußen galt im 19. Jahrhundert: 1 Scheffel = 50 ℓ.

Übungsaufgaben

2. a) Gib das Volumen an.

   (1)   (2)   (3)   (4)

   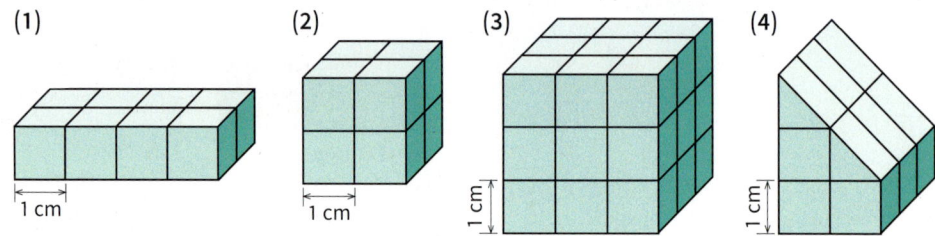

   b) Nimm an, die Kantenlänge der einzelnen Würfel ist nicht 1 cm, sondern 1 dm [1 m]. Wie groß ist jetzt das Volumen des Körpers?

3. Bestimme das Volumen des Körpers.

   a) 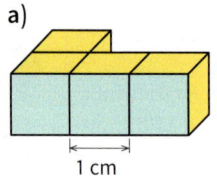   b) 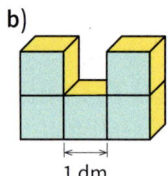   c) 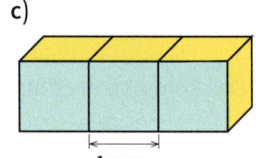   d)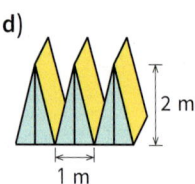

4. Erkundet, in welchen Einheiten das Volumen von Gefäßen in eurem Haushalt gemessen wird.

5. Jeder einzelne Würfel hat die Kantenlänge 1 dm.
   a) Bestimme das Volumen der Körper.
   b) Der Körper soll (mit möglichst wenig Würfeln) zu einem Quader ergänzt werden. Welches Volumen hat der Ergänzungskörper und welches Volumen hat der Quader?

   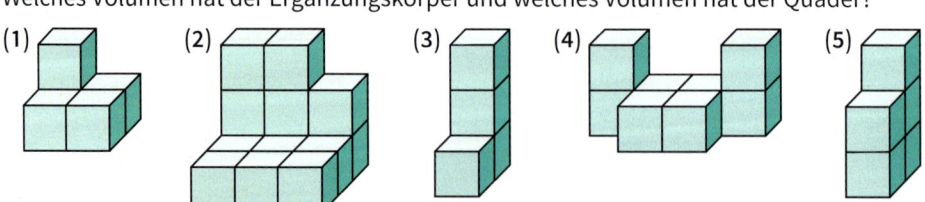

6. Zeichne ein Schrägbild eines Quaders mit folgendem Volumen. Trage die Maße ein.
   a) 18 cm³   b) 3 cm³   c) 49 cm³

7. In welcher Volumeneinheit würdest du messen?
   (1) Erdaushub bei einer Baugrube
   (2) Inhalt einer Mineralwasserflasche
   (3) Inhalt eines Fläschchens mit Medizin
   (4) Nutzinhalt eines Kühlschranks
   (5) Sack Blumenerde
   (6) Eis in einer Packung
   (7) anzulieferndes Heizöl
   (8) Farbe in einem Eimer

8. Auf kleinen Gläsern findet man auch Volumenangaben in cℓ (gelesen: *Zentiliter*): 1 cℓ = 10 mℓ
   Gib folgende Volumina in cm³ an: a) 1 cℓ b) 2 cℓ c) 30 cℓ

4.4.3 Zusammenhang zwischen den Volumeneinheiten

Einstieg

Wie viele Zentimeterwürfel (Kantenlänge 1 cm) passen in einen Meterwürfel?

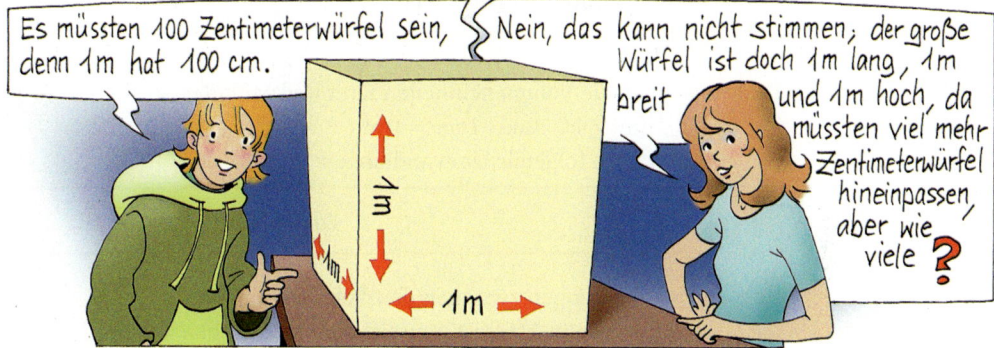

Aufgabe 1

a) Der große Würfel mit der Kantenlänge 1 dm wird mit kleinen Würfeln mit der Kantenlänge 1 cm ausgelegt.
Wie viele kleine Würfel werden insgesamt benötigt? Welches Volumen hat der Würfel mit der Kantenlänge 1 dm?

b) Drücke das Volumen 37 dm³ in cm³ aus.

Lösung

a) In einer Reihe sind 10 kleine Würfel. Eine Schicht besteht aus 10 Reihen. Eine Schicht hat 10 · 10, also 100 kleine Würfel. Es werden 10 Schichten benötigt, also 10 · 100 und somit 1 000 kleine Würfel.
Da der große Würfel mit 1 000 Würfeln mit jeweils 1 cm³ Volumen ausgefüllt werden kann, hat er auch das Volumen 1 000 cm³.

Es gilt: $1\,dm^3 = 1\,000\,cm^3$

b) 37 Würfel mit der Kantenlänge 1 dm haben zusammen das Volumen 37 dm³. Jeder Würfel mit der Kantenlänge 1 dm besteht aus 1 000 Würfeln mit der Kantenlänge 1 cm. Das sind zusammen 37 000 Würfel mit der Kantenlänge 1 cm.

Es gilt: $37\,dm^3 = 37\,000\,cm^3$

Information

(1) Zusammenhang zwischen den Volumeneinheiten – Einheitentabelle

Entsprechend wie oben kann ein Würfel mit der Kantenlänge 1 m mit 1000 Würfeln mit der Kantenlänge 1 dm ausgefüllt werden.

Es gilt daher: $1\,\text{m}^3 = 1000\,\text{dm}^3$

Ein Würfel mit der Kantenlänge 1 cm kann mit 1000 Würfeln mit der Kantenlänge 1 mm ausgefüllt werden.

Es gilt: $1\,\text{cm}^3 = 1000\,\text{mm}^3$

Die folgende Tabelle gibt einen Überblick über diese Volumeneinheiten.

$$1\,\text{m}^3 \underset{\cdot 1000}{\overset{:1000}{\rightleftarrows}} 1\,\text{dm}^3 \underset{\cdot 1000}{\overset{:1000}{\rightleftarrows}} 1\,\text{cm}^3 \underset{\cdot 1000}{\overset{:1000}{\rightleftarrows}} 1\,\text{mm}^3$$

$1\,\text{m}^3 = 1000\,\text{dm}^3$ $1\,\text{dm}^3 = 1000\,\text{cm}^3$ $1\,\text{cm}^3 = 1000\,\text{mm}^3$

Beim Volumen: Umwandlungszahl 1000

Milli (lat.) ein Tausendstel einer Einheit

Du kennst auch die Volumeneinheiten Liter und Milliliter.
Du weißt: $1\,\text{dm}^3 = 1\,\ell$ und $1\,\text{cm}^3 = 1\,\text{m}\ell$
Daher gelten auch folgende Umwandlungen:

$1\,\text{m}^3 = 1000\,\ell$ $1\,\text{dm}^3 = 1000\,\text{m}\ell$ $1\,\ell = 1000\,\text{m}\ell$

Bei den Umwandlungen zwischen den Volumeneinheiten kann die Einheitentabelle helfen. Da die Umwandlungszahl 1000 ist, müssen bei jeder Einheit Einer (E), Zehner (Z) und Hunderter (H) unterschieden werden.

	m^3			dm^3 (= ℓ)			cm^3 (= ml)			mm^3			Schreibweisen
	H	Z	E	H	Z	E	H	Z	E	H	Z	E	
			5			8							$5\,\text{m}^3\,8\,\text{dm}^3 = 5008\,\text{dm}^3$
					3	2		4	3				$32\,\text{dm}^3\,43\,\text{cm}^3 = 32\,043\,\text{cm}^3$
					3	7		2					37 ℓ 20 mℓ = 37 020 mℓ
									0	4			$0\,\text{cm}^3\,400\,\text{mm}^3 = 400\,\text{mm}^3$
			0		7								$0\,\text{m}^3\,70\,\text{dm}^3 = 70\,\text{dm}^3$

(2) Kommaschreibweise

Die Kommaschreibweise für Volumina kommt z. B. bei der Gasuhr vor. Sie ist eine Abkürzung für eine Schreibweise mit zwei Einheiten.

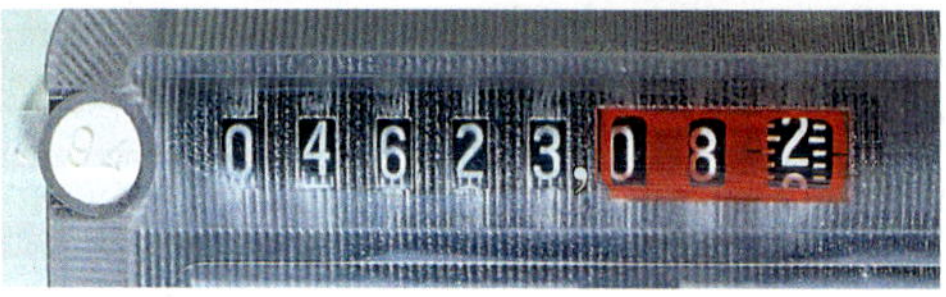

Vor dem Komma m^3				Nach dem Komma dm^3		
4	6	2	3	0	8	2

$4623{,}082\,\text{m}^3 = 4623\,\text{m}^3\,82\,\text{dm}^3$

Weitere Beispiele für die Kommaschreibweise bei Volumina

Vor dem Komma dm^3			Nach dem Komma cm^3		
		3	0	7	

$3{,}07\,\text{dm}^3 = 3\,\text{dm}^3\,70\,\text{cm}^3$

Vor dem Komma cm^3			Nach dem Komma mm^3		
	3	4	4		

$34{,}4\,\text{cm}^3 = 34\,\text{cm}^3\,400\,\text{mm}^3$

4.4 Volumenvergleich von Körpern – Messen von Volumina

Übungsaufgaben

2. a) Ein Körper hat das Volumen (1) 1 dm³; (2) 8 dm³.
   Er ist aus Würfeln mit der Kantenlänge 1 cm zusammengesetzt. Wie viele sind das?
   b) Ein Körper hat das Volumen (1) 1 m³; (2) 12 m³.
   Er ist aus Würfeln mit der Kantenlänge 1 dm zusammengesetzt. Wie viele sind das?

3. Drücke in der in Klammern angegebenen Volumeneinheit aus.
   a) 3 dm³ (cm³)   b) 5 m³ (dm³)   c) 3 cm³ (mm³)   d) 8 ℓ (mℓ)   e) 15 m³ (ℓ)
      18 dm³ (cm³)   413 m³ (dm³)   68 cm³ (mm³)   37 ℓ (mℓ)   4 m³ (ℓ)

4. Schreibe in der in Klammern angegebenen Volumeneinheit.
   a) 2 000 cm³ (dm³)   b) 180 000 dm³ (m³)   c) 40 000 mℓ (ℓ)
      200 000 cm³ (dm³)   4 000 000 dm³ (m³)   73 000 ℓ (m³)

   > 1 000 cm³ = 1 dm³
   > 4 000 cm³ = 4 dm³

5. Fülle die Lücken in deinem Heft aus.
   a) 7 dm³ = ■ cm³   d) 9 ℓ = ■ mℓ   g) 9 ℓ = ■ cm³   j) 24 dm³ = ■ mm³
   b) 8 m³ = ■ dm³   e) 2 m³ = ■ cm³   h) 30 ℓ = ■ cm³   k) 23 m³ = ■ ℓ
   c) 7 cm³ = ■ mm³   f) 42 m³ = ■ cm³   i) 5 m³ = ■ mℓ   l) 18 ℓ = ■ cm³

6. Schätze, wie viel Liter Wasser du täglich benötigst. 1 m³ Trinkwasser kostet 2,00 €. Zusätzlich sind an Abwassergebühren pro Kubikmeter 3,50 € zu zahlen. Überschlage, wie viel dein Trinkwasserverbrauch monatlich kostet.

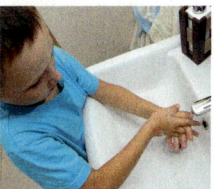

7. Schreibe in gemischten Einheiten.
   a) 3 742 dm³   c) 68 549 dm³   e) 1 047 cm³
      48 046 cm³   8 039 dm³   32 008 cm³
   b) 2 759 dm³   d) 38 537 mℓ   f) 8 249 cm³   g) 49 307 dm³   h) 2 031 dm³
      54 928 ℓ   4 045 mℓ   62 049 cm³   3 018 dm³   87 906 dm³

   > 3 578 dm³ = 3 m³ 578 dm³
   > 2 019 cm³ = 2 dm³ 19 cm³

8. Drücke in der kleineren Einheit aus.
   a) 2 m³ 150 dm³   b) 18 dm³ 280 cm³
      4 m³ 14 dm³   41 dm³ 50 cm³
      63 m³ 2 dm³   4 dm³ 5 cm³   c) 28 cm³ 750 mm³   d) 19 ℓ 30 mℓ
      10 m³ 325 dm³   20 dm³ 10 cm³   19 cm³ 4 mm³   9 ℓ 4 mℓ
                                               99 cm³ 904 mm³   10 ℓ 250 mℓ

   > 4 m³ 275 dm³ = 4 275 dm³

9. Gib in gemischten Einheiten an.
   a) 3,754 m³   b) 12,456 ℓ   c) 2,55 m³   d) 18,4 ℓ
      24,259 m³   3,55 ℓ   43,7 m³   9,2 ℓ
      27,485 m³   8,256 ℓ   42,043 dm³   0,075 m³   e) 9,708 dm³   f) 0,703 dm³
      0,4 m³   9,24 dm³   8,07 ℓ   5,098 dm³   23,011 m³   4,02 cm³

   > 2,5 ℓ = 2 ℓ 500 mℓ
   > 4,7 m³ = 4 m³ 700 dm³

10. Schreibe wie im Beispiel.
    a) 4 m³ 725 dm³   b) 14 cm³ 50 mm³   c) 7 ℓ 4 mℓ
       3 dm³ 400 cm³   10 cm³ 230 mm³   0 ℓ 6 mℓ
       4 dm³ 50 cm³   28 ℓ 63 mℓ   23 dm³ 2 cm³   d) 0 m³ 800 dm³
                                                                        0 dm³ 50 cm³

    > 3 dm³ 70 cm³ = 3,070 dm³

11. Schreibe mit Komma.

a) 2 431 dm³   c) 5 732 dm³   e) 1 245 ml   g) 2 000 ml
   7 419 dm³   48 400 dm³   2 500 ml   200 ml

b) 44 873 ℓ   d) 8 470 dm³   f) 7 039 ℓ   h) 418 ml   i) 3 027 ml   j) 702 ml
   8 240 dm³   19 400 ml   71 506 dm³   500 dm³   709 ℓ   35 dm³

> 4 739 dm³ = 4,739 m³
> 3 500 ml = 3,5 ℓ

12. Prüfe Tinas Hausaufgaben. Wo steckt der Fehler? Erkläre.

a) 8 m³ = 800 cm³   d) 2 m³ 3 dm³ = 203 dm³   g) 6000 mm² = 60 cm²
b) 700 dm³ = 7 cm³   e) 900 ml = 9 ℓ   h) 2 km³ = 2000 m³
c) 5 ml = 5 dm³   f) 700 m = 7 km   i) 8 hl = 8000 ℓ

13. Auch Volumina kann man runden.

a) Runde auf volle m³: 8 513 dm³; 12 147 dm³; 7 619 ℓ; 12,456 m³; 54,98 m³; 46 501 ℓ; 874 ℓ
b) Runde auf volle ℓ: 19 349 ml; 3 604 ml; 24,491 ℓ; 12,50 ℓ; 874,3 ml; 990 cm³
c) Nenne jeweils 5 Volumina, die gerundet 4 dm³; 6,81 cm³; 7,3 m³ ergeben.

14. Lies die Zeitungsanzeigen.
Was bedeutet die Volumenangabe ccm?
Suche selbst ähnliche Anzeigen.

15. a) 1 cm³ Styropor wiegt 30 mg, 1 cm³ Kork ist 250 mg schwer.
Kannst du 1 m³ Styropor tragen? Ist das auch bei 1 m³ Kork möglich?

b) 1 cm³ Gold wiegt 19,3 g. Kann man 1 m³ Gold mit einem Pkw mit der Nutzlast 505 kg transportieren?

16. a) Anne und ihre Eltern sind im Urlaub in den USA. Sie haben ein Auto gemietet. Dessen Tank fasst 20 Gallonen. Wie viel Liter sind das?
(Siehe dazu Information (4) auf Seite 194.)

b) Gib in der Einheit ℓ an:
(1) 10 (engl.) Gallonen   (2) 12 (US) Gallonen   (3) 235 Barrel

Das kann ich noch!

A) Miss den Abstand der Punkte P und S.
B) Miss den Abstand des Punktes P von der Geraden g.
C) Miss den Abstand der beiden Geraden g und h.

4.5 Formeln für Volumen und Oberflächeninhalt eines Quaders

Einstieg

In einen quaderförmigen Karton mit den Innenmaßen a = 4 dm, b = 3 dm und c = 2 dm sollen Zettelblocks verpackt werden. Die Zettelblocks sind würfelförmig und haben die Kantenlänge 1 dm.
Wie viele Zettelblocks passen in den Karton?
Wie groß ist das Volumen (Fassungsvermögen) des Kartons?

Aufgabe 1

Volumen eines Quaders
Bestimme das Volumen eines Quaders mit den Kantenlängen a = 5 cm, b = 4 cm und c = 3 cm.

Lösung

Wir füllen den Quader mit 1 cm³ großen Würfeln. An die 5 cm lange Kante (vorne, unten) passen 5 solche Würfel nebeneinander. 4 solche Stangen passen hintereinander, denn die nach hinten verlaufende Kante ist 4 cm lang.
Wir erhalten damit eine Platte mit 4 · 5 Würfeln. 3 solche Platten passen aufeinander, denn die dritte Kante ist 3 cm lang.
Insgesamt kann man somit den Quader mit 3 · 4 · 5 Würfeln der Größe 1 cm³ ausfüllen.
Also: V = (3 · 4 · 5) cm³ = 60 cm³

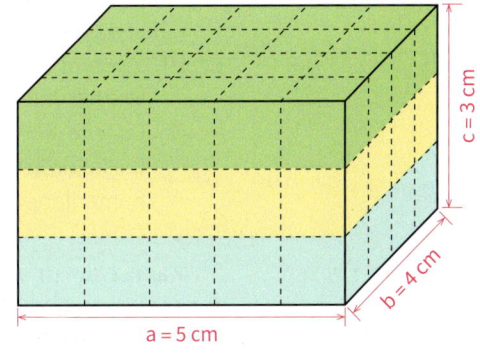

Information

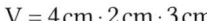

Formel für das Volumen eines Quaders
Die Größe eines quaderförmigen Pakets gibt man üblicherweise durch das Produkt der Kantenlängen an, z. B. bei der Post 35 × 25 × 12 cm für 35 cm × 25 cm × 12 cm.
Auch bei einem Quader mit den Kantenlängen 4 cm, 2 cm und 3 cm wollen wir für das Volumen V schreiben:
V = 4 cm · 2 cm · 3 cm
Wie man dieses Volumen berechnet, hast du oben erfahren. Die Produktschreibweise ermöglicht uns, für das Volumen des Quaders eine einfache Formel zu notieren:

Für das **Volumen V eines Quaders** mit den Kantenlängen a, b und c gilt:
V = a · b · c

Beispiel: a = 4 cm; b = 3 cm; c = 2 cm
V = 4 cm · 3 cm · 2 cm
  = (4 · 3 · 2) cm³
  = 24 cm³

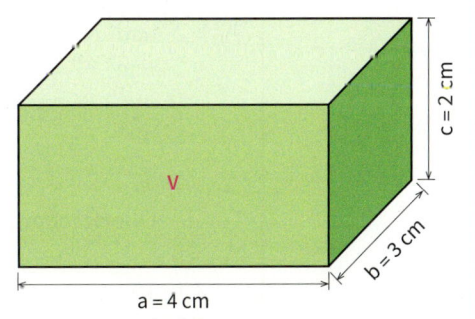

Weiterführende Aufgaben

Formel für das Volumen eines Würfels

2. a) Ein Würfel hat die Kantenlänge 3 cm. Berechne das Volumen.
   b) Ein Würfel hat die Kantenlänge a. Gib eine Formel für das Volumen V des Würfels an.

Oberflächeninhalt eines Quaders

3. a) Laura hat Ohrschmuck als Geburtstagsgeschenk für ihre Freundin gebastelt. Sie will diesen schön verpacken. Dazu will sie eine Schachtel verwenden, in der sich vorher ein Medikament befand (siehe rechts). Sie plant, die Schachtel mit Silberpapier zu bekleben. Wie viel cm² Papier benötigt sie?
   b) Ein Quader hat die Kantenlängen a, b, c. Stelle eine Formel für den Oberflächeninhalt A_O auf.
   c) (1) Wie groß ist die Oberfläche eines Würfels mit der Kantenlänge 3 cm?
      (2) Erstelle eine Formel für den Oberflächeninhalt eines Würfels mit der Kantenlänge a.

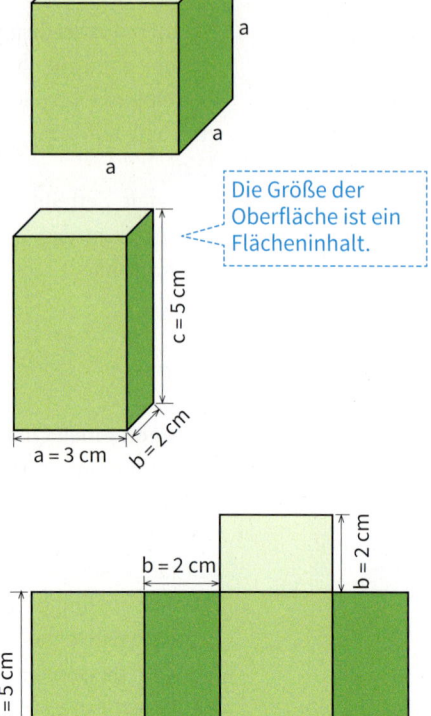

Die Größe der Oberfläche ist ein Flächeninhalt.

Information

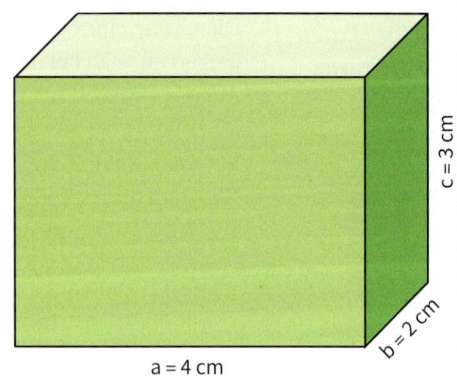

Oberflächeninhalt eines Quaders

Alle sechs Flächen, die zum Netz eines Quaders gehören, bilden zusammen die Oberfläche des Quaders.

Für den **Oberflächeninhalt A_O eines Quaders** mit den Kantenlängen a, b und c gilt:
$A_O = 2 \cdot a \cdot b + 2 \cdot a \cdot c + 2 \cdot b \cdot c$

Beispiel: a = 4 cm, b = 2 cm, c = 3 cm
$A_O = 2 \cdot 4\,cm \cdot 2\,cm + 2 \cdot 4\,cm \cdot 3\,cm + 2 \cdot 2\,cm \cdot 3\,cm$
$= 2 \cdot 8\,cm^2 + 2 \cdot 12\,cm^2 + 2 \cdot 6\,cm^2$
$= 16\,cm^2 + 24\,cm^2 + 12\,cm^2$
$= 52\,cm^2$

Sonderfall:
Für den **Oberflächeninhalt eines Würfels** mit der Kantenlänge a gilt:
$A_O = 6 \cdot a \cdot a$
$ = 6 \cdot a^2$

4.5 Formeln für Volumen und Oberflächeninhalt eines Quaders

Berechnen einer Seitenlänge bzw. eines Flächeninhalts aus dem Volumen

4. a) Ein 24 cm³ großer Quader ist 3 cm breit und 2 cm hoch. Wie lang ist er?
   b) Ein 48 cm³ großer Quader ist 3 cm hoch. Was kannst du über die Abmessungen sagen?

Dividieren von Volumina durch Seitenlängen und Flächeninhalt

(1) Dividiert man ein Volumen durch einen Flächeninhalt, so erhält man eine Seitenlänge.

Gegeben: V = 12 cm³; a = 2 cm; b = 3 cm
$$2\,cm \cdot 3\,cm \cdot c = 12\,cm^3$$
$$6\,cm^2 \cdot c = 12\,cm^3$$
$$c = 12\,cm^3 : 6\,cm^2$$
$$c = 2\,cm$$

(2) Dividiert man ein Volumen durch eine Seitenlänge, so erhält man einen Flächeninhalt.

Gegeben: V = 18 cm³; c = 3 cm
$$a \cdot b \cdot 3\,cm = 18\,cm^3$$
$$A \cdot 3\,cm = 18\,cm^3 \quad \text{Grundfläche } A = a \cdot b$$
$$A = 18\,cm^3 : 3\,cm$$
$$A = 6\,cm^2$$

Übungsaufgaben

5. Berechne das Volumen V des Quaders.
   a) a = 7 cm, b = 6 cm, c = 2 cm
   b) a = 5 cm, b = 5 cm, c = 5 cm
   c) a = 3 m, b = 3 m, c = 4 m
   d) a = 65 mm, b = 48 mm, c = 35 mm

6. Berechne das Volumen V des Quaders. Verwandle erst in die kleinere Einheit.
   a) a = 7 cm; b = 3 cm 5 mm; c = 92 mm
   b) a = 44 mm; b = 1 dm 2 cm; c = 8 dm
   c) a = 4 cm; b = 5 dm; c = 85 cm
   d) a = 15 cm; b = 1,5 cm; c = 1,2 cm

7. Ein Aquarium ist 50 cm lang und 40 cm breit. Es ist 40 cm hoch mit Wasser gefüllt. Das Aquarium wiegt leer 12 kg. Wie viel wiegt das gefüllte Aquarium?

1 ℓ Wasser wiegt 1 kg.

8. Tims Mutter hat für ihren Garten einen Behälter anfertigen lassen, in welchem sie Regenwasser sammelt. Der Behälter ist 240 cm lang, 180 cm breit und 90 cm hoch. 1 Eimer Wasser fasst 10 ℓ. Wie viele Eimer Wasser befinden sich in dem Behälter?

9. Frau Müller will einen Flachdachbungalow bauen. Der Architekt geht von 280 € pro Kubikmeter umbautem Raum aus.
   Das Haus ist 18 m lang, 12 m breit und 4 m hoch. Wie teuer wird das Haus?

10. Es sollen Abwasserrohre gelegt werden. Dazu wird ein Graben ausgehoben. Dieser ist 1 km lang, 2 m breit und 4 m tief.
    Wie viel Kubikmeter Erde müssen bewegt werden?

11. Berechne den Oberflächeninhalt A_O des Quaders.
    a) a = 5 cm, b = 4 cm, c = 2 cm
    b) a = 6 cm, b = 6 cm, c = 6 cm
    c) a = 3 m, b = 2 m, c = 1 m
    d) a = 55 mm, b = 32 mm, c = 24 mm

12. Felix hat den Oberflächeninhalt der Quader berechnet. Hat er richtig gerechnet?

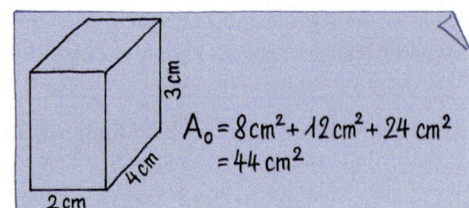

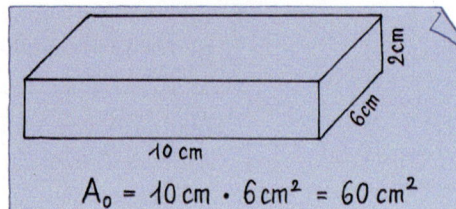

13. Wie viel Geschenkpapier benötigt man mindestens?

a)    b) 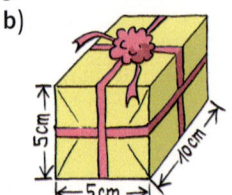   c)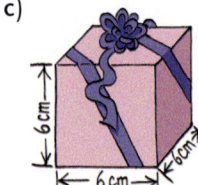

14. Ein Quader hat das Volumen 96 m³. Er ist 6 m lang und 8 m hoch. Wie breit ist er?

15. Berechne die fehlende Kantenlänge und den Oberflächeninhalt des Quaders.

	a)	b)	c)	d)	e)
Kantenlängen	5 cm; 6 cm	3 m; 2 m	14 cm; 3 cm	9 dm; 9 dm	30 dm; 150 dm
Volumen	120 cm³	24 m³	84 cm³	729 dm³	135 m³

16. a) Eine Kiste hat ein Volumen von 64 m³. Gebt mehrere Möglichkeiten für die Kantenlängen an und berechnet jeweils den zugehörigen Oberflächeninhalt. Erläutert euer Vorgehen.

b) Eine Kiste hat ein Volumen von 64 m³. Findet ihr einen Quader mit diesem Volumen, der den kleinstmöglichen Oberflächeninhalt hat? Beschreibt ihn.

17. a) Berechne Volumen und Oberflächeninhalt der beiden Quader A und B. Vergleiche.
  (1) Quader A: 3 cm; 4 cm; 2 cm   (2) Quader A: 1 m; 3 m; 3 m
      Quader B: 2 cm; 6 cm; 2 cm   Quader B: 7 m; 1 m; 1 m

b) Gib Quader mit gleichem Volumen, aber verschiedenem Oberflächeninhalt an.
Gib Quader mit gleichem Oberflächeninhalt, aber verschiedenem Volumen an.

18. Schätzt, welches Volumen euch in eurem Klassenraum zur Verfügung steht. Kontrolliert anschließend durch Rechnung.

19. Berechne Oberflächeninhalt und Volumen. Vergleiche das Volumen mit der Angabe auf der Verpackung. Julia sagt: „Man könnte an der Verpackung sparen." Hat sie Recht?

a) 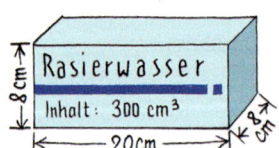   b)   c) 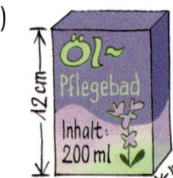   d)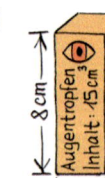

4.5 Formeln für Volumen und Oberflächeninhalt eines Quaders

20. 500 g Kaffee wird oft in Doppelpackungen abgefüllt, damit beim Verbrauch längere Frische gewährleistet wird. Maria betrachtet die Packung und meint: „Wenn man die beiden Pakete anders anordnet, kann man Papier zum Verpacken sparen."
Vernachlässige Stellen, an denen das Papier doppelt liegt, und bestimme, wie viel Papier bei der verkauften Anordnung benötigt wird. Kontrolliere dann, ob Maria Recht hat und wie viel Papier man ggf. sparen könnte.

21. 30 Papiertaschentuch-Pakete der Größe 10 cm × 5 cm × 2 cm sollen in eine Plastikfolie eingeschweißt werden. Überlege, welche Anordnung am günstigsten ist, damit möglichst wenig Plastikfolie benötigt wird. Berechne, wie viel Plastikfolie benötigt wird.

22. Das Bild links zeigt einen 12 m langen Balken.
    a) 1 cm³ Holz wiegt 700 mg. Wie viel wiegt der Balken?
    b) Die Oberfläche des Balkens soll durch Hobeln geglättet werden. Wie groß ist diese?

23. Ein Aquarium ist 80 cm lang und 50 cm breit. Wie hoch steht das Wasser, wenn man 50 ℓ hineingießt?

24. Ein Heimwerkermarkt bietet Paneele aus Fichtenholz an. In einem Paket befinden sich 6 Paneele; jedes Paneel ist 265 cm lang, 12 cm breit und 13 mm dick.
1 cm³ Fichtenholz wiegt 0,5 g. Wie schwer ist das Paket?

25. Lies den Zeitungsausschnitt rechts.
Den 30 000 m³ großen Eisblock kannst du dir sicher nur schwer vorstellen.
Gib daher die Kantenlängen eines Quaders an, dessen Volumen 30 000 m³ beträgt.

Großer Gletscher in der Schweiz abgestürzt

GRINDELWALD Bei einem großen Gletscherabsturz im Berner Oberland sind mehr als 30 000 Kubikmeter Eis talwärts gedonnert. Das beeindruckende Naturschauspiel am Wetterhorn oberhalb des Schweizer Skiortes Grindelwald fand am frühen Morgen fast unter Ausschluss der Öffentlichkeit statt, obwohl Kamerateams und Schaulustige den Berg seit Tagen belagert hatten.
Die Natur schlug den Neugierigen jedoch ein Schnippchen und ließ die Eismassen gegen 2:15 Uhr im tiefen Dunkel der Nacht vom Gutzgletscher auf die 1 500 m tiefer gelegene Alp Lauchbühl stürzen. Die Eisbrocken drangen fast bis zu einer vorsorglich gesperrten Bergstraße vor. Zu Schaden kam niemand.

26. Für ein Pferd sind 40 m³ Luftraum vorgeschrieben.
    a) Ein Stall ist 24 m lang, 8 m breit und 4 m hoch. Wie viele Pferde dürfen in diesem Stall untergebracht werden?
    b) Ein anderer Stall ist 35 m lang, 8 m breit und 3 m hoch. Es sind 20 Pferde untergebracht. Ist das gestattet?

Das kann ich noch!

A) Berechne und beachte dabei Rechenvorteile.
   1) 2 · 9 · 5 · 9
   2) 25 · 337 · 40
   3) 126 : 7 − 56 : 7
   4) 66 + 222 + 34 + 278
   5) 34 · 77 + 66 · 77
   6) 7 676 − 2 324 + 5 454 + 4 545

B) Berechne schriftlich.
   1) 8 353 − 6 587
   2) 14 882 + 8 574
   3) 17 034 : 3
   4) 12 · 571
   5) 888 + 1 233
   6) 8 225 − 2 547

4.6 Rechnen mit Volumina

Ziel Im Alltag gibt es viele Gegenstände, die nicht quaderförmig sind. Hier lernst du, wie man das Volumen von Gegenständen bestimmt, die aus Quadern zusammengesetzt sind.

Zum Erarbeiten **Addieren und Subtrahieren von Volumina**
Berechne das Volumen des Winkelbungalows rechts.

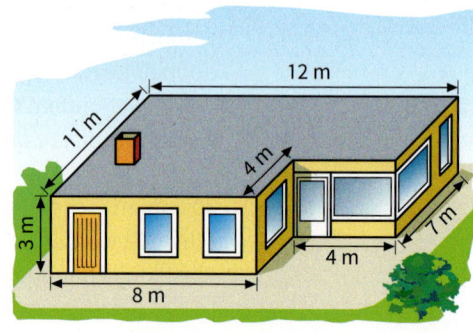

→ *1. Möglichkeit:*
Denke dir den Körper aus zwei Quadern zusammengesetzt. Addiere deren Volumina.
Der vordere Quader hat ein Volumen von:
$V_1 = 8\,m \cdot 4\,m \cdot 3\,m = 96\,m^3$
Der hintere Quader hat ein Volumen von:
$V_2 = 12\,m \cdot 7\,m \cdot 3\,m = 252\,m^3$
Das Volumen des Bungalows beträgt also:
$V = V_1 + V_2 = 96\,m^3 + 252\,m^3 = 348\,m^3$

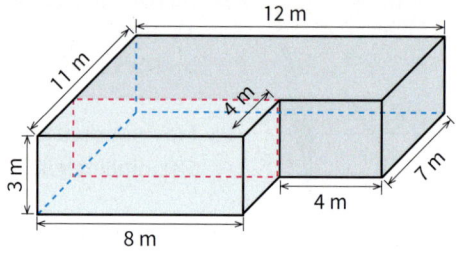

→ *2. Möglichkeit:*
Denke dir den Körper zu einem Quader ergänzt. Berechne dessen Volumen und subtrahiere davon das Volumen des ergänzten Quaders.
Gesamtvolumen:
$V_G = 12\,m \cdot 11\,m \cdot 3\,m = 396\,m^3$
Ergänztes Volumen:
$V_E = 4\,m \cdot 4\,m \cdot 3\,m = 48\,m^3$
Das Volumen des Bungalows beträgt also:
$V = V_G - V_E = 396\,m^3 - 48\,m^3 = 348\,m^3$

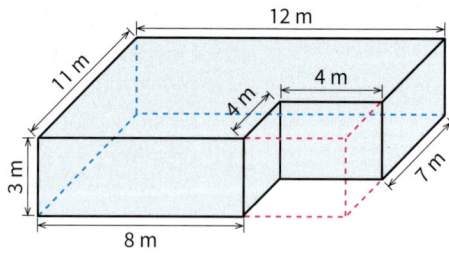

Information

Strategien zum Berechnen des Volumens zusammengesetzter Körper

1. Strategie: Zerlegen

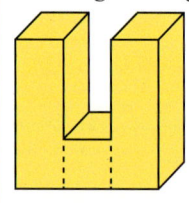 Man zerlegt den Körper in geeignete Teilkörper. Dann berechnet man deren Volumina und addiert diese.

2. Strategie: Ergänzen

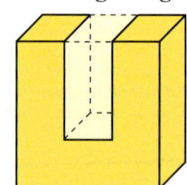 Man ergänzt den Körper geeignet. Dann berechnet man das Volumen des Gesamtkörpers und subtrahiert davon das Volumen des ergänzten Körpers.

Zum Selbstlernen 4.6   Rechnen mit Volumina

Zum Erarbeiten

Zerlegen eines Körpers in eine vorgegebene Anzahl gleich großer Teile

Für eine Reihenhauskette aus 6 Häusern ist ein umbauter Raum von insgesamt 2 700 m³ angegeben.
Wie groß ist jedes einzelne Haus?

→ Das Gesamtvolumen V muss durch 6 dividiert werden, um das Volumen V_R eines einzelnen Reihenhauses zu erhalten:

Volumen eines Reihenhauses: $V_R = V : 6$
$ = 2\,700\,m^3 : 6$
$ = 450\,m^3$

Ein Körper wird in gleich große Teile zerlegt, also: Volumen durch Zahl dividieren

Ergebnis: Jedes Haus ist 450 m³ groß.

Zerlegen eines Körpers in gleich große Teile vorgegebener Größe

Eine andere Reihenhauskette soll wegen behördlicher Bestimmungen ein Gesamtvolumen von höchstens 4 400 m³ aufweisen. Für ein Reihenhaus des geplanten Typs ist ein umbauter Raum von 550 m³ angegeben.
Wie viele Reihenhäuser können gebaut werden?

→ Wir dividieren das Gesamtvolumen V durch das Volumen V_R eines Reihenhauses, um die Anzahl der Reihenhäuser zu erhalten:

Anzahl der Häuser: $ V : V_R$
$ = 4\,400\,m^3 : 550\,m^3$
$ = 8$

Ein Körper wird in Teilkörper mit vorgegebenem Volumen zerlegt, also: Gesamtvolumen durch dieses Volumen dividieren

Ergebnis: Es können 8 Häuser gebaut werden.

Information

Dividieren von Volumina

(1) Zum Zerlegen eines Körpers in gleich große Körper mit vorgegebenem Volumen dividiert man das Gesamtvolumen durch das vorgegebene Volumen. Man erhält als Ergebnis eine Zahl.
Beispiel: $400\,cm^3 : 50\,cm^3 = 8$

(2) Zum Zerlegen eines Körpers in eine vorgegebene Anzahl von gleich großen Teilkörpern dividiert man das Gesamtvolumen durch die vorgegebene Anzahl der Teilkörper. Man erhält als Ergebnis ein Volumen.
Beispiel: $320\,cm^3 : 8 = 40\,cm^3$

(3) Von einem Quader sind Volumen und zwei Seitenlängen bekannt. Zum Bestimmen der dritten Seitenlänge dividiert man das Volumen durch das Produkt der beiden Seitenlängen. Man erhält als Ergebnis eine Seitenlänge.
Beispiel: $400\,cm^3 : (8\,cm \cdot 5\,cm) = 400\,cm^3 : 40\,cm^2 = 10\,cm$

(4) Von einem Quader sind Volumen und eine Seitenlänge bekannt. Zum Bestimmen des Flächeninhalts der Grundfläche, die senkrecht zu der gegebenen Seite ist, dividiert man das Volumen durch die Seitenlänge. Man erhält als Ergebnis einen Flächeninhalt.
Beispiel: $480\,cm^3 : 12\,cm = 30\,cm^2$

Zum Üben

1. Das Volumen des abgebildeten Körpers kann man auf verschiedene Weisen bestimmen.

a) 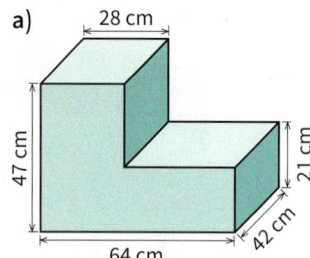 b) 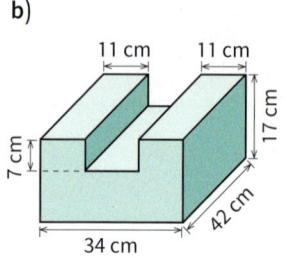 c)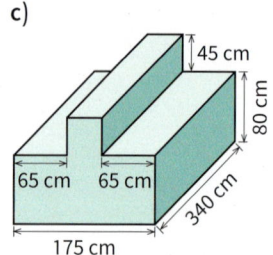

2. Das leichte Vordach ist an einem großen u-förmigen Betonträger befestigt. 1 cm³ Beton wiegt 2,4 g. Ermittle einen Schätzwert für seine Masse.

3. a) Eine Mülltonne fasst 80 ℓ. In einem Ortsteil werden an einem Tag 315 Mülltonnen geleert. Wie viel Müll ist das?
   b) Ein Müllwagen fasst 16 m³ Müll. Wie viele Mülltonnen mit einem Fassungsvermögen von 80 ℓ [110 ℓ] können in einen Müllwagen geleert werden?
   c) Ein Müllgroßbehälter fasst 4 400 ℓ Müll. In einer Stadt werden an einem Tag 45 volle Großbehälter geleert. Ein Müllwagen fasst 22 m³ Müll. Wie viele Fahrten des Müllwagens sind erforderlich?
   d) Ein Müllbunker enthält 483 m³ Müll. Er soll mit einem Müllwagen, der 23 m³ fassen kann, entleert werden. Wie viele Fahrten sind erforderlich?
   e) Der Inhalt eines 504 m³ großen Müllbunkers soll mit 24 Müllwagen abtransportiert werden. Wie viel m³ muss jeder Wagen bei gleichmäßiger Verteilung aufnehmen?
   f) Schätze, wie viel Müll pro Woche in eurer Schule anfällt.

4. Erfinde zu dem Term eine Rechengeschichte.
   a) 48 m³ + 53 m³
   b) 2 170 ℓ − 827 ℓ
   c) 3 · 40 m³
   d) 4 800 m³ : 12
   e) 120 m³ : 4 m³
   f) 225 ℓ : 25 ℓ

   Term: 3 · 4 m³
   Rechengeschichte: Ein Lastwagen fasst 4 m³ Erde. Er fährt dreimal. Wie viel Erde hat er fortgeschafft?

5. Ein Architekt plant einen Winkelbungalow. Rechts siehst du den Grundriss.
   a) Der Bungalow soll 3 m hoch werden. Für jeden Kubikmeter umbauten Raum rechnet man 290 € Baukosten. Wie teuer wird das Haus voraussichtlich?
   b) Es soll eine 2 m tiefe Baugrube ausgehoben werden. Sie ist auf jeder Seite des Hauses 1 m länger bzw. breiter als der Grundriss angibt. Ein Lkw kann pro Fahrt 4 m³ Erde abtransportieren. Wie viele Fahrten sind erforderlich?

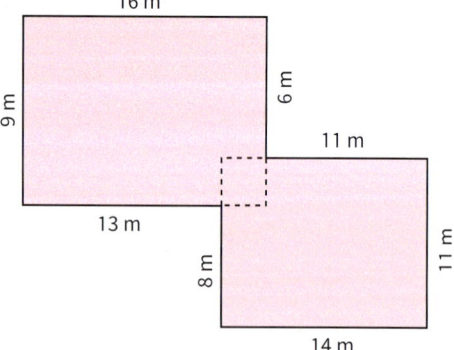

4.6 Rechnen mit Volumina

6. Die Skizze zeigt eine Weitsprunganlage. Stelle geeignete Fragen und beantworte sie.

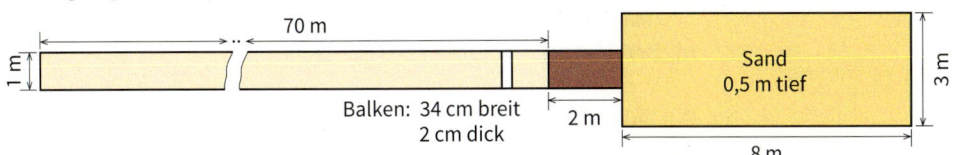

7. Das Bedecken des Gartenbodens mit Rindenhumus bezeichnet man als Mulchen. Es sorgt dafür, dass Unkrautbewuchs und Austrocknung gehemmt werden. Das abgebildete Gartenbeet soll gleichmäßig mit einer Rindenhumusschicht von 5 cm Dicke gemulcht werden. Mit welchen Kosten muss man rechnen?

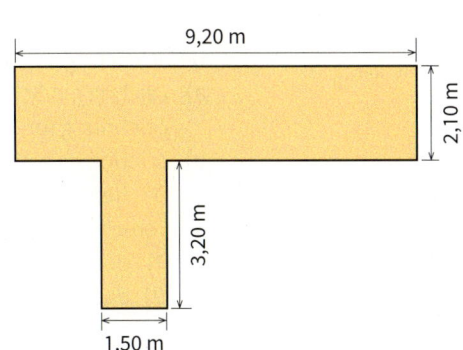

8. Winkelbausteine werden zum Abstützen von Erde verwendet.
   a) 1 dm³ Beton wiegt 2 kg. Wie viel wiegt der Winkelbetonstein links?
   b) Der Stein soll mit einem Schutzanstrich versehen werden. 1 kg Farbe reicht für 5 m². Wie viel Farbe ist für 20 Steine erforderlich?

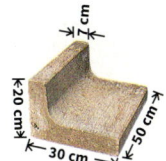

9. An einem regnerischen Tag fallen 3 ℓ Regen pro Quadratmeter. Familie Griep hat ein Haus mit Flachdach. Sie überlegt, in Zukunft das Regenwasser zum Bewässern des Gartens in einer Tonne aufzufangen. Wie viel ℓ Regenwasser hätte Familie Griep an diesem Tag gewinnen können? Vernachlässige die Verdunstung des Wassers.

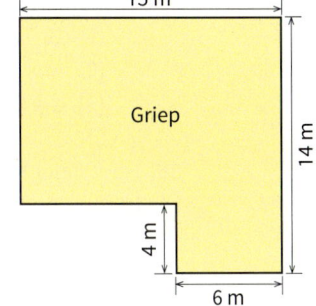

10. Ein 8 m langes Stützfundament soll gemauert werden. Für 1 m³ benötigt man 400 Steine.
    a) Man rechnet damit, dass jeder 50. Stein beschädigt ist oder verloren geht. Daher müssen mehr Steine zusätzlich bestellt werden. Wie viele sind das?
    b) Das Fundament soll durch einen Bitumenanstrich gegen Feuchtigkeit geschützt werden. Gestrichen werden sollen alle Außenflächen außer der Deck- und der Bodenfläche. Wie viel m² sind zu streichen?

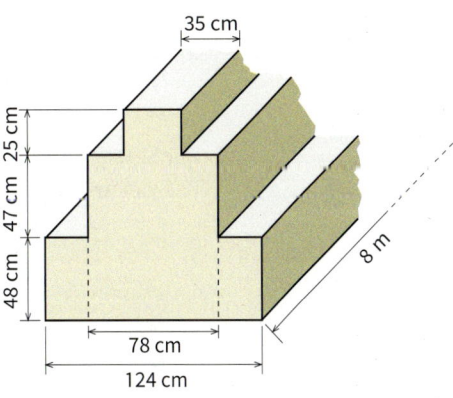

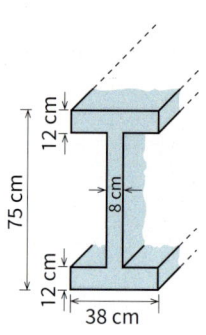

11. Der Holzbaustein rechts soll lackiert werden.
 a) Berechne den Oberflächeninhalt des Holzbausteins (Maße in cm).
 b) Berechne das Volumen des Bausteins.

12. Der links abgebildete Doppel-T-Träger aus Eisen ist 2,5 m lang. 1 cm³ Eisen wiegt 8 g. Wie viel wiegt der Träger?

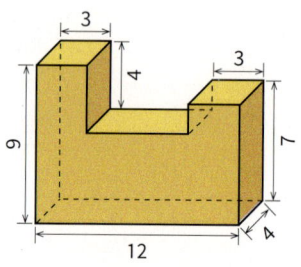

13. Betrachte den Winkelbungalow rechts. Berücksichtige die Türen und Fenster nicht.
 a) Zeichne ein Schrägbild. Wähle als Maßstab 1 cm in der Zeichnung für 2 m in der Wirklichkeit.
 b) Zeichne im selben Maßstab ein Netz, aus dem ein Flächenmodell hergestellt werden kann.
 c) Berechne für den Winkelbungalow
  (1) den Flächeninhalt der Standfläche („Grundfläche");
  (2) das Volumen („Bruttorauminhalt" bzw. „umbauter Raum");
  (3) die Größe der Oberfläche dieses Körpers. (Dazu gehört auch die Standfläche.)

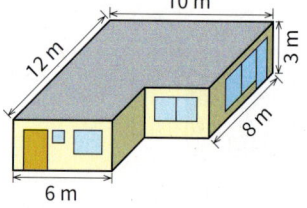

14. Ein Flachdachhaus mit Garage hat den nebenstehenden Grundriss. Das Wohnhaus hat eine Höhe von 3 m, die Garage von 2,40 m. Wähle in den Zeichnungen 1 cm für 2 m in der Wirklichkeit.
 a) Zeichne ein Schrägbild.
 b) Zeichne ein Netz.
 c) Berechne
  (1) Größe der gesamten Standfläche;
  (2) das Volumen des Körpers („umbauter Raum");
  (3) die Größe der Oberfläche des Körpers.

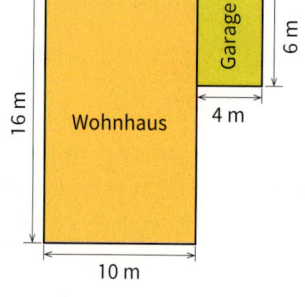

15. Herr Meier hat aus Beton einen Blumenkübel gegossen, den er nun innen und außen mit einer Spezialfarbe streichen möchte.
 a) Wie viel m² Betonfläche muss Herr Meier streichen?
 b) 1 cm³ Beton wiegt 2 g. Wie schwer ist der Blumenkübel?

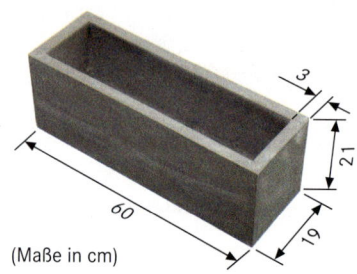

(Maße in cm)

16. Der Sessel ist rundum mit Stoff bezogen. Wie viel m² Stoff waren dazu nötig?

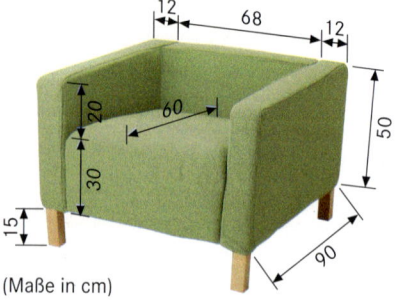

(Maße in cm)

Modellieren mit Flächen und Körpern

1. a) Aus einem Wetterbericht im Radio: „Während der letzten 24 Stunden fielen 4 mm Niederschlag." In der Zeitung steht: „4 ℓ pro m² Regen in den letzten 24 Stunden!"
   (1) Vergleiche; was meinst du dazu?
   (2) Familie Stein hat ein Haus mit Satteldach. Sie überlegt, in Zukunft das Regenwasser zum Bewässern des Gartens in einer Tonne aufzufangen. Sie wollen ausrechnen, wie viel gesammeltes Regenwasser dabei zusammenkommt. Dazu muss Familie Stein verschiedene Vereinfachungen machen um eine Berechnung beginnen zu können. Welche könnten das sein? Betrachte die Abbildungen und überlege weitere mögliche Situationen, die die Lösung beeinflussen können.

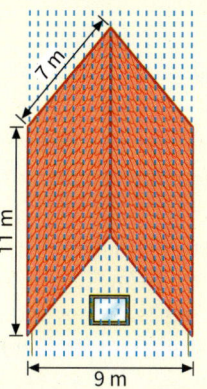
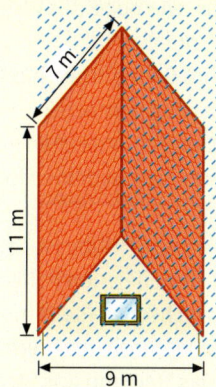
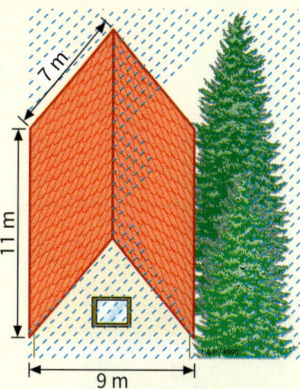

b) Vergleiche dein Vorgehen mit dem folgenden.

> 1. Suche die wesentlichen Informationen zum Problem.
> 2. Erstelle einen Ansatz zur Lösung.
>   • Welche Annahmen oder Vereinfachungen musst du machen?
>   • Gibt es Einschränkungen, die die Lösung beeinflussen?
> 3. Suche zu deinen Annahmen einen Lösungsweg und führe ihn aus.
>   • Kannst du aus einer Skizze oder Tabelle Beziehungen erkennen?
>   • Welche Kenntnisse (Formeln) benötigst du zur Lösung?
>   • Kannst du die Rechnung kontrollieren (z. B. durch einen Überschlag)?
> 4. Prüfe das Ergebnis und beantworte die gestellte Aufgabe mit einem Satz.
>   • Passt dein Ergebnis zum Sachverhalt?
>   • Waren die Annahmen und Vereinfachungen sachgerecht?

2. Im Kinderzimmer von Erik soll neuer Teppichboden verlegt werden. Das Zimmer hat eine Fläche von 3,5 m × 4,5 m. Sie haben sich schon einen Belag für 13,99 € pro m² ausgesucht. Es gibt den Belag in einer Breite von 4 m oder 5 m zu kaufen.
   a) Wie viel kostet der Belag, wenn sie in der Länge und der Breite wenigstens 10 cm für den Verschnitt dazu rechnen?
   b) Beim Spar-Tipp hat der Teppichboden eine feste Größe von 4 m × 5 m. Diskutiere, unter welchen Bedingungen sich der Spar-Tipp lohnt. Wie viel würde man sparen?

Auf den Punkt gebracht

3. Familie Unger baut ein Haus. Der Keller ist bereits fertiggestellt. Die Überraschung ist groß, als Familie Unger nach einem kräftigen Gewitter auf die Baustelle kommt und im Keller das Wasser 10 cm hoch steht. Familie Unger beschließt, nun das Wasser mit 10-Liter-Eimern aus dem Keller zu tragen.

a) Nachdem sie hundert Eimer aus dem Keller getragen haben, sind alle schon ziemlich erschöpft und sie stellen fest, dass das Wasser kaum weniger geworden ist.
   Rechne aus, wie hoch das Wasser im Keller jetzt noch steht.
b) Welche Modellannahmen hast du bei der Berechnung gemacht?
c) Wie viele Eimer müsste man insgesamt aus dem Keller tragen, damit er wieder trocken ist? Musst du hierbei deine Modellannahmen anpassen?

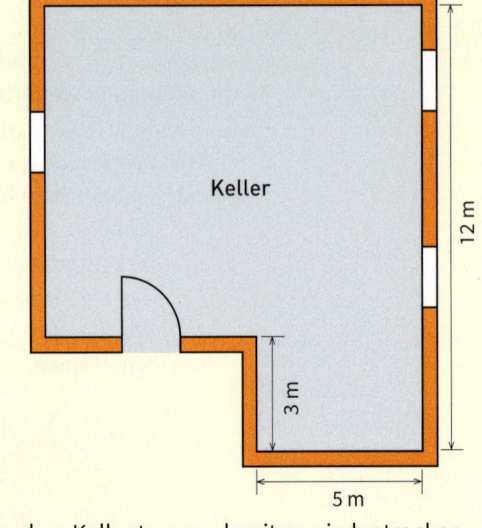

4. a) Sarahs und Lisas Hobby ist das Reiten. Sie trainieren jede Woche auf einem kleinen Pferdehof. In den Ferien helfen sie auch beim Füttern der Pferde.
   Ein ausgewachsenes Pferd frisst am Tag 3 kg Hafer und 5 kg Heu. Außerdem müssen jeden Tag 5 kg Stroh pro Pferd eingestreut werden. Der Hafer wird in 50-kg-Säcken geliefert. Das Heu und das Stroh sind in quaderförmige Ballen der Größe 2 m × 1 m × 0,5 m gepresst. Jeder Ballen wiegt ungefähr 300 kg.
   (1) Wie viel Säcke Hafer werden für die 20 Pferde auf dem Pferdehof in einer Woche benötigt?
   (2) Wie lange reichen 2 Ballen Stroh?
   (3) Berechne die Gesamtkosten für Futter und Stroh für eine Woche.
   (4) Reichen 2 Ballen Heu für eine Woche, wenn am Wochenende 5 Pferde für 2 Tage fehlen, weil sie an einem Turnier teilnehmen? Begründe deine Antwort.

b) Sarah bereitet sich schon auf ihr erstes Turnier vor. Im Freigelände ist ein Parcours aufgebaut (siehe Abbildung). Sarah reitet 4-mal den abgesteckten Parcours.
   Berechne die ungefähre Länge einer Parcoursrunde und bestimme damit den Auslauf von Sarahs Pferd.

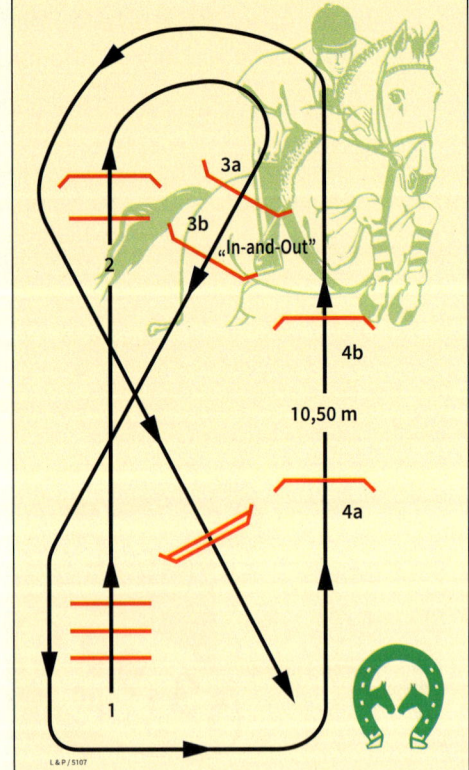

4.7 Aufgaben zur Vertiefung

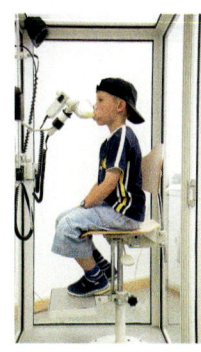

1. In der Tabelle sind Werte für die sogenannte Vitalkapazität des Menschen genannt. Darunter versteht man das Luftvolumen, das bei maximaler Ein- und Ausatmung bei einem Atemzug bewegt wird.
   a) Veranschaulicht die Tabellendaten in einem geeigneten Diagramm.
   b) Mit der Tabelle kann man verschiedene Fragen beantworten. Stellt solche Fragen und beantwortet sie mithilfe der Tabelle.
   c) Schätzt ab, wie oft ein Kind aus der Klasse Atem holen müsste, um die Luft im ganzen Klassenzimmer einzuatmen.

Alter (in Jahren)	Frauen (in cm³)	Männer (in cm³)
4	717	855
8	1 513	1 585
10	1 806	2 022
12	2 217	2 357
14–19	3 330	4 030
20–29	3 600	5 440
30–39	3 680	5 030
40–49	3 460	4 650
50–59	3 250	4 530
60–64	3 140	3 860

2. Wie ändert sich das Volumen eines Quaders, wenn man
   a) eine Kantenlänge verdoppelt [verdreifacht];
   b) zwei Kantenlängen verdoppelt [verdreifacht];
   c) alle Kantenlängen verdoppelt [verdreifacht]?

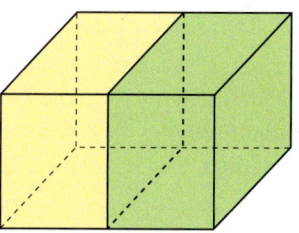

Eine Kantenlänge wird verdoppelt.

3. Wie ändert sich der Oberflächeninhalt eines Quaders, wenn man alle Kantenlängen verdoppelt?
   Anleitung: Denke dir im Netz die Kanten verdoppelt.

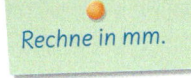
Rechne in mm.

4. Parfüm, Badeöl, Cremes und ähnliche Kosmetikartikel werden in der Regel in Fläschchen oder Dosen verkauft, die zusätzlich in einer Schachtel aus Feinkarton verpackt sind. Dabei wird die Verpackung oft recht großzügig gestaltet. Vergleiche bei den Artikeln das Volumen des Inhalts mit dem Gesamtvolumen der Verpackung.

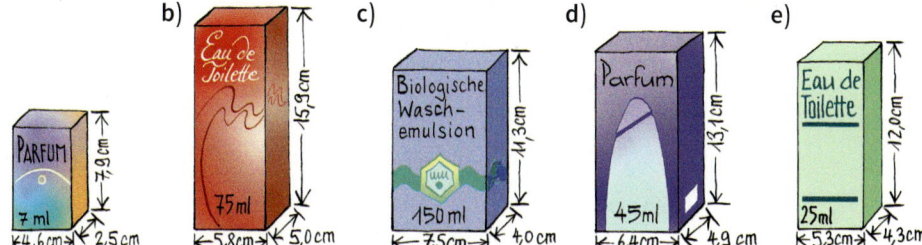

5. Berechne das Volumen der Körper (Maße in cm).

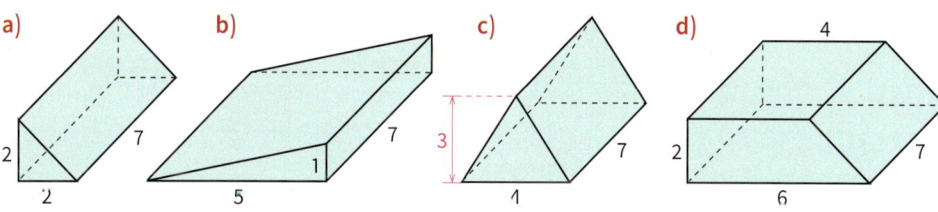

Das Wichtigste auf einen Blick

Flächeninhalt

Der **Flächeninhalt** ist ein Maß für die Größe einer Fläche. Einheiten des Flächeninhalts sind:

$1\,km^2 \xrightleftharpoons[\cdot 100]{:100} 1\,ha \xrightleftharpoons[\cdot 100]{:100} 1\,a \xrightleftharpoons[\cdot 100]{:100} 1\,m^2$

$1\,m^2 \xrightleftharpoons[\cdot 100]{:100} 1\,dm^2 \xrightleftharpoons[\cdot 100]{:100} 1\,cm^2 \xrightleftharpoons[\cdot 100]{:100} 1\,mm^2$

Beispiele:
$700\,mm^2 = 7\,cm^2$
$1\,865\,dm^2 = 18\,m^2\,65\,dm^2$
$14\,ha = 1\,400\,a = 140\,000\,m^2$
$6\,km^2 = 600\,ha$

Formel für den Flächeninhalt und Umfang eines Rechtecks

Für ein **Rechteck** mit den Seitenlängen a und b gilt:
$A = a \cdot b$
$u = 2 \cdot a + 2 \cdot b = 2 \cdot (a + b)$

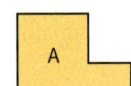

Beispiele:
$a = 52\,mm,\ b = 45\,mm$
$A = 52\,mm \cdot 45\,mm = 2\,340\,mm^2$
$u = 2 \cdot (52\,mm + 45\,mm) = 194\,mm$

Zusammengesetzte Flächen

Den Flächeninhalt zusammengesetzter Flächen kann man durch geschicktes *Zerlegen* oder *Ergänzen* leichter ermitteln.

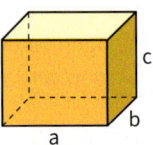

Beispiele:

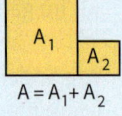 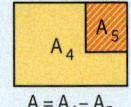

$A = A_1 + A_2 \qquad A = A_4 - A_5$

Oberflächeninhalt eines Quaders

Die **Oberfläche eines Quaders** setzt sich aus allen sechs Rechtecken zusammen, die zum Netz des Quaders gehören.

Für den **Oberflächeninhalt** A_O **eines Quaders** mit den Kantenlängen a, b und c gilt:
$A_O = 2 \cdot a \cdot b + 2 \cdot a \cdot c + 2 \cdot b \cdot c$

Beispiel:
$a = 6\,m,\ b = 3\,m,\ c = 2\,m$
$A_O = 2 \cdot (6\,m \cdot 3\,m + 6\,m \cdot 2\,m + 3\,m \cdot 2\,m)$
$= 72\,m^2$

Volumen

Das **Volumen** eines Körpers gibt seinen Rauminhalt an. Einheiten des Volumens sind:

$1\,mm^3,\ 1\,cm^3,\ 1\,dm^3,\ 1\,m^3$ sowie $1\,m\ell,\ 1\,\ell$ und $1\,h\ell$.
Es gilt: $1\,m\ell = 1\,cm^3,\ 1\,\ell = 1\,dm^3,\ 1\,h\ell = 100\,\ell = 100\,dm^3$.

$1\,m^3 \xrightleftharpoons[\cdot 1000]{:1000} 1\,dm^3 \xrightleftharpoons[\cdot 1000]{:1000} 1\,cm^3 \xrightleftharpoons[\cdot 1000]{:1000} 1\,mm^3$

Beispiele:
$3\,000\,mm^3 = 3\,cm^3$
$14\,560\,dm^3 = 14\,m^3\,560\,dm^3$
$4\,000\,m\ell = 4\,\ell = 4\,dm^3$
$82\,h\ell = 8\,200\,\ell = 8\,200\,dm^3$

Das **Volumen eines Quaders** mit den Kantenlängen a, b und c wird berechnet durch:
$V = a \cdot b \cdot c$.

Beispiel:
$a = 6\,m,\ b = 3\,m,\ c = 2\,m$
$V = 6\,m \cdot 3\,m \cdot 2\,m = 36\,m^3$

Bist du fit?

1. a) Bestimme den Flächeninhalt beider Flächen. Miss auch den Umfang (auf mm genau).
   b) Zeichne eine Fläche mit dem Flächeninhalt 18 cm² [21 cm²; 125 mm²].

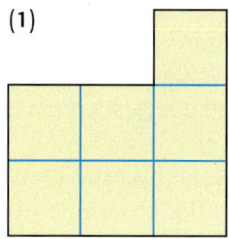
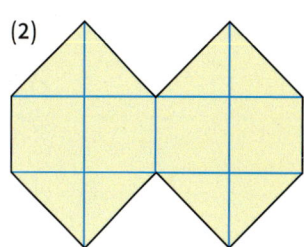

2. Gib in der in Klammern angegebenen Einheit an.
   a) 2 400 m² (a)
      3 600 ha (km²)
      900 a (m²)
   b) 400 ha (a)
      700 a (ha)
      7 km² (ha)
   c) 900 cm² (dm²)
      4 500 m² (dm²)
      3 000 dm² (m²)
   d) 29 km² (a)
      30 000 m² (ha)
      4 cm² (mm²)

3. Wandle in die kleinere der Einheiten um.
   a) 7 ha 75 a
      12 a 19 m²
      3 km² 50 ha
   b) 2 ha 5 a
      4 m² 40 dm²
      3 cm² 3 mm²
   c) 3 dm² 17 cm²
      28 cm² 53 mm²
      12 dm² 4 cm²
   d) 43 cm² 3 mm²
      5 m² 5 dm²
      7 a 2 m²

4. Schreibe mit gemischten Einheiten.
   a) 370 mm²   b) 125 cm²   c) 207 dm²   d) 2 650 m²   e) 350 ha

5. Ein Rechteck hat die Seitenlängen a und b. Bestimme den Flächeninhalt und den Umfang des Rechtecks.
   a) a = 9 cm; b = 7 cm
   b) a = 14 m; b = 17 m
   c) a = 12 dm; b = 9 dm
   d) a = 25 mm; b = 30 mm
   e) a = 240 cm; b = 7 dm
   f) a = 42 cm; b = 78 mm

6. Die Wand einer Fabrikhalle ist 69 m lang und 6 m hoch. Sie soll gestrichen werden. Ein Eimer Farbe reicht für 60 m².
   Der Anstrich soll zweimal erfolgen. Wie viele Eimer werden benötigt?

7. Im Bild rechts siehst du ein Hallenhandballfeld mit den empfohlenen Maßen. In Vereinsturnhallen gibt es auch kleinere Felder. Sie sind bis zu 2 m schmaler und bis zu 3 m kürzer.
   Um wie viel m² unterscheidet sich das kleinste Feld von dem empfohlenen Feld?

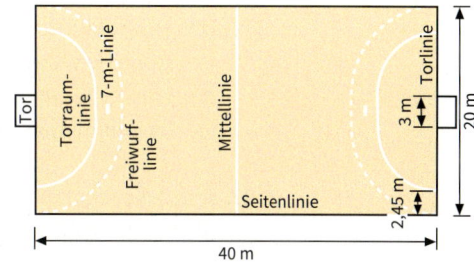

8. Ein 2,5 km langer und 2 m breiter Waldweg soll befestigt werden. Die Kosten betragen 37 € pro Quadratmeter. Wie teuer wird die Befestigung?

9. Zeichne ein Quadrat, bei dem die Maßzahl des Flächeninhalts mit der Maßzahl
   a) der Seitenlänge übereinstimmt;
   b) des Umfangs übereinstimmt.

10. a) Gib das Volumen des Körpers an.
   b) Zeichne Schrägbilder von Körpern mit dem Volumen $V = 8\,cm^3$ [$V = 9\,cm^3$].
   c) Gib Volumen und Oberflächeninhalt des Quaders mit den Maßen
   $a = 8\,cm$; $b = 7\,cm$; $c = 11\,cm$;
   [$a = 12\,m$, $b = 14\,m$, $c = 9\,m$] an.

(1) 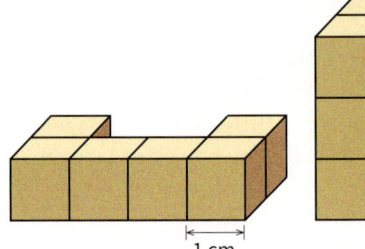   (2)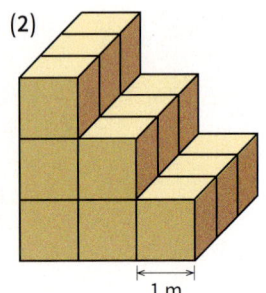

11. Schreibe in der in Klammern angegebenen Einheit.

a)		b)		c)		d)	
$7\,m^3$	(dm^3)	$8\,\ell$	($m\ell$)	$4\,000\,\ell$	(m^3)	$3\,m^3$	(dm^3)
$9\,cm^3$	(mm^3)	$25\,m^3$	(ℓ)	$7\,000\,m^3$	(ℓ)	$2\,\ell$	($m\ell$)
$4\,000\,dm^3$	(m^3)	$2\,000\,m\ell$	(ℓ)	$8\,000\,cm^3$	(dm^3)	$30\,m^3$	(ℓ)
$8\,000\,m^3$	(ℓ)	$4\,000\,\ell$	($m\ell$)	$3\,000\,dm^3$	(cm^3)	$20\,\ell$	($m\ell$)

12. Verwandle in die kleinere Einheit.

	a)	b)	c)	d)	e)
	$4\,m^3\,575\,dm^3$	$3\,\ell\,926\,m\ell$	$7\,dm^3\,89\,cm^3$	$3\,\ell\,210\,m\ell$	$2\,m^3\,30\,\ell$
	$8\,m^3\,500\,\ell$	$4\,m^3\,90\,dm^3$	$4\,\ell\,850\,m\ell$	$7\,dm^3\,49\,cm^3$	$2\,m^3\,803\,\ell$
	$9\,dm^3\,840\,cm^3$	$5\,dm^3\,700\,cm^3$	$4\,m^3\,7\,dm^3$	$4\,dm^3\,300\,cm^3$	$1\,\ell\,83\,m\ell$

13. Schreibe mit gemischten Einheiten.
   a) $2\,619\,cm^3$ **b)** $9\,020\,m\ell$ **c)** $4\,856\,\ell$ **d)** $8\,070\,cm^3$ **e)** $12\,040\,dm^3$

14. a) Ein Quader ist 6 cm lang, 25 mm breit und 2 cm hoch.
   (1) Zeichne ein Netz des Quaders.
   (2) Bestimme Volumen und Oberflächeninhalt des Quaders.
   b) Ein Würfel hat die Kantenlänge 4 cm. Bestimme den Oberflächeninhalt des Würfels.

15. Beim Bau einer U-Bahn wird eine Grube von 20 m Tiefe, 25 m Breite und 250 m Länge ausgehoben. Zum Abtransport der Erde werden Spezialtransporter verwendet, welche $50\,m^3$ fassen. Wie viele Fahrten sind erforderlich?

16. Das Volumen eines Steines soll bestimmt werden. Dazu wird ein Gefäß mit quadratischer Grundfläche verwendet, dessen Kante an der Grundfläche 8 cm lang ist. In dem Gefäß steht das Wasser 12 cm hoch. Nach Eintauchen des Steines steht das Wasser 16 cm hoch. Ist das Volumen größer oder kleiner als $250\,m\ell$?

17. Frau Lilienthals Hobby sind Zierfische. Sie hat ein großes Aquarium mit den Maßen $2{,}00\,m \times 0{,}80\,m \times 1{,}40\,m$ im Wohnzimmer stehen. Das Wohnzimmer ist $5{,}60\,m \times 4{,}00\,m$ groß.
Wie hoch steht das Wasser im Wohnzimmer, wenn das Wasser auslaufen sollte? Schätze zuerst.

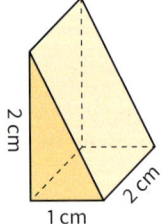

18. Berechne das Volumen des links abgebildeten Keils.

5. Anteile – Brüche

Im Mathematikunterricht hast du dich bisher mit den natürlichen Zahlen beschäftigt. Im Alltag werden aber nicht nur natürliche Zahlen zur Angabe von Größen verwendet. Du findest oft Zahlenangaben der folgenden Art.

→ Erkläre, was diese Zahlenangaben bedeuten.
→ Finde weitere solcher Angaben im Alltag.

In diesem Kapitel …
lernst du, wie man Teile eines Ganzen mit Brüchen beschreibt.
Dazu erfährst du, wie man Brüche darstellen kann.

Lernfeld: Nicht alles ist ganz

Unterteilungen bei Schokolade und Zitrusfrüchten
Bei Schokoladentafeln werden Bruchteile schon mitgeliefert. Experimentiert mit unterschiedlichen Tafeln oder denkt euch auch eigene Tafelmuster aus.

→ Welche Bruchteile einer Tafel könnt ihr herstellen?

→ Es gibt Bruchteile wie $\frac{1}{2}$ Tafel, die man aus verschiedenen Tafeln herstellen kann. Untersucht: Welche Bruchteile kann man mit unterschiedlichen Tafeln herstellen?

→ Findet ihr auch Teile, die nur bei einer Tafel oder mit jeder Tafel möglich sind?

Auch Zitrusfrüchte wie Mandarinen und Zitronen haben vorgegebene Einteilungen.

→ Untersucht bei verschiedenen solcher Früchte, in welche Bruchteile man sie natürlicherweise zerlegen kann.

→ Gebt Unterschiede und Gemeinsamkeiten zu euren Experimenten mit Schokoladentafeln an.

→ Findet ihr weitere Dinge aus dem täglichen Leben mit ähnlichen Einteilungen?

Einfache Brüche bei Instrumenten und Uhren
Bei einer Tankanzeige im Auto wird der Benzinvorrat im Tank nicht als Menge in Liter angegeben, sondern als Bruchteil.

→ Beschreibe mit deinem Partner die nebenstehende „Tankuhr".
Zeichnet das Bild ab und markiert verschiedene mögliche Zeigerstellungen.

→ Gebt an, welcher Bruchteil an Benzin noch vorhanden ist, welcher schon verbraucht ist.

→ Könnt ihr auch ermitteln, wie viel Liter noch im Tank sind, wenn er voll 60 Liter fasst?

→ Die Tankuhr rechts gehört zu einem Fahrzeug mit einer Tankreserve. Der Tank fasst 72 ℓ.
Schätzt den Anteil des Reservevolumens am Gesamtvolumen.
Wie viel Liter entfallen auf die Tankreserve?

5.1 Einführung der Brüche

5.1.1 Zerlegen eines Ganzen in gleich große Teile

Einstieg

a) Die Torte ist mithilfe eines Tortenteilers (Bild rechts) in gleich große Teile unterteilt worden. Wie heißt ein solcher Teil einer ganzen Torte?

b) In der Auslage einer Bäckerei siehst du verschiedene Torten. Einiges ist schon verkauft. Wie viel ist von jeder Torte noch übrig?

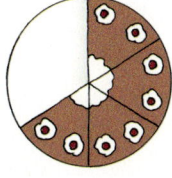 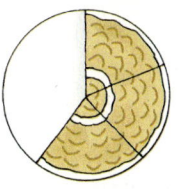 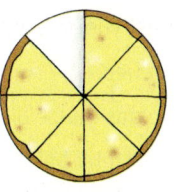 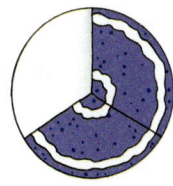

Schokotorte　　　Kiwitorte　　　Ananastorte　　　Heidelbeertorte

Aufgabe 1

Teilen eines Ganzen in gleich große Teile
Teilen sich zwei Freunde gleichmäßig *eine* Pizza, so bekommt jeder eine *halbe* Pizza.
a) Wie viel Pizza bekommt jeder, wenn sich 3, 4, 5, 6 Freunde eine Pizza teilen? Zeichne auch.
b) Wie viele drittel, viertel, fünftel, sechstel Pizzas ergeben jeweils eine ganze Pizza?

1 *ganze* Pizza　　1 *halbe* Pizza　1 *halbe* Pizza

1 *ganze* Pizza　=　2 *halbe* Pizzas

Lösung

a)

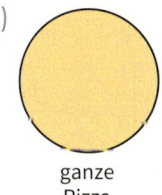 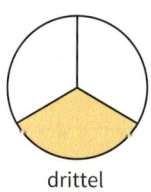 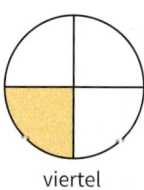 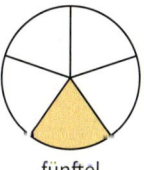 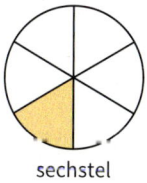

ganze Pizza　　drittel Pizza　　viertel Pizza　　fünftel Pizza　　sechstel Pizza

Bei 3 Freunden bekommt jeder eine *drittel* Pizza, bei 4 Freunden bekommt jeder eine *viertel* Pizza, bei 5 Freunden bekommt jeder eine *fünftel* Pizza, bei 6 Freunden bekommt jeder eine *sechstel* Pizza.

b) 1 *ganze* Pizza = 3 *drittel* Pizzas　　　1 *ganze* Pizza = 5 *fünftel* Pizzas
　　1 *ganze* Pizza = 4 *viertel* Pizzas　　　1 *ganze* Pizza = 6 *sechstel* Pizzas

Aufgabe 2

Teile eines Ganzen – Brüche

Eine Pizza wird in 4 gleich große Teile zerlegt. Theresa nimmt 3 solcher Teile. Das sind 3 Viertel der ganzen Pizza. Statt 3 Viertel schreibt man auch $\frac{3}{4}$.

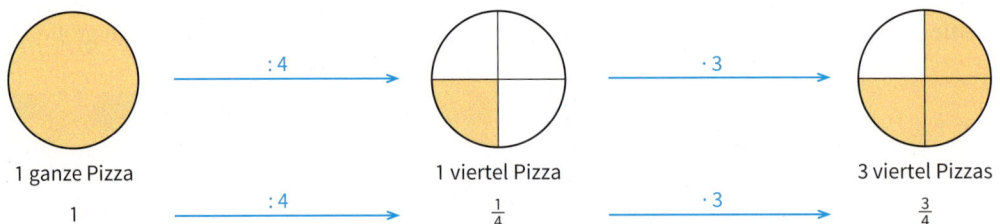

a) Erkläre, wie $\frac{5}{8}$ eines Ganzen (z. B. einer Pizza) entstehen.

Stelle das Ganze durch eine Kreisfläche dar.

Wie viel fehlt bei $\frac{5}{8}$ an einem Ganzen?

b) Erkläre, wie $\frac{3}{10}$ eines Ganzen (z. B. eines Blechkuchens) entstehen.

Stelle das Ganze durch ein Rechteck dar.

Wie viel fehlt bei $\frac{3}{10}$ an einem Ganzen?

Lösung

a) Die Pizza wird in 8 gleich große Teile zerlegt, davon werden dann 5 Teile genommen.

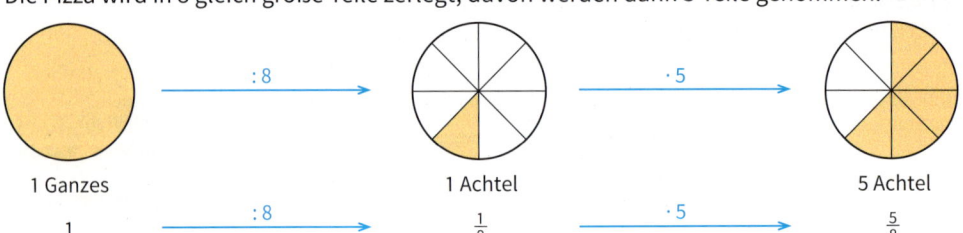

Ergebnis: Bei $\frac{5}{8}$ fehlen $\frac{3}{8}$ an einem Ganzen.

b) Der Kuchen wird in 10 gleich große Teile zerlegt, davon werden dann 3 Teile genommen.

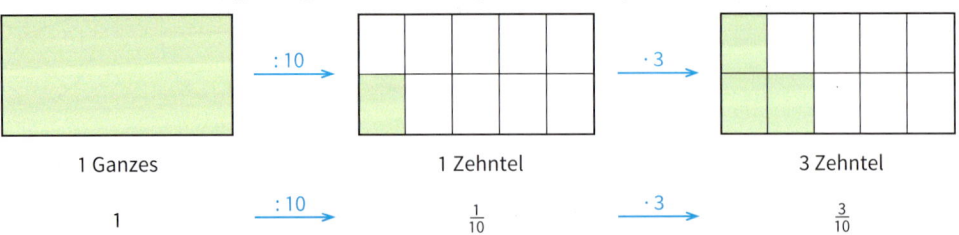

Ergebnis: Bei $\frac{3}{10}$ fehlen $\frac{7}{10}$ an einem Ganzen.

5.1 Einführung der Brüche

Information

Zerlegt man ein Ganzes in 2, 3, 4, 5, 6, ... *gleich große* Teile, so erhält man *Halbe, Drittel, Viertel, Fünftel, Sechstel, ...*

Man schreibt $\frac{1}{2}$ für ein Halbes, $\frac{1}{3}$ für ein Drittel, $\frac{1}{4}$ für ein Viertel, $\frac{1}{5}$ für ein Fünftel, $\frac{1}{6}$ für ein Sechstel usw.

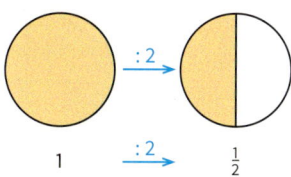 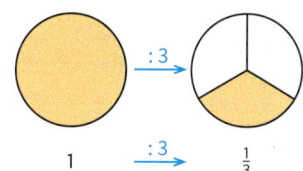 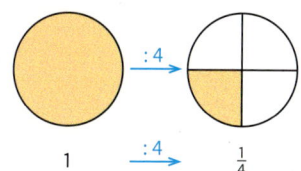

$\frac{1}{2}$ ist die Hälfte eines Ganzen. $\frac{1}{3}$ ist der 3. Teil eines Ganzen. $\frac{1}{4}$ ist der 4. Teil eines Ganzen.
1 Ganzes hat 2 Halbe.   1 Ganzes hat 3 Drittel.   1 Ganzes hat 4 Viertel.

Brüche zur Angabe von Anteilen eines Ganzen

$\frac{1}{2}, \frac{1}{4}, \frac{3}{4}, \frac{1}{8}, \frac{3}{8}, \frac{5}{8}, \frac{2}{3}, \ldots$ sind *Brüche*. Der Nenner eines Bruches gibt an, in wie viele gleich große Teile ein Ganzes zerlegt wird. Der Zähler gibt an, wie viele solcher Teile dann genommen werden. Der Bruch gibt den Anteil des Teilstücks am Ganzen an.

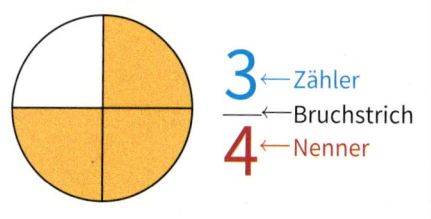

In der Silbe „-tel" steckt das Wort Teil.

Ein Viertel $\left(\frac{1}{4}\right)$ bedeutet danach: *eins von vier gleich großen Teilen* (eines Ganzen).

$\frac{1}{2}, \frac{1}{3}, \frac{1}{4}, \frac{1}{5}, \frac{1}{6}, \ldots$ heißen **Stammbrüche**.

Weiterführende Aufgabe

Brüche in Größenangaben

3. Mario kauft auf dem Markt ein. Auf seinem Einkaufszettel sind die Massen in kg angegeben; auf der Waage kann man sie in g ablesen.

   Um die Masse mit der Waage zu kontrollieren, rechnet Mario die Angaben auf dem Zettel jeweils in g um.
   Verfahre ebenso.

$\frac{1}{4}$ kg ist ein Viertel von 1 kg = 1000 g, also 250 g.

$\frac{3}{4}$ kg ist das Dreifache von $\frac{1}{4}$ kg, also das Dreifache von 250 g.

1 kg	$\xrightarrow{\cdot 4}$	$\frac{1}{4}$ kg	$\xrightarrow{\cdot 3}$	$\frac{3}{4}$ kg
1000 g	$\xrightarrow{:4}$	250 g	$\xrightarrow{\cdot 3}$	750 g

---

Brüche als Maßzahlen in Größenangaben

Mit Brüchen als Maßzahlen kann man Längen, Massen und Zeitspannen als Bruchteile einer Maßeinheit angeben.

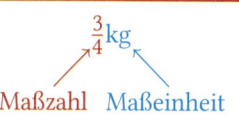

Übungsaufgaben

4. Auch ein Rechteck kann ein Ganzes darstellen. Denke z. B. an einen Blechkuchen.
   a) Ein Ganzes ist in gleich große Teile zerlegt. Wie heißt ein solcher Teil?

   (1) 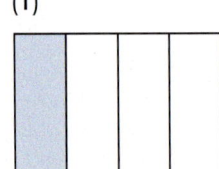 (2) 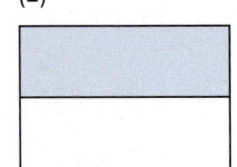 (3) 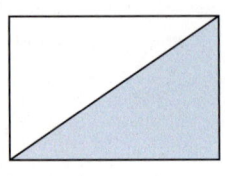 (4)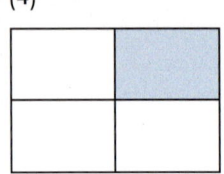

   b) Nimm ein (rechteckiges) Blatt Papier. Färbe vom Ganzen
   (1) ein Viertel; (2) ein Achtel; (3) ein Drittel; (4) ein Sechstel; (5) ein Zwölftel.
   Falte dazu das Blatt geeignet.

5. Zeichne ein Rechteck und zerlege es auf drei verschiedene Weisen in vier gleich große Teile. Färbe jeweils $\frac{1}{4}$ des Rechtecks.

6. Ein Ganzes ist in gleich große Teile zerlegt. Wie heißt ein solcher Teil vom Ganzen?

   a) 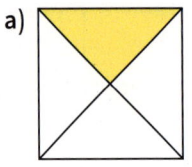   c) 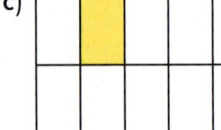   e) 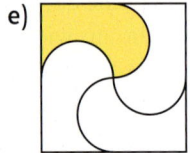   g)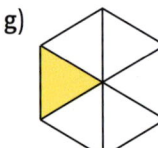

   b) 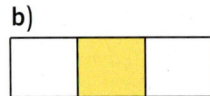   d) 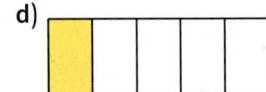   f) 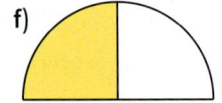   h)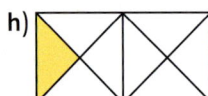

7. Wie viele Siebtel, wie viele Achtel, wie viele Neuntel, wie viele Zehntel, wie viele Hundertstel, wie viele Tausendstel ergeben ein Ganzes?

8. a) Die gefärbten Flächen in den beiden Kreisen sind unterschiedlich groß. Welcher Teil ist jeweils gefärbt?

   b) Hier sollen jeweils $\frac{1}{4}$ dargestellt sein. Wo hat sich ein Fehler eingeschlichen? Erkläre.

   (1) 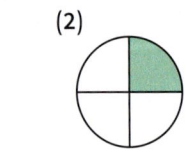 (2) 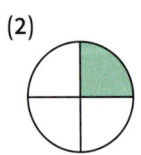   (1) (2) (3)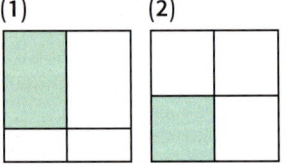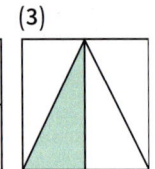

9. Die Fläche stellt einen Anteil an einem Ganzen dar. Zeichne ab und ergänze zu einem Ganzen.

   a) 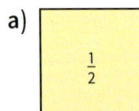 b) 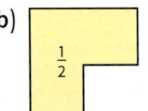 c) 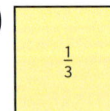 d) 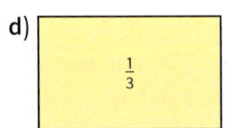 e)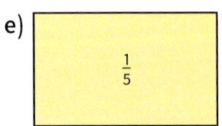

 10. Jeder Partner zeichnet eine Figur, die ein Teil eines Ganzen sein soll. Der andere Partner ergänzt die Figur zum Ganzen.

11. Paul sagt: „Ein Viertel ist mehr als ein Drittel, denn 4 ist mehr als 3."
Was sagst du dazu? Begründe.

12. Welche Brüche sind dargestellt? Erkläre, wie die Teile entstanden sind.
   a) Das Ganze ist eine Kreisfläche. (Denke z. B. an eine Torte.)

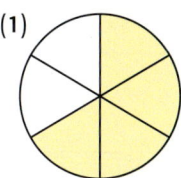 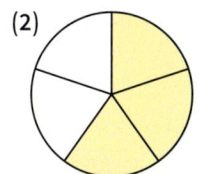 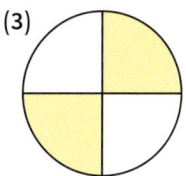 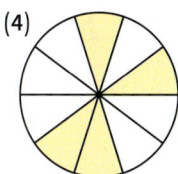

   b) Das Ganze ist ein Rechteck. (Denke z. B. an einen Kuchen.)

 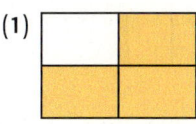   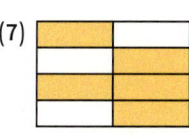

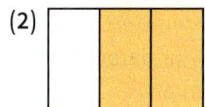 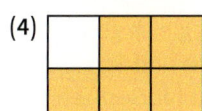 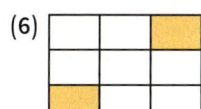 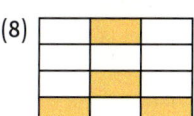

13. Welcher Bruch wird durch die blau, welcher durch die gelb gefärbte Fläche dargestellt?

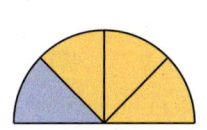  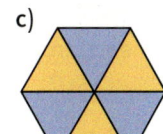 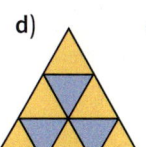 

14. Wo stecken Fehler? Erkläre.

 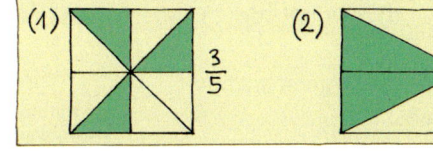 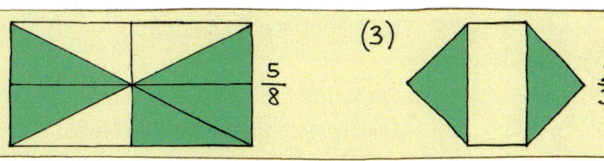

15. Bislang hast du Anteile an Flächen betrachtet. Auch eine Strecke stellt ein Ganzes dar.
Zeichne eine 6 cm lange Strecke. Färbe den angegebenen Anteil blau.

a) $\frac{1}{2}$ b) $\frac{1}{3}$ c) $\frac{2}{3}$ d) $\frac{5}{6}$ e) $\frac{3}{6}$ f) $\frac{4}{6}$ g) $\frac{5}{12}$ h) $\frac{11}{12}$

16. Zeichne das Rechteck auf Karopapier ab. Färbe davon:

a) $\frac{2}{6}$ c) $\frac{4}{6}$ e) $\frac{2}{8}$ g) $\frac{5}{8}$ i) $\frac{2}{3}$ k) $\frac{7}{16}$

b) $\frac{3}{6}$ d) $\frac{4}{8}$ f) $\frac{7}{8}$ h) $\frac{2}{4}$ j) $\frac{5}{12}$ l) $\frac{7}{24}$

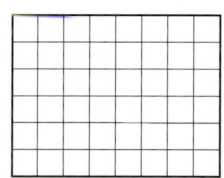

17. Auch ein Quader stellt ein Ganzes dar. Denke z. B. an ein Stück Käse oder ein Stück Butter. In wie viele gleich große Teile ist das Ganze zerlegt? Wie heißt ein solcher Teil?

a) (1) 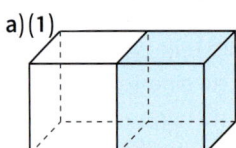 (2) 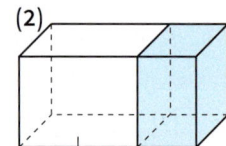 (3) 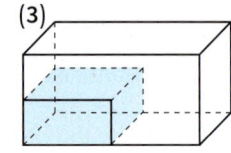 (4)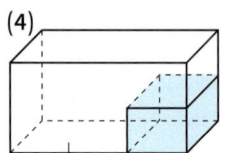

18. Welcher Anteil an dem Quader ist grün?

b) (1) 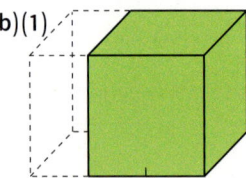 (2) 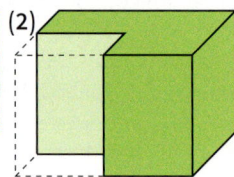 (3) 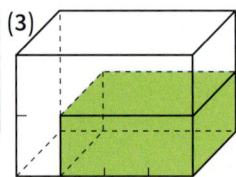 (4)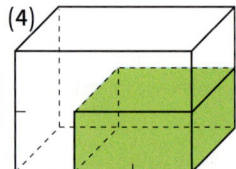

19. So könnt ihr euch Bruchteile selber herstellen:
Zeichnet auf Tonpapier gleich große Kreise. Jeder Kreis ist ein Ganzes. Durch Falten und Schneiden könnt ihr daraus leicht Halbe, Viertel, Achtel, Sechzehntel herstellen. Stellt euch gegenseitig die Aufgabe, bestimmte Brüche wie z. B. $\frac{5}{8}$ aus den Teilen zu legen. Hebt die Teile für die nächsten Stunden auf.

20. a) Wie viel fehlt an einem Ganzen?

(1) $\frac{1}{2}$ (2) $\frac{1}{4}$ (3) $\frac{7}{8}$ (4) $\frac{2}{3}$ (5) $\frac{2}{6}$ (6) $\frac{1}{5}$ (7) $\frac{3}{10}$ (8) $\frac{33}{100}$

b) Formuliere eine Regel. Benutze die Begriffe Zähler und Nenner.

21. Welcher Anteil an demselben Ganzen ist kleiner? Begründe.

a) 7 Achtel oder 6 Achtel   c) 8 Zehntel oder 6 Zehntel   e) 3 Viertel oder 3 Zehntel
b) 2 Fünftel oder 4 Fünftel d) 2 Drittel oder 2 Fünftel   f) 4 Zwölftel oder 4 Neuntel

22. Wie wurde im Beispiel gezeichnet und gerechnet? Erkläre. Rechne ebenso im Heft.

a) $\frac{1}{10}$ m = ▢ cm   e) $\frac{3}{4}$ km = ▢ m
b) $\frac{1}{4}$ m = ▢ cm   f) $\frac{7}{10}$ km = ▢ m
c) $\frac{2}{5}$ m = ▢ cm   g) $\frac{3}{8}$ km = ▢ m
d) $\frac{3}{4}$ m = ▢ cm   h) $\frac{3}{5}$ km = ▢ m

Beispiel:
$\frac{4}{5}$ m
1 m

1 m $\xrightarrow{:5}$ $\frac{1}{5}$ m $\xrightarrow{\cdot 4}$ $\frac{4}{5}$ m
100 cm $\xrightarrow{:5}$ 20 cm $\xrightarrow{\cdot 4}$ 80 cm
Also: $\frac{4}{5}$ m = 80 cm

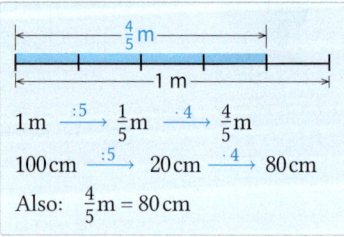

1 cm² = 100 mm²
1 dm² = 100 cm²
1 m² = 100 dm²
1 a = 100 m²
1 ha = 100 a
1 km² = 100 ha

23. a) Zeichne auf Karopapier ein Quadrat mit der Seitenlänge 1 dm. Färbe eine Fläche der angegebenen Größe. Gib ihre Größe auch in cm² an.

(1) $\frac{1}{2}$ dm²   (2) $\frac{1}{4}$ dm²   (3) $\frac{1}{5}$ dm²   (4) $\frac{1}{10}$ dm²   (5) $\frac{1}{100}$ dm²

b) Wandle die Flächeninhaltsangaben um.

(1) in mm²: $\frac{1}{2}$ cm²; $\frac{1}{5}$ cm²; $\frac{1}{4}$ cm²; $\frac{1}{100}$ cm²   (2) in ha: $\frac{1}{5}$ km²; $\frac{1}{1000}$ km²; $\frac{1}{4}$ km²; $\frac{1}{100}$ km²

5.1 Einführung der Brüche

24. Wandle die Volumenangaben um.
  a) in dm³ bzw. ℓ: $\frac{1}{4}$ m³; $\frac{1}{5}$ m³; $\frac{1}{2}$ m³; $\frac{1}{8}$ m³; $\frac{1}{1000}$ m³
  b) in cm³ bzw. mℓ: $\frac{1}{8}$ dm³; $\frac{1}{2}$ dm³; $\frac{1}{5}$ dm³; $\frac{1}{10}$ dm³; $\frac{1}{1000}$ dm³

hora (lat.) Stunde
hour (engl.) Stunde

25. a) In jedem Bild veranschaulicht die gelbe Fläche eine Zeitspanne als Teil einer Stunde. Gib diese Zeitspannen in Minuten (min) und in Stunden (h) an.

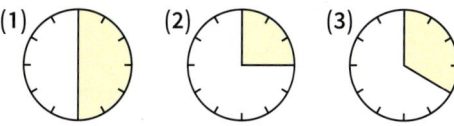

  b) Wandle die angegebenen Zeitspannen um.
  (1) in min: $\frac{1}{6}$ h; $\frac{1}{5}$ h; $\frac{3}{5}$ h; $\frac{2}{3}$ h; $\frac{3}{4}$ h; $\frac{1}{60}$ h
  (2) in s: $\frac{1}{2}$ min; $\frac{1}{3}$ min; $\frac{2}{3}$ min; $\frac{1}{6}$ min; $\frac{1}{60}$ min
  (3) in Stunden: $\frac{1}{3}$ Tag; $\frac{1}{8}$ Tag; $\frac{1}{4}$ Tag; $\frac{3}{4}$ Tag
  (4) in Monate: $\frac{1}{4}$ Jahr; $\frac{1}{3}$ Jahr; $\frac{3}{4}$ Jahr; $\frac{2}{3}$ Jahr

26. Wandle um:
  a) in cm: $\frac{4}{5}$ m; $\frac{3}{5}$ m; $\frac{3}{10}$ m; $\frac{3}{4}$ m; $\frac{7}{100}$ m
  b) in mm: $\frac{2}{5}$ cm; $\frac{3}{5}$ cm; $\frac{7}{10}$ cm; $\frac{4}{5}$ cm; $\frac{9}{10}$ cm
  c) in g: $\frac{1}{8}$ kg; $\frac{3}{8}$ kg; $\frac{5}{8}$ kg; $\frac{1}{5}$ kg; $\frac{3}{5}$ kg
  d) in kg: $\frac{1}{4}$ t; $\frac{6}{8}$ t; $\frac{7}{10}$ t; $\frac{3}{100}$ t; $\frac{11}{1000}$ t
  e) in dm²: $\frac{1}{2}$ m²; $\frac{3}{4}$ m²; $\frac{2}{5}$ m²; $\frac{7}{10}$ m²; $\frac{23}{100}$ m²
  f) in mm²: $\frac{3}{4}$ cm²; $\frac{4}{5}$ cm²; $\frac{3}{10}$ cm²; $\frac{1}{100}$ cm
  g) in cm³: $\frac{1}{4}$ dm³; $\frac{2}{5}$ dm³; $\frac{9}{10}$ dm³; $\frac{139}{1000}$ dm³
  h) in mm³: $\frac{2}{5}$ cm³; $\frac{5}{10}$ cm³; $\frac{1}{2}$ cm³; $\frac{76}{100}$ cm³

27. Kleinere Flüssigkeitsmengen, z. B. Arzneien, werden häufig in ml (Milliliter) angegeben. Gib die Volumenangabe in ml an.
  a) $\frac{2}{5}$ l; $\frac{5}{8}$ l; $\frac{3}{4}$ l; $\frac{4}{5}$ l; $\frac{9}{10}$ l; $\frac{7}{8}$ l; $\frac{3}{8}$ l; $\frac{3}{10}$ l
  b) $\frac{15}{100}$ l; $\frac{7}{20}$ l; $\frac{7}{25}$ l; $\frac{70}{100}$ l; $\frac{7}{1000}$ l; $\frac{9}{20}$ l

28. Gib die Länge der blauen Strecke mithilfe eines Bruches in m an. Welcher Anteil fehlt jeweils an einem vollen Meter?

  a) 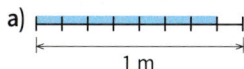 b) 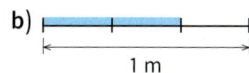 c)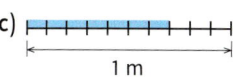
  1 m   1 m   1 m

29. Kontrolliere Jacobs Hausaufgaben. Begründe.

$\frac{1}{2}$ h = 20 min   1 cm = $\frac{1}{10}$ m   1 t = $\frac{1}{1000}$ kg $\frac{1}{2}$ Tag = 6 h   1 g = $\frac{1}{10}$ kg

30. Gib als Teil eines geeigneten Ganzen an.
  a) 1 mg; 20 min; 250 g; 5 mm; 25 m
  b) 15 min; 250 kg; 20 min; 2 mm

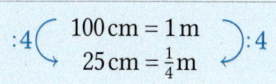
:4 100 cm = 1 m :4
    25 cm = $\frac{1}{4}$ m

31. Was ist kleiner? Begründe.
  a) $\frac{1}{2}$ m oder $\frac{1}{5}$ m
  b) $\frac{1}{8}$ kg oder $\frac{1}{2}$ kg
  c) $\frac{1}{4}$ min oder $\frac{1}{3}$ min

Das kann ich noch!

A) Rechne vorteilhaft.
  1) 234 g + 69 g + 566 g
  2) 3 Mio. + 15 Mio. + 27 Mio.
  3) 79 km + 47 km + 21 km + 53 km
  4) 47 min + 138 min + 32 min + 53 min + 11 min
  5) 395 € − 148 € − 22 €
  6) 813 m − 484 m − 116 m
  7) 151 kg − 98 kg
  8) 274 d − 197 d

32. a) In jedem Bild veranschaulicht die gefärbte Fläche eine Zeitspanne als Teil einer Stunde. Gib diese Zeitspannen jeweils in Minuten (min) und mithilfe eines Bruches in Stunden (h) an.

(1)  (2) 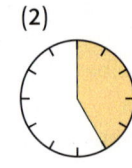 (3) 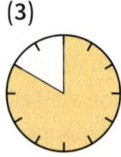 (4) 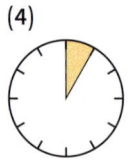 (5) 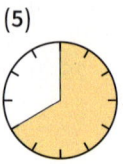 (6)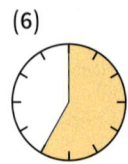

b) Welcher Teil einer Stunde fehlt jeweils an einer vollen Stunde?

5.1.2 Unechte Brüche – Gemischte Schreibweise

Einstieg

In der Auslage eines Bäckers siehst du Kiwitorten, Pfirsichtorten und Kirschtorten. Gib auf verschiedene Weise an, wie viel Kiwitorte, wie viel Pfirsichtorte und wie viel Kirschtorte vorhanden ist.

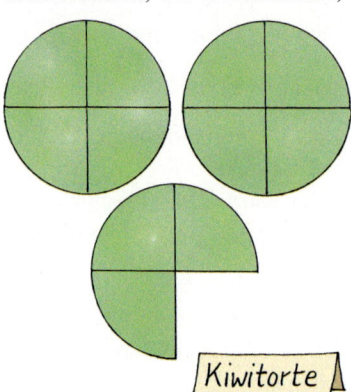 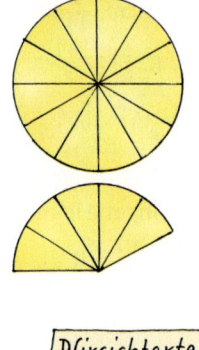 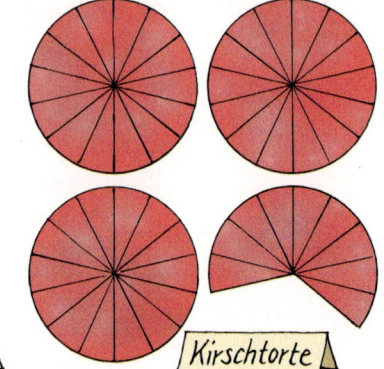

Aufgabe 1

Gemischte Schreibweise – unechte Brüche
Jans und Annes Mutter backt Waffeln.
Jan ist hungrig und isst 3 Waffeln.
Anne schafft nur eine ganze und drei Fünftel Waffeln; man schreibt kurz: $1\frac{3}{5}$ Waffeln.
Wie viele Fünftel Waffeln hat jeder gegessen?

Lösung

Anne: 1 Ganzes und 3 Fünftel

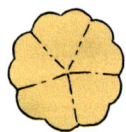 

8 Fünftel
$1\frac{3}{5} = \frac{8}{5}$

Jan: 3 Ganze

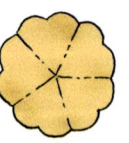 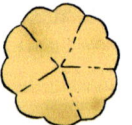 

15 Fünftel
$3 = \frac{15}{5}$

Ergebnis: Anne isst $\frac{8}{5}$ Waffeln, Jan isst $\frac{15}{5}$ Waffeln.

5.1 Einführung der Brüche

Aufgabe 2 Umwandeln von gemischter Schreibweise in unechte Brüche und umgekehrt

a) Schreibe $3\frac{5}{8}$ als Bruch.
b) Schreibe $\frac{14}{3}$ in gemischter Schreibweise.

Lösung

a) $3\frac{5}{8}$ bedeutet:
3 Ganze und 5 Achtel
Wir überlegen:
3 Ganze sind 24 Achtel,
dazu noch 5 Achtel,
das ergibt 29 Achtel:
$3\frac{5}{8} = \frac{29}{8}$

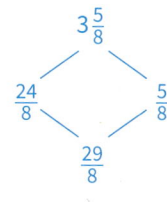

b) $\frac{14}{3}$ bedeutet:
14 Drittel
Wir überlegen:
12 Drittel ergeben
4 Ganze,
es bleiben noch 2 Drittel:
$\frac{14}{3} = 4\frac{2}{3}$

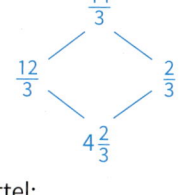

$\frac{99}{100}$ echt
$\frac{101}{100}$ unecht

> Ist bei einem Bruch der Zähler kleiner als der Nenner, so nennt man ihn einen **echten Bruch**.
> Beispiele: $\frac{1}{2}$; $\frac{3}{4}$; $\frac{3}{5}$; $\frac{2}{7}$
>
> Bei Brüchen kann der Zähler auch größer als der Nenner oder gleich dem Nenner sein. Solche Brüche heißen **unechte Brüche**.
> Beispiele: $\frac{3}{2}$; $\frac{11}{4}$; $\frac{17}{8}$; $\frac{4}{4}$; $\frac{8}{8}$
>
> Manche unechte Brüche geben die Anzahl von Ganzen, also natürlichen Zahlen an.
> Beispiele: $\frac{4}{4} = 1$; $\frac{8}{4} = 2$; $\frac{12}{4} = 3$; $\frac{3}{3} = 1$; $\frac{6}{3} = 2$; $\frac{9}{3} = 3$
>
> Andere unechte Brüche geben mehr als ein oder mehrere Ganze an. Solche Brüche kann man auch in der **gemischten Schreibweise** notieren. Sie ist eine kurze Schreibweise für eine Summe aus einer natürlichen Zahl und einem echten Bruch.
> Beispiele: $\frac{3}{2} = 1 + \frac{1}{2} = 1\frac{1}{2}$; $\frac{11}{4} = 2 + \frac{3}{4} = 2\frac{3}{4}$; $\frac{101}{99} = 1 + \frac{2}{99} = 1\frac{2}{99}$

Übungsaufgaben

3. Welche Brüche sind dargestellt? Notiere das Ergebnis auch in der gemischten Schreibweise oder als natürliche Zahl.

a)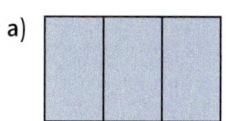

d)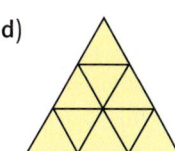

b)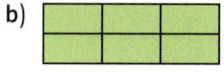

c)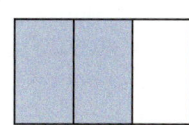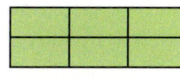

e)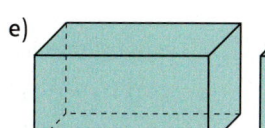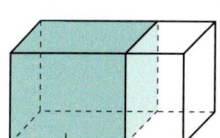

4. Legt mit den zu Aufgabe 19 auf Seite 222 hergestellten Bruchteilen Brüche wie $\frac{3}{2}$, $1\frac{3}{4}$, ... Stellt euch gegenseitig Aufgaben.

5. Zeichne eine Strecke als Ganzes. Stelle daran folgende Brüche dar.
a) $\frac{5}{2}$; $\frac{7}{5}$; $\frac{20}{10}$; $\frac{6}{2}$
b) $\frac{3}{2}$; $\frac{13}{5}$; $\frac{15}{5}$; $\frac{24}{10}$

6. a) Wie viele Halbe, Viertel, Achtel sind 2, 3, 5, 7, 9, 10 Ganze?
   b) Wie viele Drittel, Sechstel, Zwölftel sind 2, 3, 4, 5, 10 Ganze?
   c) Wie viele Fünftel, Zehntel, Zwanzigstel sind 4, 9, 10, 12, 20, 50 Ganze?

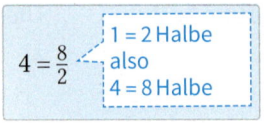

$4 = \frac{8}{2}$ — 1 = 2 Halbe, also 4 = 8 Halbe

7. Wie viele Ganze sind es?
   a) $\frac{6}{2}$; $\frac{10}{2}$; $\frac{24}{4}$; $\frac{36}{4}$; $\frac{24}{8}$; $\frac{56}{8}$
   b) $\frac{12}{3}$; $\frac{27}{3}$; $\frac{18}{6}$; $\frac{42}{6}$; $\frac{24}{12}$; $\frac{60}{12}$
   c) $\frac{20}{5}$; $\frac{45}{5}$; $\frac{30}{10}$; $\frac{80}{10}$; $\frac{40}{20}$; $\frac{100}{20}$
   d) $\frac{125}{25}$; $\frac{350}{50}$; $\frac{180}{90}$; $\frac{600}{60}$; $\frac{375}{25}$; $\frac{320}{40}$

$\frac{8}{4} = 2$ — 4 Viertel = 1, also 8 Viertel = 2

8. Um wie viel ist der Bruch größer als ein Ganzes?
   a) $\frac{3}{2}$ b) $\frac{5}{4}$ c) $\frac{7}{3}$ d) $\frac{13}{8}$ e) $\frac{111}{100}$ f) $\frac{130}{100}$ g) $\frac{80}{50}$ h) $\frac{77}{75}$

9. Wie viel fehlt am nächsten Ganzen?
   a) $1\frac{1}{2}$ b) $2\frac{3}{8}$ c) $5\frac{4}{6}$ d) $1\frac{3}{5}$ e) $\frac{5}{2}$ f) $\frac{26}{8}$ g) $\frac{65}{12}$ h) $\frac{126}{20}$

10. Gib an, welcher der beiden Brüche mehr, welcher weniger als ein Ganzes angibt.
    a) $\frac{2}{3}$; $\frac{3}{2}$ b) $\frac{7}{5}$; $\frac{5}{7}$ c) $\frac{3}{4}$; $\frac{4}{3}$ d) $\frac{12}{10}$; $\frac{10}{12}$ e) $\frac{27}{25}$; $\frac{25}{27}$

11. Gib als unechten Bruch an.
    a) $4\frac{1}{2}$; $3\frac{2}{4}$; $7\frac{3}{4}$; $8\frac{1}{4}$; $5\frac{7}{8}$; $6\frac{3}{8}$; $9\frac{5}{8}$
    b) $5\frac{1}{3}$; $8\frac{2}{3}$; $9\frac{1}{6}$; $2\frac{5}{6}$; $3\frac{4}{6}$; $1\frac{7}{12}$; $4\frac{5}{12}$
    c) $5\frac{4}{10}$; $6\frac{24}{100}$; $8\frac{21}{100}$; $5\frac{119}{1000}$; $4\frac{345}{1000}$
    d) $5\frac{7}{11}$; $6\frac{5}{12}$; $9\frac{13}{15}$; $7\frac{4}{5}$; $6\frac{1}{10}$; $9\frac{7}{8}$

Spiel (2 – 4 Spieler)

12. Stellt wie rechts ein Kartenspiel her für die Brüche: $\frac{1}{2}$; $\frac{1}{3}$; $\frac{2}{3}$; $\frac{2}{4}$; $\frac{5}{6}$; $\frac{7}{8}$; $\frac{3}{8}$; $\frac{8}{12}$; $\frac{3}{8}$; $\frac{4}{3}$; $1\frac{3}{4}$; $1\frac{1}{8}$
    Ihr erhaltet 12 Zahlenkarten und 24 Bildkarten.
    Mischt die 12 Zahlenkarten und legt sie verdeckt als Stapel auf den Tisch. Mischt dann die 24 Bildkarten und verteilt sie. Jeder legt seine Bildkarten offen auf den Tisch. Reihum wird nun die oberste Karte des Stapels aufgedeckt. Wer passende Bildkarten hat, legt sie dazu. Sieger ist, wer zuerst alle Bildkarten anlegen konnte.

13. Wo gibt es Angaben mit Brüchen im Alltag? Gestaltet ein Plakat damit.

14. Gib in der gemischten Schreibweise an.
    a) $\frac{11}{2}$; $\frac{19}{2}$; $\frac{17}{4}$; $\frac{31}{4}$; $\frac{31}{8}$; $\frac{53}{8}$
    b) $\frac{19}{3}$; $\frac{29}{3}$; $\frac{25}{3}$; $\frac{41}{6}$; $\frac{20}{6}$; $\frac{67}{12}$
    c) $\frac{37}{5}$; $\frac{41}{5}$; $\frac{49}{5}$; $\frac{36}{10}$; $\frac{83}{10}$; $\frac{75}{20}$
    d) $\frac{9}{2}$; $\frac{35}{4}$; $\frac{35}{8}$; $\frac{25}{3}$; $\frac{46}{6}$; $\frac{39}{12}$
    e) $\frac{17}{2}$; $\frac{26}{4}$; $\frac{20}{3}$; $\frac{39}{6}$; $\frac{33}{5}$; $\frac{69}{10}$
    f) $\frac{34}{10}$; $\frac{234}{100}$; $\frac{586}{100}$; $\frac{381}{100}$; $\frac{3215}{1000}$

15. Gib zunächst Brüche an, die man in der gemischten Schreibweise angeben kann.
    Gib dann Brüche an, die natürliche Zahlen darstellen.
    Beschreibe, worauf du geachtet hast.

16. Wandle in eine kleinere Einheit um.
    a) $1\frac{1}{2}$ kg; $1\frac{3}{8}$ t; $2\frac{3}{4}$ g; $2\frac{1}{4}$ t; $5\frac{1}{4}$ kg; $1\frac{3}{8}$ g
    b) $5\frac{3}{4}$ m; $1\frac{5}{8}$ km; $2\frac{1}{2}$ cm; $1\frac{4}{10}$ km; $5\frac{2}{5}$ m
    c) $3\frac{3}{4}$ m²; $4\frac{1}{2}$ dm²; $3\frac{4}{5}$ cm²; $5\frac{9}{10}$ ha; $2\frac{5}{8}$ m²
    d) $3\frac{3}{4}$ ℓ; $2\frac{5}{8}$ ℓ; $4\frac{1}{2}$ m³; $3\frac{4}{5}$ m³; $7\frac{3}{8}$ m³; $5\frac{4}{10}$ m³

Zum Selbstlernen 5.2 Bruch als Quotient natürlicher Zahlen

5.2 Bruch als Quotient natürlicher Zahlen

Ziel

Hier lernst du, dass Brüche nicht nur Teile eines Ganzen beschreiben, sondern auch als Ergebnis bei Divisionsaufgaben natürlicher Zahlen vorkommen können.

Zum Erarbeiten

Bruch als Ergebnis einer Division natürlicher Zahlen

Tanja, Melanie und Sarah haben Geld geschenkt bekommen. Es reicht nur für zwei Pizzas. Sie wollen gerecht teilen. Jedes Mädchen soll gleich viel bekommen.
Welchen Anteil an einer Pizza bekommt jedes Mädchen?

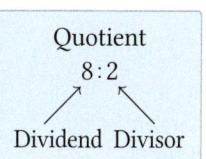

→ Teile jede Pizza in 3 gleich große Teile. Von jeder der beiden Pizzas bekommt ein Mädchen ein Drittel $\left(\frac{1}{3}\right)$, also insgesamt 2 Drittel $\left(\frac{2}{3}\right)$.
$2 : 3 = \frac{2}{3}$

Ergebnis: Jedes Mädchen erhält $\frac{2}{3}$ Pizzas.

Tanja Melanie Sarah

Quotient natürlicher Zahlen

> Den *Quotienten zweier natürlicher Zahlen* kann man auch als Bruch schreiben:
> $2 : 3 = \frac{2}{3}$; $3 : 2 = \frac{3}{2} = 1\frac{1}{2}$
> Auch Quotienten mit dem Divisor 1, wie $3 : 1$, oder Quotienten mit dem Dividenden 0, wie $0 : 4$, wollen wir als Bruch schreiben: $3 : 1 = \frac{3}{1}$; $0 : 4 = \frac{0}{4}$
> *Beachte:* Brüche mit Nenner 0 lassen sich nicht erklären, da man durch 0 nicht dividieren kann.

Welcher Quotient und welcher Bruch sind dargestellt?
a) 3 Riegel werden an 4 Kinder verteilt.
b) 2 Waffeln werden an 5 Personen verteilt.

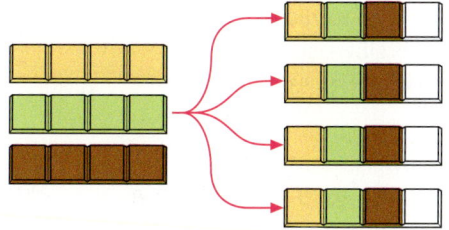

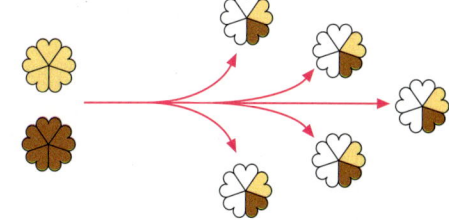

→ Den Bildern entnimmst du:
a) $3 : 4 = \frac{3}{4}$
b) $2 : 5 = \frac{2}{5}$

Umwandeln in die gemischte Schreibweise

Verwandle durch Division den unechten Bruch $\frac{13}{5}$ in die gemischte Schreibweise.

→ $\frac{13}{5}$ ist das Ergebnis einer Divisionsaufgabe mit natürlichen Zahlen.
$\frac{13}{5} = 13 : 5 = (10 + 3) : 5 = 10 : 5 + 3 : 5 = 2 + 3 : 5 = 2 + \frac{3}{5} = 2\frac{3}{5}$

Bruch als Quotient bei Größen

Auch eine beliebige Größe kann man in gleich große Teile zerlegen.

Beispiel: Zerlegen einer 3 m langen Strecke in 4 gleich lange Teile.

$3\,m : 4 = 3$ viertel Meter
$ = \frac{3}{4}\,m$

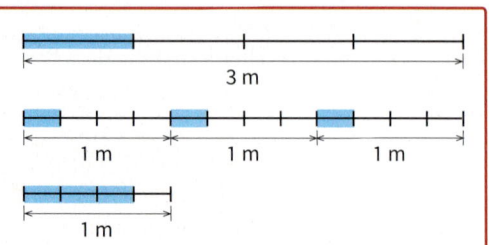

  Schreibe $3\,kg : 8$ sowie $1\,h : 4$ als Bruch.
Gib das Ergebnis auch in einer kleineren Einheit an.

→ Es ist $3\,kg : 8 = \frac{3}{8}\,kg = 375\,g$, da $1\,kg = 1000\,g$

   Es ist $1\,h : 4 = \frac{1}{4}\,h = 15\,min$, da $1\,h = 60\,min$

Zum Üben

1. Wie viel bekommt jeder? Skizziere.
   a) 3 Äpfel werden an 4 Kinder verteilt.
   b) 4 Eierkuchen werden an 3 Kinder verteilt.
   c) 6 Kinder teilen sich 15 Birnen.
   d) 14 Kinder teilen sich 2 Torten.

2. Lies das Beispiel rechts. Erkläre ebenso:
   a) $\frac{4}{5}$ b) $\frac{3}{7}$ c) $\frac{5}{6}$ d) $\frac{5}{8}$
   Zeichne dazu ein geeignetes Ganzes.

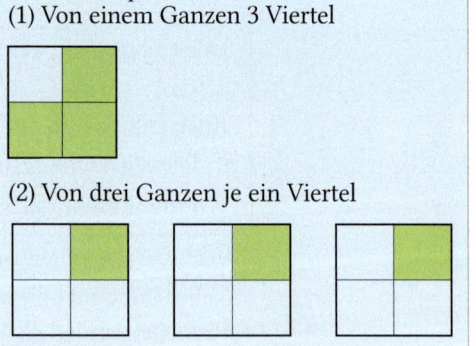

Der Bruch $\frac{3}{4}$ kann bedeuten:
(1) Von einem Ganzen 3 Viertel

(2) Von drei Ganzen je ein Viertel

3. Notiere als Bruch. Gib das Ergebnis – falls möglich – auch als natürliche Zahl oder in der gemischten Schreibweise an.
   a) 5 : 8   c) 20 : 3   e) 0 : 7
      8 : 5   3 : 20   0 : 1
   b) 2 : 6   d) 9 : 1   f) 1 : 7
      6 : 2   1 : 9   7 : 1

4. Verwandle durch Division in eine natürliche Zahl oder in die gemischte Schreibweise.
   a) $\frac{67}{5}$ b) $\frac{100}{6}$ c) $\frac{144}{9}$ d) $\frac{93}{7}$ e) $\frac{143}{12}$ f) $\frac{387}{25}$ g) $\frac{876}{12}$ h) $\frac{9315}{77}$

5. Gib in der gemischten Schreibweise an.
   a) 29 : 7   b) 43 : 6   c) 49 : 9   d) 93 : 8   e) 251 : 10   f) 84 : 5

6. 3 Liter Saft werden gerecht verteilt an 3 [4; 5; 6] Personen. Wie viel erhält jeder?

7. Wie viel Pudding ist in jedem Schälchen? Gib das Ergebnis auch in der Einheit g an.
   a) 3 kg Pudding sollen auf 20 Schälchen gleichmäßig verteilt werden.
   b) 4 kg Pudding sollen auf 25 Schälchen gleichmäßig verteilt werden.

8. Schreibe das Ergebnis mithilfe eines Bruches. Gib das Ergebnis auch in einer kleineren Einheit ohne Bruch an.
   a) $3\,m : 4$ b) $5\,kg : 8$ c) $11\,m^2 : 25$ d) $7\,m^3 : 8$ e) $5\,h : 20$ f) $2\,g : 4$

5.3 Erweitern und Kürzen

5.3.1 Brüche mit gleichem Wert – Erweitern eines Bruches

Einstieg

Gib mithilfe verschiedener Brüche an, welcher Anteil der Tafel Schokolade noch vorhanden ist.

a)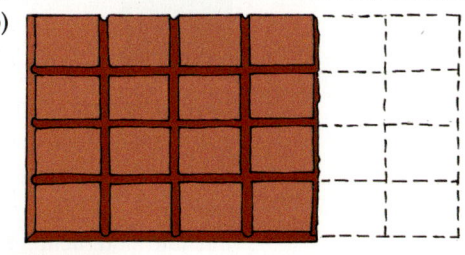
b)
c)

Einführung

Verschiedene Brüche für denselben Anteil
In den Bildern rechts ist der Anteil der gelben Fläche am Ganzen stets derselbe. Dieser Anteil kann jedoch durch *verschiedene* Brüche wie $\frac{2}{3}$, $\frac{4}{6}$ und $\frac{8}{12}$ angegeben werden.

(1) 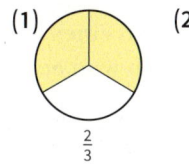 (2) 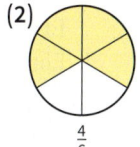 (3)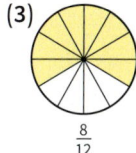

$\frac{2}{3}$ $\frac{4}{6}$ $\frac{8}{12}$

Wertgleiche Brüche

Der Anteil der grün gefärbten Fläche am ganzen Rechteck ist jeweils gleich. Er kann durch verschiedene Brüche angegeben werden.
Wir sagen:
Die *verschiedenen* Brüche $\frac{2}{3}$, $\frac{4}{6}$ und $\frac{8}{12}$ haben *denselben Wert*.
Wir schreiben:
$\frac{2}{3} = \frac{4}{6} = \frac{8}{12}$

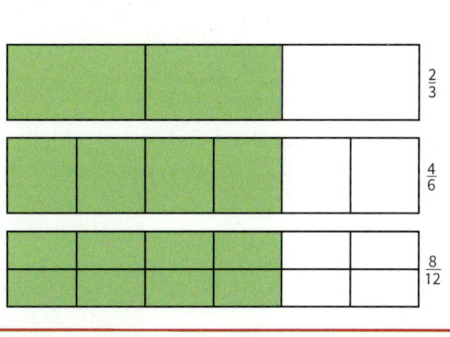

Aufgabe 1

Im Bild rechts ist die Quadratfläche in vier gleich große Teile zerlegt. $\frac{3}{4}$ der Quadratfläche ist grün gefärbt.
Verfeinere die Einteilung, indem du die Quadratfläche zerlegst
(1) in doppelt so viele gleich große Teile,
(2) in dreimal so viele gleich große Teile,
(3) in viermal so viele gleich große Teile.
Gib den grün gefärbten Anteil der Fläche jeweils durch einen entsprechenden Bruch an.

Lösung

(1)

Die Fläche ist statt in 4 gleich große Teile in *doppelt* so viele Teile, also in 8 Teile zerlegt.
Deshalb sind nicht 3 Teile, sondern *doppelt* so viele, also 6 Teile grün gefärbt.
$\frac{3}{4} = \frac{3 \cdot 2}{4 \cdot 2} = \frac{6}{8}$

(2)

Die Fläche ist statt in 4 gleich große Teile in *dreimal* so viele Teile, also in 12 Teile zerlegt.
Deshalb sind nicht 3 Teile, *dreimal* so viele, also 9 Teile grün gefärbt.
$\frac{3}{4} = \frac{3 \cdot 3}{4 \cdot 3} = \frac{9}{12}$

(3)

Die Fläche ist statt in 4 gleich große Teile in *viermal* so viele Teile, also in 16 Teile zerlegt.
Deshalb sind nicht 3 Teile, sondern *viermal* so viele, also 12 Teile grün gefärbt.
$\frac{3}{4} = \frac{3 \cdot 4}{4 \cdot 4} = \frac{12}{16}$

Information

Ein Anteil kann durch verschiedene Brüche angegeben werden. Durch Verfeinern der Einteilung kann man aus einem Bruch für einen Anteil andere Brüche mit demselben Wert erhalten.

> **Erweitern eines Bruches**
>
> Ein Bruch wird erweitert, indem man zugleich seinen Zähler und seinen Nenner mit derselben (von 0 und 1 verschiedenen) natürlichen Zahl (Erweiterungszahl) multipliziert.
> Der Wert des Bruches ändert sich dabei *nicht*.
>
>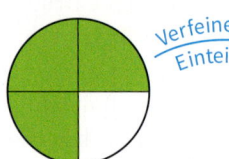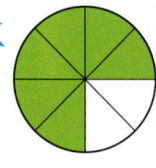
>
> $\frac{3}{4} = \frac{3 \cdot 2}{4 \cdot 2} = \frac{6}{8}$
>
> Beispiel: $\frac{3}{4} = \frac{3 \cdot 2}{4 \cdot 2} = \frac{6}{8}$; $\frac{3}{4} = \frac{3 \cdot 3}{4 \cdot 3} = \frac{9}{12}$; $\frac{3}{4} = \frac{3 \cdot 4}{4 \cdot 4} = \frac{12}{16}$; also: $\frac{3}{4} = \frac{6}{8} = \frac{9}{12} = \frac{12}{16} = \frac{15}{20} = \ldots$

Übungsaufgaben

2. In den drei Bildern ist jeweils derselbe Anteil gefärbt. Gib ihn durch passende Brüche an.

   a) (1)  (2)  (3)

   b) (1)  (2) 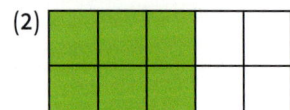 (3)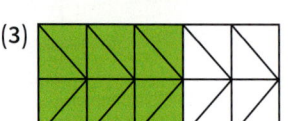

3. Welcher Anteil ist grün, welcher gelb gefärbt? Gib mehrere Brüche an. Vergleiche dann mit deinem Nachbarn. Begründet einander eure Ergebnisse.

   a)  b)  c)  d)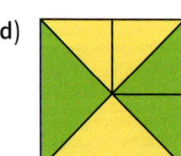

4. Veranschauliche und beschreibe: $\frac{1}{2} = \frac{2}{4} = \frac{4}{8} = \frac{8}{16}$.

5.3 Erweitern und Kürzen

5. Zeichne ab und unterteile die gesamte Fläche weiter in gleich große Teilflächen. Gib verschiedene Brüche für den Anteil der grün [gelb] gefärbten Fläche an.

   a)   b)   c)   d)

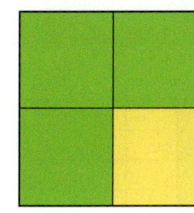

6. a) Die Quadratfläche links soll in 32 gleich große Teile unterteilt werden. Wie viele Teile sind dann (1) grün gefärbt; (2) gelb gefärbt?
   b) 15 Teile sind grün gefärbt. In wie viele gleich große Teile ist die Quadratfläche unterteilt?

7. Verfeinere die Einteilung des folgenden Ganzen, indem du jeden Teil nochmals teilst. Zeichne ins Heft. Gib jeweils einen Bruch für die gefärbte Fläche an.

   a) Unterteile jedes Teil in zwei gleich große Teile.

   (1)   (2)   (3)

   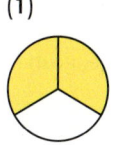 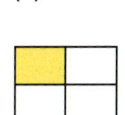 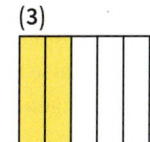

   b) Unterteile jedes Teil in drei gleich große Teile.

   (1)   (2)   (3)

   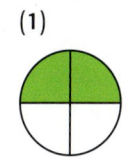 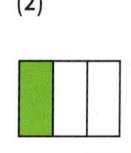 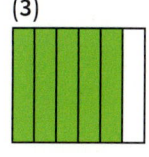

8. Erweitere den Bruch nacheinander mit 4, mit 5, mit 6, mit 7 und mit 8.

   Erweiterungszahl

   $\frac{2}{3} \stackrel{4}{=} \frac{8}{12}; \frac{2}{3} \stackrel{5}{=} \frac{10}{15}; ...$

   a) $\frac{3}{7}$ b) $\frac{9}{5}$ c) $\frac{11}{8}$ d) $\frac{10}{2}$ e) $\frac{2}{3}$ f) $\frac{1}{8}$ g) $\frac{11}{1}$

9. Gib die Erweiterungszahl an. Notiere wie im Beispiel.

   $\frac{4}{5} \stackrel{3}{=} \frac{12}{15}$

   a) $\frac{5}{9} = \frac{35}{63}$ b) $\frac{7}{8} = \frac{56}{64}$ c) $\frac{11}{3} = \frac{55}{15}$ d) $\frac{3}{1} = \frac{21}{7}$ e) $\frac{6}{7} = \frac{54}{63}$

10. Jeder wählt fünf Brüche und erweitert sie. Er nennt seinem Partner die Brüche und die erweiterten Brüche in beliebiger Reihenfolge. Der Partner ordnet die wertgleichen Brüche einander zu und ermittelt die Erweiterungszahlen.

11. Nenne verschiedene Brüche, die alle den Wert $\frac{2}{5}$ haben.

12. a) Erweitere $\frac{5}{8}, \frac{2}{3}, \frac{7}{12}, \frac{5}{4}, \frac{4}{6}, \frac{3}{8}, \frac{5}{1}$ so, dass der Nenner 24 ist.   *Vergiss die Erweiterungszahl nicht.*
    b) Erweitere $\frac{3}{5}, \frac{10}{15}, \frac{6}{10}, \frac{2}{30}, \frac{6}{1}, \frac{5}{2}, \frac{5}{6}$ so, dass der Nenner 30 ist.
    c) Erweitere die Brüche aus Teilaufgabe b) so, dass der Zähler 30 ist.

13. Erweitere, falls möglich $\frac{6}{5}, \frac{18}{25}, \frac{25}{6}, \frac{5}{8}, \frac{9}{20}, \frac{8}{15}, \frac{45}{11}, \frac{15}{4}, \frac{5}{12}, \frac{10}{9}, \frac{3}{50}, \frac{3}{125}, \frac{30}{7}, \frac{9}{40}$ so, dass der Nenner eine Stufenzahl (10, 100, 1 000, …) wird. Erkläre.

14. Kontrolliere Stefans Hausaufgaben. Berichtige bei der 2. Zahl ggf. nur den Nenner.

    a) $\frac{5}{8} = \frac{35}{56}$ b) $\frac{11}{9} = \frac{110}{99}$ c) $\frac{4}{11} = \frac{36}{99}$ d) $\frac{17}{23} = \frac{51}{96}$ e) $\frac{16}{15} = \frac{256}{225}$ f) $\frac{12}{7} = \frac{48}{28}$

5.3.2 Kürzen eines Bruches

Einstieg

Achmed hat ein DIN-A4-Blatt mehrfach gefaltet und $\frac{12}{16}$ gefärbt.
Fatima hat die gleiche Fläche gefärbt, aber weniger oft gefaltet.
Welchen Anteil des Blattes hat sie gefärbt?
Beschreibt den Anteil der gefärbten Fläche durch andere Brüche und faltet die dazugehörige Unterteilung.

Aufgabe 1

Erweitern eines Bruches rückgängig machen

Der rechts im Bild dargestellte Bruch $\frac{12}{30}$ ist durch Erweitern aus einem anderen Bruch entstanden.
Wie kann dieser Bruch heißen?
Erkläre das Rückgängigmachen des Erweiterns auch anhand der Unterteilung des Rechtecks.

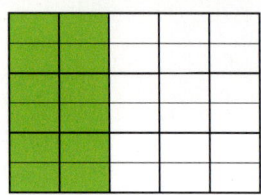

Lösung

Zerlegt man die Fläche statt in 30 in nur *halb* so viele, also 15 gleich große Teile, so muss man statt 12 Teile auch nur *halb* so viele, also 6 gleich große Teile, grün färben (siehe Zeichnung (1)). Entsprechendes gilt für die Zeichnungen (2) und (3).

(1) 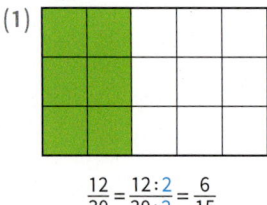 (2) 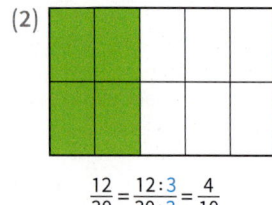 (3)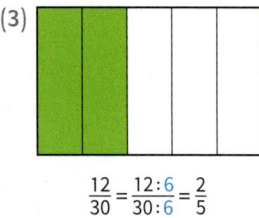

$\frac{12}{30} = \frac{12:2}{30:2} = \frac{6}{15}$ $\frac{12}{30} = \frac{12:3}{30:3} = \frac{4}{10}$ $\frac{12}{30} = \frac{12:6}{30:6} = \frac{2}{5}$

Ergebnis: Der Bruch $\frac{12}{30}$ kann durch Erweitern aus den Brüchen $\frac{6}{15}$, $\frac{4}{10}$ oder $\frac{2}{5}$ entstanden sein. Die entsprechenden Erweiterungszahlen sind 2, 3 bzw. 6.
Andere Möglichkeiten für Brüche, aus denen $\frac{12}{30}$ durch Erweitern entstanden sein könnte, gibt es nicht, da die Erweiterungszahlen 2, 3 und 6 die einzigen gemeinsamen Teiler des Zählers 12 und des Nenners 30 sind.

Information

Das Erweitern eines Bruches wird wieder rückgängig gemacht, indem man Zähler und Nenner durch dieselbe Zahl dividiert. Die Einteilung wird dabei wieder vergröbert.

Kürzen eines Bruches

Ein Bruch wird gekürzt, indem man zugleich seinen Zähler und seinen Nenner durch dieselbe (von 0 und 1 verschiedene) natürliche Zahl (Kürzungszahl) dividiert.
Der Wert eines Bruches ändert sich dabei *nicht*.

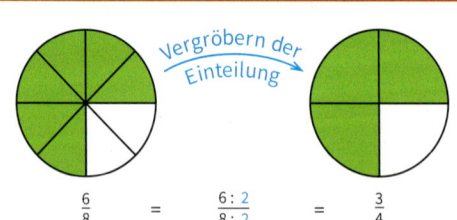

Beispiel:

$\frac{12}{30} = \frac{12:2}{30:2} = \frac{6}{15}$; $\frac{12}{30} = \frac{12:3}{30:3} = \frac{4}{10}$; $\frac{12}{30} = \frac{12:6}{30:6} = \frac{2}{5}$; also: $\frac{12}{30} = \frac{6}{15} = \frac{4}{10} = \frac{2}{5}$

5.3 Erweitern und Kürzen

Weiterführende Aufgaben

Sprechweisen im Alltag

2. Lies die Zeitungsnotiz. Gib den Anteil der Kinder, die mit Helm Fahrrad fahren, als Bruch an.

> **Jedes fünfte Kind nicht geschützt!**
> *Cottbus.* Bei einer Schwerpunktaktion der Polizei in Cottbus fuhr jedes fünfte Kind ohne Helm Fahrrad.

   . . . . .

Vollständiges Kürzen

3. a) Kürze die Brüche so weit wie möglich: $\frac{24}{36}, \frac{75}{100}, \frac{42}{70}$.
   b) Erkläre: Brüche wie $\frac{4}{7}, \frac{1}{15}, \frac{8}{9}$ lassen sich nicht kürzen.
      Gib fünf weitere solche Brüche an.

> Einen Bruch kann man mit *jeder* natürlichen Zahl (außer 0 und 1) *erweitern*. Einen Bruch kann man nur mit den (von 1 verschiedenen) *gemeinsamen Teilern* von Zähler und Nenner *kürzen*.
> *Beispiel:* $\frac{12}{8}$ kann mit 4 und mit 2 gekürzt werden.
> Ein Bruch, dessen Zähler und Nenner außer 1 keinen gemeinsamen Teiler haben, kann man nicht kürzen.

Übungsaufgaben

4. Von der Quadratfläche sind $\frac{8}{16}$ blau gefärbt.
   Vergröbere schrittweise die Einteilung. Gib jeweils die blau gefärbte Fläche durch einen entsprechenden Bruch an.

5. Kürze die Brüche $\frac{12}{30}, \frac{18}{24}, \frac{24}{6}, \frac{48}{60}$ und $\frac{108}{144}$
   a) mit 2;   b) mit 3;   c) mit 6.

6. Gegeben sind die Brüche $\frac{36}{32}, \frac{36}{48}, \frac{180}{80}, \frac{72}{48}, \frac{72}{64}$ und $\frac{108}{144}$.
   a) Kürze jeden der Brüche mit der Kürzungszahl 4.
   b) Kürze jeden der Brüche so, dass du den Nenner 16 [den Zähler 9] erhältst.

7. Kürze; es gibt mehrere Möglichkeiten.
   Gib wie im Beispiel jeweils die Kürzungszahl an.

   a) $\frac{30}{40}$ c) $\frac{18}{12}$ e) $\frac{32}{36}$ g) $\frac{40}{60}$ i) $\frac{80}{120}$
   b) $\frac{20}{16}$ d) $\frac{45}{30}$ f) $\frac{16}{40}$ h) $\frac{20}{10}$ j) $\frac{144}{60}$

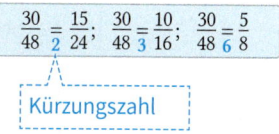

8. a) Kürze so weit wie möglich.
   (1) $\frac{30}{45}$ (2) $\frac{18}{24}$ (3) $\frac{60}{100}$ (4) $\frac{150}{90}$ (5) $\frac{120}{24}$

   b) Mit welcher Kürzungszahl kommt man sofort zum vollständig gekürzten Bruch? Vergleiche mit den Kürzungszahlen beim schrittweisen Kürzen. Was fällt auf? Beschreibe deine Beobachtungen.

Lösungen zu a)

9. Finde vier Brüche mit dem Nenner 24, die sich nicht mehr kürzen lassen. Beschreibe dein Vorgehen.

10. Kontrolliere Lenas Hausaufgaben. Berichtige gegebenenfalls den zweiten Bruch.

a) $\frac{36}{40} = \frac{9}{10}$ c) $\frac{63}{45} = \frac{7}{5}$ e) $\frac{49}{63} = \frac{7}{8}$ g) $\frac{48}{64} = \frac{3}{4}$ i) $\frac{165}{180} = \frac{11}{12}$ k) $\frac{78}{169} = \frac{5}{13}$

b) $\frac{56}{32} = \frac{7}{4}$ d) $\frac{35}{65} = \frac{7}{13}$ f) $\frac{33}{77} = \frac{3}{7}$ h) $\frac{45}{33} = \frac{15}{11}$ j) $\frac{64}{400} = \frac{4}{25}$ l) $\frac{108}{144} = \frac{9}{11}$

11. Kürze jeweils: a) $\frac{14}{24}; \frac{15}{25}; \frac{16}{26}$ b) $\frac{21}{35}; \frac{27}{33}; \frac{33}{55}$ c) $\frac{32}{20}; \frac{27}{18}; \frac{36}{60}$ d) $\frac{84}{96}; \frac{60}{75}; \frac{78}{91}$

12. Kürze die Brüche. a) $\frac{24}{16}$ b) $\frac{18}{24}$ c) $\frac{80}{32}$ d) $\frac{96}{72}$ e) $\frac{72}{12}$

Vergleiche anschließend mit deinem Nachbarn. Erläutert auch euer Vorgehen.

13. Milena und Jan haben begonnen, den Bruch $\frac{48}{72}$ schrittweise zu kürzen. Vervollständige beide Wege. Was stellst du fest?

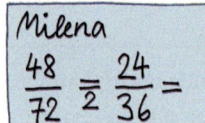
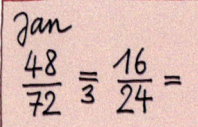

14. Kürze die Brüche soweit wie möglich.

a) $\frac{4}{10}; \frac{5}{11}; \frac{6}{12}; \frac{7}{13}; \frac{8}{14}; \frac{9}{15}; \frac{10}{16}; \frac{11}{17}$

b) $\frac{16}{22}; \frac{17}{23}; \frac{18}{24}; \frac{19}{25}; \frac{20}{26}; \frac{21}{27}; \frac{22}{28}; \frac{23}{29}$

c) $\frac{40}{2}; \frac{39}{3}; \frac{38}{4}; \frac{37}{5}; \frac{36}{6}; \frac{35}{7}; \frac{34}{8}; \frac{33}{9}$

d) $\frac{32}{12}; \frac{33}{13}; \frac{34}{14}; \frac{35}{15}; \frac{36}{16}; \frac{37}{17}; \frac{38}{18}; \frac{39}{19}$

15. Welcher Anteil der Fläche ist farbig markiert? Schätze erst.

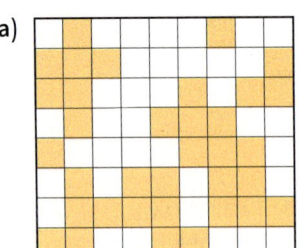
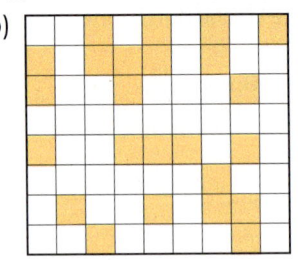
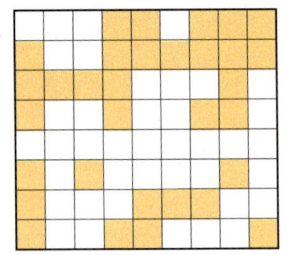

16. Notiere, ob die Aussage wahr oder falsch ist. Ändere bei einem Bruch entweder den Zähler oder den Nenner so ab, dass eine wahre Aussage entsteht.

a) $\frac{7}{3} = \frac{42}{18}$ b) $\frac{48}{52} = \frac{12}{13}$ c) $\frac{72}{126} = \frac{9}{14}$ d) $\frac{17}{8} = \frac{68}{32}$ e) $\frac{22}{27} = \frac{66}{81}$ f) $\frac{75}{45} = \frac{3}{5}$

17. Welche der Brüche $\frac{5}{6}; \frac{9}{15}; \frac{12}{48}; \frac{45}{72}; \frac{8}{12}; \frac{20}{24}; \frac{30}{48}; \frac{27}{49}$ haben denselben Wert? Begründe.

Spiel

18. Stellt euch ein *Domino-Spiel* wie das rechts abgebildete aus Pappe her. Die „Spielsteine" werden gemischt und an die Mitspieler verteilt. Ein Spieler legt einen Stein in die Mitte. Reihum darf jeder Spieler links und rechts Brüche mit gleichem Wert anlegen.
Wer keinen passenden Stein besitzt, setzt aus. Sieger ist, wer zuerst alle Steine anlegen konnte.

5.4 Anteile bei beliebigen Größen – Drei Grundaufgaben

5.4.1 Bestimmen eines Teils von einer Größe

Einstieg

Zwei 5. Klassen veranstalteten bei einem Schulfest je eine Tombola.
Die Klasse 5a nahm 216 € ein. $\frac{2}{3}$ dieser Einnahmen werden an ein Kinderdorf überwiesen.
Die Klasse 5b nahm 240 € ein; davon überwies sie $\frac{3}{5}$ an ein Kinderdorf.
Stellt euch Fragen und beantwortet sie gegenseitig.

Aufgabe 1

Ein Teil einer Größe bestimmen
Familie Meyer und Familie Stein fahren gemeinsam in Urlaub. Sie haben vereinbart, die Kosten für das Ferienhaus auf alle 7 Familienmitglieder gleichmäßig zu verteilen. Die Miete für das Ferienhaus beträgt 4 200 €.
a) Welchen Anteil an den Kosten trägt jede Familie?
b) Wie viel Euro bezahlt jede Familie?

Lösung

a) Das Ganze ist die Miete, also 4 200 €. Sie muss in 7 gleich große Teile zerlegt werden.
Jeder Teil ist $\frac{1}{7}$ der Miete.
3 dieser Teile bezahlt Familie Meyer, das sind $\frac{3}{7}$ der Miete.
4 dieser Teile bezahlt Familie Stein, das sind $\frac{4}{7}$ der Miete.

b) $\frac{3}{7}$ von 4 200 € bezahlt Familie Meyer. $\frac{4}{7}$ von 4 200 € bezahlt Familie Stein.

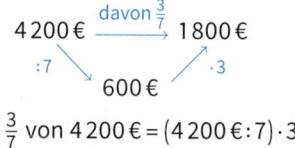 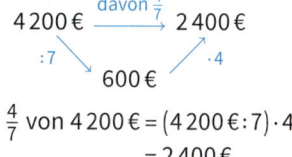

$\frac{3}{7}$ von 4 200 € = (4 200 € : 7) · 3 $\frac{4}{7}$ von 4 200 € = (4 200 € : 7) · 4
             = 1 800 €   = 2 400 €

Ergebnis: Familie Meyer bezahlt 1 800 € und Familie Stein bezahlt 2 400 €.
Kontrolle: 1 800 € + 2 400 € = 4 200 €

Information

Brüche dienen auch zur Angabe von *Rechenanweisungen*.
Die Rechenanweisung **davon** $\frac{3}{4}$ bedeutet:
Dividiere eine Größe **durch 4, multipliziere** dann das Ergebnis **mit 3**.
Man erhält einen **Teil der Größe**.

Beispiel: Das Ganze beträgt 60 m.
$\frac{1}{4}$ des Ganzen beträgt 60 m : 4, also 15 m;
$\frac{3}{4}$ des Ganzen beträgt 15 m · 3, also 45 m.

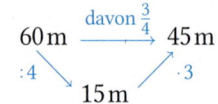

Der *Nenner* gibt die Anweisung zum *Dividieren*, der *Zähler* zum *Multiplizieren*.

60 m $\xrightarrow{\text{davon } \frac{3}{4}}$ 45 m
wird gelesen: *60 m, davon $\frac{3}{4}$, ergibt 45 m*

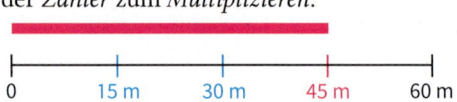

Statt 60 m, davon $\frac{3}{4}$ sagt man auch $\frac{3}{4}$ von 60 m

Weiterführende Aufgabe

Zwei Wege beim Bestimmen eines Bruchteils einer Größe

2. a) Laura und Daniel haben $\frac{2}{3}$ von 6 kg unterschiedlich berechnet. Erkläre.

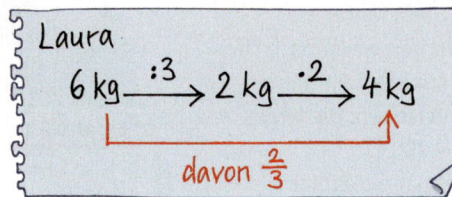
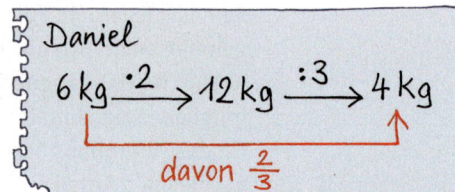

b) Bestimme: $\frac{2}{3}$ $\left[\frac{5}{10}\right]$ von   (1) 36 km;   (2) 30 min;   (3) 12 €;   (4) 18 dm³.
Rechne auf eine der beiden Arten wie im Beispiel oben. Überlege zunächst, ob es günstiger ist, zuerst zu dividieren und dann zu multiplizieren oder umgekehrt.

Übungsaufgaben

3. Übertrage das Pfeilbild in dein Heft und fülle die Lücken aus.

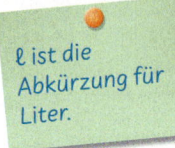

ℓ ist die Abkürzung für Liter.

a) 45 mm $\xrightarrow{\text{davon } \frac{3}{5}}$:5   ·3

b) 40 kg $\xrightarrow{\text{davon } \frac{4}{5}}$

c) 35 ℓ $\xrightarrow{\text{davon }}$:5   ·3

d) 36 h $\xrightarrow{\text{davon }}$ ·3   :4

4. Lege ein Pfeilbild wie in Aufgabe 3 an; rechne dann im Kopf.
   a) $\frac{5}{8}$ von 120 cm   b) $\frac{7}{12}$ von 24 kg   c) $\frac{2}{3}$ von 24 h   d) $\frac{4}{5}$ von 25 km

5. Bestimme: a) $\frac{3}{4}$ von 24 m   b) $\frac{3}{5}$ von 80 km   c) $\frac{4}{6}$ von 15 ℓ   d) $\frac{5}{8}$ von 3 kg

6. Bestimme von   (1) 12 cm;   (2) 54 cm: a) $\frac{5}{3}$,   b) $\frac{5}{10}$,   c) $\frac{5}{6}$,   d) $\frac{3}{9}$.
Überlege jeweils, ob es günstiger ist, zuerst zu dividieren oder zuerst zu multiplizieren.

7. Kontrolliere Kais Hausaufgaben. Welche Fehler hat er gemacht? Erkläre.

   a) $\frac{3}{4}$ von 9 € sind 12 €   b) $\frac{7}{10}$ von 30 cm sind 21 cm   c) $\frac{5}{6}$ von 30 ℓ sind 25

8. Bestimme.
   a) $\frac{2}{5}$ von 1 €   b) $\frac{5}{8}$ von 1 km   c) $\frac{3}{4}$ von 1 h   d) $\frac{5}{12}$ von 1 Jahr

5.4 Anteile bei beliebigen Größen – Drei Grundaufgaben

9. Lars hat zu Beginn eines Spiels 48 Spielsteine. Beim Spiel verliert er $\frac{3}{4}$ seiner Spielsteine. Wie viele hat er am Ende des Spiels noch?

10. Janesch wünscht sich ein Smartphone. Er hat mit seinen Eltern eine Abmachung: Wenn er $\frac{3}{5}$ des Betrages selbst anspart, geben ihm seine Eltern den Rest dazu. Wie viel Euro muss er sparen? Wie viel Euro geben ihm die Eltern dann dazu?

11. Eine Schule hat 420 Schülerinnen und Schüler, $\frac{4}{7}$ der Schülerschaft sind Jungen. Wie viele Mädchen sind in der Schule?

5.4.2 Bestimmen des Ganzen

Einstieg

Stellt euch gegenseitig Fragen und beantwortet sie.

Aufgabe 1

Patrick will sich ein Fahrrad kaufen.
Er hat schon 285 € gespart. Patrick sagt:
„Das sind $\frac{3}{5}$ des Kaufpreises."
Wie teuer ist das Fahrrad?

Lösung

Wir suchen: den Kaufpreis, das Ganze.
Wir wissen: $\frac{3}{5}$ des Kaufpreises beträgt 285 €.

Wir überlegen und rechnen:
3 Fünftel des Kaufpreises beträgt 285 €.
1 Fünftel des Kaufpreises beträgt 95 €.
5 Fünftel des Kaufpreises, also das Ganze, beträgt 475 €.

Ergebnis: Das Fahrrad kostet 475 €.

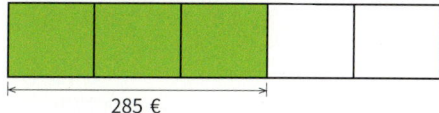
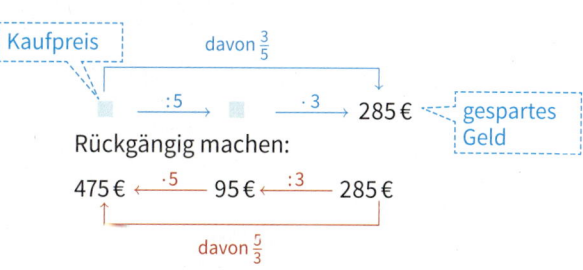

Übungsaufgaben

2. Übertrage in dein Heft und fülle die Lücken aus.

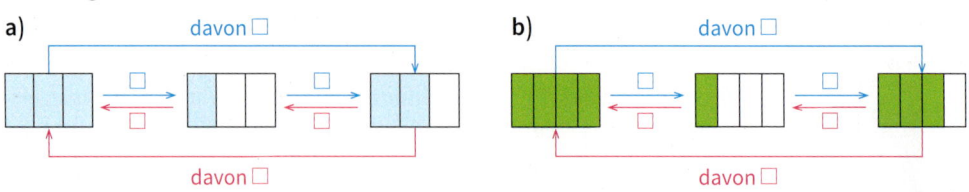

3. Wie groß ist das Ganze?
   Zerlege dazu die Rechenanweisung in einen Divisions- und einen Multiplikationsschritt; rechne dann rückwärts.
   Betrachte das Schema rechts. Berechne ebenso im Heft.

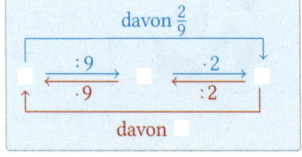

a) ■ —davon $\frac{2}{9}$→ 10 min c) ■ —davon $\frac{6}{11}$→ 30 t e) ■ —davon $\frac{1}{5}$→ 12 s

b) ■ —davon $\frac{3}{4}$→ 21 ℓ d) ■ —davon $\frac{2}{4}$→ 300 g f) ■ —davon $\frac{5}{9}$→ 12 h

4. Fülle im Heft die Lücken aus; rechne im Kopf.

a) $\frac{3}{5}$ von ■ sind 39 kg   b) $\frac{7}{10}$ von ■ sind 91 m   c) $\frac{7}{8}$ von ■ sind 175 dm³

   $\frac{7}{12}$ von ■ sind 49 ℓ $\frac{3}{4}$ von ■ sind 93 g $\frac{9}{24}$ von ■ sind 198 h

5. Wie groß ist das Ganze?

a) $\frac{1}{4}$ der Masse sind 3 kg   b) $\frac{3}{4}$ der Masse sind 9 kg   c) $\frac{7}{8}$ des Volumens sind 56 m³

   $\frac{1}{8}$ der Weglänge sind 7 km $\frac{2}{5}$ der Fläche sind 14 m² $\frac{2}{3}$ der Zeitspanne sind 8 s

6. Tim verlor beim Spiel 6 Spielmarken. Das waren $\frac{2}{3}$ seiner Spielmarken. Wie viele besaß er vorher?

7. Anne wurde mit 18 Stimmen zur Klassensprecherin gewählt. Das waren $\frac{9}{14}$ aller abgegebenen Stimmen. Wie viele Stimmen wurden insgesamt abgegeben?

8. Frau Renz hat eine Packung Rasendünger für 150 m² Rasen eingekauft. Ihr Mann sagt: „Das reicht aber nur für $\frac{3}{5}$ unseres Rasens." Wie groß ist die Rasenfläche?

9. In Lebensmittelgeschäften muss auch angegeben werden, was 1 ℓ bzw. 1 kg der Ware kostet.

a) Welche Schilder müssen zusätzlich angebracht werden?
b) Stellt euch gegenseitig Aufgaben und löst sie.

5.4.3 Bestimmen des Anteils

Einstieg

Lukas unternimmt mit zwei Freunden in den Ferien eine Wanderung. Die gesamte Wanderstrecke ist 12 km lang. Nach $1\frac{3}{4}$ Stunden sieht Lukas einen Wegweiser und ruft:
„Ich glaube, den größten Anteil an der gesamten Strecke haben wir geschafft. In einer Stunde sind wir da."

Aufgabe 1

Sarah bekommt monatlich 14 € Taschengeld.
Davon spart sie 4 €.
Welchen Anteil am Taschengeld spart sie?

Lösung

Wir denken uns 14 € in vierzehn 1-Euro-Münzen.
Jeder Euro ist $\frac{1}{14}$ des Taschengeldes.
4 Euro sind dann viermal so viel, also $\frac{4}{14}$ ihres Taschengeldes.
Diesen Anteil kann man kürzen: $\frac{4}{14} = \frac{2}{7}$

Ergebnis: Sarah spart monatlich $\frac{2}{7}$ ihres Taschengeldes.

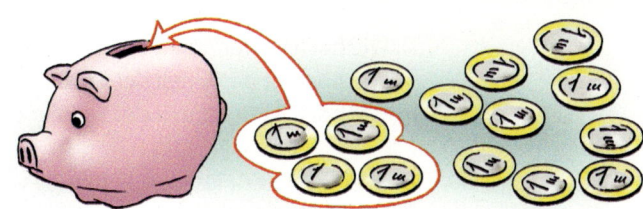

Übungsaufgaben

2. Gib die Rechenanweisung im Heft an.

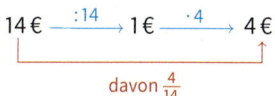

3. Fülle im Heft die Lücken aus.

   a) 20 € → 1 € → 7 € davon ▪

   b) 8 g → 1 g → 5 g davon ▪

   c) 18 m → 6 m → 12 m davon ▪

4. Übertrage in dein Heft und gib eine Rechenanweisung an. Vergleiche und beschreibe das unterschiedliche Vorgehen.

   a) 40 cm → 1 cm → 24 cm davon ▪

   b) 160 g → 1 g → 120 g davon ▪

   c) 120 ℓ → 1 ℓ → 9 ℓ davon ▪

   a) 40 cm → 8 cm → 24 cm davon ▪

   b) 160 g → 10 g → 120 g davon ▪

   c) 120 ℓ → 3 ℓ → 9 ℓ davon ▪

5. Übertrage in dein Heft und gib eine Rechenanweisung an, schreibe wie im Beispiel.

   a) 9 cm³ —davon ▪→ 7 kg

   b) 40 € —davon ▪→ 25 €

   c) 60 min —davon ▪→ 40 min

   d) 20 m —davon ▪→ 11 m

   $30\,€ \xrightarrow{\text{davon } \frac{14}{30}} 14\,€$

   $\frac{14}{30} = \frac{7}{15}$

   $\frac{7}{15}$ von 30 € sind 14 €

6. Bestimme den Anteil und notiere ihn im Heft.
   a) 16 m sind ▊ von 24 m   b) 10 Tage sind ▊ von 14 Tage   c) 36 kg sind ▊ von 48 kg

7. Welcher Anteil ist das?
   a) 7 € von 15 €   b) 27 kg von 54 kg   c) 45 s von 60 s   d) 48 m² von 54 m²

8. In einer Klasse sind 26 Schülerinnen und Schüler. Davon kommen 7 zu Fuß in die Schule, 5 mit dem Fahrrad und 14 mit dem Bus.
   Wie hoch ist der Anteil der Schüler und Schülerinnen, die zu Fuß kommen?
   Wie hoch ist der Anteil der Schüler und Schülerinnen, die mit dem Fahrrad kommen?
   Wie hoch ist der Anteil der Schüler und Schülerinnen, die mit dem Bus kommen?

9. In eine 2-Liter-Flasche $\left[\text{1-Liter-Flasche}; \tfrac{1}{2}\text{-Liter-Flasche}\right]$ wird $\tfrac{1}{2}$ ℓ Apfelsaft gefüllt.
   Wie voll ist die Flasche?

10. 26 von den 30 Schülern einer Klasse können schwimmen.
    Wie groß ist der Anteil der Nichtschwimmer?

5.4.4 Angabe von Anteilen in Prozent

Einstieg

Die folgenden Angaben findest du häufig im Alltag. Erkläre sie. Finde weitere Beispiele.

Aufgabe 1

Bei einer Schülersprecherwahl wurden 684 Stimmen abgegeben.
a) Vanessa erhielt 341 Stimmen. Hat Tim Recht?
b) Auf Lukas entfielen 25 % der Stimmen.
   Wie viele Stimmen sind das?

Lösung

a) 50 % der Stimmen bedeutet dasselbe wie die Hälfte der Stimmen: 50 % von 684 Stimmen sind $\tfrac{1}{2}$ von 684 Stimmen, also 342 Stimmen.
Tim hat Recht.

b) 25 % sind die Hälfte von 50 %, also die Hälfte von $\tfrac{1}{2}$.
Das sind $\tfrac{1}{4}$.
$\tfrac{1}{4}$ von 684 Stimmen sind 171 Stimmen.
Ergebnis: Auf Lukas entfielen 171 Stimmen.

5.4 Anteile bei beliebigen Größen – Drei Grundaufgaben

Information

pro (lat.)
für

centum (lat.)
Hundert

Anteile werden auch in Prozent angegeben.
1 **Prozent** bedeutet 1 Hundertstel:
$1\% = \frac{1}{100}$
17 Prozent bedeutet 17 Hundertstel:
$17\% = \frac{17}{100}$

Übungsaufgaben

2. Gib den Anteil der blauen [gelben] Fläche an der gesamten Fläche in Prozent an.

   a) 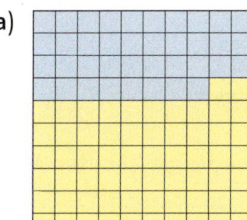   b) 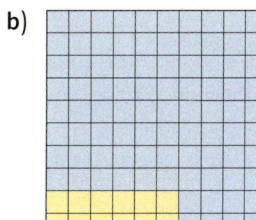   c)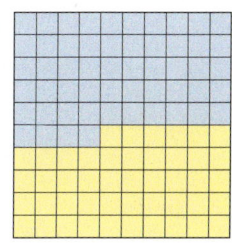

3. Zeichne ein geeignetes Rechteck. Färbe 20 % [26 %; 33 %; 60 %; 55 %; 80 %] der Fläche rot.

4. a) Schreibe als Hundertstelbruch: 2 %; 16 %; 28 %; 35 %; 54 %; 89 %; 100 %
   b) Schreibe in Prozent: $\frac{7}{100}$; $\frac{22}{100}$; $\frac{34}{100}$; $\frac{76}{100}$; $\frac{82}{100}$; $\frac{94}{100}$

5. Schreibe die Prozentangaben als vollständig gekürzte Brüche:
   5 %; 15 %; 20 %; 25 %; 45 %; 66 %; 84 %; 100 %

   $40\% = \frac{40}{100} = \frac{2}{5}$

6. Versuche, folgende Brüche in der Prozentschreibweise anzugeben.
   Was stellst du fest? Erkläre.
   a) $\frac{1}{2}$; $\frac{2}{3}$; $\frac{1}{4}$; $\frac{3}{4}$; $\frac{1}{5}$; $\frac{2}{5}$; $\frac{3}{5}$; $\frac{4}{5}$; $\frac{5}{6}$ b) $\frac{1}{10}$; $\frac{3}{10}$; $\frac{1}{20}$; $\frac{11}{20}$; $\frac{1}{25}$; $\frac{8}{25}$; $\frac{3}{30}$; $\frac{5}{30}$

   $\frac{7}{10} \stackrel{10}{=} \frac{70}{100} = 70\%$

7. Wie viel Prozent sind
   a) 20 € von 100 €;   b) 43 € von 100 €;   c) 84 € von 200 €;   d) 7 kg von 20 kg?

8. Im Alltag werden Anteile oft mit Brüchen oder in Prozent angegeben. Schreibe die Sätze jeweils mit der anderen Angabe auf.

9. Sucht Beispiele, wo im Alltag Angaben mit Prozent vorkommen. Was bedeuten sie? Gestaltet damit ein Plakat, das ihr im Klassenraum aushängt.

5.4.5 Vermischte Übungen

1. Eine geplante Umgehungsstraße ist 12 km lang. $\frac{5}{6}$ der Straße sind schon fertig gestellt.
   Wie viel km sind das?

2. Wegen Grippe-Erkrankung fehlen 9 Schülerinnen und Schüler, das sind genau $\frac{3}{8}$ der Klasse.
   Wie viele Schülerinnen und Schüler hat die Klasse?

3. Jennifer ist mit 24 Stimmen zur Klassensprecherin gewählt worden. Es wurden insgesamt 30 Stimmen abgegeben.
   Welchen Anteil der Stimmen erhielt Jennifer? Gib auch in % an.

4. Marcus will sich ein Fahrrad für 360 € kaufen. Er hat schon 270 € gespart.
   Welchen Anteil des Preises muss er noch sparen?

5. Ein Eisenträger wiegt 256 kg. $\frac{3}{4}$ des Trägers wird abgeschnitten. Wie viel wiegt der Rest?

6. Michaels Mutter kauft einen Fernseher. Sie zahlt $\frac{3}{10}$ vom Preis sofort, das sind 360 €.
   Wie viel Euro kostet das Gerät?

7. Tanja ist 12 Jahre alt, ihr jüngerer Bruder Julian 9 Jahre. Beide wollen mit dem Zug von Potsdam nach Magdeburg zu ihren Großeltern fahren. Eine einfache Fahrt mit dem RE von Potsdam nach Magdeburg kostet 24 €. Kinder von 6 bis 12 Jahren zahlen die Hälfte. Tanja hat eine Bahncard 50; Besitzer dieser Bahncard zahlen nur 50 %.
   Stellt euch geeignete Aufgaben; löst sie.

8. Anne unternimmt eine Fahrradtour. Am ersten Tag legt sie 34 km zurück; das sind $\frac{2}{5}$ der gesamten Strecke.
   Wie viel km muss sie noch zurücklegen?

9. Julia, Lena und Michael sammeln für ein Kinderheim. Julia bekommt 40 €, Lena 50 € und Michael 30 € zusammen. Wie groß ist der Anteil von Julia [von Lena, von Michael] am Gesamtbetrag der drei Kinder?

10. Beim Mahlen von Weizen entsteht Mehl; es macht $\frac{2}{3}$ der Masse des Weizens aus.
    Wie viel kg Mehl erhält man aus
    a) 174 kg Weizen;
    b) 345 kg Weizen;
    c) 471 kg Weizen?

11. Von 36 Schülerinnen und Schülern einer Klasse sind $\frac{5}{12}$ Mädchen, $\frac{2}{9}$ Auswärtige, und $\frac{7}{18}$ sind älter als 11 Jahre.
    a) Wie viele Mädchen sind in einer Klasse?
    b) Wie viele Auswärtige sind in der Klasse?
    c) Wie viele Schülerinnen und Schüler sind höchstens 11 Jahre alt?
    d) Wie viele Jungen sind in der Klasse? Gib auch den Anteil der Jungen an.

5.4 Anteile bei beliebigen Größen – Drei Grundaufgaben

12. Ein Onkel vererbt seinen Nichten Julia und Laura sowie seinem Neffen Daniel insgesamt 18 900 €. Julia erhält $\frac{4}{7}$, Laura $\frac{1}{7}$ und Daniel $\frac{2}{7}$ des Vermögens. Wie viel Euro erhält jeder?

13. Frau Hartmann und Frau Kruse bestellen gemeinsam 10 500 ℓ Heizöl. $\frac{2}{3}$ davon werden in Hartmanns Öltank gepumpt, den Rest erhalten Kruses.
    a) Wie viel Liter Öl bekommt jede Familie?
    b) Der Rechnungsbetrag lautet 3 675 €. Wie viel Euro muss jede Familie zahlen?

14. Julia hat zu ihrem Geburtstag insgesamt 180 € erhalten. Zu Beginn des Jahres zahlt sie $\frac{3}{4}$ dieses Betrages auf ihr Konto ein. Im Laufe des Jahres hebt sie mehrere Geldbeträge wieder ab, sodass sie am Ende des Jahres nur noch $\frac{4}{5}$ des eingezahlten Betrages auf dem Konto hat.
    a) Wie viel hat sie am Jahresende noch auf dem Konto?
    b) Welcher Anteil des ursprünglichen Betrages ist das? Schreibe deine Überlegungen auf.
    c) Wie hoch hätte der geschenkte Geldbetrag sein müssen, damit am Jahresende noch 90 € auf dem Konto gewesen wären?

15. Ein geplanter Schifffahrtskanal ist 200 km lang. Im ersten Bauabschnitt sollen 50 %, im zweiten Bauabschnitt 30 % und im letzten Bauabschnitt 20 % der Kanallänge fertig gestellt werden.
    Wie viel km sind die einzelnen Bauabschnitte lang? Fertige auch eine Zeichnung an; verwende einen 10 cm langen Streifen für den ganzen Schifffahrtskanal.

16. Stelle deinem Partner eine geeignete Frage. Dieser notiert auch den Rechenweg. Anschließend tauscht ihr die Rollen.
    a) Bei einer Fahrradkontrolle wurden an 34 Fahrrädern Mängel festgestellt. Das sind $\frac{2}{7}$ aller kontrollierten Räder.
    b) Kartoffeln bestehen zu $\frac{4}{5}$ aus Wasser. In einem Beutel befinden sich 2,5 kg Kartoffeln.
    c) In einer Klasse mit 28 Schülerinnen und Schülern sind 12 in einem Sportverein.
    d) Ein Paar Inline-Skates kostet 140 €. Ein Sportgeschäft gibt bei einem Räumungsverkauf einen Preisnachlass von $\frac{3}{20}$ des Kaufpreises.
    e) In einer Packung mit 250 g Müsli befinden sich 75 g Haferflocken.
    f) Markus und Tim machen eine 3-tägige Radtour. Nach 2 Tagen haben sie 108 km zurückgelegt. Tim sagt stolz: „Das sind schon $\frac{4}{5}$ der gesamten Strecke."

Das kann ich noch!

A) Beschreibe die Lage der Geraden zueinander mit den Zeichen ∥, ∦, ⊥ und ⊥̸.

1)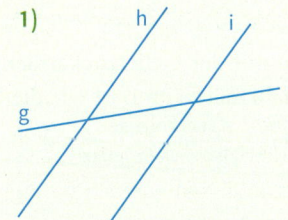

2)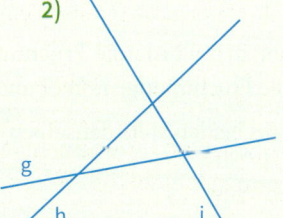

3)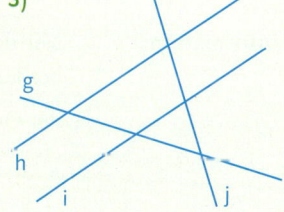

5.5 Mischungs- und Teilverhältnisse

Einstieg

Bei einem Auto soll die Kühlflüssigkeit erneuert werden. Der Kühlkreislauf fasst 6 ℓ.
Stellt einander geeignete Fragen und beantwortet sie.

Aufgabe 1

Mischungsverhältnis
Zum Kochen von Konfitüre mit einer besonderen Sorte Gelierzucker sind Früchte und Gelierzucker im Verhältnis 3:2 (gelesen: 3 zu 2) zu mischen. Das bedeutet: Für 3 Masseteile Früchte sind 2 Masseteile Gelierzucker zu verwenden.
a) Für wie viel Früchte reicht eine 500-g-Packung Gelierzucker?
b) Gib andere Früchte- und Gelierzuckermengen an, die zusammen gehören. Vergleiche jeweils die Früchtemenge mit der Gelierzuckermenge.
c) Welchen Fruchtanteil hat die fertige Konfitüre?

Lösung

a) 500 g Gelierzucker sind 2 Teile, also wiegt 1 Teil 250 g.
Für die Herstellung der Konfitüre braucht man 3 solcher Teile, also 3 · 250 g = 750 g.
Ergebnis: Die Packung reicht für 750 g Früchte.

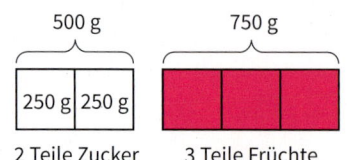

b) In Teilaufgabe a) haben wir die Fruchtmenge aus der Gelierzuckermenge wie folgt berechnet: 500 g : 2 · 3, also $\frac{3}{2}$ von 500 g. Das gilt auch für andere Mengen als 500 g. Die Fruchtmenge muss also jeweils anderthalb mal so groß sein wie die Gelierzuckermenge, zum Beispiel:

Menge an Gelierzucker (in g)	100	200	300	400
Menge an Früchten (in g)	150	300	450	600

c) Mit 200 g Gelierzucker und 300 g Früchten erhält man 500 g Konfitüre.
Also beträgt der Fruchtanteil $\frac{300}{500} = \frac{3}{5}$.
Dieses Ergebnis kannst du auch sofort dem Mischungsverhältnis 3:2 entnehmen. Aus 3 Teilen Früchte und 2 Teilen Gelierzucker erhält man 5 Teile Konfitüre. Also beträgt der Fruchtanteil:
$\frac{3 \text{ Teile}}{5 \text{ Teile}} = \frac{3}{5}$

Information

Mit der Angabe 3:2 wurde die Fruchtmenge mit der Gelierzuckermenge verglichen, die man benötigt. Da die Fruchtmenge immer anderthalb mal so groß ist wie die Gelierzuckermenge, hat der Quotient aus beiden stets denselben Wert: $\frac{\text{Fruchtmenge}}{\text{Gelierzuckermenge}} = \frac{3}{2}$

5.5 Mischungs- und Teilverhältnisse

> Zum Vergleichen zweier gleichartiger Größen a und b kann man den Quotienten a : b bilden. In dieser Form liest man den Quotienten als a zu b und bezeichnet ihn als **Verhältnis**.
> Man kann das Verhältnis a : b auch in Form des Bruches $\frac{a}{b}$ angeben.

Beispiel: Bei einem anderen Gelierzucker ist das Verhältnis von Fruchtmenge zu Zuckermenge 2 : 1, d. h. die Fruchtmenge ist stets doppelt so groß wie die dafür benötigte Gelierzuckermenge.

Aufgabe 2

Teilverhältnis
Lies das Testament rechts. Wie ist ein Guthaben von 10 000 € aufzuteilen?
Welchen Anteil erhält jeder der beiden Erben?

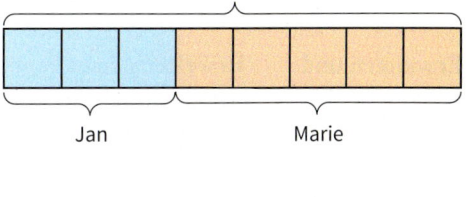

Lösung

Neffe Jan erhält 3, Tochter Marie 5 Teile.
Das Vermögen muss folglich in 3 + 5, also 8 gleiche Teile aufgeteilt werden.
Jeder dieser Teile beträgt dann 10 000 € : 8, also 1 250 €.
Jan erhält dann 3 · 1 250 €, also 3 750 €.
Marie erhält 5 · 1 250 €, also 6 250 €.
Jans Anteil ist 3 von 8 Teilen, also $\frac{3}{8}$. Maries dementsprechend 5 von 8 Teilen, also $\frac{5}{8}$.

Übungsaufgaben

3. Aus Fruchtsaftsirup kann durch Verdünnen mit Wasser gebrauchsfertiger Fruchtsaft hergestellt werden.
   a) In welchem Verhältnis müssen Wasser und Multivitaminsirup gemischt werden?
   b) Wie viel von den einzelnen Zutaten benötigt man für
      (1) 200 mℓ,   (2) 4 ℓ Multivitaminsaft?
   c) Anne will bei ihrer Geburtstagsfeier ein Fruchtgetränk durch Mischen von Mineralwasser und Himbeersirup herstellen. Stelle geeignete Fragen und beantworte sie.

4. Herr Meyer und Frau Schulz tragen einen Streit vor Gericht aus. Die Kosten für den Prozess betragen 525 €. Sie sollen von beiden im Verhältnis 3 : 4 getragen werden.
   Wie viel zahlt jeder?

5. Ein Manager behauptet: „Drei Fünftel meiner Arbeitszeit bin ich unterwegs."
   Schreibe zu dieser Angabe ein Verhältnis.

6. Die Flüssigkeit für die Scheibenwaschanlage eines Pkw besteht bei einer Frostsicherheit bis −27 °C aus 2 Teilen Frostschutzmittel und 3 Teilen Wasser. Das Kühlsystem fasst 2,5 ℓ.
   Wie viel ℓ Frostschutzmittel und wie viel ℓ Wasser braucht man?

Das Wichtigste auf einen Blick

Brüche

Brüche sind Anteile von Ganzen. Der **Nenner** eines Bruches gibt an, aus wie vielen gleich großen Teilen das Ganze besteht. Der **Zähler** bestimmt, wie viele dieser Teile genommen werden.

Beispiele:

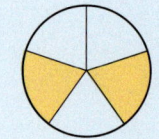

Den Quotienten zweier natürlicher Zahlen kann man auch als Bruch schreiben.

$3:4 = \frac{3}{4}$; $7:2 = \frac{7}{2}$

Arten von Brüchen

Bei einem **echten Bruch** ist der Zähler kleiner als der Nenner. Bei einem **unechten Bruch** ist der Zähler des Bruches größer als der Nenner oder gleich dem Nenner.

Beispiele:
echt: $\frac{3}{7}$
unecht: $\frac{7}{6}$; $\frac{3}{3}$

Unechte Brüche kann man auch in der **gemischten Schreibweise** angeben.

$\frac{5}{2} = \frac{4}{2} + \frac{1}{2} = 2 + \frac{1}{2} = 2\frac{1}{2}$

Erweitern und Kürzen

Erweitern eines Bruches heißt, seinen Zähler und Nenner mit derselben natürlichen Zahl (nicht 0 oder 1) zu multiplizieren. Grafisch bedeutet das Erweitern eines Bruches eine Verfeinerung der Einteilung.

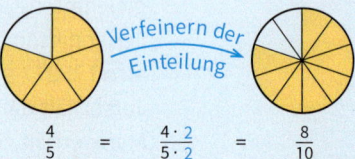

Kürzen eines Bruches heißt, seinen Zähler und Nenner durch dieselbe natürliche Zahl (nicht 0 oder 1) zu dividieren.
Grafisch bedeutet das Kürzen eines Bruches eine Vergröberung der Einteilung.
Beim Erweitern oder Kürzen eines Bruches ändert sich sein Wert nicht.

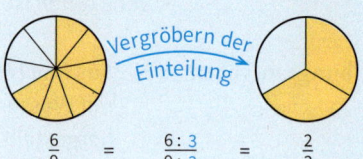

Grundaufgaben bei Anteilen

Mit einem Bruch kann man angeben, welcher Anteil von einem Ganzen genommen werden soll.
– Sind das Ganze und der Anteil gegeben, kann man den Teil berechnen.
– Sind der Teil und der Anteil gegeben, kann man das Ganze berechnen.
– Sind das Ganze und der Teil gegeben, kann man den Anteil berechnen.

Beispiele:
Berechnen des Teils:
Aufgabe: $\frac{3}{4}$ von 80 kg
Rechnung:
$80\,kg : 4 \cdot 3 = 20\,kg \cdot 3 = 60\,kg$
Ergebnis: $\frac{3}{4}$ von 80 kg sind 60 kg.

Bestimmen des Ganzen:
Aufgabe: $\frac{2}{3}$ sind 30 ℓ
Rechnung:
$30\,ℓ : 2 \cdot 3 = 15\,ℓ \cdot 3 = 45\,ℓ$
Ergebnis: Das Ganze ist 45 ℓ.

Bestimmen des Anteils:
Aufgabe: 20 m von 60 m
Rechnung:
$\frac{20\,m}{60\,m} = \frac{20}{60} = \frac{1}{3}$
Ergebnis: Der Anteil beträgt $\frac{1}{3}$.

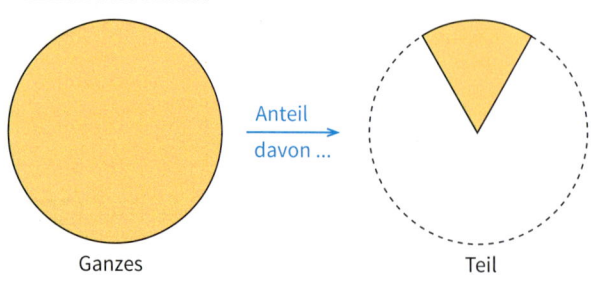

Das Wichtigste auf einen Blick

Bist du fit?

1. Welcher Bruch ist dargestellt?
   a) 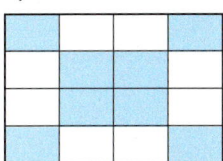   b)    c)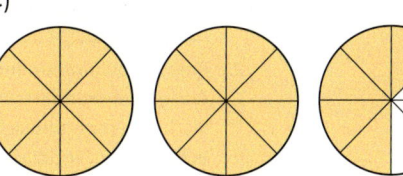

2. Färbe vom Rechteck:
   a) $\frac{3}{4}$;   b) $\frac{1}{3}$;   c) $\frac{2}{3}$;   d) $\frac{5}{6}$

   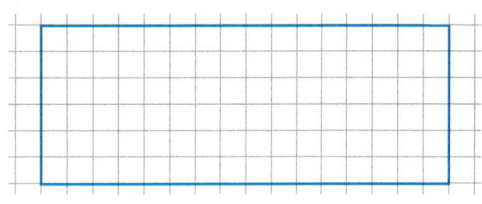

3. Welcher Anteil an einer Stunde ist zwischen 8.30 Uhr und 8.50 Uhr [12.25 Uhr und 13.05 Uhr] vergangen?

4. a) Notiere die Brüche $\frac{35}{11}$; $\frac{72}{12}$; $\frac{76}{15}$; $\frac{140}{20}$; $\frac{181}{25}$; $\frac{135}{50}$; $\frac{349}{100}$ als natürliche Zahl oder in gemischter Schreibweise.
   b) Notiere als unechten Bruch: $9\frac{1}{2}$; $4\frac{2}{3}$; $5\frac{3}{4}$; $2\frac{3}{5}$; $7\frac{1}{6}$; $6\frac{5}{8}$; $8\frac{9}{10}$

5. Kürze soweit wie möglich: $\frac{15}{24}$; $\frac{15}{55}$; $\frac{18}{30}$; $\frac{30}{72}$; $\frac{44}{121}$; $\frac{60}{144}$; $\frac{90}{225}$; $\frac{144}{300}$; $\frac{400}{275}$

6. Wandle in einen Bruch mit dem Nenner 1 000 um: $\frac{5}{4}$; $\frac{11}{25}$; $\frac{9}{8}$; $\frac{11}{125}$; $\frac{41}{200}$; $\frac{9}{50}$; $\frac{13}{250}$; $\frac{27}{75}$

7. Übertrage das Pfeildiagramm in dein Heft und ergänze die fehlenden Lücken.
   a) 30 kg $\xrightarrow{\text{davon } \frac{4}{5}}$ ■   b) ■ $\xrightarrow{\text{davon } \frac{2}{3}}$ 12 m   c) 12 h $\xrightarrow{\text{davon } ■}$ 5 h

8. Miriam hat zum Geburtstag 30 € bekommen. Davon spart sie $\frac{5}{6}$ für die Anschaffung eines modischen Rucksacks. Wie viel Euro sind das?

9. Herr Neumann hat Rasensamen eingekauft. Dirk schaut sich die Verpackung an und sagt: „Das reicht aber nur für $\frac{2}{5}$ der Fläche." Wie groß soll die Rasenfläche werden?

10. Bei einer Klassensprecherwahl wurden insgesamt 32 Stimmen abgegeben. Welcher Anteil der abgegebenen Stimmen entfiel auf Dennis, welcher auf Sarah, welcher auf Anne und welcher auf Markus?

11. In einem Karton sind 60 Eier. Beim Transport sind $\frac{1}{4}$ der Eier zerbrochen. Wie viele unzerbrochene Eier sind noch in dem Karton?

12. Sophie hat bei einem Murmelspiel $\frac{1}{4}$ ihrer Murmeln verloren. Danach spielt sie noch einmal und verliert wieder $\frac{1}{4}$ ihrer restlichen Murmeln. Danach hat sie noch 9 Murmeln. Wie viele Murmeln hatte sie vor diesen beiden Spielen?

Lösungen zu Bist du fit?

Seite 50

1.

Zahl	1 000 000	1 999 999	79 900	1 000 000	3 479 008
Nachfolger	1 000 001	2 000 000	79 901	1 000 001	3 479 009

2. Eine Billion fünfhundertsechzehn Milliarden neunundneunzig Millionen neunhunderteinundfünfzigtausendvierhundertachtundachtzig
vierhundertvierundsiebzig
achtzehntausenddreihundertfünfundfünfzig

3. a) 2 488 < 3 521 b) 6 776 > 6 767 c) 80 192 > 79 582 d) 432 719 < 432 723

4. a) 10; 50; 85; 107; 118
   b) 37, 49, 81, 121, 152 (auf Zahlenstrahl von 0 bis 160)

5. a) (1) 29 400 (2) 35 000 (3) 830 000
   b) (1) 225; 234 (3) 3 395; 3 404 (5) 225 000; 234 999
      (2) 3 350; 3 449 (4) 28 500; 29 499 (6) 16 500 000; 17 499 999

6. a) 2 mg b) 4 h c) 244 g d) 6 mm e) 4 min f) 707 kg g) 904 m h) 48 s

7. a) 800 cm b) 5,12 m c) 17 000 kg d) 50 m e) 0,3 kg
      11 000 m   93 000 g   0,030 kg   50 cm   720 min

8. a) 14 h 15 min b) 23 h 23 min c) 12 h 2 min d) 3 h 45 min

9. a) 6 km; 11 km; 9,6 km; 17,4 km   b) 3 cm; 7,5 cm; 1,8 cm; 5,4 cm

10.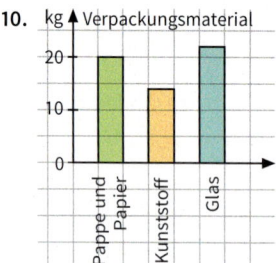

Seite 101

1. a) 305 b) 737 c) 595 d) 166

2. a) 3 300 + 2 900 = 6 200   c) 8 800 – 1 000 = 7 800
      3 278 + 2 948 = 6 226   8 816 –   975 = 7 841
   b) 5 300 – 4 700 = 600   d) 6 500 + 1 200 + 600 + 2 200 = 10 500
      5 314 – 4 685 = 629   6 480 + 1 246 + 597 + 2 217 = 10 540

Seite 102

3. a) 384 + 616 = 1 000   b) 93 215 – 83 216 = 9 999

4. (243 € + 189 €) – (73 € + 42 €) + 53 € = 370 €

5. 11 700 ℓ – 3 800 ℓ – 4 400 ℓ – 2 900 ℓ = 600 ℓ   11 650 ℓ – 3 785 ℓ – 4 360 ℓ – 2 875 ℓ = 630 ℓ

6. a) 3 600 b) 12 c) 828 d) 2 040 e) 52 f) 13

7. a) 5 555 b) 44 844 c) 7 654 d) 999 000 e) 777
      12 345   97 779   8 888   345 678   345

8. a) 1 853, 77 Rest 5   c) 1 611; 67 Rest 3   e) 1 300; 54 Rest 4
   b) 4 464; 186   d) 1 633; 68 Rest 1   f) 1 898; 79 Rest 2

9. a) 14   c) 25   e) Alle natürlichen Zahlen, außer der Null.
   b) 2 727 d) 0   f) Durch 0 kann man nicht dividieren.

Seite 102

10. 712 · 65 = 46 280, also 50 000 – 46 280 = 3 720 Der Betrag reicht. Es bleiben 3 720 € übrig.

11. 54 · 23 = 1 242 (Sitzplätze) 1 242 + 95 = 1 337 Es waren 1 337 Zuschauer anwesend.

12. a) 5 100 b) 7 300 c) 42 000

13. a) 500 : 4 = 125 Eine 500-g-Packung reicht für 125 Tassen.
b) 500 g = 500 000 mg; 3,5 g = 3 500 mg 500 000 : 3 500 = 142 Rest 3 000 Sie erhält 142 Tassen.
c) 500 g = 500 000 mg; 500 000 : 200 = 2 500 Man darf 2 500 mg, also 2,5 g für eine Tasse nehmen.

14. a) 5 000 b) 61 c) 520 d) 146 e) 125 f) 38

15. a) 2, 3, 4, 6, 8, 12 b) 12, 18, 24, 30 c) 13, 17, 19, 29, 41, 43

Seite 161

Vorbemerkung: Alle Zeichnungen sind verkleinert gezeichnet.

1. a)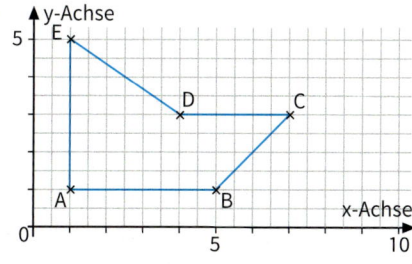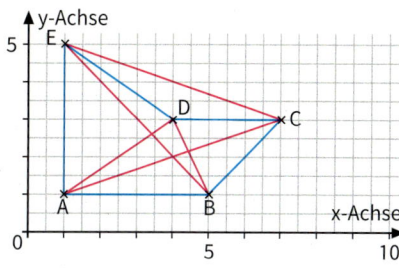

b) 4,0 cm + 2,8 cm + 3,0 cm + 3,6 cm + 4,0 cm = 17,4 cm

2.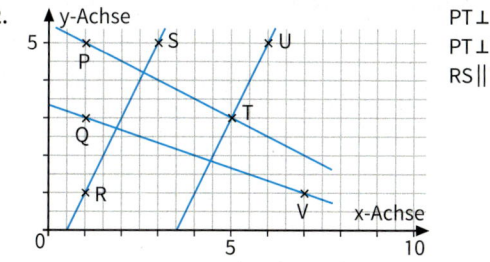

PT ⊥ RS
PT ⊥ TU
RS ∥ TU

3. N ⊥ O O ⊥ S S ⊥ W W ⊥ N
NO ⊥ SO SO ⊥ SW SW ⊥ NW NW ⊥ NO

Seite 162

4. Der Abstand von P zu AB beträgt 2 cm, zu BC ungefähr 1,3 cm und zu AC ungefähr 1,8 cm. P hat also zu BC den kleinsten Abstand.

5.

7.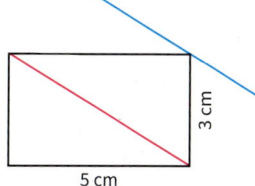

8. a) Das Rechteck hat die Seitenlängen 6 cm und 3 cm.
b) Das Quadrat hat die Seitenlänge 4,5 cm.

6. Quadrat mit den Eckpunkten P(3|3), Q(4|6), A(1|7), B(0|4) oder
Quadrat mit den Eckpunkten C(6|2), D(7|5), Q(4|6), P(3|3).

Seite 162

9. a) *Schrägbild:* 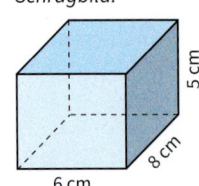 *Netz:*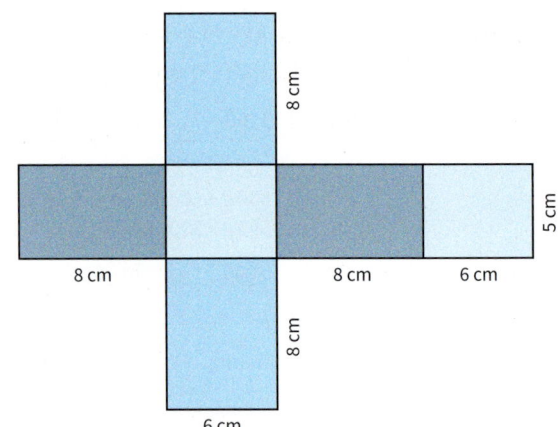

10.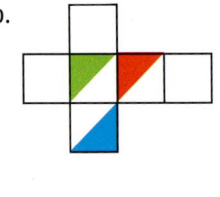

11.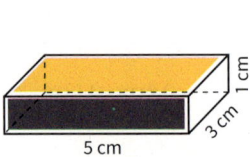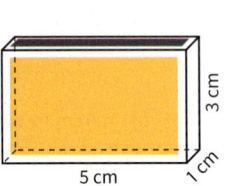

12. An den Orten B, D und G hat man Empfang. Die Orte A, C, E und F liegen alle außerhalb eines Kreises um S mit dem Radius 35 km (7 Kästchen). Die Punkte B, D und G liegen innerhalb des Kreises. Der Punkt H liegt fast auf dem Kreis, bei genauem Zeichnen aber doch etwas außerhalb. Man wird wohl aber doch noch Empfang haben.

13. –

14. Winkel mit den Schenkeln $\overline{OA}$ und $\overline{OB}$: 43° Winkel mit den Schenkeln $\overline{QP}$ und $\overline{QR}$: 129°

Seite 213

1. a) (1) $A = 7\,cm^2$; $u = 12\,cm$ (2) $A = 8\,cm^2$; $u = 2 \cdot 10\,mm + 8 \cdot 14\,mm = 132\,mm = 13{,}2\,cm$
   b) Zum Beispiel Rechtecke mit den Seitenlängen: 6 cm und 3 cm [7 cm und 3 cm; 25 mm und 5 mm]

2. a) 24 a b) 40 000 a c) 9 dm² d) 290 000 a
   36 km² 7 ha 450 000 dm² 3 ha
   90 000 m² 700 ha 30 m² 400 mm²

3. a) 775 a b) 205 a c) 317 cm² d) 4 303 mm²
   1 219 m² 440 dm² 2 853 mm² 505 dm²
   350 ha 303 mm² 1 204 cm² 702 m²

4. a) 3,cm² 70 mm² b) 1 dm² 25 cm² c) 2 m² 7 dm² d) 26 a 50 m² e) 3 km² 50 a

5. a) $A = 63\,cm^2$; $u = 32\,cm$ c) $A = 108\,dm^2$; $u = 42\,dm$ e) $A = 168\,dm^2$; $u = 62\,dm$
   b) $A = 238\,m^2$; $u = 62\,m$ d) $A = 750\,mm^2$; $u = 110\,mm$ f) $A = 32\,760\,mm^2$; $u = 996\,mm$

6. $A = 69\,m \cdot 6\,m = 414\,m^2$; $414\,m^2 \cdot 2 = 828\,m^2$; $828 : 60 = 13$ Rest 48 Man benötigt 14 Eimer Farbe.

7. $A_1 = 40\,m \cdot 20\,m = 800\,m^2$; $A_2 = 37\,m \cdot 18\,m = 666\,m^2$; $800\,m^2 - 666\,m^2 = 134\,m^2$
   Das Feld ist 134 m² kleiner als ein normales Handballfeld.

8. $2{,}5\,km = 2500\,m$; $A = 2500\,m \cdot 2\,m = 5000\,m^2$; $5000 \cdot 37\,€ = 185\,000\,€$. Die Befestigung kostet 185 000 €.

9. a) Zum Beispiel ein Quadrat mit der Seitenlänge 1 cm hat den Flächeninhalt 1 cm².
   b) Zum Beispiel ein Quadrat mit der Seitenlänge 4 cm hat den Flächeninhalt 16 cm² und den Umfang 16 cm.

Lösungen zu Bist du fit?

Seite 214

10. a) (1) $V = 6\,cm^3$ (2) $V = 18\,m^3$

b) Beispiele:

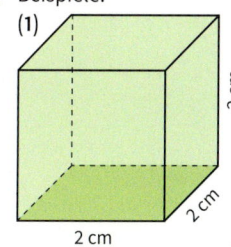
(1)

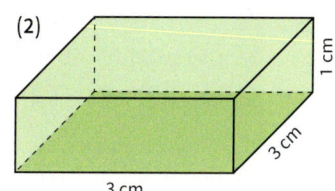
(2)

c) $V = 616\,cm^3$; $A_O = 442\,cm^2$ [$V = 1512\,m^3$; $A_O = 804\,m^2$]

11. a) $7000\,dm^3$ **b)** $8000\,m\ell$ **c)** $4\,m^3$ **d)** $3000\,dm^3$
     $9000\,mm^3$ $25000\,\ell$ $7000000\,\ell$ $2000\,m\ell$
     $4\,m^3$ $2\,\ell$ $8\,dm^3$ $30000\,\ell$
     $8000000\,\ell$ $4000000\,m\ell$ $3000000\,cm^3$ $20000\,m\ell$

12. a) $4575\,dm^3$ **b)** $3926\,m\ell$ **c)** $7089\,cm^3$ **d)** $3210\,m\ell$ **e)** $2030\,\ell$
     $8500\,\ell$ $4090\,dm^3$ $4850\,m\ell$ $7049\,cm^3$ $2803\,\ell$
     $9840\,cm^3$ $5700\,cm^3$ $4007\,dm^3$ $4300\,cm^3$ $1083\,m\ell$

13. a) $2\,dm^3\;619\,cm^3$ **c)** $4\,m^3\;856\,\ell$ oder $48\,hl\;56\,\ell$ **e)** $12\,m^3\;40\,dm^3$
     b) $9\,\ell\;20\,m\ell$ **d)** $8\,dm^3\;70\,cm^3$

14. a) (1)

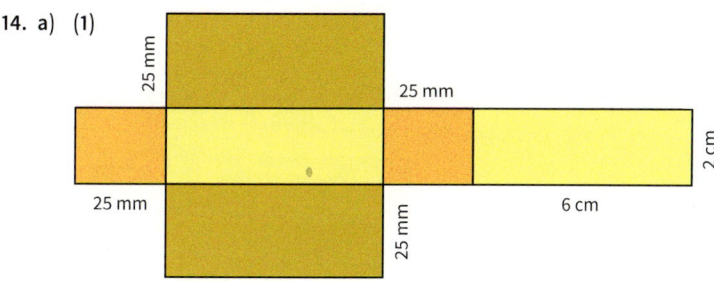

     b) $A_O = 6 \cdot 4\,cm \cdot 4\,cm = 96\,cm^2$

(2) $V = 30000\,mm^3 = 30\,cm^3$; $A_O = 6400\,mm^2 = 64\,cm^2$

15. $V = 20\,m \cdot 25\,m \cdot 250\,m = 125000\,m^3$; $125000\,m^3 : 50\,m^3 = 2500$. Es sind 2500 Fahrten erforderlich.

16. $V = 8\,cm \cdot 8\,cm \cdot (16\,cm - 12\,cm) = 8\,cm \cdot 8\,cm \cdot 4\,cm = 256\,cm^3$
Das Volumen des Steines beträgt $256\,cm^3$, das entspricht $256\,ml$, ist also größer als $250\,ml$.

17. Volumen des Aquariums: $V = 200\,cm \cdot 80\,cm \cdot 140\,cm = 2240000\,cm^3 = 2240\,dm^3 = 2{,}24\,m^3$
Größe der Grundfläche des Zimmers: $A = 560\,cm \cdot 400\,cm = 224000\,cm^2 = 2240\,dm^2 = 22{,}4\,m^2$
Wasserhöhe im Zimmer: $h = 2240\,dm^3 : 2240\,dm^2 = 1\,dm = 10\,cm$
Das Wasser würde im Wohnzimmer $10\,cm$ hoch stehen.

18. Man kann den Keil zu einem doppelt so großen Quader mit den Kantenlängen $1\,cm$, $2\,cm$ und $2\,cm$ ergänzen. Das Volumen des Quaders beträgt $1\,cm \cdot 2\,cm \cdot 2\,cm = 4\,cm^3$, das Volumen des Keils also $2\,cm^3$.

Seite 247

1. a) $\frac{8}{16} = \frac{1}{2}$ **b)** $\frac{6}{16} = \frac{3}{8}$ **c)** $\frac{21}{8} = 2\frac{5}{8}$

2. a) 72 Kästchen   **b)** 32 Kästchen   **c)** 64 Kästchen   **d)** 80 Kästchen

3. $\frac{1}{3}\left[\frac{2}{3}\right]$

4. a) $3\frac{2}{11}$; 6; $5\frac{1}{15}$; 7; $7\frac{6}{25}$; $2\frac{35}{50} = 2\frac{7}{10}$; $3\frac{49}{100}$ **b)** $\frac{19}{2}$; $\frac{14}{3}$; $\frac{23}{4}$; $\frac{13}{5}$; $\frac{43}{6}$; $\frac{53}{8}$; $\frac{89}{10}$

5. $\frac{15}{24} = \frac{5}{8}$; $\frac{15}{55} = \frac{3}{11}$; $\frac{18}{30} = \frac{3}{5}$; $\frac{30}{72} = \frac{5}{12}$; $\frac{44}{121} = \frac{4}{11}$; $\frac{60}{144} = \frac{5}{12}$; $\frac{90}{225} = \frac{2}{5}$; $\frac{144}{300} = \frac{12}{25}$; $\frac{400}{275} = \frac{16}{11} = 1\frac{5}{11}$

6. $\frac{5}{4} = \frac{1250}{1000}$; $\frac{11}{25} = \frac{440}{1000}$; $\frac{9}{8} = \frac{1125}{1000}$; $\frac{11}{125} = \frac{88}{1000}$; $\frac{41}{200} = \frac{205}{1000}$; $\frac{9}{50} = \frac{180}{1000}$; $\frac{13}{250} = \frac{52}{1000}$; $\frac{27}{75} = \frac{9}{25} = \frac{360}{1000}$

Seite 247

7. a) 24 kg   b) 18 m   c) $\frac{5}{12}$

8. $(30\,€ : 6) \cdot 5 = 25\,€$

9. $(150\,m^2 : 2) \cdot 5 = 375\,m^2$

10. Dennis $\frac{10}{32} = \frac{5}{16}$; Sarah $\frac{12}{32} = \frac{3}{8}$; Anne $\frac{7}{32}$; Markus $\frac{3}{32}$

11. Zerbrochene Eier: $60 : 4 = 15$
    Unzerbrochen: 45 Eier

12. Sophie hat jeweils $\frac{3}{4}$ ihrer Murmeln behalten.
    Sie hatte vorher also jeweils $\frac{4}{3}$ ihrer noch verbliebenen Murmeln:
    $\frac{4}{3}$ von $9 = 12$ und $\frac{4}{3}$ von $12 = 16$.
    Vor dem zweiten Spiel hatte sie noch 12 Murmeln, vor dem ersten Spiel hatte sie 16 Murmeln.

Einheiten und ihre Umrechnungen

Längen
10 mm = 1 cm
10 cm = 1 dm
10 dm = 1 m
1000 m = 1 km
Die Verwandlungszahl ist 10.

Flächeninhalte
100 mm^2 = 1 cm^2
100 cm^2 = 1 dm^2
100 dm^2 = 1 m^2
100 m^2 = 1 a
100 a = 1 ha
100 ha = 1 km^2
Die Verwandlungszahl ist 100.

Volumina
1000 mm^3 = 1 cm^3
1000 cm^3 = 1 dm^3
1000 dm^3 = 1 m^3
Die Verwandlungszahl ist 1000.

Weitere Einheiten:
1 cm^3 = 1 mℓ
1 dm^3 = 1 ℓ
1000 mℓ = 1 ℓ
100 cℓ = 1 ℓ
100 ℓ = 1 hℓ

Massen
1000 mg = 1 g
1000 g = 1 kg
1000 kg = 1 t
Die Verwandlungszahl ist 1000.

Zeitspannen
60 s = 1 min
60 min = 1 h
24 h = 1 d

Verzeichnis mathematischer Symbole

$a = b$	a gleich b
$a \neq b$	a ungleich b
$a < b$	a kleiner b
$a > b$	a größer b
$a \approx b$	a ungefähr gleich b
$a + b$	a plus b; Summe aus a und b
$a - b$	a minus b; Differenz aus a und b
$a \cdot b$	a mal b; Produkt aus a und b
$a : b$	a durch b; Quotient aus a und b
a^n	a hoch n; Potenz aus Basis (Grundzahl) a und Exponent (Hochzahl) n
$\{1; 5; 8\}$	Menge mit den Elementen 1, 5, 8
$\{\ \}$	leere Menge
$\mathbb{N}$	Menge der natürlichen Zahlen: $\{0: 1; 2; 3; ...\}$
AB	Verbindungsgerade durch die Punkte A und B; Gerade durch A und B
$\overline{AB}$	Verbindungsstrecke der Punkte A und B; Strecke mit den Endpunkten A und B
$\overline{AB}$	Länge der Strecke $\overline{AB}$
$g \parallel h$	g ist parallel zu h
$g \nparallel h$	g ist nicht parallel zu h
$g \perp h$	g ist senkrecht zu h
$g \not\perp h$	g ist nicht senkrecht zu h
ABC	Dreieck mit den Eckpunkten A, B und C
ABCD	Viereck mit den Eckpunkten A, B, C und D
$A(a \mid b)$	Punkt mit dem x-Wert a und dem y-Wert b. a ist die x-Koordinate, b die y-Koordinate von A.

Stichwortverzeichnis

A
Abstand 120, 160
Achsen 114, 160
Addition 53, 101
Assoziativgesetze 80, 101
Ausklammern 83

B
Balkendiagramm 12, 43
Basis 85, 101
Baumdiagramm 88
Bilddiagramme 27
Brüche 219, 246
– echte 225, 246
– gemischte
 Schreibweise 225, 246
– unechte 225, 246
– wertgleiche 229

D
DGS 113, 131
Diagonale 111, 160
Differenz 53, 101
Distributivgesetze 83, 101
Dividend 61, 101
Division 61, 69
Divisor 61, 101
Dreieck 110, 160
Dualsystem 48
Durchmesser 145, 161

E
Ecken 106, 140
Einheitentabelle 30, 175
Einheitswinkel 151
Endstellenregeln 94
Erweitern 230, 246
Euler'scher Polyedersatz 141
Exponent 85, 101

F
Faktor 61, 101
Fermi-Fragen 90
Fibonacci-Folge 100
Flächen 106, 140
Flächeneinheiten 168 ff., 173
Flächeninhalt 165, 212

G
Gerade 117, 160
– Schnittpunkt 117, 160
– zueinander senkrechte 120, 160
– zueinander parallele 123, 160

Grad 151
größer 25
Grundzahl 85, 101
Gleichheitszeichen 76
Größenvergleich 165, 189

H
Häufigkeit 11
Hexadezimalsystem 48
Hochzahl 85, 101

K
Kanten 106, 140
Kantenmodell 108
Kegel 107
Klammern 76
kleiner 25
Kommutativgesetze 79, 101
Koordinate 114, 160
Koordinatensystem 114, 160
Kreis 144, 161
– es, Mittelpunkt des 144, 161
– es, Radius eines 144, 161
Kugel 107
Kürzen 232, 246

L
Längeneinheiten 31, 49
lotrecht 120

M
magisch
– es, Quadrat 59
– e, Zahl 59
Masseneinheiten 34, 49
Maßstab 41, 49
Mersenn'sche Primzahlen 99
Minuend 53, 101
Mischungsverhältnis 244
Multiplikation 61, 65, 101

N
Nachfolger 17
Nenner 219, 246
Netz 133
Null 62

O
Oberflächeninhalt 200, 212
Ortslinie 144

P
Parallelität 123 f., 160
Parallelogramm 125, 160
Partnerteiler 92

Potenz 85, 101
Primfaktorzerlegung 97
Primzahl 97, 101
Produkt 61, 101
Prozent 241
Pyramide 107

Q
Quader 133, 161
– Oberflächeninhalt 200, 212
– Netz 133, 160
– Schrägbild 137, 161
– Volumen 199, 212
Quadrat 125, 160
Quadratzahlen 86
Quadrieren 86
Quersummenregeln 96
Quotient 61, 101

R
Raute 125, 160
Radius 144, 161
Rechenbaum 76
Rechteck 125, 160
– Flächeninhalt 178, 212
– Umfang 179, 212
Römische Zahlzeichen 22
Runden von Zahlen 28, 49
Rundungsstelle 28

S
Säulendiagramm 11, 43
Schattenbilder 104
Schätzen 72
Scheitel 149, 161
Schenkel 149, 161
Schnittpunkt 117, 160
Sehne 145, 161
senkrecht 120 f., 160
Somawürfel 164
Stammbrüche 219
statistische Erhebung 12
Stellenwertsysteme 20
Stellenwerttafel 17, 49
Strahl 148
Strecke 110, 160
Strichlisten 11
Stufenzahl 17
Subtrahend 53, 101
Subtraktion 53
Summand 53, 101
Summe 53, 101

T
Tangram 167
Teilbarkeitsregeln 94
Teiler 92, 101
Terme 76, 101
Trapez 125, 160

U
Umfang 110, 160
Ursprung 114, 160

V
Verhältnis 245
Vieleck 110, 160
Vielfache 92, 101
Viereck 110, 160
Volumen 190, 212
Volumeneinheiten 192 ff.
Vorrangregeln 76, 85

W
Winkel 149, 161
– gestreckter 152,
– messer 152
– rechter 152, 161
– spitzer 152, 161
– stumpfer 152, 161
– toter 150
– überstumpfer 152 f., 157, 161
– Voll- 152
Wortform 77
Würfel 133, 200

Z
Zahlenfolge 100
Zahlenmauern 52
Zahlenstrahl 24, 49
Zähler 219, 246
Zählprinzip 88
Zauberquadrat 59
Zehnersystem 19, 49
Zeit
– einheiten 37, 44
– punkt 37, 49
– spanne 37, 49
zusammengesetzte
 Flächen 183, 212
zusammengesetzte
 Körper 204
Zweiersystem 19
Zylinder 107

Bildquellenverzeichnis

|akg-images GmbH, Berlin: 38.1, 38.5, 60.1, 60.2, 82.1; British Library 99.2; Erich Lessing 38.3; Orsi Battaglini 99.1. |Alamy Stock Photo (RMB), Abingdon/Oxfordshire: Dorling Kindersley ltd 5.1, 215.1. |alimdi.net, Deisenhofen: Alexander Trocha 64.2; AR 184.1. |ASTERIX®-OBELIX®-IDEFIX®/LES EDITIONS ALBERT RENE/GOSCINNY-UDERZO/www.asterix.com, Vanves Cedex: ASTERIX®- OBELIX®/© 2016 LES EDITIONS ALBERT RENE/GOSCINNY - UDERZO, Vanves Cedex 22.4, 22.5, 23.3. |Astrofoto, Sörth: 48.1; Shigemi Numazawa 87.2. |Becker, Alf, Hasselberg: Großer Würfel / Kunstweg Allendorf /Lda. 103.7. |Bildagentur Geduldig, Maulbronn: 71.1. |Bildagentur Schapowalow, Hamburg: Boelter 147.1. |BilderBox Bildagentur GmbH, Breitbrunn/Hörsching: 191.1. |Blickwinkel, Witten: M. Popow 119.1; W. Holzenbecher 72.6. |bpk-Bildagentur, Berlin: Scala 104.3. |Bridgeman Images, Berlin: Charmet Archives 38.4. |Carl Hanser Verlag GmbH & Co. KG, München: Hans Magnus Enzensberger, Rotraut Susanne Berner, Der Zahlenteufel. Carl Hanser Verlag GmbH & Co. KG, München 1997, S. 31, mit freundlicher Genehmigung von Carl Hanser Verlag GmbH & Co. KG, München 74.1. |Caro Fotoagentur, Berlin: Oberhaeuser 26.1; Riedmiller 211.1; Sorge 29.1. |ddp images GmbH, Hamburg: dapd 9.2. |Deutsches Museum, München: 31.2. |dreamstime.com, Brentwood: Greenland 197.1. |eisele photos, Walchensee: 16.3. |F1online, Frankfurt/M.: Staudt 57.1. |Fabian, Michael, Hannover: 4.2, 10.2, 11.1, 14.1, 15.2, 19.1, 19.2, 22.1, 24.2, 30.1, 30.3, 31.1, 31.3, 31.4, 34.1, 34.2, 41.1, 42.1, 44.1, 52.2, 52.3, 52.4, 52.5, 52.6, 61.1, 72.1, 72.2, 72.5, 90.6, 91.1, 104.2, 104.5, 104.6, 104.7, 104.8, 106.1, 108.1, 108.2, 108.3, 108.4, 109.1, 109.2, 117.1, 120.1, 120.2, 120.3, 121.1, 122.1, 126.2, 135.1, 136.1, 139.1, 143.2, 149.1, 149.2, 151.1, 158.1, 163.1, 167.1, 168.1, 171.1, 185.2, 189.1, 189.2, 189.3, 189.4, 189.5, 189.6, 189.7, 189.8, 189.9, 193.1, 193.5, 203.1, 207.1, 208.1, 208.2, 215.2, 216.2, 216.3, 217.1, 217.2, 218.1, 218.2, 221.1, 232.1, 240.1. |Floramedia Deutschland AG, Fellbach: 42.2. |Fotoagentur SVEN SIMON, Mülheim an der Ruhr: 172.1. |fotolia.com, New York: Daniela Stärk 15.1; Hubertus Griesche 32.1; Kletr 32.4; Martin Schlecht 185.1; Nimmervoll, Daniel 32.5. |Germanisches Nationalmuseum, Nürnberg: 37.2. |Getty Images, München: AFP/FRANCOIS-XAVIER MARIT 64.1; Ed Freeman 4.1, 103.1; Jorg Greuel 103.4. |Getty Images (RF), München: Dorling Kindersley 21.1, 25.1, 32.6, 36.1, 56.1, 66.1, 69.1, 70.1, 77.1, 78.1, 82.2, 87.1, 93.1, 93.3, 98.1, 127.1, 134.1, 176.1, 198.1, 202.1, 220.1, 221.2, 223.1, 231.1, 234.1, 236.1; iStockvectors 58.1, 84.1, 233.1; iStockvectors/Tom Nulens 8.1, 10.1, 10.3, 10.4, 22.2, 22.3, 23.1, 52.1, 52.7, 104.1, 104.4, 105.1, 105.3, 114.1, 144.1, 144.4, 164.1, 164.3, 204.1, 205.1, 205.3, 216.1, 216.4, 227.1, 227.2, 227.3, 228.1. |Glaßer und Dagenbach Landschaftsarchitekten, Udo Dagenbach, www.glada-berlin.de, Berlin: 103.2. |Globig, Eckhard Dr., Jülich: 164.4. |Griese, Dietmar, Laatzen: 30.2. |Güttler, Peter - Freier Redaktions-Dienst, Berlin: 187.1, 188.1. |Hejduk, Pez, Wien: 103.6. |imagetrust GmbH & Co. KG, Koblenz: Dlouhy, Markus 193.8. |Imago, Berlin: blickwinkel 32.3; Camera 4 77.2; Cord 181.1; Hans Blossey 172.2; Imagebroker 147.2; imagebroker 164.2, 205.2; Mc Photo/Ingo Schulz 148.2; mika 213.1. |iStockphoto.com, Calgary: Dan Barnes 158.2; italianestero Titel; Miroslaw Kijewski 32.2; ollo 37.1; Peter Austin 24.1; Yarinca 197.2. |Janssen Kahlert Design & Kommunikation GmbH, Hannover: 3.2, 51.1. |Keystone Pressedienst, Hamburg: Volkmar Schulz 67.2. |Langner & Partner Werbeagentur GmbH, Hemmingen: 44.2, 47.1, 67.1, 175.1, 186.1, 198.2, 209.1, 216.5, 216.6, 237.1. |LAV Elstertal Bad Köstritz e.V: 157.1. |Lookphotos, München: Karl Johaentges 108.5; Konrad Wothe 46.1. |Lüdecke, Matthias, Berlin: 90.2. |mauritius images GmbH, Mittenwald: 242.1; age fotostock 72.3; Christian Bäck 147.3; Evolve/Photoshot 16.1; imagebroker/Paas, Cornelius 110.1; Lehner, Peter 55.1; Muth 146.1; O'Brian 90.1, 90.5; Phototake 16.2; Ripp 243.1; Steve Vidler 33.1; SuperStock 48.2. |OKAPIA KG - Michael Grzimek & Co., Frankfurt/M.: Rolf Schulten/imageBROKER 173.1. |Ortner & Ortner Baukunst, Wien: Stefan Müller 103.5. |Physikalisch-Technische Bundesanstalt (PTB), Braunschweig: CC-Lizenz 4.0 International 35.1. |Picture-Alliance GmbH, Frankfurt a.M.: Anke Fleig/SVEN SIMON 36.2; dpa 144.2; dpa/Holger Hollemann 9.3; dpa/Julian Stratenschulte 3.1, 9.1; dpa/lbn/Jensen, Rainer 157.2; ZB 210.1; ©Leemage 100.2. |plainpicture, Hamburg: Bias 126.1. |Purschke, Jürgen, Kassel: 172.4. |Rittershaus, Annika, London: 90.4. |Semmler, Thomas, Lünen: 148.1. |Servicestelle der Bayerischen Vermessungsverwaltung, München: Geobasisdaten: Bayerische Vermessungsverwaltung Nr. 2111-17377 172.3. |Slansky, Prof. Dr.-Ing. Peter C. - Hochschule für Fernsehen und Film München, München: 103.3. |Soppke, Andrea, Walsrode: 70.2. |Suhr, Friedrich, Lüneburg: 18.1, 116.1, 116.2, 116.3, 142.1, 143.1, 154.1, 206.1, 215.3. |The Art Archive, Berlin: Alfredo Dagli Orti 38.2. |Tooren-Wolff, Magdalena, Hannover: 93.2, 193.2, 193.3, 193.4, 193.6, 193.7, 199.1, 219.1. |TopicMedia Service, Mehring-Öd: Lothar Lenz 105.2; Norbert Pelka 72.4. |ullstein bild, Berlin: Klöckner 23.2. |vario images, Bonn: 21.2, 50.1, 65.1; imageBROKER / Boensch, Barbara 90.3. |Vinken, Frank | dwb, Düsseldorf: für das Zentrum für Internationale Lichtkunst Unna 100.1. |Warmuth, Torsten, Berlin: 92.1, 123.1, 129.1, 132.1, 144.3, 144.5, 196.1.